U0941172

城市空间结构设计施工技术研究

牟在根　宁平华　吴坚如
杨润林　　　　　张举兵　编著

中国铁道出版社
2011年·北京

内 容 简 介

本书注重理论与应用相结合，力求做到实用性、完整性和可读性。在内容上与我国相应的规范与规程相一致，并吸取国内外相关学科的科研成果和实践经验。本书分两篇，第1篇阐述板桁组合桥梁结构，通过数值模拟分析组合桥梁整体受力性能和剪力连接件的受力规律；第2篇介绍了地下结构工程的计算方法和施工要点；最后附录给出了组合结构梁桥节点构造图集和地下工程防水构造图集。

本书可供土木工程设计、科研、施工等单位工程师、科技人员以及高等院校土木工程专业师生参考使用。

图书在版编目(CIP)数据

城市空间结构设计施工技术研究/牟在根等编著. —北京：中国铁道出版社，2011.10
ISBN 978-7-113-13454-9

Ⅰ.①城…　Ⅱ.①牟…　Ⅲ.①城市空间—空间结构—结构设计—研究②城市空间—空间结构—工程施工—研究　Ⅳ.①TU984.11

中国版本图书馆 CIP 数据核字(2011)第 178399 号

书　　名：城市空间结构设计施工技术研究
作　　者：牟在根　宁平华　吴坚如　杨润林　张举兵　编著

责任编辑：陈小刚　**电话：**010-51873065　**电子邮箱：**cxgsuccess@163.com
封面设计：崔　欣
责任校对：张玉华
责任印制：李　佳

出版发行：中国铁道出版社（100054，北京市西城区右安门西街 8 号）
网　　址：http://www.tdpress.com
印　　刷：北京信彩瑞禾印刷厂
版　　次：2011 年 10 月第 1 版　　2011 年 10 月第 1 次印刷
开　　本：880 mm×1 230 mm　1/16　印张：15.25　字数：491 千
书　　号：ISBN 978-7-113-13454 - 9
定　　价：70.00 元

前　　言

城市空间结构是城市基础设施建设项目很重要的组成部分，随着中国城市化进程的发展，城市空间结构形式呈现出多样性，追求受力更加合理、结构更加可靠和使用更加耐久。结合工程建设实践，广州市市政工程设计研究院与北京科技大学一起就城市建设中应用越来越多的板桁组合结构以及城市地下空间结构开展了产学研合作研究，就此类结构涉及的相关关键技术问题进行了比较系统深入的科学研究。本书反映的有关科研成果，希望能与我国相关工程技术人员和学者共勉。

书中第一篇就板桁组合结构在城市应用的结构特点、受力特性、结构设计、构造细节和经济技术等方面进行系统的分析和研究，相关成果具有较强的应用价值，其中研究了板桁组合桥梁结构的整体受力性能，包括混凝土板厚度的影响和桁架刚度的影响以及各个构件承担的荷载比例等；研究了板桁组合结构的剪力连接件的受力规律，并给出剪力连接件栓钉的布置方案及其计算方法；研究了混凝土桥面板的有效宽度，其中考虑板厚、宽跨比、高跨比、纵梁刚度等的影响，最终给出有效宽度的修正计算公式。第二篇结合城市地下空间应用，对地下空间结构的设计与施工技术进行了分析研究，对该类结构特点、结构一土相互作用、施工工法、防水、抗浮、沉降控制及注浆处理等关键技术作了较全面的分析，并给出了地下结构设计的计算方法。最后，附录给出了 50m、70m 跨径板桁组合结构梁桥节点构造图集和地下工程防水构造图集，可以为地下工程结构设计与施工提供参考。本书所反映成果内容是理论结合工程实践，“产学研”合作研究成果的结晶，既解决关键技术问题，又进行经济对比分析，具有较强的理论指导意义和工程应用价值。

本书相关课题的研究得到了国家自然科学基金委员会研究课题的大力支持，同时在本书的编写过程中，参考了很多已经公开发表的文献和资料，为此谨向这些作者表示真挚的感谢。

由于编者水平有限，书中论述不当或错误之处在所难免，敬请读者批评指正。

编　者

2011 年 10 月国庆节

目　　录

第 1 篇　板桁组合桥梁结构

第 2 篇 城市地下空间结构

第 1 篇　板桁组合桥梁结构

第 1 章　板桁组合结构简介

钢筋混凝土桥面板与钢桁梁上弦杆通过剪力钉相结合从而共同受力的组合结构称为板桁组合结构。钢桁架是由上、下弦杆与腹杆构成的安定体系，从很早以前就被用在桥梁结构中。桁架桥的各杆件仅仅承受轴力，与同时又承受弯矩及剪力的板梁桥、箱梁桥相比较，用钢量并不随跨径的增加而大幅度的增加。以往的桁架桥设计，通常是在弦杆节点设置横梁，通过横梁将桥面板的荷载传给主桁，而不考虑桥面板的作用，但是，实际上桥面板在桥梁纵向具有比较大的刚度，约束了上弦杆的变形。如果能够确保钢桁架上弦与桥面板有效地结合在一起，积极地考虑两者的结合作用，桁架桥梁体系将更加趋于合理。

板桁结合结构与常用的板梁（或箱梁）结合梁的主要差别在于：板梁（或箱梁）结合梁主要受弯剪作用，纵向力几乎为零；板桁组合结构除了受弯、剪作用外，还承受巨大的纵向压力。把上弦杆和混凝土板用剪力连接件结合在一起，主要目的是使混凝土板帮助钢桁梁上弦杆抗压，同时可以增加桥梁刚度和稳定性。

采用板桁组合结构，具有便于设计双层桥面，增加桥梁刚度，降低桁高，减少公路桥面伸缩缝数量，提高行车舒适度的优点。

1.1　发展概况

1. 国外板桁组合结构发展概况

1962 年联邦德国修建了世界上第一座钢板桁组合结构公路桥，即富尔达长塔桥（Fuldatal），其上部结构为七跨上承式连续梁（79.2＋91.2＋107.84＋143.20＋107.84＋91.20＋79.2）m，1971 年该国在同一地区又建成一座相同类型的桥梁。此后，又在罗腾堡地区建成跨度达 152 m 的下承式双线铁路板桁组合钢桥。后来，在荷兰、丹麦和日本也相继出现了这种桥型的桥梁。

2. 我国板桁组合结构的发展

1976 年，我国铁道部大桥工程局设计院在广东西江公铁两用桥设计中提出了板桁组合结构方案，是国内第一个钢板桁组合的五跨连续梁桥梁设计方案。当时的大桥局桥梁研究所进行了该桥模型试验和理论分析，西南交通大学亦作了理论分析。后因一些原因，没有付诸施工，该桥的方案变更为一般连续钢桁梁。

1995 年铁道部大桥工程局设计芜湖长江公铁两用斜拉桥时，提出了主梁为板桁组合连续梁方案，后也因其他原因改为组合结构。

2000 年，我国建成了第一座板桁组合结构的桥梁—安徽芜湖长江大桥，板桁组合结构应用于斜拉桥的加劲梁。图 1—1—1 为芜湖长江大桥照片。

图 1—1—1　芜湖长江大桥

芜湖长江大桥位于芜湖市西侧，是 20 世纪末在长江上修建的最后一座公铁两用桥梁，它的建设对缓解长江客货运输紧张，加速华北地区特别是芜湖和安徽的发展有重要社会和经济意义，列为国家基本建设“九五”重点工程项目。芜湖长江大桥由铁道部和安徽省共同出资修建，总投资 30 亿元，于 1996 年 9 月开工。铁路桥位于既有的峪溪口编组站和芜湖小扬村编组站之间，全长 5 681.2 m，正桥在芜湖市广福矶处跨越长江，全长 2 193.7 m，桥跨组成为(120 m＋2×144 m)＋(2×3×144 m)＋(180 m＋312 m＋180 m)＋(2×120 m)。孔数为 14 孔，全桥耗用 14MnNbq 钢材总量为 71 894 t。

芜湖长江大桥上部结构形式设计中由于受航空、航道、现有编组站标高的限制，正桥不能采用混凝土刚构或连续梁，也不能采用按通常涉及比例的斜拉桥，只能采用低塔、斜拉索加劲的连续钢桁架结构，以满足航空和大跨度铁路桥梁有关技术标准。

(1)芜湖长江大桥主桥的主要技术标准(表 1－1－1)

表 1－1－1　芜湖长江大桥主桥的主要技术标准

项　　目		内　　容
设计荷载	铁路荷载	双线中—活载
	公路荷载	四线汽—超 20
	人群荷载	3 kN/m^2
检定荷载	主体结构	1.4×(中—活载)
	纵横梁及局部受力杆件	1.5×(中—活载)
刚度标准	挠度比	双线铁路活载，边跨挠度比为 1/800，中跨挠度比为 1/650 公铁加载边跨挠度比为 1/700，中跨挠度比为 1/550
	宽跨比	边跨宽跨比：1/20，中跨宽跨比：1/25

(2)芜湖长江大桥的结构形式

在芜湖长江大桥的斜拉桥结构中，主桥连续梁和斜拉桥全面采用了混凝土桥面板和主桁相结合共同作用的板桁结合结构，有利于降低主梁高度，提高桥梁刚度。钢梁全部采用整体节点，具有节省材料、安装工作量少、进度快、节点整体性好的特点，此外公路钢筋混凝土桥面板与钢桁梁结合共同受力，减少了公路面伸缩缝数量，提高了行车舒适度。

铁路桥面因直接承受列车荷载，仍采用纵横梁体系，公路桥面系为格子梁系统，横梁间距为 12 m，设在主桁节点处，纵梁间距为 4～4.5 m，均为工型截面。

芜湖桥钢桁梁斜拉桥采用 N 型桁架，桁宽 12.5 m，高 13.5 m，节间长 12.0 m，共 56 个节间，其中主跨 26 个，边跨各 15 个。主塔两侧各设 8 对斜拉索，索梁锚点处设副桁与主桁连接。主桁连接采用 30VB 钢 M30 高强螺栓，钢桁采用栓焊整体节点形式，由于杆件的高度与节点的长度之比达 1/7.2，且大部分为刚度大的箱形结构，次应力大，基本上为初应力的 5%～25%，个别为 30%，整个结构的应力比较复杂。

桁架杆件截面依据轴力大小，采用 H 型和带有加劲肋的箱形截面。杆件宽 1 100 mm，上弦杆高 1 446 mm，下弦杆高 660 mm，腹杆高 700～1 100 mm，杆件最大长度 15.1 m。杆件板厚从 10 mm 到 50 mm 不等，最大板厚 50 mm，最大杆件吊重 36 t。大桥公路横梁高 1 460 mm，纵梁高 1 000 mm，铁路横梁高2 161 mm，纵梁高 1 480 mm，下平联为交叉形，不设上平联，仅在支点处设置强劲桥门架，不设中间横梁。桥面系与联结系构件使用 M24 高强螺栓连接。图 1－1－2 为芜湖长江大桥加劲梁构造示意图。

桁架的每个节间共有 5 块预制混凝土公路桥面板，通过 M22 剪力钉与主桁上弦结合与主桁共同受力，桥面板为现场预制，存放 6 个月时间，以减少混凝土的收缩、徐变，工地现浇接缝采用微膨胀混凝土。

由于桥梁钢板采用厚板、整体节点及大断面带肋箱形杆件，大量使用承受拉应力和疲劳应力的对接焊缝，平联节点板及横梁腹板与主桁节点的联结均采用焊接，焊接构件尺度大、刚度大、构造复杂且封闭不易检查，铁路列车荷载又具有集中力大、冲击力大的特点等，因此，确保焊接结构具有足够的韧性和塑性以防裂防断(脆断)是该桥钢梁设计的重点。

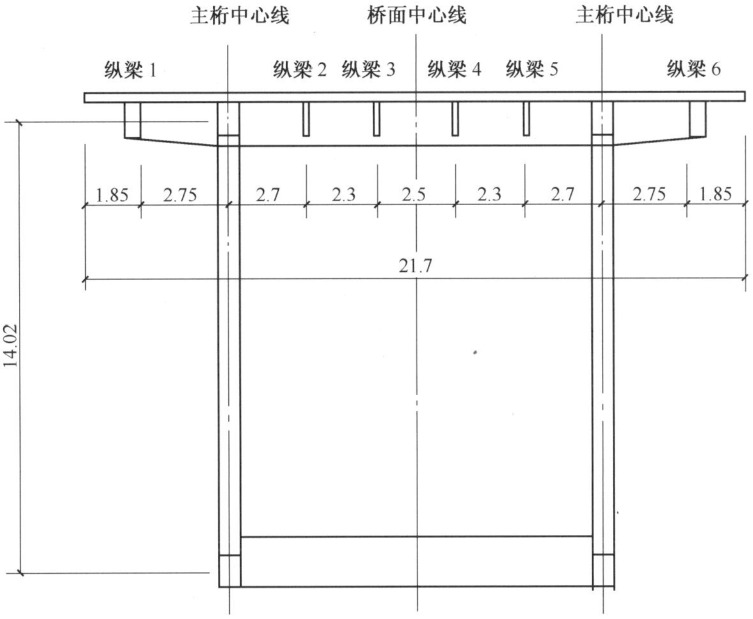

图 1－1－2　芜湖长江大桥加劲梁构造示意图(m)

(3)科学研究

板桁组合结构的关键技术是混凝土板与主桥的结合，而芜湖桥斜拉桥和连续钢桁梁均采用混凝土板与主桁上弦结合共同受力的板桁组合结构。由于组合梁规模特别大，国内外板桁结合梁桥的参考资料很少。为确保结合桥梁正常工作和满足使用要求，在芜湖桥的设计过程中通过收集资料、技术咨询和试验研究，重点研究了以下一些问题。

① 混凝土板的收缩徐变和钢与混凝土弹性模量的比

在长期荷载作用下，混凝土的收缩、徐变与环境、湿度、混凝土标号、水泥及龄期等有关。在主体结构分析中，根据指导性施工组织设计，按安装程序及混凝土板存放龄期进行混凝土收缩、徐变影响的历程分析。

对于短期荷载，各种规范有不同的规定，但大部分规范对短期荷载(包括活载)均不考虑混凝土的收缩、徐变影响。

② 对栓钉在 C50 混凝土中抗剪极限承载能力、疲劳、栓钉长度、间距、配筋率与栓钉的匹配、群钉组合件极限承载力和疲劳承载力等进行了基础性的试验研究。根据试验成果并参考国内外有关规范，制定了栓钉设计的条款及质量验收标准。确定了在 C50 混凝土并使用容许应力法设计时，栓钉的设计承载力为 50 kN，疲劳应力幅 $\Delta\sigma=25$ MPa。

③ 为减少接缝混凝土对结构耐久性和整体性的影响，并且导入预应力并不经济，参考欧洲广泛使用现浇混凝土板代替预制混凝土板建造结合梁桥(包括桁架结合梁桥)，用高配筋率(3%～4.8%)代替预应力，不再追求用预应力防止混凝土板开裂，限制拉应力，而代之以控制混凝土板的裂缝宽度，使之满足规范关于裂缝限值的要求。

在连续桁梁支点附近，桥面板中活载产生的拉应力较大，由于钢桁梁刚度大，难于在接缝混凝土中直接施加预应力。芜湖桥采用钢梁起落顶的办法在桥面板中形成压应力，但由于收缩、徐变的影响及加载龄期不可能太长，压应力的损失较大，因此在接缝处采用高配筋混凝土，以期限制裂缝的宽度。

参考国外的实验结果，在芜湖桥中采用整体现浇高配筋混凝土板，在疲劳荷载作用下，负弯矩区裂缝分布比较分散，裂缝宽度可以控制不超过 0.2 mm。负弯矩区采用预应力预制桥面板和高配筋现浇接缝混凝土，有可能在接缝界面上出现裂缝超限值，从而影响结构的耐久性。为此，结合受拉区栓钉工作的研究及混凝土板接缝钢筋的构造形式研究，进行了模拟实验，并拟在接缝处采取辅助的防渗措施。

(4)桥面板的安装

桥面板的安装方法采用座浆法，座浆用 C50 的砂浆和橡胶条密封。桥面板出厂前已对其外形尺寸进行检查，误差控制在验标范围内。

安装前先在钢梁上贴橡胶条，橡胶条厚度比实际抄垫厚 2 mm 左右(考虑压缩变形)，然后在橡胶条内侧垫相应规格的水泥块，再把拌好的砂浆均匀铺垫，与橡胶条同高。吊装桥面板时不能碰撞钢梁上的剪力钉和斜拉索，四周的伸出钢筋要能顺利穿过剪力钉，并使桥面板平稳地落在设计位置上。

芜湖长江大桥的建成，为我国板桁组合结构桥梁的建设积累了宝贵的经验。

1.2　结构特点

钢-混凝土组合结构近年来发展较快，但应用较多的是将混凝土板与钢板梁（或钢箱梁）相结合的板梁组合结构，而不是板桁组合结构。板桁组合结构与常用的板梁组合结构相比，其特点是：

(1)除了受弯、剪作用（由局部荷载引起）外，主要受巨大的纵向力作用，而且，纵向力由节点处集中传入。由此决定了以下两个问题。

① 剪力连接件在节点范围内成密集型布置；

② 结合构件承载力对钢与混凝土弹性模量比的取值较敏感。

(2)为缩短工期，混凝土桥面板预制，但与钢桁梁上弦杆结合处的混凝土必须是工地现浇。其传力途径为钢桁梁节点→剪力连接件→工地现浇混凝土→预制混凝土板。新、老混凝土之间结合状况的好坏也是板桁组合结构成败的关键之一。

(3)活载大，疲劳问题突出。

1.3　研究情况

板桁组合结构的关键技术是混凝土板与主桥的结合。由于国内外板桁结合梁桥的参考资料很少，为确保结合桥梁正常工作和满足使用要求，我国曾在芜湖长江大桥的设计和建造过程中做了大量、系统的理论分析和试验研究。国内外关于板桁组合结构桥梁的研究内容和成果主要包括以下一些内容：

1. 剪力连接件

在组合结构中，由于不同截面的竖向剪力不同，导致钢与混凝土之间存在较大的剪应力，为此必须设置抗剪连接件。钢混组合结构中，抗剪连接件按照形式分类大致有钢筋连接件、型钢连接件、圆柱头焊钉连接件、开孔钢板连接件及其钢与有机材料组合连接件。

(1)钢筋连接件

钢筋连接件依靠焊接在钢板上的螺纹钢筋承担与混凝土间的剪力，其主要形式为弯起钢筋、轮型钢筋及螺旋钢筋的连接件。还可把钢筋焊在型钢上使用，这样可以增大延性，加强两者间的接合，如马蹄型连接件，它是比较常用的把钢筋焊接在型钢上的连接件之一。图1—1—3为各种形式的钢筋连接件。

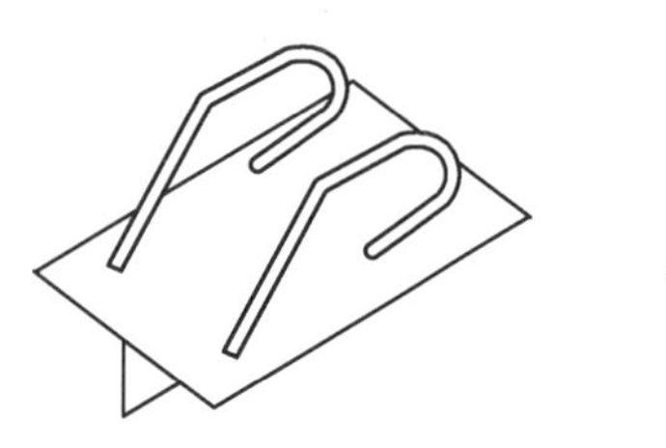
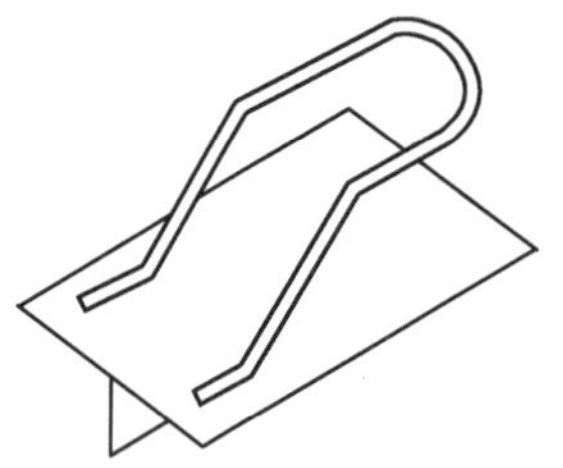

图1—1—3　钢筋连接件

(2)型钢连接件

通常采用贴角焊缝焊接到钢板上，焊接量很大，钢板上会产生较大的应变。另外，型钢连接件的抗剪强度很大，可是在极限状态下会发生钢板与混凝土完全分离的可能性。图1—1—4示出用型钢的各种形式的连接件。

(3)圆柱头焊钉连接件

图1—1—5为焊钉连接件，它的力学性能不具有方向性，不像钢筋连接件和型钢连接件那样要考虑受力方向进行设置，此外，焊钉连接件使用专用焊接机，焊接方便，质量容易保证，因此在钢混组合结果中被广泛使用。

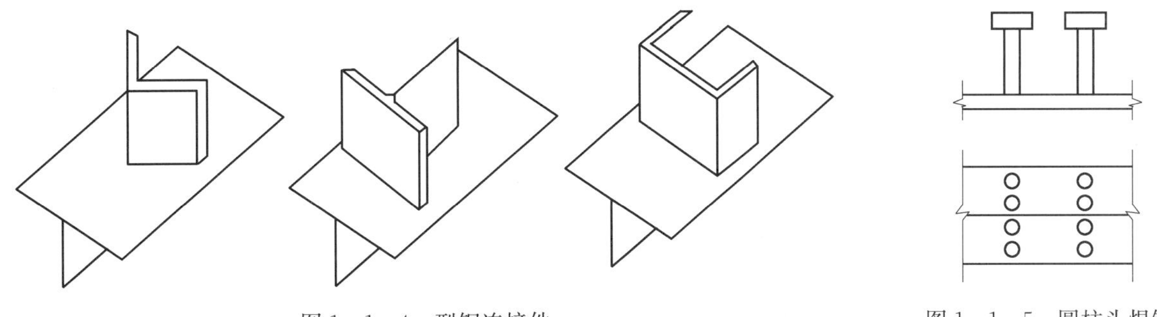

图 1—1—4　型钢连接件　　图 1—1—5　圆柱头焊钉

许多研究者对焊钉连接件在单个设置时的抗剪承载力进行了研究，并提出了各自的计算方法，表 1—1—2为几个具有代表性的计算公式，$k_1 \sim k_7$ 表示常数。

表 1—1—2　抗剪承载力的既往研究

研究代表者	表现形式	计　算　式
Slutter，R. G.	公式	$Q_u = k_1 d_s^2 \sqrt{f_c}(h_s/d_s \geqslant 4.2)$ $Q_u = k_2 d_0 h_0 \sqrt{f_c}(h_0/d_0 \leqslant 4.2)$
Menzies，J. B.	图表	$Q_u \sim f_c$
Ollgaard，J. G.	公式	$Q_u = K_3 A_s \sqrt{f_c E_c}$
Hawkins，N. M.	公式	$Q_u = K_4 A_s \sqrt{f_u f_y} / \sqrt{d_s}$
Roik，K.	公式	$Q_u \leqslant K_5 d_s^2 f_y$ $Q_u / d_s^2 \sim f_c$
Hiragi，H.	公式	$Q_u = K_6 A_s \sqrt{(h_s/d_s) f_c} + K_7$

圆柱头焊钉作为连接件使用时有时会受到拉拔力，当所受到拉拔力相对于剪力很大时又称为锚栓。受到纯拉拔力作用时的焊钉的破坏模式有焊钉拉断、焊钉拔出、焊钉圆锥形破坏、混凝土压坏和混凝土割裂破坏。表 1—1—3 为抗拉拔承载力的计算式。

表 1—1—3　抗拉拔承载力的既往研究

研究代表者	计算式	系数 k_0 值
Leigh-University	$N_u = k_0(D_s + H_s)H_s \sqrt{f_c}$	1.207
Sattler K.	$N_u = k_0 D_s H_s f_c$	0.953
Utescher G.	$N_u = k_0 H_s^2 f_c^{2/3}$	0.964
CEB-ECCS	$N_u = k_0 h_s^2 \sqrt{f_c}$	1.283
PCI Deign Dada Book	$N_u = k_0(D_s + H_s)H_s \sqrt{f_c}$	1.207
Bode H.	$N_u = k_0(D_s + H_s)\sqrt{H_s}\sqrt{f_c}$	11.3
McMackin P. J.	$N_u = k_0 \sqrt{2\pi}(D_s + H_s)H_s \sqrt{f_c}$	0.272
Otani Y.	$N_u = k_0(D_s + H_s)\sqrt{H_s}\sqrt{f_c}$	11.3
Hiragi H.	$N_u = k_0 \pi(D_s + H_s)H_s f_c^{2/3}$	0.227

(4)开孔钢板连接件

开孔钢板连接件是指依据钢板圆孔中的混凝土承担钢与混凝土间的作用力的新形式连接件，沿钢梁纵向设置，依靠圆孔中的混凝土加强两者间的连接。与焊钉连接件相比，其抗剪刚度与抗疲劳性能都得以提高，并且钢板的圆孔可以贯通钢筋，不影响钢筋的布置。图 1—1—6 为开孔钢板连接件示意图。

(5)钢与有机材料组合连接件

在焊钉根部或型钢腹板等处设置树脂海绵或泡沫塑料，这种用钢与有机材料组合在一起的连接件，称之为组合连接件。将组合连接件根据需要设置在不同部位，能够极大地提高组合结构的力学性能。

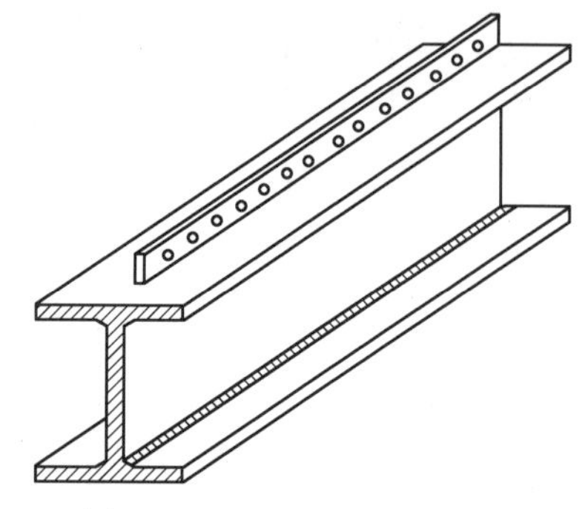

图 1—1—6　开孔钢板连接件

我国在芜湖长江大桥设计中，采用 $\phi 22$ 圆柱头焊钉，对焊钉在 C50 混凝土中抗剪极限承载能力、疲劳、栓钉长度、间距、配筋率与栓钉的匹配、群钉组合件极限承载力和疲劳承载力等进行了基础性的试验研究。根据试验成果并参考国内外有关规范，制定了栓钉设计的条款及质量验收标准。确定了在 C50 混凝土并使用容许应力法设计时，栓钉的设计承载力为 50 kN，疲劳应力幅 $\Delta\sigma=25$ MPa。

①钢与混凝土弹性模量比的研究

钢的弹性模量 E_s 基本不随时间变化，可看作常数。但混凝土却因收缩、徐变等因素的影响，其弹性模量 E_c 会随龄期(t/d)而变化。对结合梁进行内力分析时，通常将混凝土板的面积换算成钢的，换算中涉及到钢与混凝土的弹性模量比值 $n=E_s/E_c$。由于混凝土收缩、徐变的影响，n 为较难掌握的系数。混凝土的收缩、徐变将导致板桁组合结构中产生附加应力，由于板桁组合结构桥梁跨度往往较大，且截面高度较高，混凝土收缩、徐变引起的结构内力不可忽略。在长期荷载作用下，混凝土的收缩、徐变与环境、湿度、混凝土标号、水泥及龄期等有关。关于混凝土长期弹性模量的计算主要有以下几种方法。

a. 龄期调整的有效模量法，即用降低弹性模量来考虑混凝土的徐变影响，其混凝土弹性模量计算公式为：

$$E_{\varphi(t,t_0)}=\frac{E_c(t_0)}{1+\chi(t,t_0)\cdot\varphi(t,t_0)}$$

式中　$E_c(t_0)$——混凝土的初始弹性模量，一般取为 $t_0=28$ d 时的弹性模量；

$\chi(t,t_0)$——龄期调整系数；

$\varphi(t,t_0)$——混凝土的徐变系数。

b. 欧洲模式规范 CEB-FIP MC90 采用了如下一个简单的计算公式，来考虑混凝土弹性模量随龄期的增长变化：

$$E_c(t)=E_c(t_0)\sqrt{\beta_t}$$

$$\beta_t=\exp\left[s\left(1-\sqrt{\frac{28}{t}}\right)\right]$$

其中，s 取决于水泥种类，普通水泥和快硬水泥取为 0.25，快硬高强水泥取为 0.20。

c. 我国水利水电专家朱伯芳教授提出的弹性模量的双曲线和复合指数计算公式为：

双曲线公式　$$E_c(\tau)=\frac{E_0\tau}{c+\tau}$$

复合指数公式　$$E(\tau)=E_0(1-e^{-a\tau^b})$$

式中　a、b、c——表征变化速率的参数，需要根据实验拟合；

E_0——最终弹性模量；

τ——龄期。

在芜湖长江大桥的主体结构分析中，根据指导性施工组织设计，按安装程序及混凝土板存放龄期进行混凝土收缩、徐变影响的历程分析。

对于短期荷载，各种规范有不同的规定，但大部分规范对短期荷载(包括活载)均不考虑混凝土的收缩、徐变影响。

②对剪力滞后效应的研究

梁在弯曲荷载下，由于梁的腹板中面内剪切应变的行为使得翼缘板部分的纵向位移出现差别：在腹板两侧处翼缘板的纵向位移落后于在腹板处的翼缘板的纵向位移。这种现象称为剪力滞后现象。

板桁组合结构中混凝土桥面板支撑在钢桁梁上直接承受汽车荷载，桥面板在体系受力中存在较明显的剪力滞后现象。研究剪力滞后现象就是为了能确定翼缘板上的弯曲应力的分布状态，进而能用有效宽度的方法为设计提供参考。

通常在对各类型的梁进行剪力滞后分析中采用的方法有以下几类：比拟杆法、能量变分法、有限条法、折板法、有限元法。

以 T 型梁为例，比拟杆法是将由翼缘板和腹板共同承担的内力模拟化为由一块加劲板与一根下弦杆组成的等代结构来承担，加劲板由加劲杆和系板组合而成，并假定轴向力由各加劲杆承担，系板仅传递剪力，梁上的竖直剪力仅由腹板承担。通过求解系板内的剪力流函数，并据此积分可得到加劲杆内的轴向力函数，由轴向应力在翼缘板内的分布状况就能对翼缘板的有效宽度进行折算。

仍以 T 型梁为例，能量变分法中假定翼缘板由于剪切变形的滞后影响其纵向位移沿宽度方向呈高次曲线变化，腹板的变形仍符合平面假定，翼缘板竖向应变为零，板平面外的剪切应变及板的横向应变忽略不计。能量变分法是首先分析结构体系的总势能 Π 的构成，它由外荷载势能和梁体应变能组成，其中梁体应变能由腹板的弯曲应变能和翼缘板的弯曲应变能及面内剪切应变能所组成。根据势能最小原理：$\delta\Pi=0$，进行变分分析可得到关于剪力滞后问题的基本微分方程，求解该方程可得到翼缘板纵向位移沿板宽的分布函数，进而可得到弯曲应力在翼缘板上的分布状态。

有限元法是将连续结构离散为由若干个单元组合而成，各单元满足平衡条件和变形协调条件，通过位移函数来假定单元的端点位移与单元内位移的关系，再推导单元的平衡方程，编制程序对结构进行求解。在剪力滞后效应的分析中，如果单元类型及位移函数选择适当、单元划分足够细，其有限元分析的结果通常认为是精确解。随着计算机技术的发展，计算能力的提高，现在通常都采用有限元方法对结构进行剪力滞分析。

标准的有限元法是沿各个方向采用多项式的位移，有限条法则只需沿某些方向采用简单多项式，沿其他方向则为连续可微的级数，位移函数由多项式与级数的乘积给出，这样可将一个条的二维问题简化为一维问题，从而在结构分析中减少计算的工作量。用类似有限元分析方法来分析条的应变能与外力势能并按势能原理推导的平衡方程，便可编制程序对结构进行计算。由于在翼缘板横向划分为多个的条，计算结果便能得到弯曲应力在翼缘的横向分布状态。如果梁的腹板及翼缘板均较薄，则可视为薄板来处理，由翼缘板和腹板构成折板系结构，按薄板的理论对梁进行分析。对折板系结构可以将其离散为一系列的板单元，便可用类似有限元的方法进行计算。

对板桁组合结构剪力滞后效应的分析计算有其特殊的地方，但目前鲜见有相关研究的文献报道。由于板桁结构是由混凝土板与钢桁梁相结合的构造形式，因此对板桁结构的剪力滞分析可以认为是对结合梁的剪力滞分析中的一种特例。在对结合梁的剪力滞分析中，早期的研究是运用薄板理论分析混凝土桥面板，考虑板与梁的完全连接，对在使用荷载下结合梁的有效宽度进行分析。近期的一些研究还考虑了滑移对有效宽度计算的影响及在极限荷载作用下的有效宽度的确定，在对实桥的有效宽度计算时通常的作法是采用空间有限元方法，对桥面板弯曲应力的横向分布进行计算，再据此确定桥面板的有效宽度，或是直接按结合梁的设计规范来确定有效宽度。

③混凝土板的有效宽度的研究

鉴于剪力滞后现象的存在，各国规范对结合梁设计中翼缘有效宽度的确定提出了不同的要求，大多数使用的规范中对有效宽度的计算采用的都是很简单的公式。表 1－1－4 为各类规范对结合梁有效宽度的计算公式。

表 1－1－4　结合梁有效宽度计算表

规　范	公　式	备　注
SS3110	B_e 取其中最小者： (1)$L/4$； (2)B； (3)$12D$	规范也包括边梁。 L 为跨度； B 为腹板中心距； D 为混凝土板厚
CEB	$B_e=L/8$ 均布荷载； $B_e=L/10$ 集中荷载	L 为连续梁反弯点间的距离
CP110	B_e 取其中最小者： (1)$b_f+L/5$； (2)B	L 为连续梁反弯点间的距离； b_f 为腹板中心距； B 为板宽

续上表

规 范	公 式	备 注
CP117 卷 1 英国:型钢和混凝土构成的组合结构建筑部分	B_e 取其中最小者: (1)$L/3$; (2)B; (3)$b_f+L/5$	规范也包括边梁。 L 为跨度; B 为腹板中心距,b_f 为腹板中心距; D 为混凝土板厚
CP117 卷 2 英国:型钢和混凝土构成的组合结构桥梁部分	(1)当 $B \leqslant L/10$ 时: $B_e=B/2$; (2)当 $B>L/10$ 时: $(B_e/B)^2=1+12(B/L)^2$	L 为跨度; B 为板宽
DIN1078 联邦德国规范	(1)当 $B/L<0.1$ 时: $B_e/B=1$; (2)当 $B/L=0.1$ 到 0.6 时: $B_e/B=0.89$ 到 0.5; (3)当 $B/L>0.6$ 时: $B_e/B=0.3$	L 为跨度; B 为板宽
BS5950 英国:建筑中的钢结构应用	(1)简支梁:B_e 为 $L/4$ 和 B 中的最小值。 (2)连续梁: 正弯矩区:等代简支梁有效宽度的 0.7 倍; 负弯矩区:等代简支梁有效宽度的 0.5 倍	L 为跨度; B 为板宽; 等代简支梁为两弯矩为零点的梁段

其中英国标准 BS5400(钢桥、混凝土桥及结合桥)对结合梁翼缘板有效宽度的规定是基于 20 世纪 60 年代到 70 年代以英国为主的大量对钢梁和结合梁剪力滞后分析的计算、模型试验的科研报告成果得出的。由于剪力滞后的影响随宽跨比、荷载分布、荷载类型、截面类型、截面尺寸、翼缘材料特性、边界条件、跨度布置、截面纵向位置的不同而变化,因此规范条文说明中讨论了上述诸多因素对有效宽度确定的影响,并制定出相应的要求。

关于芜湖桥桥面板有效宽度的计算,有学者采用空间有限元的分析方法,得出了混凝土桥面板有效宽度的数值分析方法。芜湖桥板桁结合梁混凝土板中的纵向力主要通过节点处栓钉集中传入。对某一节间的混凝土桥面板,远处节点处传入的纵向力传至本节间混凝土板时已充分分散,即混凝土板已全截面有效。只有本节间节点处增加的纵向力还未充分分散,有效宽度 $b_e=b\psi$ 各处不一,ψ 可按表 1—1—5 取值。

表 1—1—5 各截面的有效宽比ψ

x/b	1/8	1/4	3/8	1/2	5/8	3/4
ψ	0.19	0.38	0.54	0.69	0.80	0.88
x/b	7/8	1	5/4	3/2	$\geqslant 7/4$	
ψ	0.93	0.96	0.98	0.99	1.0	

注:b 为桥面板宽度的一半,x 为截面位置。

④受拉区结合梁的试验研究

在我国芜湖长江大桥的设计中,连续桁梁支点附近的桥面板中活载产生的拉应力较大,为此,对芜湖桥受拉区结合梁做了 4 根大梁的综合模拟试验。研究了混凝土裂纹分布与发展、钢梁和钢筋与混凝土中应力分布变化、刚度变化、栓钉布置、钢筋连接、钢与混凝土结合性能、新老混凝土结合性能、极限状态等问题。

如果采用简支梁结构,则不存在受拉区的问题。

⑤板桁组合结构计算方法的研究

板桁组合结构兼有板结构与空间桁架结构的特性。目前国内外对板桁组合梁结构的力学行为研究得并不多,国内外文献中报道了以下一些板桁组合梁结构的主要计算方法。

a. 浦田昭典法

1972 年日本学者浦田昭典、山村信道在伊藤学、友田纯夫、宫崎藤失等人的研究基础上提出板桁组合结构的近似计算法：即将钢桥面板视为上弦杆的一部分，采用钢桥面板的有效宽度，不考虑钢桥面板屈曲及剪力滞后影响，假设竖向荷载在上弦杆 AB 区间所产生的轴向力的符号相同(图 1—1—7)。则在 AB 区间上轴力分布采用了富氏级数展开为：

$$N(x)=\sum_{n=1}^{\infty}N_n\sin a_n x$$

式中　a_n——$a_n=\dfrac{n\pi}{L_x}$；

L——区间 AB 的长度。

$$N_n=-\frac{2}{n\pi}\sum_{i=1}^{n}N_{i,j+1}(\cos a_n x_{i+1}-\cos a_n x_i)$$

假定 AB 区间弦杆截面不变，则在弦杆中产生的正应力为：

$$\sigma_x=\sum_{i=1}^{n}\frac{N_n}{A_g+(A_{f_n})_n}\sin a_n x$$

式中　$(A_{f_n})_n$——桥面板有效宽度之和。

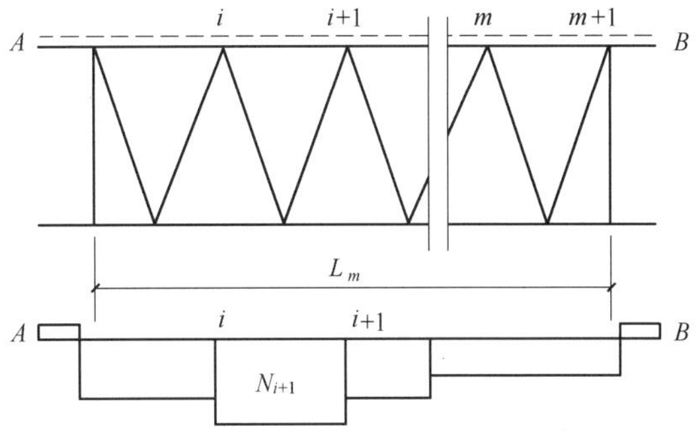

图 1—1—7　上弦杆轴力分布

该方法不考虑钢桥面板的弯曲及对桥梁抗扭转、抗翘曲的作用，不能用于桥梁带悬臂板的分析，钢桥面板有效宽度的取值也不明确，有较大局限性。

b. 林国雄方法

1978 年，铁道部大桥局总工程师林国雄教授提出的板桁组合钢梁的实用计算方法，该方法将板桁组合结构共同受力分成三个系统，包括(a)作为主桁结构部分的轴向应力和弯曲应力；(b)由桥面板、纵肋、横肋构成的正交异性板的弯曲应力；(c)直接承受活载的桥面板的弯曲应力。先分别计算各系统的应力，然后叠加。

第一系统的应力按艾雷应力函数计算。积分平面问题相容方程，得出钢桥面与弦杆的应力函数：

$$\psi(x,y)=\sum_{n=1}^{\infty}\frac{A_n}{a_n^2}(e^{-a_n y}+B_n e^{a_n y}+C_n a_n y e^{-a_n y}+D_n a_n y e^{a_n y})\sin a_n x$$

假定钢桥面板边界条件，积分出常数 B_n、C_n、D_n，然后将组合截面的轴力展开成下面富氏级数，并求积分得出常数 A_n：

$$N(x)=\sum_{n=1}^{\infty}N_n\sin a_n x$$

其中
$$N_n=\frac{2}{L_x}\int_0^{L_x}N(x)\sin a_n x\,dx$$

最后再由应力函数求得钢桥面板的应力。此法对上述日本学者的方法作了本质的改进，能适用于带有悬臂的桥面板的应力分析，也能够考虑桥面板的剪力滞后现象，但不能考虑桥面板的局部屈曲与弯曲作用。

c. 有限元法

1981 年，西南交通大学李富文教授、徐文焕教授采用有限元法对钢板桁架组合桥梁进行了空间分析。计算中假定桁架各杆件相互刚接，每一节点有 6 个自由度，每根杆件按一空间梁元处理。为了减少自由度，又将每节间的板元和横肋梁元视为一个子结构，称为“板、杆混合单元”。整个结构由空间梁元和混合梁元两种单元组合。用此方法计算在竖向对称荷载作用下板桁结构竖向位移和应力与模型试验值良好接近，二者相差为 4.9%～10%。而在竖向偏载下的横向水平位移的计算值相差为模型试验的 1/6～1/10，此法用了正交异性板概念，不能用来分析钢板组合结构桥梁的极限承载力。另外，钢桥面板中的横肋按空间梁单元处理，横肋与矩形板单元的某些节点位移很难协调，自由度太多，计算成本高。

d. 有限条带法

1999 年，王荣辉等人为减少自由度，便于计算，则利用三角级数作为面外位移模式分析屈曲平板大变形的思想，将板桁组合结构的桥面板离散为有限横向条带的板段单元，即将板段划分为有限个单位宽横向条带，用条带竖向位移来考虑桥面板的局部屈曲，而将板桁组合结构的桁架部分用杆单元离散，达到大幅减少结构自由度的目的，又考虑桥面板局部屈曲的影响。在王荣辉等人的研究中还对板桁组合结构进行了线性与非线性分析，考虑了钢梁面板局部屈曲与板桁组合结构整体屈曲的相互作用，钢梁面板的剪力滞后，板桁组合桥梁横截面的畸变与翘曲等因素的影响，非线性因素考虑了结构几何与材料非线性。

e. 薄壁箱梁结构分析法

薄壁箱梁结构与板桁组合结构的空间计算与分析一直为工程界所关注。一些学者和研究机构还探讨了薄壁箱梁结构的空间计算理论与方法，对板桁组合结构进行了空间非线性分析，完成了一些有特色性的工作，如提出考虑截面畸变、翘曲、剪力滞后的直线薄壁箱梁结构空间计算的板梁单元法；提出斜交薄壁箱梁结构空间计算的斜形板梁单元法；研究曲线薄壁箱梁空间计算的曲线板梁单元法，和研究提出正交双 T 梁和斜交双 T 梁的空间计算方法等。

f. 三体系分析法

在众多计算分析方法中，目前我国应用较多的是三体系法，即在板桁组合结构桥梁结构分析计算时为便于分析和设计，通常将主梁的受力分为 3 个体系，即：

第一结构体系，即所谓"主梁体系"。对板桁结构而言是按将混凝土桥面板作为上翼缘板与主桁共同构成结构的主要受力体系来分析其应力。第一体系的分析计算可采用平面简化分析和空间简化分析两种方法进行。这是桥梁结构分析中最基本的内容。

第二结构体系是考虑由混凝土桥面板与纵、横梁共同组成的桥面体系来承受桥面上的荷载。对桥面板第二体系应力通常用加劲板(正交异性板)的理论进行计算。

第三结构体系是支承在纵、横梁上的连续各向同性的桥面板。它直接承受作用于桥面板上的轮压荷载，同时把轮荷载传递到纵、横梁上。对第三体系的应力通常用弹性薄板理论进行分析。而桥面板的应力则等于由上述各体系求得的应力之和。

应当指出的是这 3 个体系是人为划分的，在按上述方法求得的最大应力来设计桥面板时，由于板的薄膜作用以及多次超静定连续板的塑性储备承载力大等原因，使得实际板的极限承载力大于按小挠度弹性理论计算得到的结果。

板桁结构的第一体系由钢桁架、公路纵横梁系统和混凝土桥面板共同构成。第一体系中桥面板的实质作用是作为主桁架上弦杆的上翼缘部分参与结构的整体受力。与第一结构体系中的其他杆件一样，它将承受施加在主梁上的相应恒活载的作用。对第一结构体系的分析就是桥梁结构主梁分析的基本内容，采用的方法也是桥梁结构分析的常规方法。

板桁组合结构的特征在其第一结构体系中，反映为由混凝土桥面板与钢桁架上弦杆，通过剪力连接键作用形成具有承载能力的组合截面构件，该构件在主梁桁架中仍起着上弦杆件的作用。由于板桁结构第一体系的受力特点与钢桁梁的受力特点相类似，因此主梁在荷载作用下发生弯曲变形时，板桁组合结构的桁架上弦杆在荷载作用下主要呈现受拉或受压特征，作为上弦杆部分的桥面板也直接反映这一受力特征。同时，混凝土桥面板在桥纵向连续，并且钢桁架的上弦杆在与钢桁架腹杆通过节点板连接时，节点板也呈现一定的刚性。因此，板桁结构的组合上弦杆在受力时也会呈现出刚性连接下的固端弯矩的影响。另外，由于实际混凝土桥面板在与钢梁连接时可能存在二者间的相对滑移，其受力特征与通常假定的在二者完全连接情况时的受力特征也有差异。对桁架结构的受力分析用结构力学的分析方法便能完成。

等效桁架的上弦杆的等效刚度，由主桁上弦杆杆件截面、公路纵梁截面和按有效宽度计算的混凝土桥面板截面构成的组合截面计算得出。计算中假定混凝土桥面板与钢梁为完全连接。为便于用通用平面杆系有限元程序进行分析，计算时将混凝土截面部分按混凝土与钢的弹性模量比折算为等效钢截面。

将芜湖桥板桁结构作空间简化后的空间计算模型由三部分组成。第一部分是模拟主梁中的两片钢桁架；第二部分模拟公路桥面的纵、横梁体系；第三部分是模拟公路桥面体系中的混凝土桥面板。计算模型采用空间梁单元模拟钢桁架，钢桁架的每个节间的下弦杆作为一个梁单元，每个节间的上弦杆划分为 4 个梁单元。公路桥面的纵、横梁体系也采用空间梁单元进行模拟。混凝土桥面板采用矩形平壳单元。桥面板第一体系的应力主要是它和纵肋作为桁架的上弦杆的上翼缘参与整体受弯的应力，对于模拟桥面板的平壳单元表现为平壳单元沿桥纵向的薄膜应力。

研究表明，桥面板的第一体系的纵向应力沿桥的纵向分布规律，和钢桁架的上弦杆的轴力的分布规律类似，同时桥面板纵向应力沿桥横向的分布呈现出比较明显的剪力滞后现象。

板桁组合结构与普通的桁梁结构相比，在进行第一体系受力分析时二者存在的一个最主要的不同之处在于：板桁结构的桥面板和纵肋作为桁架上弦杆的一部分参与了结构的整体受力，因此它们能分摊一部分主桁上弦杆件承受的荷载。板桁组合结构第一体系受力中由桥面板和纵肋能分担的荷载百分比，跟结构的形式、桥面板的截面尺寸、纵肋的截面尺寸、主桁杆件的截面尺寸、荷载的形式等具体的设计参数有关，且不同结构离散性很大。

此外，何畏等人通过研究发现，在板桁组合结构中，结构的整体抗弯刚度主要由主桁的尺寸(桁高)决定。因此板桁组合结构和普通的结合梁相比，混凝土桥面板对结构的抗弯刚度贡献不大。这是由板桁结构中钢桁梁的高度远远大于桥面板的厚度这一结构特点决定的。

1.4　综合分析

板桁组合结构桥梁是一种新型的桥梁结构形式，用混凝土桥面板代替了昂贵的正交异性钢板，具有以下优点。

(1)便于设计双层桥面，减少下部基础占地面积，在用地紧张的城市建设中具有现实的意义；

(2)与钢结构相比，节省了钢材，同时增加了结构的刚度；

(3)与钢筋混凝土结构相比，它减轻了自重，增大了结构的延性，提高了强度和承载力；

(4)与普通组合梁相比，进一步减轻结构自重(比普通组合梁节约钢材达 20%左右)，同时具有更大的整体抗弯刚度，特别适合大跨度、重荷载的桥梁；

(5)施工速度快，钢梁和混凝土预制板可分段预制安装，提高了制作精度、安装速度和安装质量；

(6)减少了公路桥面伸缩缝数量，提高了行车舒适度。

从板桁组合结构的受力特点可以看出，板桁组合结构特别适用于以下几个场合。

① 双层公铁两用桥梁，如类似于芜湖长江大桥的公铁两用桥

大跨径桥梁的征地费用和下部结构造价占桥梁总造价的很大比例，为了节约桥梁投资，经常采用公铁合一的桥梁方案，板桁组合结构的优势之一就是用于这类桥梁，与桁架组合受力的混凝土桥面板既是纵向抗弯承载能力的重要构成要素，又兼有桥面板的作用，具有不可替代的优势。目前正在筹建的武汉天兴洲长江大桥、京沪高速铁路南京越江工程、万县长江铁路大桥等均拟选用这种形式。图 1－1－8 为武汉天兴洲大桥效果图。

图 1－1－8　武汉天兴洲大桥效果图

② 城市高层建筑之间的大跨度人行天桥

随着城市化进程的加速与城市中心区交通拥挤的加剧，在城市中心商务区将高层建筑之间往来的行人交通流从地面转移到空间是一种重要的发展趋势，这种转移同时也方便了行人，还能使商家共享繁华商业街的人流量资源。在我国北京、上海等大城市，已经出现了很多这种联系不同建筑物或专门供交通换乘客流通行的过街天桥。目前这种人行天桥的结构形式主要是下承式空间桁架，如采用三角形箱形截面无节点板全焊钢桁架的广州芳村客运站人行天桥等。从功能上来说，板桁组合结构设有上弦混凝土板或钢桥面板，最适合于双层人行桥梁。图 1－1－9 为北京某高层建筑间的人行天桥照片。

③ 城市高架桥

在一些交通拥挤而用地紧张的城市，如广州、上海等，城市高架道路采用双层乃至三层的情况时有出

现，板桁组合结构桥梁的上层混凝土桥面板和铺设了桥面板的桁架下平联都适合于用作车行道，具有独特的优势。

图 1—1—9　北京某高层建筑间的人行天桥

虽然板桁组合结构桥梁具有以上的优点，但是，目前对于这种结构的研究不多，人们对它的受力特性还缺乏全面了解，各国规范亦很少涉及。芜湖长江大桥是我国首次采用板桁组合结构的工程实例，为板桁组合桥梁的研究提供了宝贵的经验，但由于它的结构体系是大跨度低塔斜拉桥，在受力体系上与普通的板桁组合结构桥梁还有所区别。

一种新桥型的推广，必须依靠丰富的工程实践来获取和积累经验，在芜湖长江大桥的实践之外，应进行更多的科研与试验进行补充。为了进一步研究板桁组合结构在城市桥梁中的适用性，推广板桁组合结构在城市桥梁建设中的应用，开展“板桁组合梁在城市桥梁结构设计中的应用研究”具有重要的现实意义。

第 2 章　板桁组合梁数值模拟

2.1　模型基本情况

采用板桁组合结构的双层城市桥梁，标准跨径为 50 m，结构形式为单跨简支板桁组合结构梁。桁架采用平行弦带竖杆的三角形腹杆体系，桁架桁高 5.9 m，桁宽 12.65 m，全跨分为 8 个节间，每个节间长度为 6.25 m。桁架弦杆采用箱形截面，上弦杆内宽 460 mm，上弦杆内高 460 mm，下弦杆内高 740 mm，板厚 30 mm。腹杆采用 H 型截面，最大板厚 34 mm。以上杆件截面如图 1—2—1 所示。

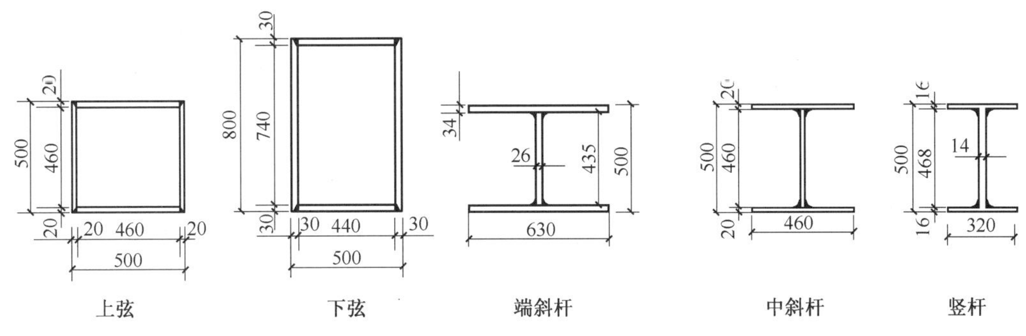

图 1—2—1　50 m 主桁杆件截面(mm)

上层桥面系采用纵横梁体系，在每一上弦节点处桁内设置横梁，桁外设置公路托架。横梁间距为 6.25 m，设在桁架节点处，纵梁间距为 2.2～3.3 m，均采用箱形截面。混凝土桥面板同时还直接承受车辆活载，起着行车道板的作用。混凝土桥面板板厚 20 cm，通过布设在桁架上弦杆及上桥面系纵横梁上翼板之上的剪力钉与钢桁梁结合，形成板桁组合结构，桥面板需分担的较大水平力将由上弦箱形杆件的水平板与竖板(节点板处为节点板)的连接焊缝传递。

钢桁梁与混凝土桥面板间的连接使用 $\phi22$ 圆柱头焊钉，长度为 115 mm。剪力钉尺寸及性能均应满足 GB 10433—89 要求。由于板桁结合梁中桥面板受力主要由钢梁节点传入，所以剪力钉在节点范围内集中布置，节间处按构造要求布置。

下平纵联采用交叉腹杆体系，这种腹杆体系比较简单而且外形对称，使弦杆变形比较均匀，因杆件主要受拉，适宜用作下平纵联。下桥面板采用正交异性钢桥面板，通过密布的纵肋和垂直于纵肋的、分布较疏的横肋来加劲钢桥面板。

上层桥面为机动车四车道，宽(0.5＋8.5＋1.5＋8.5＋0.5)m＝19.5 m，不设人行道。下层桥面为机动车三车道，桥面宽(0.5＋2.5＋12.25＋2.5＋0.5)m＝18.25 m，总宽 19.05 m，人行道宽 2.5 m，设于主桁外侧。

2.2　设计规范及标准

1. 设计规范

(1)交通部标准《公路工程技术标准》(JTG B01—2003)；

(2)交通部标准《公路桥涵设计通用规范》(JTG D62—2004)；

(3)《城市道路设计规范》(CJJ 37—90)；

(4)《城市桥梁设计荷载标准》(CJJ 77　98)。

2. 设计标准

(1)桥宽：上桥桥面(0.5＋8.5＋1.5＋8.5＋0.5)m＝19.5 m；

下桥桥面(0.5+2.5+12.25+2.5+0.5)m=18.25 m。

(2)桥梁跨径:50.0 m,计算跨径 48.8 m。

(3)设计荷载:按城一A 级设计。

(4)桥面横坡:双向 2.0%。

2.3　模型建立

本次研究采用大型通用有限元分析软件 ANSYS 进行模拟,相比其他的数值模拟分析相比,本结构数值模型存在模型尺寸大,单元种类多、单元数量多、各种单元的连接方式复杂、网格划分技术比较复杂,必须对网格的尺寸、大小、形状进行控制。另外,必须通过有效的方法调整单元数量,以保证计算时计算机硬件能满足软件的要求。

2.3.1　结构部件

本次 ANSYS 模拟主要采用四种单元,分别采用 Solid65 单元模拟混凝土板;Shell63 单元模拟桁架上弦、上桥面箱梁和下桥面钢桥面板;Beam188 单元模拟桁架下弦、腹杆和下桥面纵横梁;Combin39 单元模拟混凝土板和箱梁之间的栓钉。

1. 混凝土的模拟

混凝土板既是传力构件,又是重要的受力构件,它起着将上部载荷传递给桁架,又充当着桁架上弦杆的作用,是板桁组合结构桥梁的重要组成部分,也是本次研究的一个重点。ANSYS 里面专门建立了面向混凝土、岩石材料的单元——Solid65 单元,本次研究中混凝土采用 Solid65 单元来模拟。

Solid65 单元用于含钢筋或不含钢筋的三维实体模型。该实体模型可具有拉裂与压碎的性能。在混凝土的应用方面,如用单元的实体性能来模拟混凝土,而用加筋性能来模拟钢筋的作用。当然该单元也可用于其他方面,如加筋复合材料(如玻璃纤维)及地质材料(如岩石)。该单元具有 8 个节点,每个节点有 3 个自由度,即 X、Y、Z 3 个方向的线位移;还可对 3 个方向的含筋情况进行定义。本单元与 Solid45 单元(三维结构实体单元)的相似,只是增加了描述开裂与压碎的性能。本单元最重要的方面在于其对材料非线性的处理。可模拟混凝土的开裂(3 个正交方向)、压碎、塑性变形及徐变,还可模拟钢筋的拉伸、压缩、塑性变形及蠕变,但不能模拟钢筋的剪切性能。

关于单元几何图形、节点位置、单元坐标系如图 1—2—2 所示。

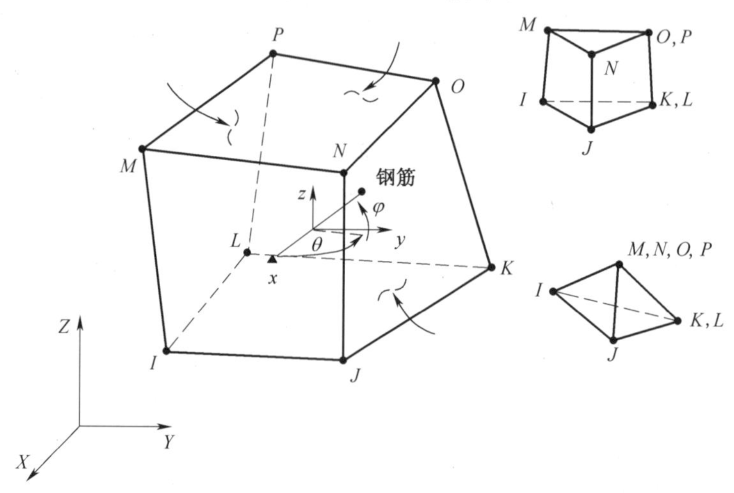

图 1—2—2　Solid65 单元几何模型图

单元性质为八节点各向同性材料,当 K 与 L,O 与 P 节点重合时单元形状便成为棱柱体形,当然也可退化为四面体。其他的形状会被四面体自动替换。单元包括一种实体材料和三种钢筋材料,用命令 MAT 输入对混凝土材料的定义,而有关钢筋的细则需在实常数中定义,包括材料号、体积率、方向角。

2. 箱形梁的模拟

板桁组合结构中的上部箱形梁是与混凝土桥面板直接接触相连的一部分,在分析中,不但要分析它的受力性能，还要分析它与混凝土的共同作用，考虑其与混凝土的有效连接，分析载荷在结构中的传递方式，以及在接触面的滑移对结构受力性能的影响、剪力滞后现象、栓钉在组合结构中的受力情况等等。

对箱形梁的模拟，可以采用实体单元、壳单元和带截面的梁单元。采用实体单元模拟，分析结果比较好处理，能有效地与上面混凝土进行耦合和连接，但是划分出来单元数量巨大，节点数也比其他两种大上几倍，难以计算。采用带截面的梁单元可以有效地解决单元数量的问题，而且可以通过赋予截面属性来模拟箱形梁的箱形截面。但是不能有效地模拟混凝土与箱形梁共同受力的特性，对于分析结果的准确程度、精确程度也存在怀疑，更不能模拟栓钉在结构中的受力特性。相对于前面两种单元，壳单元把实体单元的空间实体单元变成了平面单元，有效地减少了单元数量，而且网格划分控制比实体单元容易。同时，可以在混凝土板与箱形梁之间建立栓钉，比直接采用梁单元更接近实际情况。

综上所述，在本次分析中对于箱形梁的模拟采用了 Shell63 单元。

Shell63 单元既具有弯曲能力，又具有膜力，可以承受平面内荷载和法向荷载。本单元每个节点具有 6 个自由度：沿节点坐标系 X、Y、Z 方向的平动和沿节点坐标系 X、Y、Z 轴的转动。应力刚化和大变形能力已经考虑在其中。在大变形分析（有限转动）中可以采用不变的切向刚度矩阵。

单元 Shell63 的几何形状、节点位置及坐标系如图 1－2－3 所示。

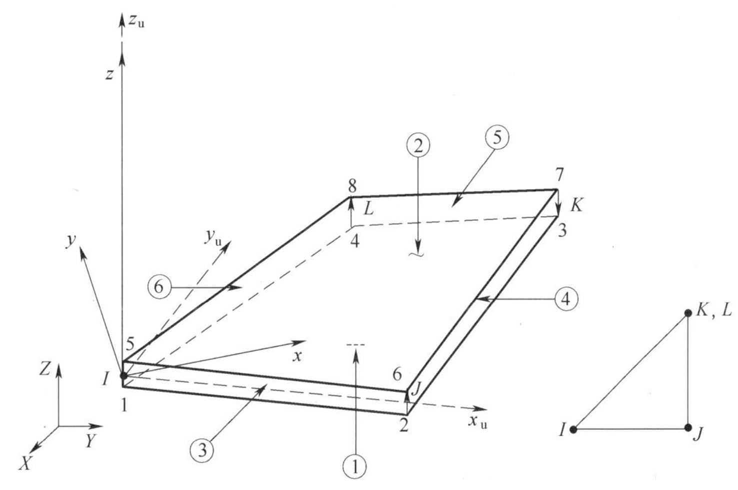

图 1－2－3　Shell63 单元几何模型图

单元定义需要 4 个节点、4 个厚度、1 个弹性地基刚度和正交各向异性的材料。正交各向异性的材料参数的方向依据单元坐标系，在单元的面内，其节点厚度为输入的 4 个厚度，单元的厚度假定为均匀变化。

3. 下桥面正交异性桥面板的模拟

下桥面板为正交异性钢桥面板，在计算模型中只起到传力构件的作用，可以采用 Shell63 单元模拟，Shell63 单元特性如上文所介绍。使用正交异性材料属性来模拟正交异性钢桥面板。

正交异性钢桥面板，即通过密布的纵肋和垂直于纵肋的、分布较疏的横肋来加强钢桥面板。由于纵肋的刚度和横肋的刚度不同，所以在这两个方向上的弹性性能也不相同。

采用正交异性结构的桥面板，其厚度一般不小于 10 mm。加劲肋特别是纵肋的形状，常采用中空的闭口截面肋和开口截面肋两种。前者的壁厚一般为 5～6 mm，间距为 30 cm，横肋的间距为 2～4 m。开口截面肋形式纵肋的间距也为 30 cm，横肋的间距应为 1.2～2.5 m。开口纵肋的断面多为 T 型或 L 型，闭口纵肋为梯形。横肋断面通常采用倒 T 型的组合截面，因上盖板兼作为横肋的上翼缘，故具有工字型截面的功能。

本次计算采用的下桥面正交异性桥面板板厚为 $\delta=12$ mm，纵肋为 L 型角钢 L125×80×8，间距 30 cm；横肋为倒 T 型组合截面，间距为 2 m。另沿桥纵向设置 5 根大纵梁，将车轮荷载传至下横梁。具体构造如图 1－2－4 所示。

ANSYS 中通过使用正交异性材料可以模拟正交异性钢桥面板。为了正确模拟正交异性钢桥面板的受力特性，需要确定桥面板在平面两个方向的刚度。为此计算出桥面板两个方向的刚度，反推弹性模量，使用 MAT 命令定义正交异性材料属性。

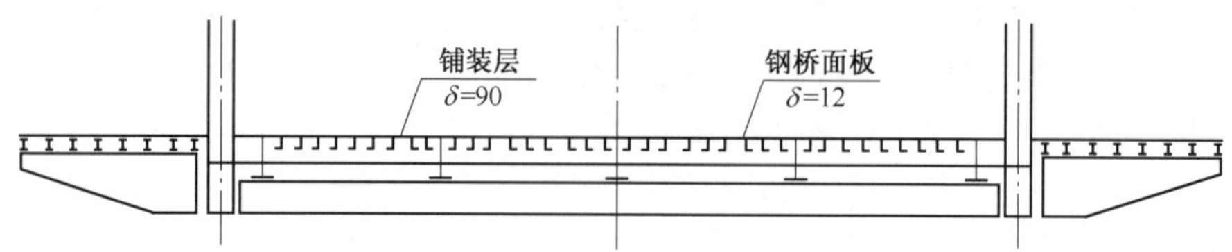

图 1—2—4　正交异性板钢桥面示意图(mm)

(1)正交异性桥面板纵桥向弹性模量 E_x(图 1—2—5)

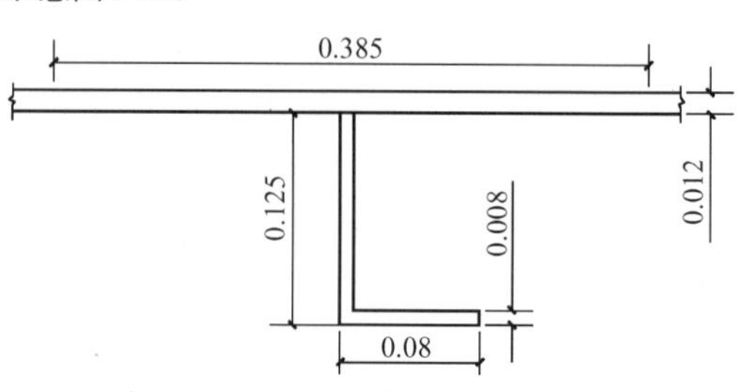

图 1—2—5　柔性支承纵肋截面(m)

因为纵肋有效跨度往往很大,故近似采用 $l_1=\infty$。

则　$\alpha^*=\alpha=0.35$ m

$$\beta=\frac{\pi\times\alpha^*}{l_1}=\frac{3.14\times0.35}{\infty}=0$$

查正交异性桥面板有效宽度表得:

$\beta=0$ 时,$\frac{\alpha_0}{\alpha^*}=1.10$

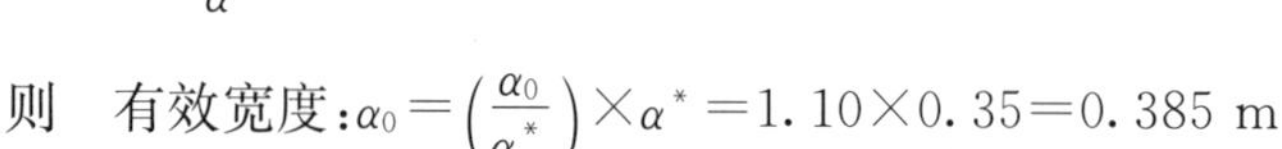

则　有效宽度:$\alpha_0=\left(\frac{\alpha_0}{\alpha^*}\right)\times\alpha^*=1.10\times0.35=0.385$ m

$A_{板}=0.385\times0.012=4.62\times10^{-3}$ m^2

$A_{腹}=(0.125-0.008)\times0.008=0.936\times10^{-3}$ m^2

$A_{翼}=0.08\times0.008=0.64\times10^{-3}$ m^2

$A_{总}=A_{板}+A_{腹}+A_{翼}=6.20\times10^{-3}$ m^2

中性轴位置:

$$\bar{y}=\frac{4.62\times10^{-3}\times(0.125+0.006)+0.936\times10^{-3}\times0.0665+0.64\times10^{-3}\times0.004}{6.20\times10^{-3}}$$

$$=0.108\text{ m}$$

$$I_r=\frac{1}{2}\times0.008\times(0.125-0.008)^3+4.62\times10^{-3}\times(0.125+0.006-0.108)^2+$$

$$0.936\times10^{-3}\times(0.0665-0.108)^2+0.64\times10^{-3}\times(0.004-0.108)^2=1.21\times10^{-5}\text{ m}^4$$

板的抗弯刚度计算公式:

$$D=\frac{Et^3}{12(1-\upsilon^2)}$$

式中　$t^3/12$——单位板宽绕中面的惯性矩;

t——板厚;

υ——泊松比。

由于有效宽度 0.375 m 大于纵肋宽 0.3 m,所以全截面有效,设单位板宽绕中性轴的惯性矩为 $\bar{I}_r$,则

$$\bar{I}_r=\frac{I_r}{0.385}=\frac{1.21\times10^{-5}}{0.385}=3.14\times10^{-5}\text{ m}^4$$

由 $D_x=\frac{E\cdot\bar{I}_r}{1-\upsilon^2}=\frac{E_xt^3}{12(1-\upsilon^2)}$ 可得:

$$E_x=\frac{12E\cdot\bar{I}_r}{t^3}=\frac{12\times206\times10^9\times3.14\times10^{-5}}{0.012^3}=4.49\times10^{13}\text{ N/m}^2$$

(2)正交异性桥面板横桥向弹性模量 E_y(图 1—2—6)。

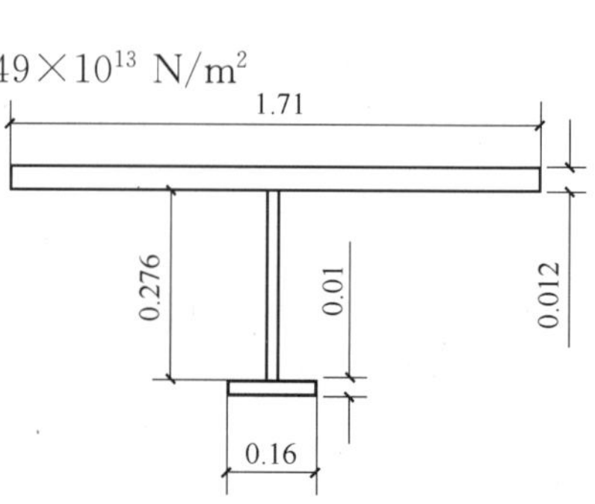

图 1—2—6　柔性支承横肋截面(m)

弹性支撑影响下横肋的有效宽度:

$$b^*=b=15.2\text{ m}$$

$$l^*=l=1.6\text{ m}$$

$$\beta=\frac{\pi l^*}{b^*}=\frac{3.14\times1.6}{15.2}=0.331$$

查正交异性桥面板有效宽度表得 $\beta=0.331$ 时,$\frac{l_0}{l^*}=1.07$

则　$l_0=1.07\times l^*=1.07\times1.6=1.71\ \text{m}$

横肋截面的几何特性有：

$$A_{板}=1.71\times0.012=20.5\times10^{-3}\ \text{m}^2$$

$$A_{腹}=0.276\times0.008=2.21\times10^{-3}\ \text{m}^2$$

$$A_{翼}=0.16\times0.01=1.6\times10^{-3}\ \text{m}^2$$

$$A_{总}=A_{板}+A_{腹}+A_{翼}=24.31\times10^{-3}\ \text{m}^2$$

中性轴位置：

$$\bar{y}=\frac{20.5\times10^{-3}\times(0.01+0.276+0.006)+2.21\times10^{-3}\times0.148+1.6\times10^{-3}\times0.005}{24.31\times10^{-3}}=0.26\ \text{m}$$

$$I_1=\frac{1}{12}\times0.008\times0.276^3+2.21\times10^{-3}\times(0.26-0.01-0.138)^2+20.5\times10^{-3}\times(0.01+0.276-0.06-0.26)^2+1.6\times10^{-3}\times(0.26-0.005)^2=1.67\times10^{-4}\ \text{m}^4$$

设单位板宽绕中性轴的惯性矩为 $\bar{I}_t$，则

$$\bar{I}_t=\frac{I_t}{2}=\frac{1.67\times10^{-4}}{2}=0.84\times10^{-4}\ \text{m}^4$$

$$E_y=\frac{12E\cdot\bar{I}_t}{t^3}=\frac{12\times206\times10^9\times0.84\times10^{-4}}{0.012^3}=1.20\times10^{14}\ \text{N/m}^2$$

4. 桁架下弦和腹杆、下桥面纵横梁的模拟

对于板桁组合结构来说，桁架的下弦和腹杆、下桥面纵横梁的受力比较简单，直接采用梁单元来模拟已经足够，也比较符合实际受力情况，在此次分析中采用的 Beam188 单元模拟。

Beam188 单元适合于分析从细长到中等粗短的梁结构。Beam188 是一阶铁木辛哥梁单元，横向剪切应力在横截面是不变的，也就是说变形后横截面保持平面不发生扭曲。该单元基于铁木辛哥梁结构理论，并考虑了剪切变形的影响。Beam188 是三维线性(2 节点)或者二次梁单元。每个节点有 6 个或者 7 个自由度，自由度的个数取决于 KEYOPT(1)的值。当 KEYOPT(1)＝0(缺省)时，每个节点有 6 个自由度；节点坐标系的 X、Y、Z 方向的平动和绕 X、Y、Z 轴的转动。当 KEYOPT(1)＝1 时，每个节点有 7 个自由度，这时引入了第 7 个自由度(横截面的翘曲)。这个单元非常适合线性、大角度转动和非线性大应变问题。Beam188/Beam189 可以采用 sectype、secdata、secoffset、secwrite 及 secread 定义横截面。本单元支持弹性、蠕变及塑性模型(不考虑横截面子模型)。这种单元类型的截面可以是不同材料组成的组和截面。

该单元的几何形状、节点位置、坐标体系如图 1－2－7 所示，Beam188 由整体坐标系的节点 i 和 j 定义，节点 K 是定义单元方向的所选方式。

本单元支持弹性、蠕变及塑性模型(不考虑横截面子模型)。这种单元类型的截面可以是不同材料组成的组和截面，在分析时，对 Beam188 单元分别赋予不同的截面形状来模拟不同的杆件。要注意的是 Beam188 是一个三节点的梁单元，其中一个节点是方向节点，用于指明截面主轴的方向，ANSYS 默认的主轴方向是 Y 方向。

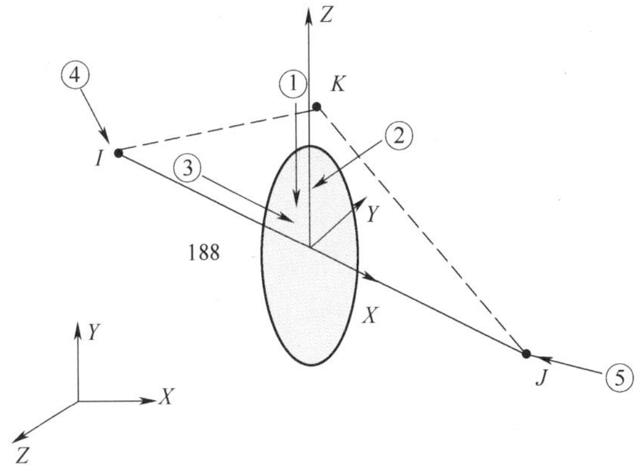

图 1－2－7　Beam188 单元几何模型图

5. 栓钉的模拟

栓钉的模拟是本次数值分析的一个重点，也是难点。对栓钉的模拟应根据分析对象的不同选用不同的单元。一种情况是直接采用实体元 Solid65 单元模拟栓钉，这样便于对单个栓钉的受力特性进行详尽的分析，但是对于板桁组合结构，栓钉数目众多，不可能建立实体元来模拟。也有文献通过梁单元 Beam44 单元来模拟栓钉，这样模拟也存在栓钉数目多、不好建立的缺点。本次研究采用非线性弹簧单元 Combin39 来模拟栓钉，可以模拟板桁组合结构中栓钉对结构的影响，同时提高了建模的效率。

Combin39 是一个具有非线性功能的弹簧单元，可对此单元输入广义的力-变形曲线。该单元可用于任

何分析之中。在一维、二维和三维的应用中，本单元都有轴向或扭转功能。轴向选项（longitudinal）代表轴向拉压单元，每个节点具有 3 个自由度：沿节点坐标系 X、Y、Z 的平动，不考虑弯曲和扭转。扭转选项（torsion）代表纯扭单元，每个节点具有 3 个自由度：绕节点坐标轴 X、Y、Z 的转动，不考虑弯曲和轴向荷载。此单元仅当每个节点有 2 个或者 3 个自由度的时候，才可以具有大位移的功能。

单元的几何形状、节点位置和坐标系如图 1—2—8 所示。

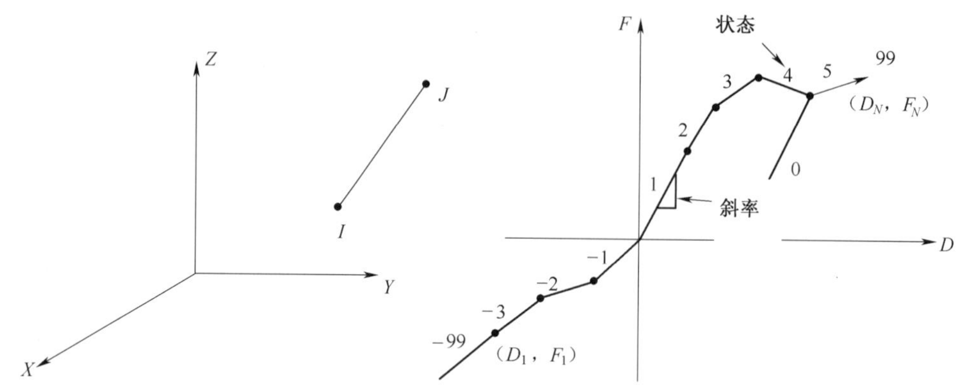

图 1—2—8　Combin39 单元几何特性图

此单元可由 2 个节点和 1 条广义荷载-变形曲线定义。在结构分析中，曲线上的各点[(D_1, F_1)，…]代表力-平动位移关系或者弯矩-转动位移关系。输入的荷载-变形曲线应当是从第三象限（压区）递增至第一象限（拉区）。两个相邻点之间的变形差值与输入的总变形的比值不应小于 1E−7 左右。输入的最后一个变形必须为正值。要避免出现近乎竖直的线段。超出所定义的荷载-变形曲线范围后，荷载-变形关系维持为超出前的最后一段曲线表达的关系，此时状态标志亦等于最后一段的段号。

栓钉的模拟是本次研究的关键，国内外学者对栓钉的模拟主要有实体元模拟、梁元模拟和弹簧元模拟等不同的方法。考虑到需要模拟的栓钉数量很大，且需要变换栓钉的布置，因此采用非线性弹簧单元 Combin39模拟栓钉。通过输入 Q-S 曲线，Combin39 弹簧单元可以很方便的设定混凝土板与钢梁界面上的剪力-滑移关系。ϕ22 栓钉的单钉抗剪承载力 $Q_u = 157.5$ kN，剪力-滑移关系为：$Q = Q_u(1 - e^{-0.702S})^{0.4}$，这里 Q 为剪切力，S 为滑移量，得到 Q-S 曲线如图 1—2—9 所示。分析中不考虑栓钉的上拔力，采用耦合混凝土实体元和钢梁壳元节点在 Y 方向的自由度的方法，实现压力的传递。

2.3.2　边界条件

本研究中采用的是简支板桁组合结构桥梁，在下弦桥梁端部的关键点上通过采用固定桥一端（$z = 50\ 000$ mm）的 UX、UY、UZ、ROTY、ROTZ 自由度，在另一端（$z = 0$ mm）处约束 UY、ROTY、ROTZ 的自由度来模拟简支桥梁。混凝土桥面板与桁架上弦钢箱梁之间耦合 UY 自由度，实现压力的传递。在混凝土和箱梁上的对应节点处加入弹簧单元 Combin39 来模拟销钉的作用。对于桁架腹杆与箱梁的连接、桁架腹杆与下弦的连接，下桥面纵横梁之间的连接均直接采用共用节点的方式。下桥面的正交异性桥面板与下桥面纵横梁之间的连接采用耦合 UY 自由度，在另外两个方向加入弹簧单元来模拟正交异性桥面板的作用。但弹簧单元的 Q-S 曲线需另外确定。

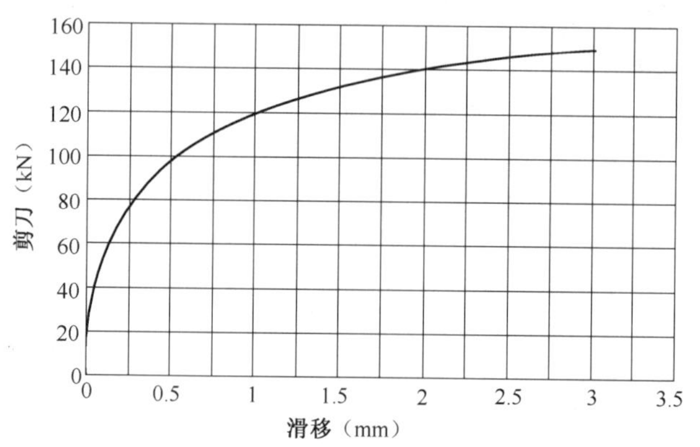

图 1—2—9　栓钉剪力-滑移曲线

2.3.3　材料参数

混凝土采用 C40 等级混凝土，抗压强度 $f_c = 19.1\ \text{N/mm}^2$，不考虑混凝土的抗拉强度，弹性模量 $E_c = 3.25 \times 10^4\ \text{N/mm}^2$，泊松比为 0.25，密度为 2 500 kg/m^3。不考虑混凝土的开裂，即开裂对混凝土刚度的折减。采用理想的弹性应力-应变曲线进行结构的分析。

钢材采用 Q345 钢材，钢材强度 $f_y=300\ \text{N/mm}^2$，弹性模量为 $E_c=2.06\times10^{11}\ \text{N/mm}^2$，泊松比为 0.3，密度为 7 850 kg/m³，采用理想的弹性应力-应变曲线进行结构的分析。

正交异性桥面板采用 Q345 钢材，钢材强度 $f_y=300\ \text{N/mm}^2$，三个方向的弹性模量为 $E_x=4.49\times10^{13}\ \text{N/mm}^2$，$E_y=1.20\times10^{14}\ \text{N/mm}^2$，$E_z=2.06\times10^{11}\ \text{N/mm}^2$，三个方向的泊松比均为 0.3。

2.3.4　网格划分控制

板桁组合结构的模型比较大，涉及单元种类多，单元之间的连接比较复杂，所以必须采用有效的措施对网格的划分进行控制。这主要表现在桁架上弦纵横箱梁直接的连接、混凝土与箱形梁的连接上。

在建立模型时，应充分考虑网格的划分，控制网格的质量和数量。在建立模型时，箱形梁通过一个矩形沿纵向的直线拉伸成面，这样建立的箱形梁的四个面就共用了四条线，在网格划分时就能直接对上，如图 1—2—10所示，这样与四个面用布尔加运算相比，四个面比较独立，便于箱形梁与混凝土接触面的网格独立划分。在划分时为了减少单元数量节省计算机资源，采用箱形梁上的各个面独立网格划分，在 1—1 面精确控制网格形状，使之成为严格的 50 mm×50 mm 的网格，这样有利于在节点处布置销钉，有利于与上面混凝土板的耦合。在其他三个面采用 glue 命令将三块板粘接在一起，glue 命令相当于把三个板焊接在一起，同时使箱形截面的侧边与上边在交界处节点相对应(图 1　2　11)，这是与实际相符合的。然后采用宽为 100 mm的自由网格划分，在不失精度的同时减少了单元数量。

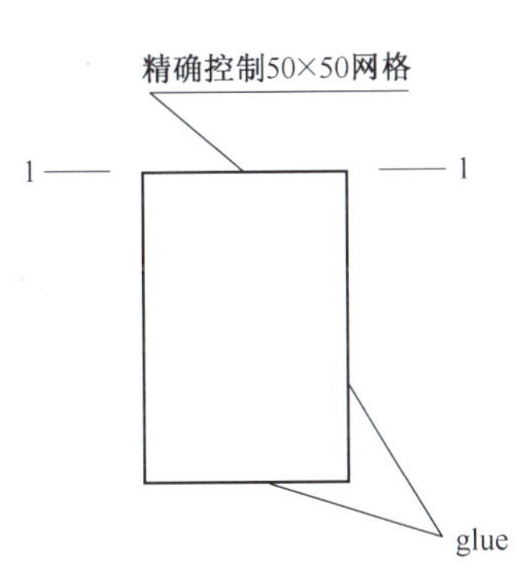

图 1—2—10　箱形梁截面图

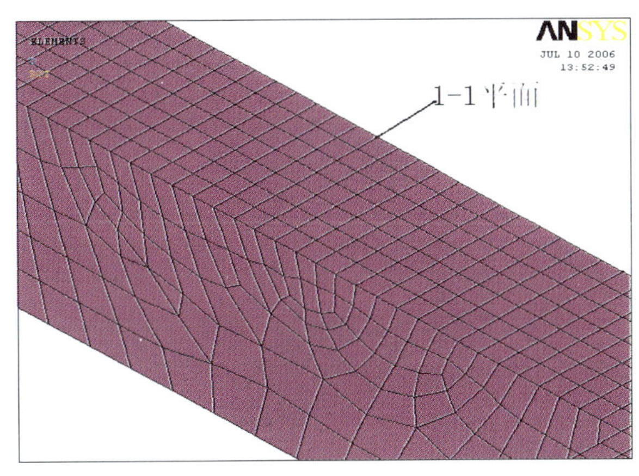

图 1—2—11　1—1 截面网格划分图

在建桁架腹杆和下弦杆时，先通过循环语句生成节点，然后腹杆采用直接两个节点相连的形式建立单元。下弦杆采用循环语句建立单元，这样有效地节省了建模时间。需要注意的是 Beam188 是一个带方向的单元，要注意工字型钢的方向。图 1-2-12 为 Beam188 模拟梁节点示意图。

在划分混凝土时最重要的控制网格数量，为此进行了各种不同网格的尝试，采用 50×50×50 的网格控制时单元总数超过了 100 万个单元，计算机满足不了计算的需要，为此我们采用了 50×50×100 的网格，这样网格数量也有 70 多万，计算机难以计算。最后为了最大地减少单元数量，我们将上桥面混凝土板分为长度为 50 300 mm 和 50 mm 的两个体，前一个体采用 100 mm×100 mm×200 mm 的单元划分，后一个体采用 50 mm×50 mm×200 mm 的单元划分，最后合并节点，成功地减少了单元数量，计算机可以正常计算。

2.3.5　各种单元的连接

在本次分析中，用到了四种不同的单元，分别为 Solid65、Shell63、Beam188 和 Combin39。单元的节点自由度不相同，由此形成的单元刚度矩阵也不相同。单元与单元之间的连接或者共用节点时就必须注意到自由度耦合的问题。

1. Solid65 单元与 Shell63 单元的连接

Solide65 单元与 Shell63 单元的连接实质上就是实体单元与壳体单元的连接问题，空间实体单元的节点自由度只有 3 个，分别为 x、y、z 3 个方向的平动自由度，但是对于 Shell63 壳单元来说，它的每一个节点有 6

图 1—2—12　Beam188 模拟梁节点示意图

个自由度，分别为 x、y、z 3 个方向的平动自由度和 x、y、z 3 个方向的转动自由度。为此，我们进行了两个小的模型验算来推证计算方法的正确性。第一个模型试验如图 1—2—13 所示，是一个实体外面悬出一块壳单元，在壳单元一端加上一个单位力，观察结构的反映。第一次在壳体与实体元连接处建立约束方程，计算结构符合实际。第二次直接采用合并节点，这时计算程序提示该体系是机动体系，无法进行计算。通过小的模型数值试验，可以看出如果不采用约束方程，只能限制相同位置的节点的 3 个方向的位移，而不能传递壳单元中的弯矩，与实际不相符合。

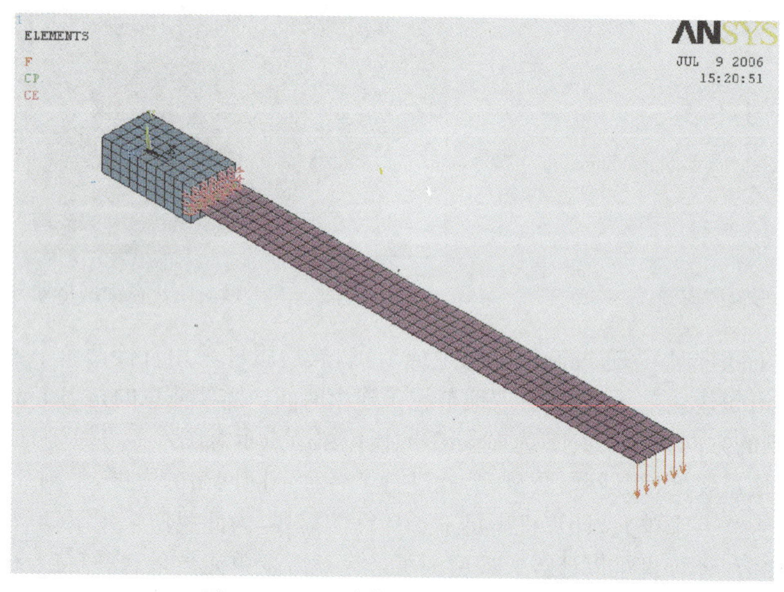

图 1—2—13　实体——壳单元连接图

2. Shell63 单元与 Beam188 单元的连接（图 1—2—14）

Shell63 单元与 Beam188 单元的连接就是壳单元与梁单元的连接。这两种单元连接比较简单。因为 Beam188梁单元的节点也是 6 个自由度，即 x、y、z 3 个方向的平动自由度和 x、y、z 3 个方向的转动自由度。3 个方向的力和 3 个方向的弯矩就可以在两者之间直接传递。这样壳单元和梁单元直接共用节点就可以。

3. Solid65 单元与 shell63 单元的连接

在计算时，先通过不模拟栓钉来进行计算，然后与加入栓钉进行对比，得出板桁组合结构的栓钉对结构受力性能的影响。在不加入栓钉时，在 $y=0$ 的面，即箱形梁上表面和混凝土下表面将节点合并，相当于在相同位置共用节点。这种方案是否可行，我们采用了如图 1—2—15 所示的两端固定的组合结构梁进行分析。结果表明，Solid65 单元与 Shell63 单元共用节点可以正常实现力的传递。

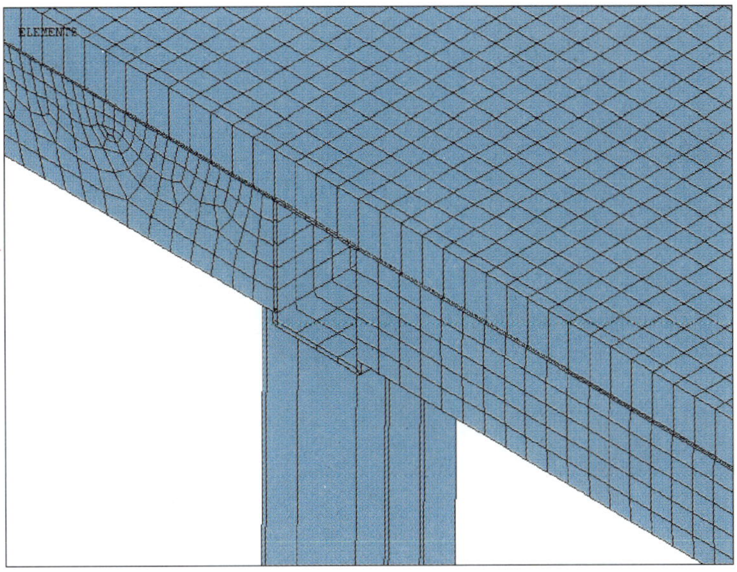

图 1－2－14　Shell63 单元与 Beam188 单元的连接

跨度为 8 000 mm 组合梁，两端固结，受单位 1 的均布载荷，混凝土翼板计算宽度 $b_e=1\ 300$ mm，翼板厚 $h_d=80$ mm，承托厚 $h_c=120$ mm，C20 混凝土，工字钢梁，其截面面积 $A_s=2.95\times10^3$ mm^2，惯性矩 $I_s=25\times10^6$ mm^4，钢材为 Q345(16Mn)，截面如图 1－2－16 所示。

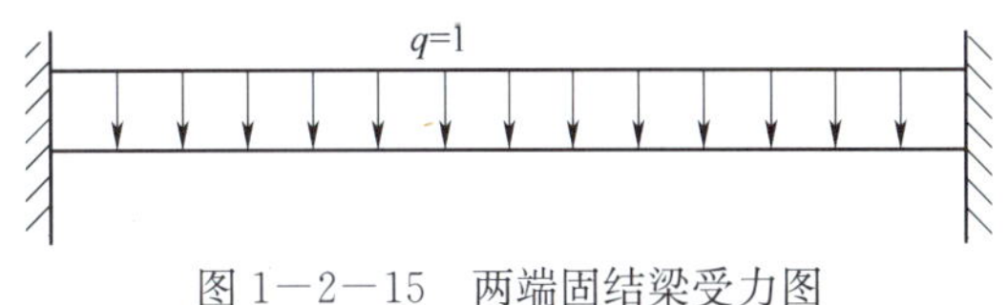

图 1－2－15　两端固结梁受力图

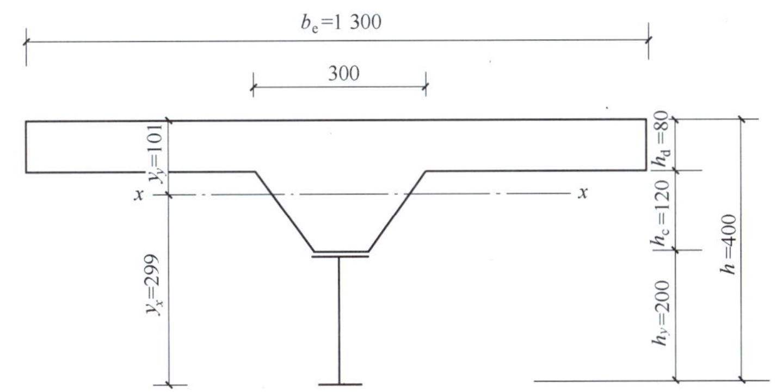

图 1－2－16　组合梁截面图(mm)

在计算机模拟中，对工字型钢梁与板桁组合结构的箱形梁一样采用壳单元 Shell63 单元模拟。上面的混凝土采用实体元 Solid65 模拟。组合梁模型如图 1－2－17 所示。

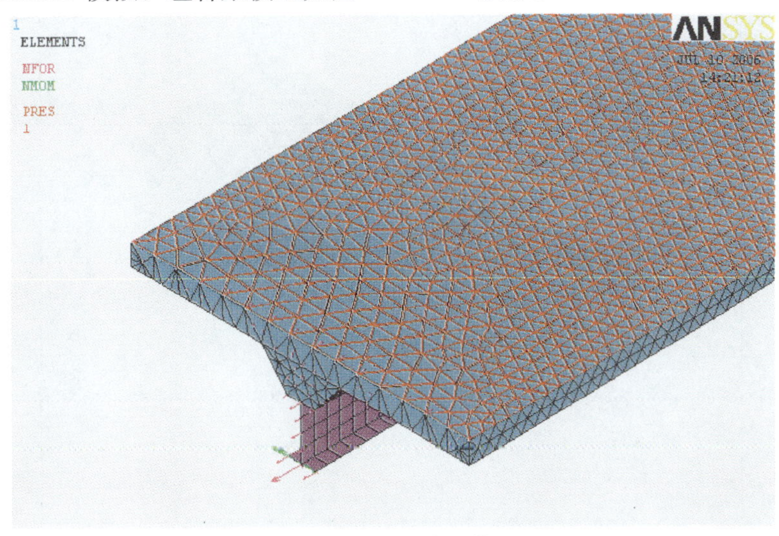

图 1－2－17　组合梁模型图

算得该梁的变形图如图 1—2—18 所示。

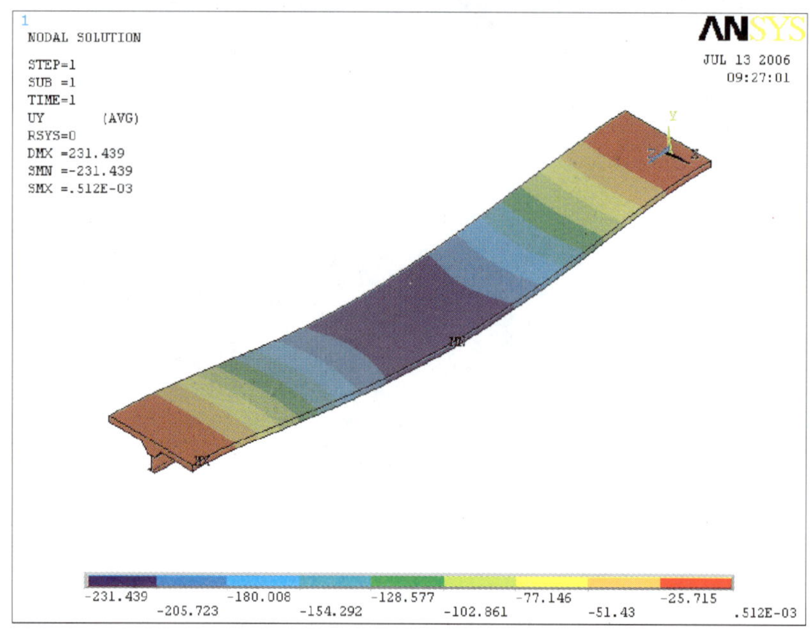

图 1—2—18 组合梁变形图

实验结果对比如表 1—2—1 所示。

表 1—2—1 Ansys 计算与手算对比表

项 目	位 移	跨中应力(Pa)	项 目	位 移	跨中应力(Pa)	项 目	位 移	跨中应力(Pa)
手算	0.215	3.008	Ansys 合并节点	0.231	3.086	相差百分比	7%	2.5%

在钢-混组合结构中,混凝土与钢的接触面的模拟是一个难点,很难找到合理的接触面抗滑移参数。在上面的例子中,采用截面完全抗剪假设,没有考虑接触面的黏结力和栓钉的抗剪力。考虑到在板桁组合结构中接触面将承受巨大的纵向剪力,而混凝土与钢的黏结力所提供的抗剪能力相对栓钉来说较小。假设板桁组合结构模型中混凝土与钢箱梁之间的剪力全部由栓钉承受,因此,只耦合接触面的 Y 方向自由度,以实现压力的传递。在其他两个方向通过加入双向弹簧(X、Z 方向)来模拟抗剪栓钉。

2.3.6 整桥模型图

通过上述工作以后,按照设计图纸,对该板桁结构桥梁进行模型建立。最后得到模型,如图 1—2—19~图 1—2—21 所示。

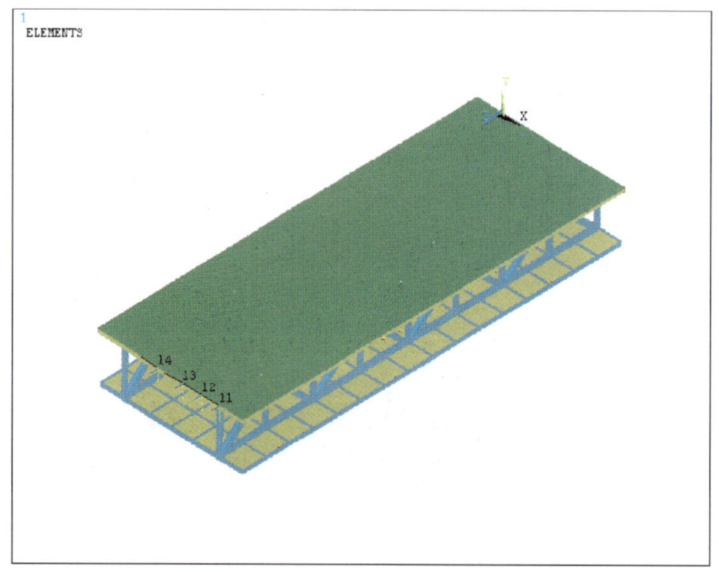

图 1—2—19 整桥模型图

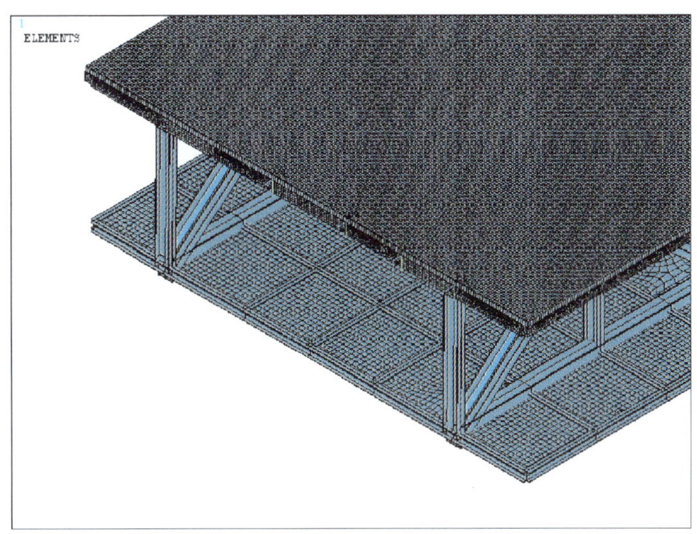

图 1—2—20　桥梁局部模型图

图 1—2—21　模型节点示意图

2.4　计算过程

2.4.1　荷载工况

按照城市桥梁设计荷载标准(CJJ 77—98)中的规定进行荷载的组合和设计，活载按城—A 级车道荷载加载。对于四车道的桥梁，按三、四车队设计时，汽车荷载要按规定折减，但折减后的结果不应小于两车队计算的结果。

1. 恒载

重力荷载采用程序自动计算，重力加速度取 9.8 m/s^2。计算桥面附属设备等外加重力，混凝土刚性护栏断面面积为 0.23 m^2，容重为 25 kN/m^3；9 cm 厚沥青铺装层容重为 23 kN/m^3；隔离墩断面面积为 0.4 m^2。

上桥面附属设备重力转化为均布荷载：

铺装层：2.07 kN/m^2

护栏：0.59 kN/m^2

隔离墩：0.512 kN/m^2

总和：3.173 kN/m^2

下桥面附属设备重力转化为均布荷载：

铺装层：2.07 kN/m^2

护栏：0.59 kN/m^2

桥面板纵肋：0.429 kN/m²

桥面板横肋：0.137 kN/m²

总和：3.226 kN/m²

附属设备重力以均布荷载方式施加于上、下桥面板。

2. 活载

为求最不利荷载位置，计算桁架中部杆件 A4A5、A4E4、E4E5、E4A5 和端部杆件 A8E8、A7E8、E7E8 的影响线，杆件的位置如图 1—2—22 所示。

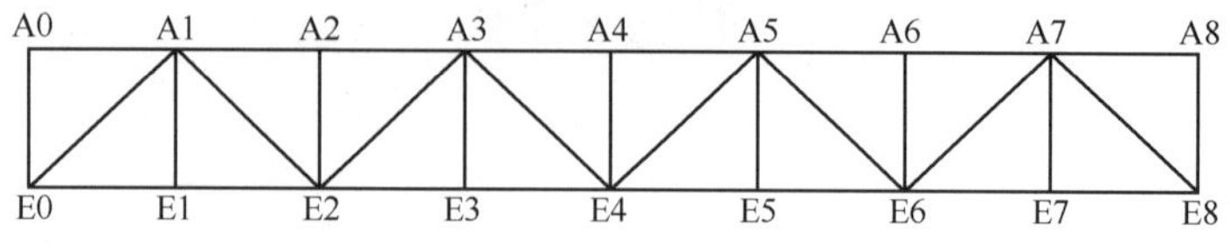

图 1—2—22　50 m 主桁立面图

杆件的影响线如图 1—2—23 所示。

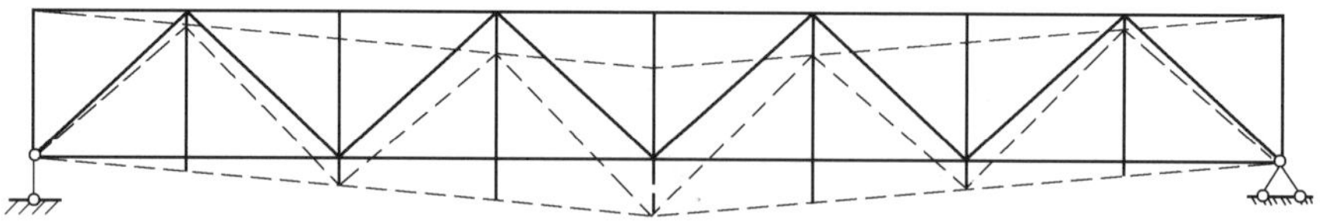

(a) A4A5影响线

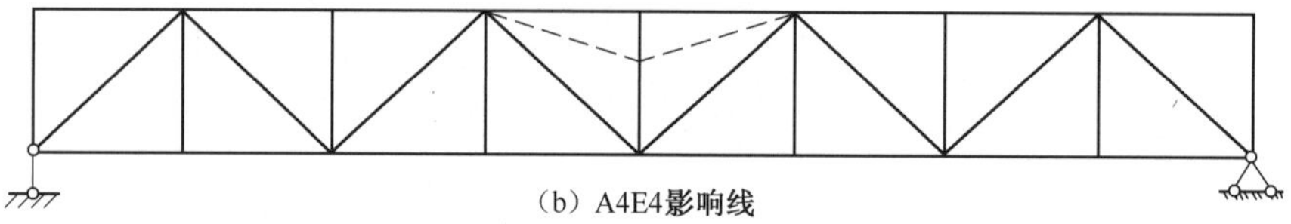

(b) A4E4影响线

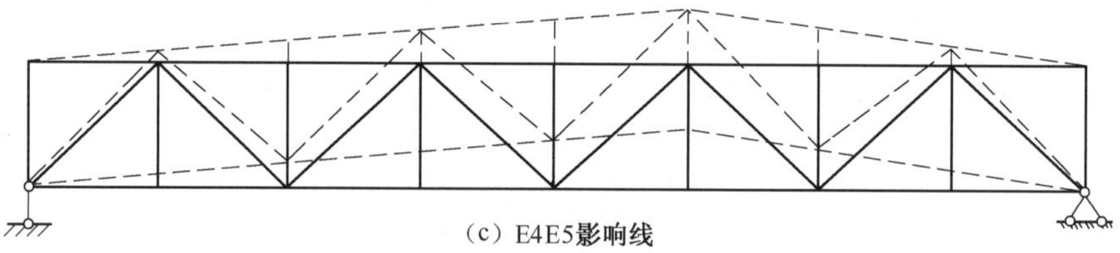

(c) E4E5影响线

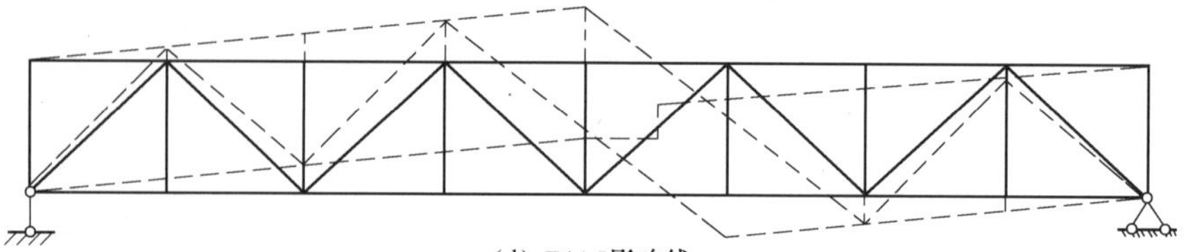

(d) E4A5影响线

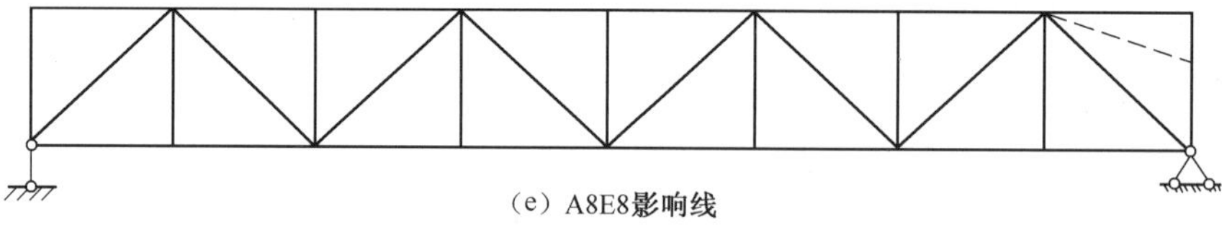

(e) A8E8影响线

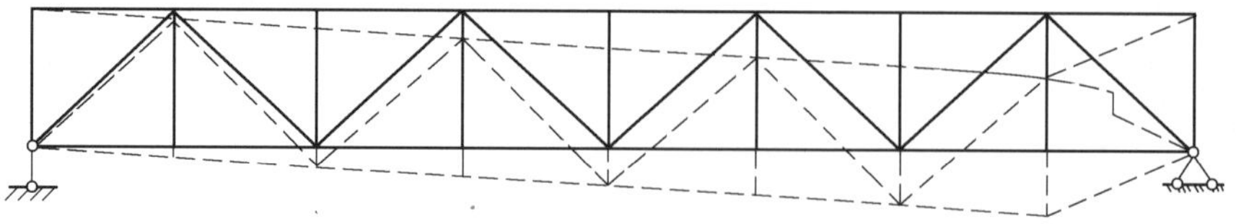

(f) A7E8影响线

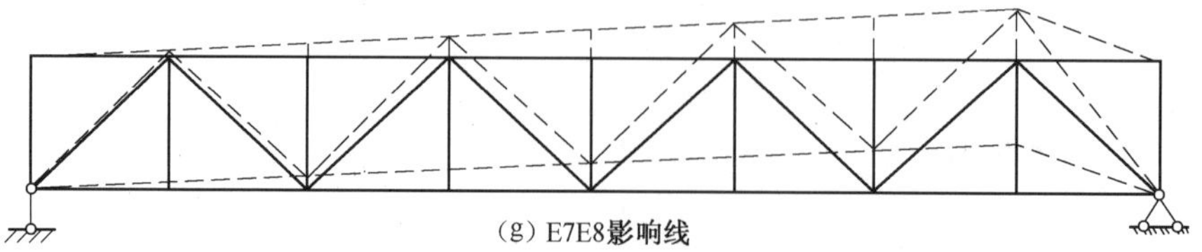

(g) E7E8影响线

图 1—2—23　50 m 杆件影响线

根据影响线在最不利位置进行加载，将城—A 级车道荷载纵向布置分为五种工况，记为 GK1～GK5，如图 1—2—24 所示。

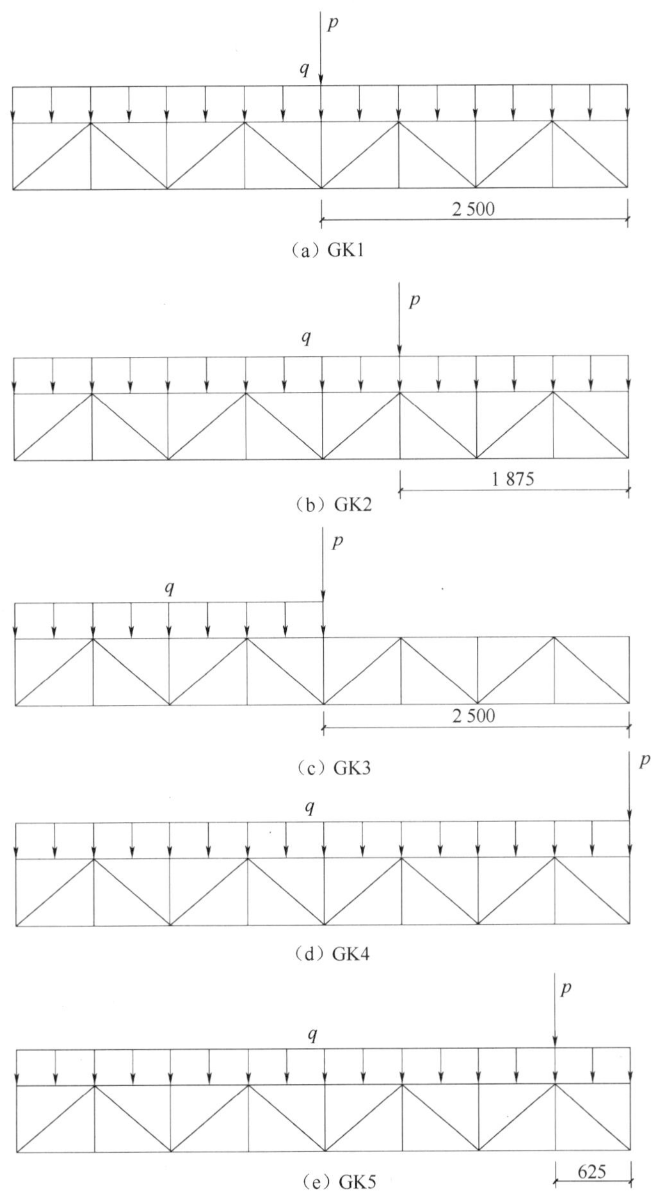

图 1—2—24　50 m 城—A 级荷载纵向布置图(cm)

分别对 GK1～GK5 进行两车道和三车道加载，分别记为工况 GK1—2、GK1—3、GK2—2、GK2—3、GK3—2、GK3—3、GK4—2、GK4—3、GK5—2、GK5—3。冲击系数为 $\mu=\frac{20}{80+l}=\frac{20}{80+48.8}=0.155$，人群荷载为 3.5 kN/m^2。三车道加载时，汽车荷载折减系数为 0.78。荷载横向布置如图 1—2—25 所示。

3. 风荷载

按广州地区，D 类地表设计，距地面高度 $Z=10$ m。

设计基本风速：$V_{10}=31.3$ m/s

横向迎风面积：$A_{wh}=120$ m^2

风速高度变化修正系数：$k_2=0.79$

阵风风速系数：$k_5=1.70$

设计基准风速：$V_d=k_2k_5V_{10}=42.1$ m/s

空气重力密度：$\gamma=0.012\,017e^{-0.000\,12}=0.012\,1$ kN/m^3

设计基准风压：$W_d=\frac{\gamma V_d^2}{2g}=1.1$ kN/m^2

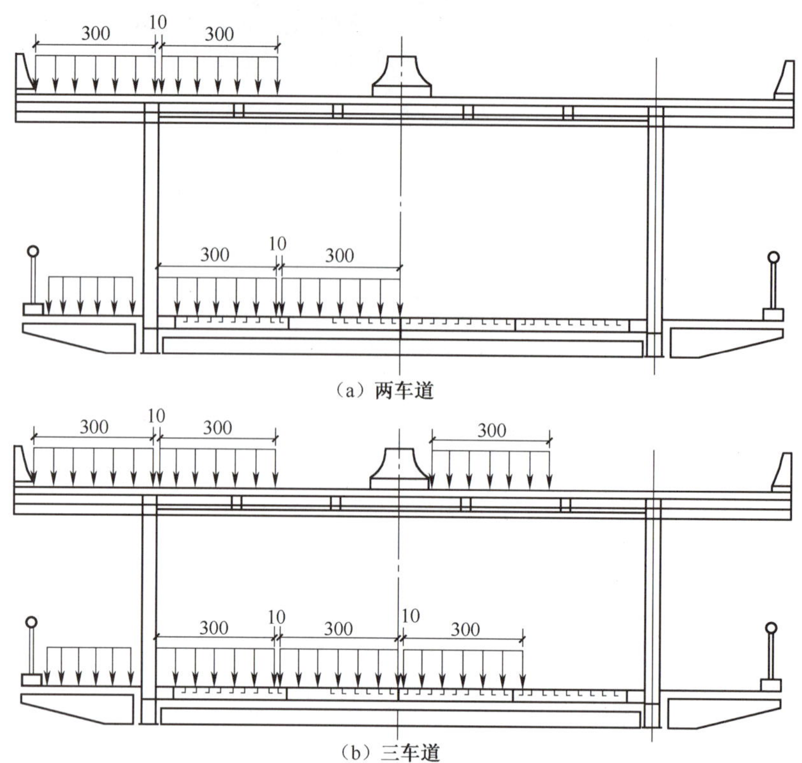

图 1－2－25　50 m 城－A 级荷载横向布置图

设计风速重现期换算系数：$k_0=1.0$

风载阻力系数：$\eta k_1=0.71\times1.7=1.21$

地形、地理条件系数：$k_3=1.0$

所以，横桥向风载标准值为：

$$F_{wh}=\eta k_0 k_1 k_3 W_d A_{wh}=160\ \text{kN}$$

2.4.2　ANSYS 计算

1. 恒、活载组合计算

分为 10 个工况加入恒载（重力）、活载（车道荷载和人群荷载）进行计算，看结构的反应，输出桁架杆件的内力。求得的内力中已经包括杆件二次应力和水平荷载（风荷载）的影响，按照求得的内力控制值，设计杆件截面。

图 1－2－26 为结构在工况 GK2－2 下的位移云图。

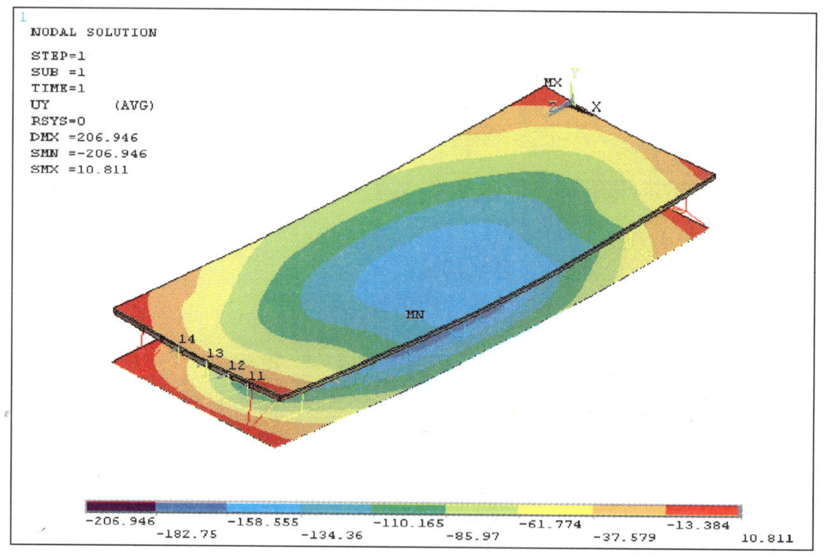

图 1－2－26　工况 GK2－2 结构位移图

图 1—2—27 为混凝土板在工况 GK2—2 下的第一主应力图。

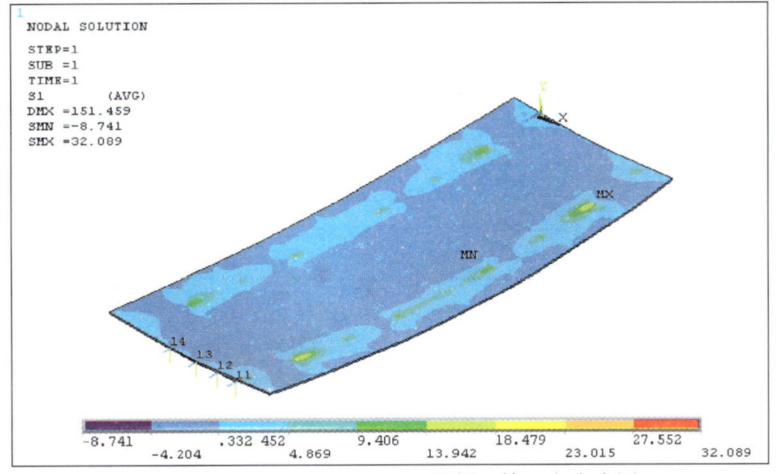

图 1—2—27　工况 GK2—2 混凝土第一主应力图

图 1—2—28 为工况 GK2—2 时，桁架梁元杆件中的第一主应力图。

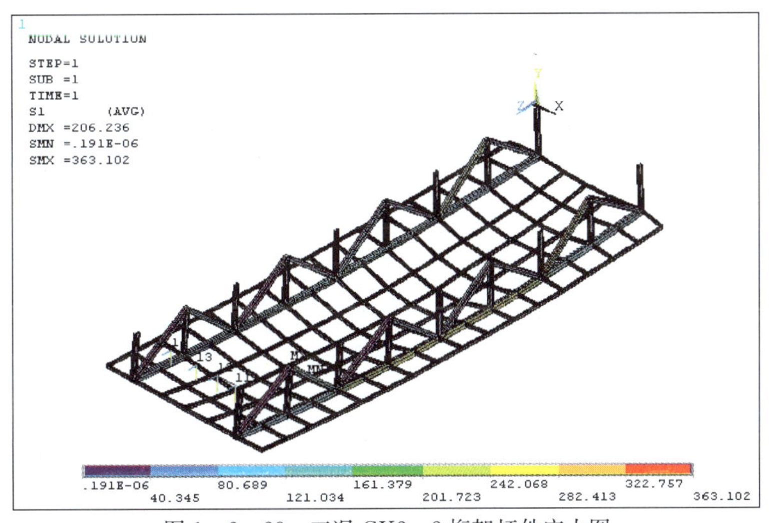

图 1—2—28　工况 GK2—2 桁架杆件应力图

2. 截面设计

(1)竖杆截面设计(表 1—2—2)

表 1—2—2　各工况竖杆内力表(kN)

杆件工况	A8E8	A7E7	A6E6	A5E5	A4E4	A3E3	A2E2	A1E1	A0E0
GK1—2	−865	320	−599	423	−842	240	−641	327	−735
GK1—3	−846	313	−593	417	−810	254	−622	329	−726
GK2—2	−834	414	−557	418	−793	311	−547	421	−802
GK2—3	−820	399	−557	403	−767	301	−544	407	−789
GK3—2	−679	231	−443	183	−823	440	−664	305	−900
GK3—3	−672	234	−446	196	−789	442	−647	311	−875
GK4—2	−1 251	486	−655	231	−676	182	−520	433	−754
GK4—3	−1 203	479	−637	245	−654	190	−516	420	−745
GK5—2	−803	522	−757	315	−583	340	−490	299	−887
GK5—3	−795	503	−731	308	−580	324	−490	297	−863
恒载	−588	342	−389	240	−451	254	−379	370	−536
MAX	1 251	522	−757	423	−842	442	−664	433	−900

按中心受压设计，设 $N=1\ 251\ 000$ N。

①$\lambda=60$，$\varphi=0.705$

$$A_m=\frac{N}{\varphi[\sigma]}=\frac{1\ 251\ 000}{0.705\times 200}=8\ 872\ \text{mm}^2$$

②截面选择(如图 1—2—29 所示)

$$A=16\ 792\ \text{mm}^2>8\ 872\ \text{mm}^2$$

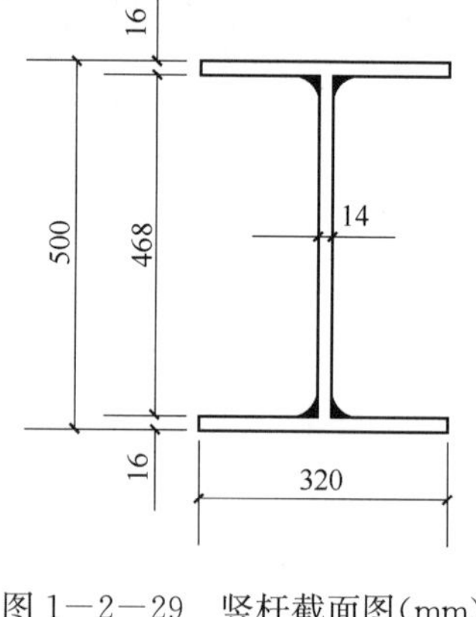

图 1—2—29 竖杆截面图(mm)

③整体稳定性

$$I_x=875\times10^5\ \text{mm}^4$$

$$r_x=\sqrt{\frac{I_x}{A}}=72\ \text{mm}$$

$$\lambda_k=\frac{l_n}{r_x}=\frac{0.8\times5\ 900}{72}=65$$

查表得:$\varphi=0.668$

$$\sigma=\frac{N}{\varphi A}=\frac{1\ 251\ 000}{0.668\times16\ 792}=112\ \text{MPa}<[\sigma]=200\ \text{MPa}$$

④局部稳定性

a. 竖板:$\lambda=65>60,\dfrac{b}{\delta}=\dfrac{160}{16}=10<18$

b. 腹板:$\lambda=65>50,\dfrac{b}{\delta}=\dfrac{468}{14}=33.4<0.5\lambda+5=37.5$

⑤刚度

$$\lambda=65<[\lambda]=100$$

(2)斜杆截面设计(表 1—2—3)

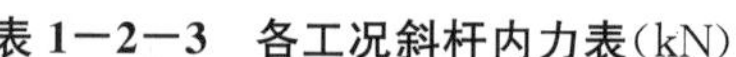

表 1—2—3 各工况斜杆内力表(kN)

杆件工况	E0A1	A1E2	E2A3	A3E4	E4A5	A5E6	E6A7	A7E8
GK1—2	−6 633	5 035	−2 938	1 598	1 174	−3 120	5 150	−6 693
GK1—3	−6 522	4 943	−2 892	1 535	1 149	−3 051	5 068	−6 581
GK2—2	−6 820	4 907	−3 092	1 493	1 196	−3 143	5 033	−6 865
GK2—3	−6 684	4 835	−3 012	1 454	1 184	−3 054	4 965	−6 733
GK3—2	−6 495	4 939	−2 776	778	1 906	−2 971	4 452	−5 594
GK3—3	−6 391	4 836	−2 723	769	1 825	−2 917	4 399	−5 546
GK4—2	−6 071	4 131	−2 426	1 332	908	−2 158	4 332	−6 514
GK4—3	−5 975	4 100	−2 396	1 288	890	−2 156	4 280	−6 400
GK5—2	−5 992	4 509	−2 912	1 323	624	−2 224	4 784	−7 058
GK5—3	−5 915	4 448	−2 838	1 309	649	−2 209	4 718	−6 900
恒载	−4 682	3 053	−1 914	682	695	−1 898	3 098	−4 640
MAX	−6 820	5 035	−3 092	1 598	1 906	−3 143	5 150	−7 058

①对边斜杆 A7E8,设 $N=7\ 058\ 000$ N。

a. 设 $\lambda=60,\varphi=0.705$

$$A_m=\frac{N}{\varphi[\sigma]}=\frac{7\ 058\ 000}{0.705\times200}=50\ 057\ \text{mm}^2$$

b. 截面选择(图 1—2—30)

$$A=54\ 072\ \text{mm}^2>56\ 738\ \text{mm}^2$$

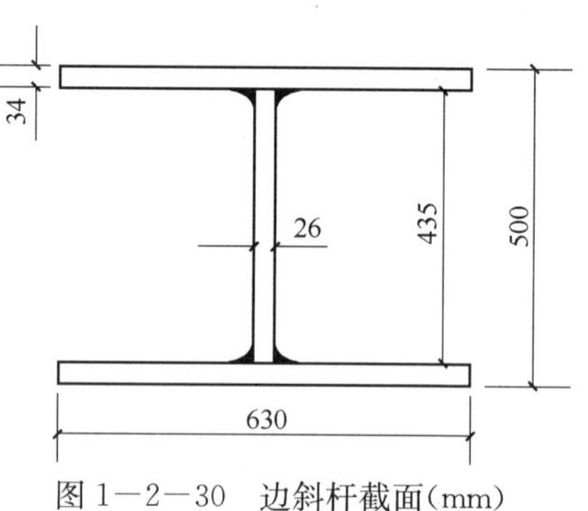

图 1—2—30 边斜杆截面(mm)

c. 整体稳定性

$$I_x=142\times10^7\ \text{mm}^4$$

$$r_x=\sqrt{\frac{I_x}{A}}=162\ \text{mm}$$

$$\lambda_k=\frac{l_n}{r_x}=\frac{0.9\times8\ 595}{162}=47.8$$

查表得:$\varphi=0.789$

$$\sigma=\frac{N}{\varphi A}=\frac{7\ 058\ 000}{0.789\times54\ 072}=165\ \text{MPa}<[\sigma]=200\ \text{MPa}$$

d. 局部稳定性

(a)竖板：$\lambda=48<60$

$$\left[\frac{b}{\delta}\right]=0.2\lambda=9.6<12$$

$$\frac{b}{\delta}=\frac{315}{34}=9.3<9.6$$

(b)腹板：$\lambda=47.8<50$

$$\frac{b}{\delta}=\frac{432}{26}=16.6<30$$

e. 刚度

$$\lambda<[\lambda]=100$$

②对其余斜杆，设 $N=3\ 143\ 000$ N 控制，按中心压杆设计，对受拉斜杆要验算疲劳强度。

a. 设 $\lambda=60$，$\varphi=0.705$

$$A_{\mathrm{m}}=\frac{N}{\varphi[\sigma]}=\frac{3\ 143\ 000}{0.705\times200}=22\ 291\ \mathrm{mm}^2$$

b. 截面选择(图 1—2—31)

$$A=26\ 680\ \mathrm{mm}^2>22\ 291\ \mathrm{mm}^2$$

c. 整体稳定性

$$I_x=325\times10^6\ \mathrm{mm}^4$$

$$r_x=\sqrt{\frac{I_x}{A}}=110\ \mathrm{mm}$$

$$\lambda_{\mathrm{k}}=\frac{l_{\mathrm{n}}}{r_x}=\frac{0.8\times8\ 595}{110}=62.3$$

查表得：$\varphi=0.688$

$$\sigma=\frac{N}{\varphi A}=\frac{3\ 143\ 000}{0.688\times26\ 680}=171\ \mathrm{MPa}<[\sigma]=200\ \mathrm{MPa}$$

d. 局部稳定性

(a)竖板：$\lambda=62.3>60$

$$\frac{b}{\delta}=\frac{230}{20}=11.5<18$$

(b)腹板：$\lambda=62.3>50$

$$\left[\frac{b}{\delta}\right]=0.5\lambda+5=36.2<45$$

$$\frac{b}{\delta}=\frac{460}{18}=25.6<36.2$$

e. 刚度

$$\lambda=63.5<[\lambda]=100$$

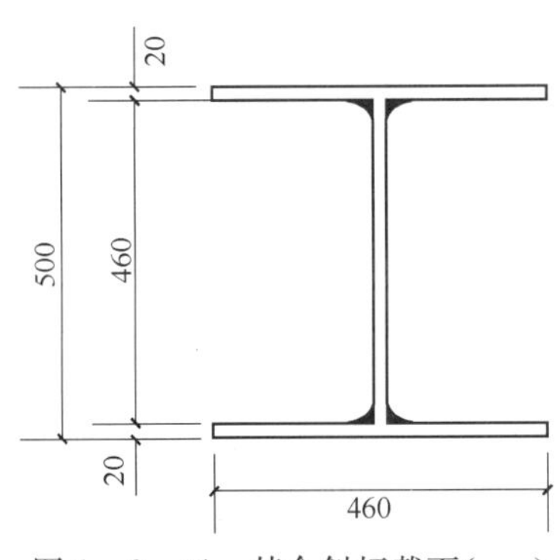

图 1—2—31　其余斜杆截面(mm)

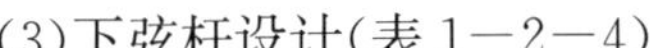

(3)下弦杆设计(表 1—2—4)

表 1—2—4　各工况下弦杆内力表(kN)

杆件工况	E0E1	E1E2	E2E3	E3E4	E4E5	E5E6	E6E7	E7E8
GK1—2	3 695	3 817	9 945	10 090	10 576	10 765	4 723	4 934
GK1—3	3 648	3 768	9 790	9 933	10 388	10 573	4 644	4 850
GK2—2	3 815	3 933	10 081	10 234	10 624	10 809	4 853	5 061
GK2—3	3 757	3 873	9 904	10 052	10 420	10 602	4 759	4 963
GK3—2	3 677	3 782	9 729	9 858	9 149	9 316	3 911	4 105
GK3—3	3 637	3 743	9 569	9 697	9 041	9 206	3 880	4 071
GK4—2	3 441	3 545	8 587	8 712	9 184	9 346	4 647	4 817
GK4—3	3 394	3 496	8 491	8 615	9 064	9 225	4 563	4 731
GK5—2	3 326	3 423	9 132	9 263	9 941	10 131	5 037	5 219
GK5—3	3 295	3 391	8 997	9 125	9 773	9 958	4 923	5 102
恒载	548	512	4 252	4 296	4 487	4 870	1 690	2 464
MAX	3 815	3 933	10 081	10 234	10 624	10 809	5 037	5 219

按拉杆设计，$S=10\ 809\ 000$ N，$S_1=4\ 870\ 000$ N。

①求$[\sigma_n]$

$$\rho=\frac{4\ 870\ 000}{10\ 809\ 000}=0.45$$

$$[\sigma_n]=\frac{165}{1-0.6\rho}=\frac{165}{1-0.6\times0.45}=225\ \text{MPa}>[\sigma]$$

取$[\sigma_n]=200$ MPa。

②求所需的净截面积

$$A_j=\frac{S}{[\sigma]}=\frac{10\ 809\ 000}{200}=54\ 045\ \text{mm}^2$$

③截面选择(图 1—2—32)

$$A=74\ 400\ \text{mm}^2$$

每侧有 8 排栓孔，$d=29$ mm。

$$\Delta A=2\times8\times30\times29=13\ 920\ \text{mm}^2$$

$$A_j=A-\Delta A=60\ 480\ \text{mm}^2>53\ 745\ \text{mm}^2$$

④刚度

$$I_x=308\times10^7\ \text{mm}^4$$

$$l_n=6\ 250\ \text{mm}$$

$$r_x=\sqrt{\frac{I_x}{A}}=203.5\ \text{mm}$$

$$\lambda_k=\frac{l_n}{r_x}=\frac{6\ 250}{203.5}=30.7<100$$

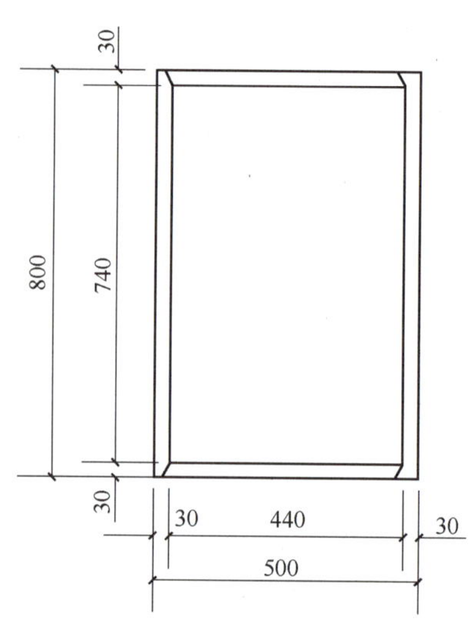

图 1—2—32　下弦杆截面(mm)

3. 截面调整后的计算结果

按照第 2.4.2 节所设计的杆件截面重新建立模型，调整杆件截面按照 GK2—2 计算，位移显著减小，杆件应力减小，经验算各杆件均符合《公路桥涵钢结构及木结构设计规范》(JTJ 025—86)。

图 1—2—33 为调整截面后结构在工况 GK2—2 时的位移云图。

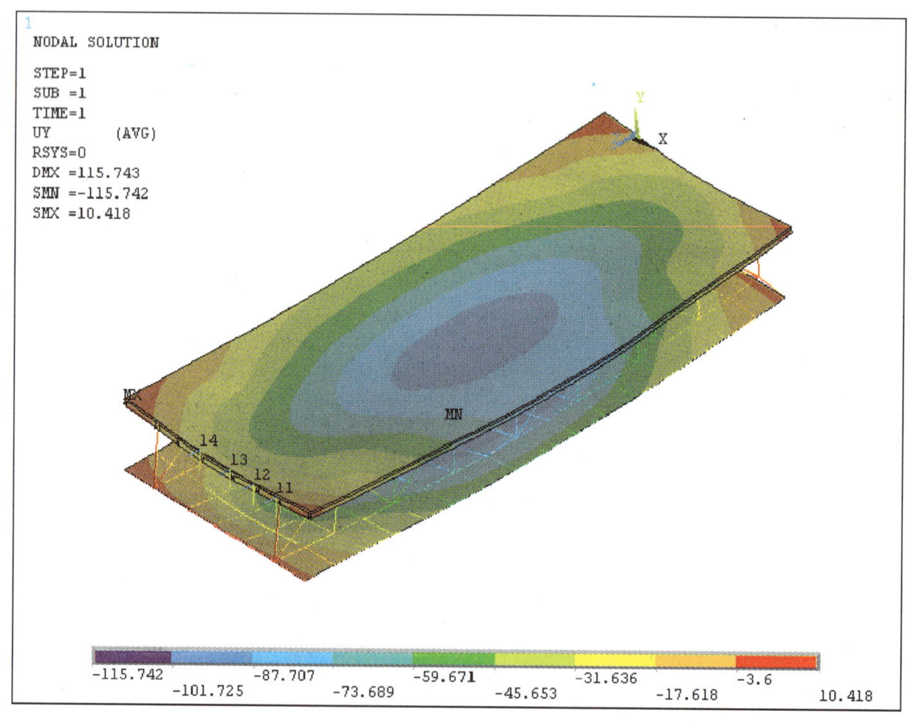

图 1—2—33　杆件截面调整后工况 GK2—2 结构位移图

图 1—2—34 为调整截面后混凝土板在工况 GK2—2 时的第一主应力图。

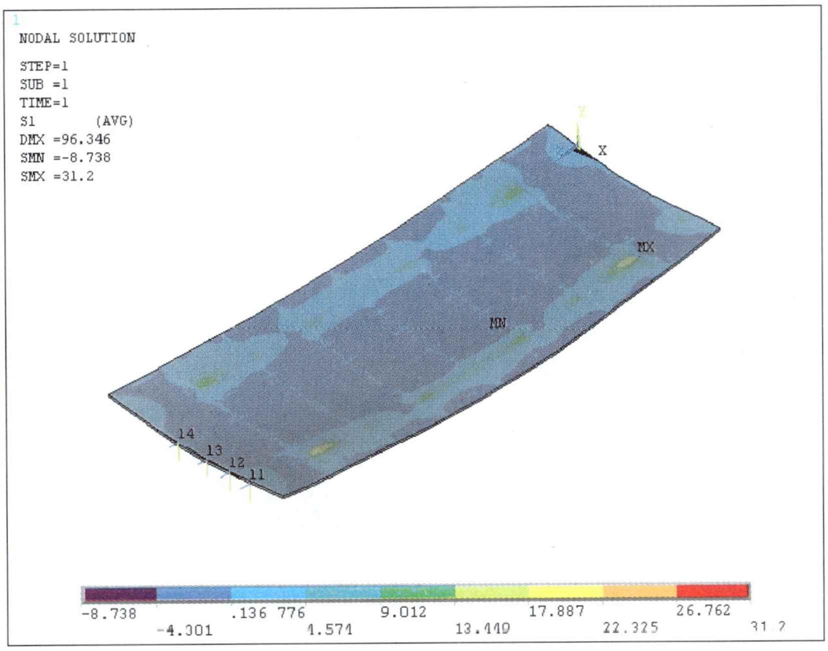

图 1—2—34　调整截面后混凝土第一主应力图

图 1—2—35 为调整截面后桁架梁元杆件在工况 GK2—2 时的第一主应力图。

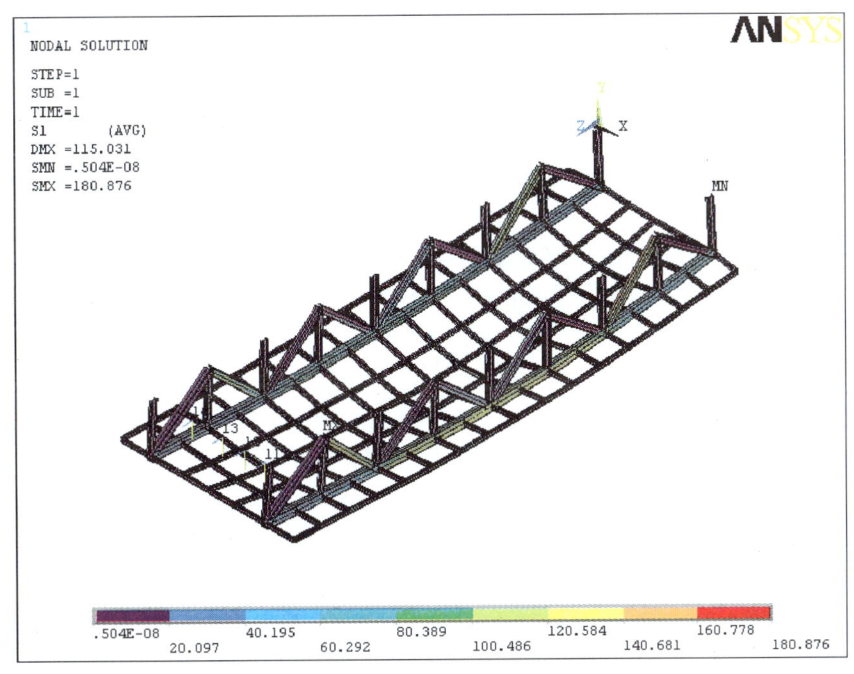

图 1—2—35　调整截面后桁架杆件第一主应力图

2.5　其他跨径模型与计算

上述 50 m 模型采用实体元 Solid65 模拟混凝土桥面板，壳元 Shell63 模拟桁架上弦和上桥面纵横梁，弹簧元 Combin39 模拟抗剪连接件，充分考虑了栓钉的布置方式、剪力连接件剪力-滑移作用，同时可以得到混凝土板局部的应力场。

如果按照相同的模型对 30 m 和 70 m 的板桁组合结构桥梁进行计算，建模过程复杂，计算耗时太大。参考有关文献，在满足一定的抗剪条件下，混凝土板有效翼缘宽度受抗剪连接件的连接程度影响较小。所以，在研究板桁组合结构混凝土板有效宽度的时候，可以忽略剪力连接件的滑移作用。同时，在进行组合梁整体受力分析和计算杆件内力的时候，忽略刚性连接件和柔性连接件对结构承载力的影响，用简化的梁壳模型来取代复杂的实体元模型，以达到降低建模难度，充分利用计算资源的目的。

因此，不考虑栓钉滑移对结构的影响，取而代之在上桥面纵横梁节点和上弦节点处采用大刚度短杆与混凝土板相连，来模拟混凝土板与钢梁之间的栓钉连接，短杆的长度取上弦高度的一半和混凝土桥面板板厚一半之和。采用 Shell63 壳单元模拟混凝土桥面板和下桥面正交异性板，Beam188 梁单元模拟桁架弦杆与腹杆、上下桥面纵横梁、桥门架和下平纵联。

30 m 和 70 m 整桥模型如图 1—2—36、图 1—2—37 所示。

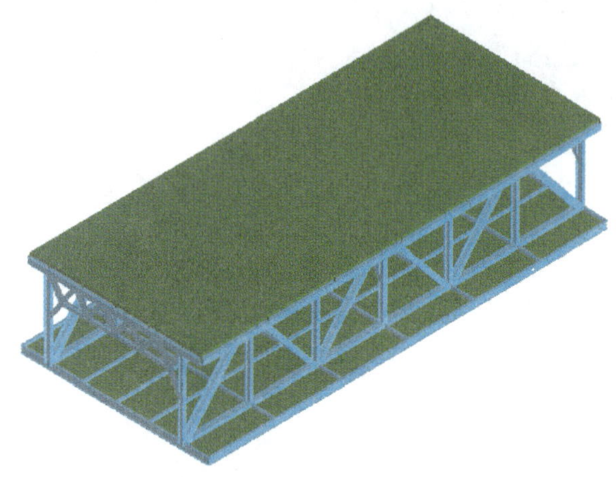

图 1—2—36　30 m 整桥模型

图 1—2—37　70 m 整桥模型

2.5.1　30 m 截面设计

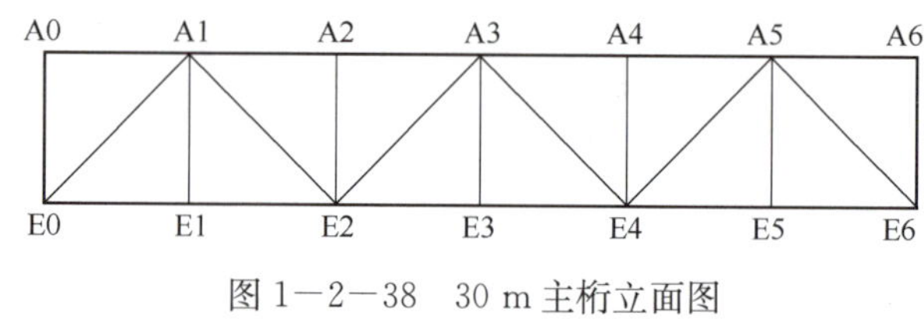

图 1—2—38　30 m 主桁立面图

按照城市桥梁设计荷载标准(CJJ 77—98)中的规定进行荷载的组合和设计，活载按城—A 级车道荷载加载。

为求最不利荷载位置，计算桁架中部杆件 A3A4、A3E3、E3E4、E4A3 和端部杆件 A6E6、A5E6、E5E6 的影响线，杆件的位置如图 1—2—38 所示。

杆件的影响线如图 1—2—39 所示。

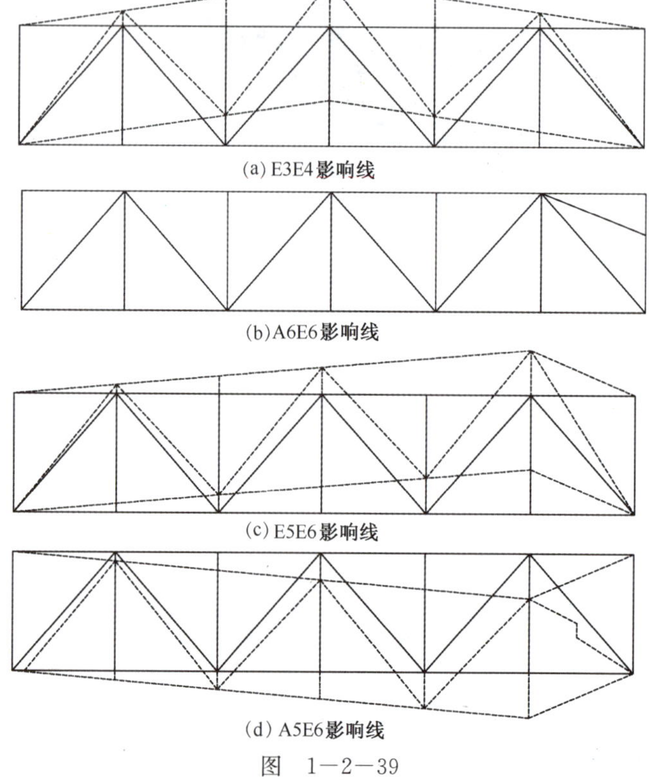

图　1—2—39

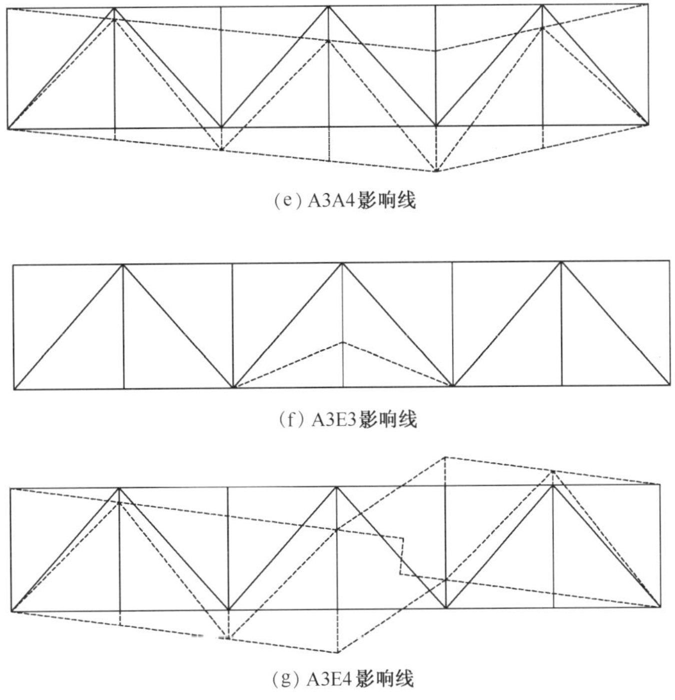
(e) A3A4影响线

(f) A3E3影响线

(g) A3E4影响线

图 1—2—39　30 m 杆件影响线

将城—A 级车道荷载纵向布置分为五种工况,记为 GK1~GK5,根据影响线在最不利位置进行加载,如图 1—2—40 所示;横向布置与 50 m 一致,如图 1—2—25 所示。

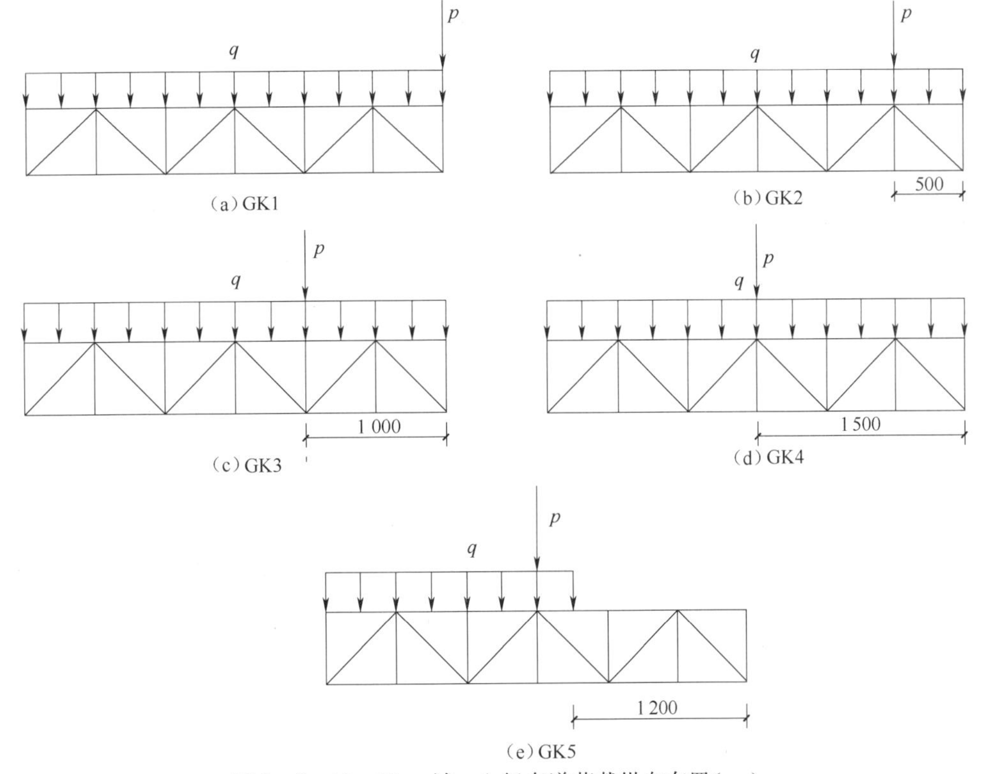

(a) GK1　(b) GK2　(c) GK3　(d) GK4　(e) GK5

图 1—2—40　30 m 城—A 级车道荷载纵向布置(cm)

各工况的杆件内力如表 1—2—5~表 1—2—8 所示。

表 1—2—5　30 m 各工况竖杆内力表(kN)

杆件工况	A0E0	A1E1	A2E2	A3E3	A4E4	A5E5	A6E6
GK1—2	—438	317	—386	224	—366	330	—1 030
GK1—3	—431	308	—376	251	—358	320	—970

续上表

杆件工况	A0E0	A1E1	A2E2	A3E3	A4E4	A5E5	A6E6
GK2—2	—449	323	—381	190	—416	586	—492
GK2—3	—442	314	—371	233	—416	549	—502
GK3—2	—463	324	—354	276	—778	407	—433
GK3—3	—453	312	—351	329	—707	404	—433
GK4—2	—473	306	—419	421	—414	301	—440
GK4—3	—459	303	—418	458	—414	299	—437
GK5—2	—462	303	—428	419	—330	166	—344
GK5—3	—449	300	—426	446	—339	172	—344
恒载	—318	178	—292	153	—292	172	—318
MAX	—473	324	—428	458	—778	586	—1 030

表 1—2—6　30 m 各工况斜杆内力表(kN)

杆件工况	A1E0	A1E2	A3E2	A3E4	A5E4	A5E6
GK1—2	—3 394	1 942	—672	—604	1 855	—3 437
GK1—3	—3 337	1 919	—663	—596	1 836	—3 395
GK2—2	—3 638	2 174	—915	—322	1 855	—4 415
GK2—3	—3 570	2 140	—897	—343	1 881	—4 267
GK3—2	—3 898	2 421	—1 194	—348	2 614	—4 371
GK3—3	—3 814	2 378	—1 141	—394	2 533	—4 269
GK4—2	—4 165	2 704	—1 163	—1 105	2 634	—4 075
GK4—3	—4 068	2 627	—1 084	—1 047	2 579	—4 004
GK5—2	—3 953	2 502	—947	—1 272	2 470	—3 469
GK5—3	—3 863	2 431	—878	—1 199	2 417	—3 437
恒载	—2 283	1 292	—453	—453	1 296	—2 280
MAX	—4 165	2 704	—1 194	—1 272	2 634	—4 415

表 1—2—7　30 m 各工况上弦杆内力表(kN)

杆件工况	A0A1	A1A2	A2A3	A3A4	A4A5	A5A6
GK1—2	754	—1 720	—1 226	—1 259	—1 752	734
GK1—3	740	—1 694	—1 207	—1 242	—1 730	714
GK2—2	821	—1 851	—1 277	—1 591	—2 103	912
GK2—3	803	—1 820	—1 257	—1 550	—2 060	891
GK3—2	888	—2 005	—1 363	—1 768	—2 309	934
GK3—3	865	—1 970	—1 346	—1 708	—2 240	912
GK4—2	938	—2 231	—1 555	—1 580	—2 206	910
GK4—3	911	—2 176	—1 524	—1 540	—2 158	892
GK5—2	880	—2 117	—1 509	—1 341	—1 945	787
GK5—3	855	—2 065	—1 479	—1 315	—1 909	779
恒载	494	—1 168	—844	—844	—1 168	495
MAX	938	—2 231	—1 555	—1 768	—2 309	934

表 1—2—8　30 m 各工况下弦杆内力表(kN)

杆件工况	E0E1	E1E2	E2E3	E3E4	E4E5	E5E6
GK1—2	2 051	2 067	3 787	3 801	2 213	2 227
GK1—3	2 028	2 043	3 743	3 757	2 187	2 200
GK2—2	2 193	2 210	4 242	4 259	2 863	2 878
GK2—3	2 162	2 179	4 178	4 194	2 766	2 781
GK3—2	2 325	2 343	4 723	4 744	2 831	2 843
GK3—3	2 300	2 318	4 635	4 655	2 764	2 776
GK4—2	2 463	2 483	5 031	5 049	2 623	2 639
GK4—3	2 448	2 467	4 913	4 931	2 578	2 593
GK5—2	2 350	2 368	4 641	4 657	2 225	2 240
GK5—3	2 341	2 359	4 540	4 556	2 205	2 220
恒载	1 430	1 441	2 590	2 600	1 469	1 478
MAX	2 463	2 483	5 031	5 049	2 863	2 878

根据求得的内力控制值，计算 30 m 杆件截面如图 1—2—41 所示。

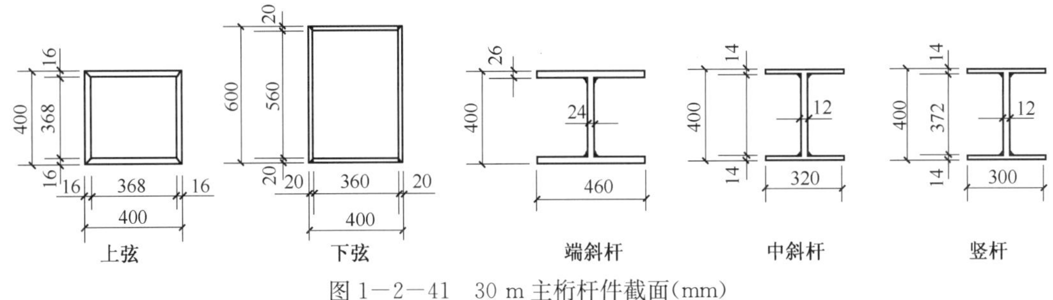

图 1—2—41　30 m 主桁杆件截面(mm)

2.5.2　70 m 截面设计

按照城市桥梁设计荷载标准(CJJ 77—98)中的规定进行荷载的组合和设计，活载按城—A 级车道荷载加载。

为求最不利荷载位置，计算桁架中部杆件 A7A8、A7E7、E7E8、E8A7 和端部杆件 A14E14、A13E14、E13E14 的影响线，杆件的位置如图 1—2—42 所示。

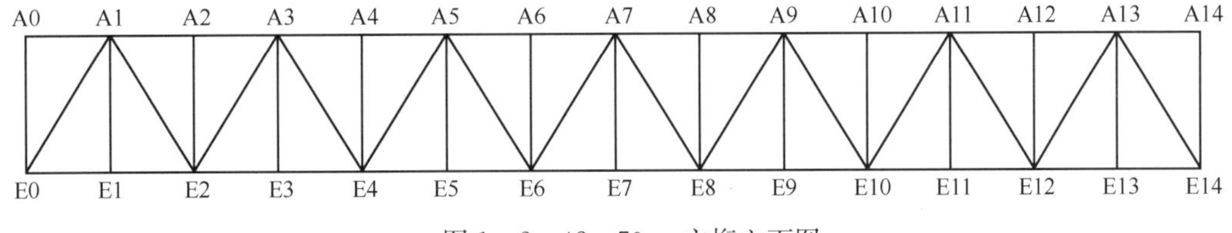

图 1—2—42　70 m 主桁立面图

杆件的影响线如图 1—2—43 所示。

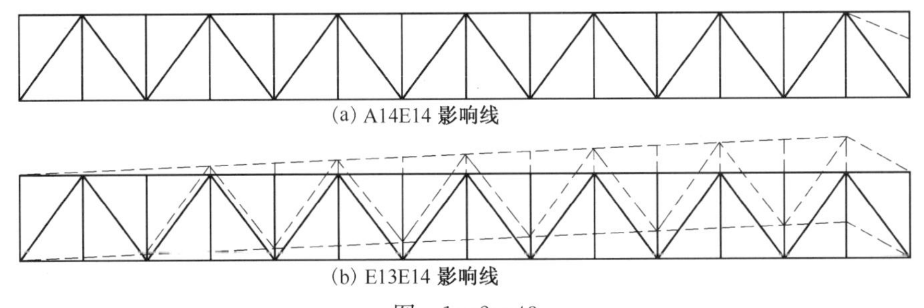
(a) A14E14 影响线

(b) E13E14 影响线

图　1—2—43

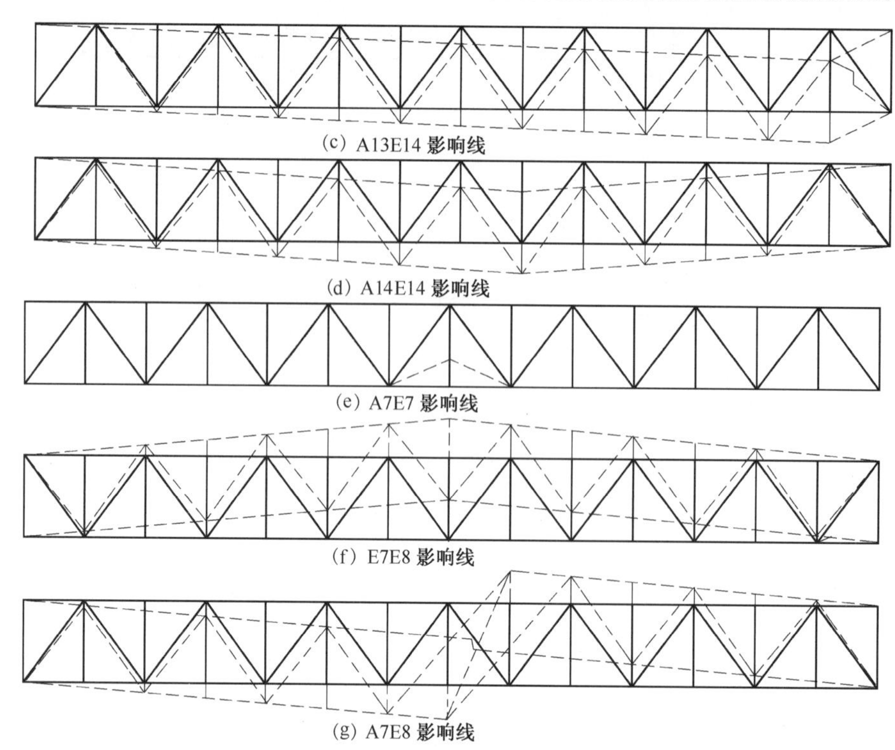
(c) A13E14 影响线
(d) A14E14 影响线
(e) A7E7 影响线
(f) E7E8 影响线
(g) A7E8 影响线

图 1—2—43　70 m 杆件影响线

根据影响线在最不利位置进行加载，将城—A 级车道荷载纵向布置分为五种工况，记为 GK1～GK5，如图 1—2—44 所示；横向布置与 50 m 一致，如图 1—2—25 所示。

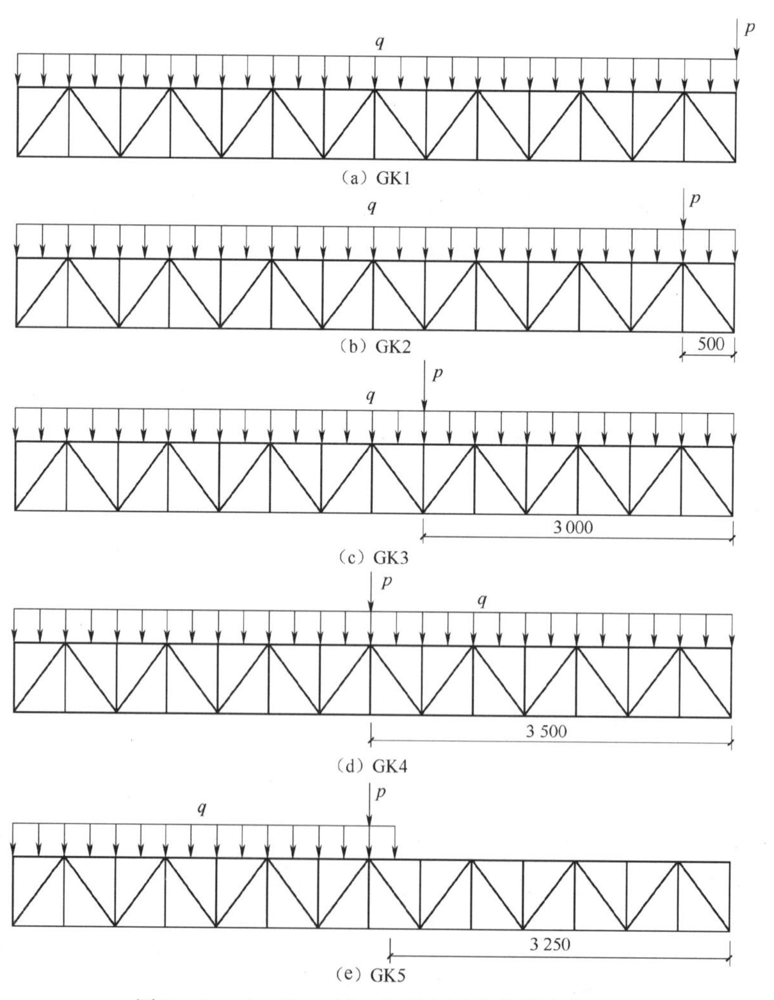

(a) GK1
(b) GK2
(c) GK3
(d) GK4
(e) GK5

图 1—2—44　70 m 城—A 级车道荷载纵向布置

各工况的杆件内力(半桥跨)如表 1—2—9～表 1—2—12 所示。

表 1—2—9　70 m 各工况竖杆内力表(kN)

竖杆工况	A14E14	A13E13	A12E12	A11E11	A10E10	A9E9	A8E8	A7E7
GK1—2	−1 197	497	−396	75	−540	−40	−573	−203
GK1—3	−1 126	488	−390	76	−535	−42	−568	−135
GK2—2	−700	791	−466	45	−541	−51	−576	−224
GK2—3	−697	751	−468	54	−536	−53	−571	−151
GK3—2	−659	500	−422	46	536	1	−999	−207
GK3—3	−641	495	−415	44	−539	4	−934	−97
GK4—2	−652	497	−423	53	−549	−105	−624	162
GK4—3	−635	493	−416	53	−546	−100	−629	125
GK5—2	−483	328	−319	−28	−426	−179	−509	181
GK5—3	−477	330	−320	−28	−430	−171	−523	145
恒载	−433	298	−321	19	−411	−66	−433	−90
MAX	1 197	791	−468	76	−549	−179	−999	−224

表 1—2—10　70 m 各工况斜杆内力表(kN)

斜杆工况	A13E14	A13E12	A11E12	A11E10	A9E10	A9E8	A7E8
GK1—2	−8 480	6 194	−5 008	4 230	−2 511	1 944	−119
GK1—3	−8 341	6 209	−5 028	4 263	−2 546	1 989	−156
GK2—2	−8 580	6 299	−4 845	4 115	−2 384	1 843	−6
GK2—3	−8 439	6 362	−4 898	4 157	−2 429	1 897	−50
GK3—2	−9 126	6 903	−5 687	4 971	−3 222	2 515	364
GK3—3	−8 954	6 926	−5 719	5 011	−3 240	2 525	253
GK4—2	−9 234	6 799	−5 582	4 855	−3 092	2 647	−518
GK4—3	−9 056	6 828	−5 620	4 899	−3 135	2 678	−515
GK5—2	−8 577	5 575	−4 767	4 334	−3 061	2 889	−1 169
GK5—3	−8 425	5 616	−4 803	4 366	−3 083	2 884	−1 120
恒载	−5 636	4 438	−3 620	3 070	−1 875	1 477	−190
MAX	−9 234	6 926	−5 719	5 011	−3 240	2 889	−1 169

表 1—2—11　70 m 各工况下弦杆内力表(kN)

下弦杆工况	E7E8	E8E9	E9E10	E10E11	E11E12	E12E13	E13E14
GK1—2	15 671	14 574	14 858	10 806	11 164	4 274	4 666
GK1—3	15 761	14 614	14 903	10 810	11 173	4 265	4 661
GK2—2	15 976	15 021	15 310	11 422	11 790	4 952	5 352
GK2—3	16 072	15 057	15 351	11 411	11 783	4 874	5 277
GK3—2	17 721	16 587	16 891	11 924	12 316	4 562	4 992
GK3—3	17 827	16 620	16 931	11 932	12 330	4 547	4 982
GK4—2	18 000	16 204	16 516	11 712	12 106	4 490	4 920
GK4—3	18 077	16 268	16 585	11 731	12 132	4 478	4 914
GK5—2	16 063	13 662	13 945	9 466	9 820	3 485	3 869
GK5—3	16 108	13 747	14 034	9 525	9 884	3 503	3 892
恒载	11 293	10 391	10 602	7 631	7 894	2 943	3 229
MAX	18 077	16 620	16 931	11 932	12 330	4 952	5 352

表 1—2—12 70 m 各工况上弦杆内力表(kN)

上弦杆工况	A13A14	A12A13	A11A12	A10A11	A9A10	A8A9	A7A8
GK1—2	2 162	−2 991	200	−2 750	−833	−2 234	−1 651
GK1—3	2 153	−2 988	216	−2 749	−812	−2 239	−1 632
GK2—2	2 609	−3 333	−53	−2 818	−924	−2 233	−1 701
GK2—3	2 598	−3 315	−18	−2 819	−901	−2 242	−1 682
GK3—2	2 544	−3 089	407	−3 058	−835	−2 729	−2 151
GK3—3	2 544	−3 086	426	−3 062	−816	−2 711	−2 102
GK4—2	2 510	−3 048	397	−2 979	−774	−2 683	−1 935
GK4—3	2 513	−3 047	417	−2 984	−754	−2 679	−1 906
GK5—2	2 036	−2 391	507	−2 432	−398	−2 419	−1 492
GK5—3	2 050	−2 406	514	−2 446	−396	−2 412	−1 479
恒载	1 646	−1 995	231	−1 926	−529	−1 588	−1 119
MAX	2 609	−3 333	514	−3 062	−924	−2 729	−2 151

根据求得的内力控制值,计算 70 m 杆件截面如图 1—2—45 所示。

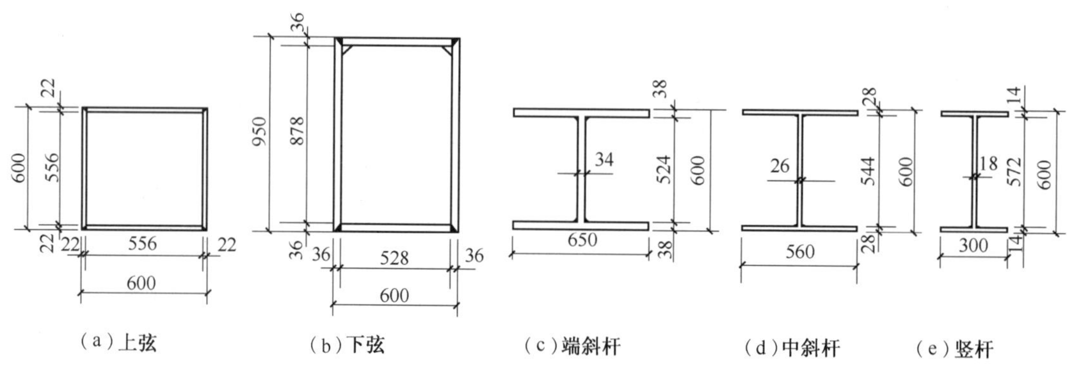

图 1—2—45 70 m 主桁杆件截面(mm)

第 3 章　桥梁整体受力性能

3.1　混凝土板厚度的影响

在板桁组合结构中，混凝土板不但承担着行车道板的作用，而且还是桁架上弦的一部分，参与结构共同受力，为研究混凝土板对结构受力特性的影响，改变板桁组合结构上层桥面混凝土的厚度，观察结构的反映。

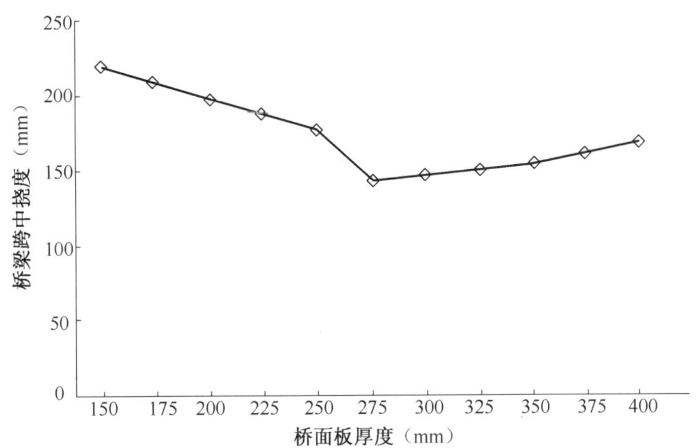

图 1—3—1　桥梁跨中恒、活载挠度与桥面板厚度的关系

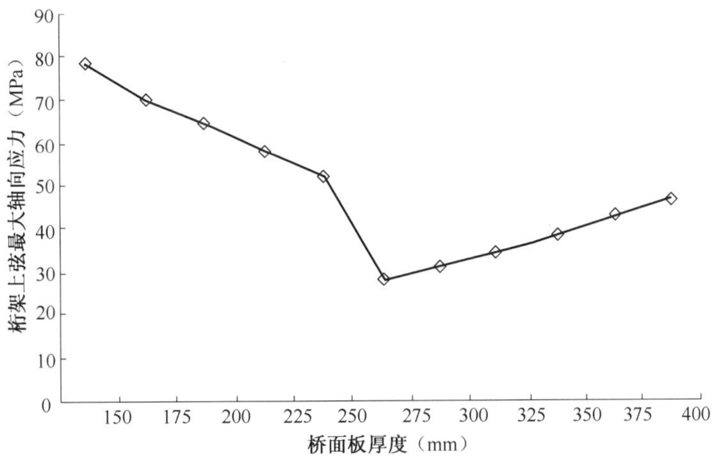

图 1—3—2　桁架上弦最大轴向应力与桥面板厚度关系

如图 1—3—1、图 1—3—2 所示，从桥面板厚度-跨中挠度曲线可以看出，结构的位移不是单纯的随着混凝土厚度增加而增加的，随着混凝土桥面板厚度的增加，在一定范围内，结构的跨中挠度和主桁弦杆中的轴向应力不断减小，但桥面板厚度增加到一定值后，随着混凝土桥面板厚度的增加，结构跨中挠度和板中的应力反而呈增大的趋势。另外对于确定的钢纵横梁，存在一个最优桥面板混凝土厚度，定义混凝土桥面板最优厚度是在截面确定的钢纵横梁下，板桁组合结构在荷载条件下对结构影响最小时的混凝土厚度。

因此在板桁组合结构的设计中，要合理确定混凝土桥面板厚度和钢桁主梁、钢纵梁的尺寸，以达到各构件充分受力。对于确定的钢纵横梁截面，存在一个最优桥面板混凝土厚度。定义混凝土桥面板最优厚度是在杆件截面确定的情况下，板桁组合结构在荷载条件下对结构影响最小时的混凝土厚度。

3.2 构件承担的荷载比例

设板桁组合结构纵向某一截面处桥面混凝土板受的力为 F_c，将其换算成等效钢截面的换算面积为 A_c；上桥面主桁受力为 F_1，截面面积为 A_1；上桥面纵梁受的力为 F_2，截面总面积为 A_2。下桥面主桁受力 F_{B1}，截面面积为 A_{B1}；下桥面纵梁受的力为 F_{B2}，截面面积为 A_{B2}。腹杆的轴力为 F_W，根据力的平衡关系可得(图1—3—3)：

$$F_c+F_1+F_2=F_{B1}+F_{B2}+F_W\cos\alpha$$

定义系数 η_c、$\eta_{1\sim4}$、β_c、β_1、β_{B1} 如下：

$$\eta_c=F_c/F_c+F_1+F_2$$

$$\eta_1=F_1/F_c+F_1+F_2$$

$$\eta_2=F_2/F_c+F_1+F_2$$

$$\eta_3=F_{B1}/(F_{B1}+F_{B2})$$

$$\eta_4=F_{B2}/(F_{B1}+F_{B2})$$

$$\beta_c=A_c/(A_c+A_1+A_2)$$

$$\beta_1=A_1/(A_c+A_1+A_2)$$

$$\beta_{B1}=A_{B1}/(A_{B1}+A_{B2})$$

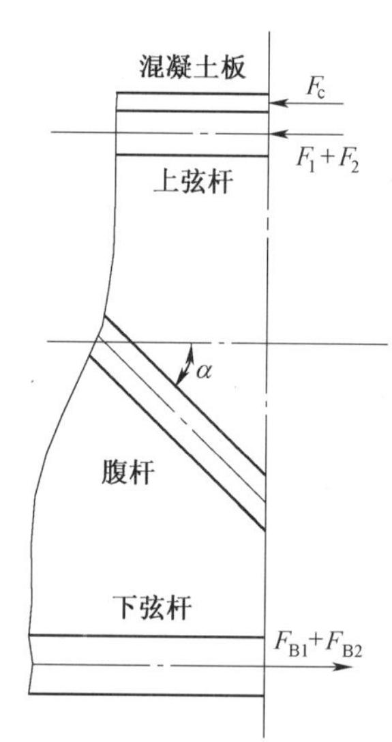

图1—3—3　主梁断面轴力图

其中，系数 η_c 反映了混凝土桥面板受力占桥面板、上弦主梁、纵梁纵向合力的比例；系数 η_1 反映了上弦主梁占桥面板、上弦主梁、纵梁纵向合力的比例；系数 η_2 反映了纵梁受力占桥面板、上弦主梁、纵梁纵向合力的比例；系数 β_{B1} 反映了下弦主梁占下弦主梁、下纵梁纵向合力的比例；系数 β_{B2} 反映了下纵梁占下弦主梁、下纵梁纵向合力的比例；A_c、A_1、A_2 之和即为板桁组合结构中由混凝土桥面板、上弦主梁，纵梁组成的等效上弦杆截面积，系数 β_c 反映了桥面板换算截面面积占等效上桥面截面面积的比例系数，系数 β_1 反映了上弦主梁占等效上桥面截面面积的比例系数，系数 β_{B1} 反映了下弦主梁占等效下桥面截面面积的比例系数。通过有限元分析，在恒载、城—A级车道活载的共同作用下，各截面上构件承担的纵向合力及荷载比例如表1—3—1所示。

表1—3—1　板桁组合结构各构件承担的纵向合力及荷载比例

计算内容	特征截面		
	跨中截面	1/4 跨截面	支座截面
F_c(kN)	10 270	7 968	38 776
F_1(kN)	1 366	1 006	84 262
F_2(kN)	1 693	1 329	25 394
F_{B1}(kN)	1 301	6 448	6 451 100
F_{B2}(kN)	120	77	19 096
η_c(%)	77.0	77.3	26.1
η_1(%)	10.3	9.8	56.8
η_2(%)	12.7	12.9	17.1
η_3(%)	99.0	99.8	99.7
η_4(%)	1.0	0.2	0.3
β_1(%)	73.7	—	—
β_2(%)	10.5	—	—
β_{B1}(%)	76.8	—	—

从表1—3—1中可以看出，除支座截面外，即弯矩较小的截面，混凝土承担的上弦轴向力占了结构上弦轴力的70%以上，即桥面板承担了上弦大部分的轴向力。混凝土除受力以外，对协同纵梁共同受力起着举

足轻重的作用。加了混凝土的上弦纵梁，在截面为 10%左右时，分担了相应的 10%的力，这表明将板桁组合结构向平面桁架结构简化时，可以直接把钢纵梁的面积加入等效上弦杆面积中。下桥面纵梁所分担的力仅为下弦总拉力的 5%，下弦主梁承担 95%以上的内力。因此在设计时，可不考虑下桥面系及下平联对下弦内力的分担作用。

3.3　桁架刚度的影响

板桁组合结构中，混凝土板的厚度相对于整个组合截面的高度来说小的多，钢桁架截面占据了整个组合梁截面的相当大的一部分面积，同时，由于钢桁架的刚度本身很大，所以钢桁架的刚度是影响桥梁整体刚度的主要因素。为了研究板桁组合结构桥梁桁架上、下弦杆和腹杆刚度对桥梁整体刚度的影响，本节采用 70 m 有限元模型，通过改变桁架上、下弦和腹杆的材料特性来研究桥梁整体刚度的变化。

首先将弦杆刚度依次缩小为原来的 1/3、1/2 和放大为原来的 1.5 倍、2 倍、2.5 倍、3 倍、4 倍、5 倍，分别计算在恒载作用下，跨中挠度在弦杆刚度变化时的规律。从图 1—3—4 中可以看到，单纯改变上弦杆刚度对桥梁挠度的影响不大，上弦刚度从 $\frac{1}{3}EI$ 变为 $5EI$ 对应的挠度仅降低了 16.1%。而下弦刚度的改变对桥梁跨中挠度的影响明显，下弦刚度的随着弦杆刚度的增加（从 $\frac{1}{3}EI$ 增加到 $5EI$），桥梁挠度减小了 62.4%。同时，注意到随着下弦刚度增大，桥梁挠度在一开始的下降速率非常快，刚度由 $\frac{1}{3}EI$ 增加到 $2EI$，挠度下降了 53.9%；从 $2EI$ 增加到 $5EI$，挠度仅下降 8.5%。说明跨中挠度对下弦取刚度值非常敏感，但最后总是稳定于某一个常数附近即收敛于某值。

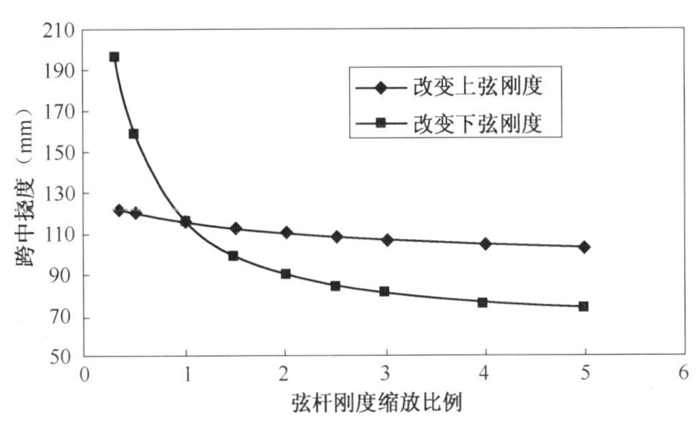

图 1—3—4　跨中挠度随上下弦刚度变化

腹杆最大拉、压应力随上下弦杆刚度的改变总的来说变化不大，如图 1—3—5、图 1—3—6 所示，最大拉、压应力随弦杆刚度增加基本保持不变。

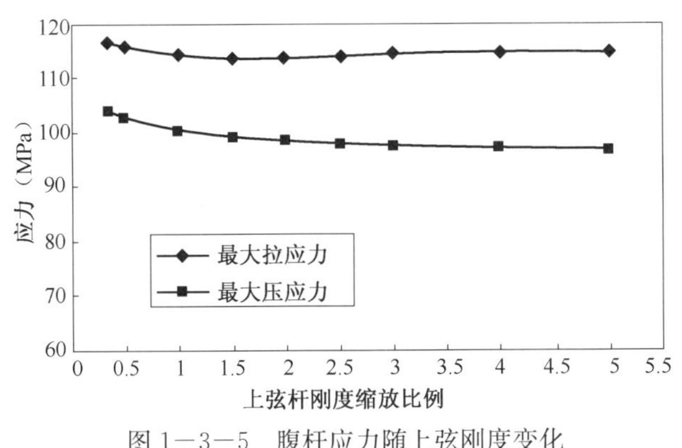

图 1—3—5　腹杆应力随上弦刚度变化

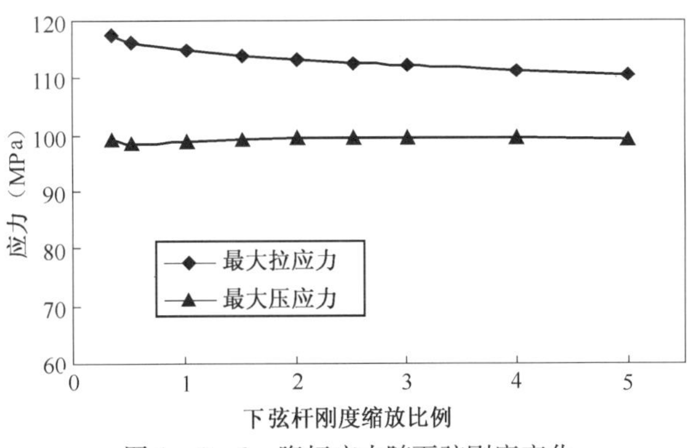

图 1—3—6　腹杆应力随下弦刚度变化

把腹杆的刚度分别缩小 1/3、1/2 和放大 1.5 倍、2 倍、2.5 倍、3 倍、4 倍和 5 倍，得到跨中挠度随腹杆刚度的变化规律，如图 1—3—7 所示。随着腹杆刚度的提高，跨中挠度不断下降，但最后稳定于某一个常数。腹杆刚度由 $\frac{1}{3}EI$ 增加到 $2EI$，挠度下降 34%；从 $2EI$ 增加到 $5EI$，挠度仅下降 6.6%。所以，腹杆刚度在缩放倍数不大时，跨中挠度对腹杆刚度变化很敏感，当倍数超过一定数值后，影响程度减弱。板桁组合结构的腹板相当于可以变形的弹簧离散腹板，腹板刚度增大相当于弹簧刚度的提高，同时组合截面惯性矩增强，当弹簧的刚度增大到一定值时，腹板剪切变形量减小，逐渐达到刚性支撑的作用。所以，合理调整腹杆刚度可以改善组合梁的受力性能。

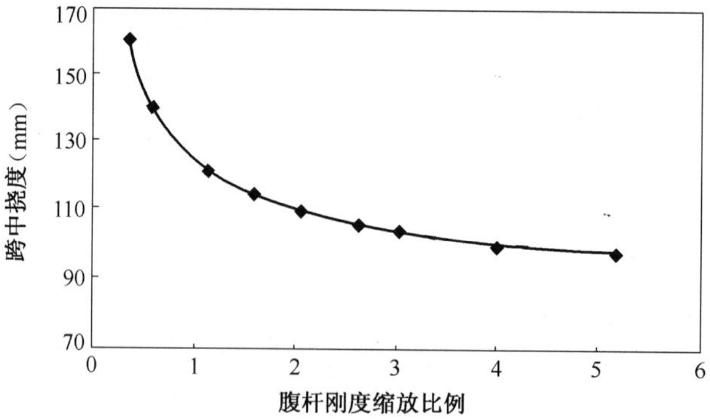

图 1—3—7　跨中挠度随腹杆刚度变化

第 4 章　剪力连接件研究

4.1　剪力连接件的选型

栓钉是柔性连接件，在剪力的作用下可以与混凝土协调变形，不像刚性连接件那样容易在周围混凝土中引起较高的应力集中而导致承载力下降。同时，栓钉是各向同性连接件，受力性能好，沿任意方向的强度和刚度相同，对混凝土板中的钢筋影响也较小，并且具有制造工艺简单、使用半自动弧焊机施工迅速、受作业环境的限制少、便于现场焊接和质量控制等优点。因此，在板桁组合结构桥梁中选用栓钉作为抗剪连接件是合理的。

结合梁中栓钉主要用来承受钢筋混凝土桥面板与钢梁之间的纵向剪力，同时也起到抵抗混凝土翼板与钢梁之间的掀起作用。栓钉在混凝土中受弯受剪，还要承受翼板与钢梁之间的拉力，它的侧面可能全部也可能局部受压，并且混凝土桥面板内的配筋对连接件的工作性能也有影响。因此，用力学方法精确分析栓钉的承载力与受力规律是有困难的，一般借助于试验的手段。

芜湖长江大桥在设计时采用试验手段，进行了单钉静力抗剪承载力试验、单钉抗剪疲劳承载力试验和群钉承载能力试验，得到了如下一些有益的结论。

1. 单钉极限承载力

栓钉在混凝土中的受力情况类似于弹性地基梁，其极限承载力在较高强度混凝土中由栓钉控制，在较低强度混凝土中由混凝土控制。C50 混凝土大致与栓钉强度相匹配。三种规格（$\phi13$、$\phi22$ 和 $\phi25$）的栓钉在 C50 混凝土中的极限承载力设计值由试验得出，如表 1—4—1 所示。

表 1—4—1　栓钉在 C50 混凝土中的极限承载力

栓钉	极限承载力实测值					按 BS5400 和 ECCS 数值(kN)	按 EC4 取值(kN)	建议取值(kN)
	最小值(kN)	下偏差(%)	最大值(kN)	上偏差(%)	平均值(kN)			
$\phi22$	175	−7.3	197.5	4.6	188.7	175	157.5	157.5
$\phi25$	200	−8.1	233.75	7.4	217.6	200	180.0	180.0
$\phi13$	65.0	−6.6	73.0	4.8	69.6	65.0	58.5	58.5

注：BS5400 和 ECCS 规定取最小值，EC4 取最小值的 90%。

C50 混凝土达到极限状态以前，钢构件与混凝土的相对位移 $\phi22$ 为 4.14 mm，$\phi25$ 为 2.94 mm，可见 $\phi22$ 栓钉的柔性比 $\phi25$ 的要大，柔性有利于栓钉群中各钉剪力的均匀分配。长钉的承载力不比短钉大，栓钉的长度达到 $4d$ 以后，其承载力基本收敛。

2. 栓钉的疲劳承载力

栓钉的疲劳寿命主要取决于剪应力幅值 $\Delta\tau$，而剪应力最大值的大小对疲劳的影响是次要的。疲劳破坏主要有如下三种情况：① 焊缝处基材被栓钉撕下一块；② 栓钉焊缝半边脱离基材；③ 栓钉靠近焊缝处断开。有时上述三种情况同时出现。

同等剪应力幅值 $\Delta\tau$ 下，试验得到的疲劳次数远大于规范 ECCS 和 Slutter—Fisher 公式计算出的结果。根据疲劳试验结果，参考国外规范，建议栓钉疲劳寿命 N 与 ΔQ 按表 1—4—2 检算。即对于给定的循环次数 N，栓钉的剪力幅值应不大于表中规定的 ΔQ 值；对于给定的 ΔQ 值，N 不应大于表中的值。

表 1—4—2　栓钉的疲劳寿命 N 与剪力 Q

荷载循环次数 N		10^5	5×10^5	2×10^6	10^7	10^8
剪力幅值 ΔQ(kN)	$\phi22$	41.0	32.2	25.0	21.4	17.8
	$\phi25$	49.2	38.5	30.0	25.7	21.9

3. 群钉承载力的研究

群钉中各钉受力的不均匀程度不仅与栓钉个数、栓钉排列有关，还与荷载分布、荷载大小有关。荷载分布较均匀时，栓钉受力也较均匀，且越接近于极限荷载，栓钉受力越趋于平均。试验中还发现，群钉试件的平均单钉极限承载力与单钉试验极限承载力相比，有明显的下降。

栓钉在某些工况下会受到上拔力作用，但上拔力不大，只要栓钉的构造与布置符合要求，承载力不受影响。

综合考虑以上因素，推荐板桁组合结构桥梁剪力连接件采用 $\phi22$ 栓钉，栓钉的单钉静载承载力设计值为 50 kN(C50 混凝土中，容许应力法)，疲劳承载力设计值为 25 kN。

4.2　栓钉受力规律

板桁结合梁与常用的板梁(或箱梁)结合梁的主要差别在于：板梁(或箱梁)结合梁主要受弯剪作用，纵向力几乎为零；而板桁结合梁除了受弯、剪作用外，还承受巨大的纵向力，并且纵向力往往起主导作用。把上弦杆和混凝土板用剪力连接件结合在一起，主要目的是使混凝土板帮助钢桁梁上弦杆抗压，同时可以增加桥梁的刚度和稳定性。所以说，板桁组合结构的关键技术是混凝土板通过剪力连接件与主桁上弦的结合。图 1—4—1 为上层桥面板主桁连接构造图。

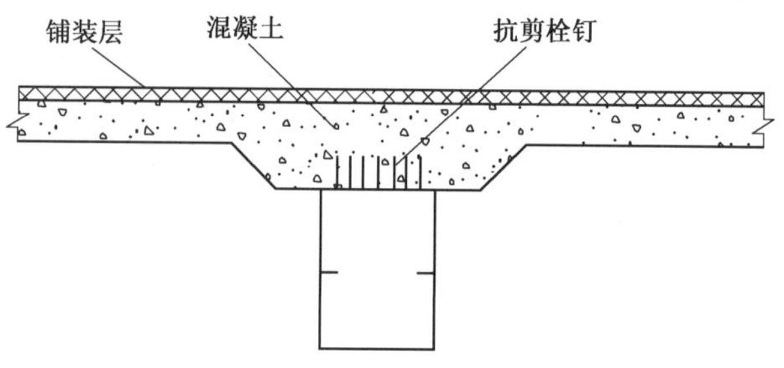

图 1—4—1　上层桥面板主桁连接构造图

在本次分析中，以标准跨径 50 m 的城市双层桥梁为研究对象，模拟在城—A 级车道载荷(GK2—2)布置下栓钉的受力规律。对栓钉在节点处集中布置进行计算。根据前人的研究成果，在板桁组合结构桥梁中，栓钉在节点处集中布置最符合其结构受力体系。本次研究采用栓钉在节点处集中布置，主桁节点处布置 50 颗钉，其余纵梁节点布置 30 颗钉，节间不布置栓钉，全桥共用 2 500 颗栓钉。根据对称关系，取 1/4 桥面范围进行研究。为了研究方便，对纵、横梁进行编号，横梁 C1～C5，纵梁 B1～B3，主桁上弦为 A1，x 轴沿纵桥向，y 轴沿横桥向。图 1—4—2 为栓钉集中布置示意图(1/4 桥面)。

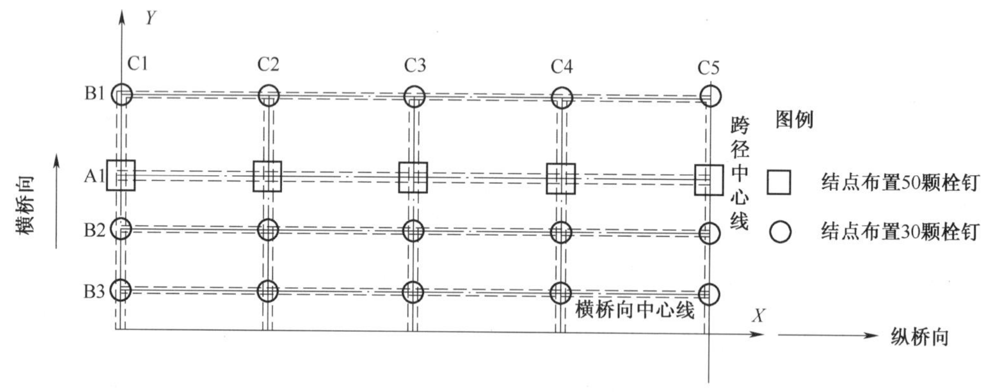

图 1—4—2　栓钉集中布置示意图

4.2.1　纵向剪力分布

栓钉集中布置时，将每个节点处栓钉承受的纵向剪力相加，得到每个节点传入混凝土的纵向力。节点处纵向剪力分布规律如图 1—4—3 所示，图中 x 轴方向表示沿桥纵向从端部到跨中的距离。

从图中可以看出，主桁上弦节点处传递的纵向剪力远远大于其余纵梁节点处的剪力，而且越靠近端部纵向力越大，越往跨中部位纵向力越小，跨中部位纵向剪力几乎为零。因此，主桁节点上的栓钉与其余纵梁节点处相比要分担大部分的纵向力。支座处($x=0$)由于支座约束的影响，剪力有所降低。

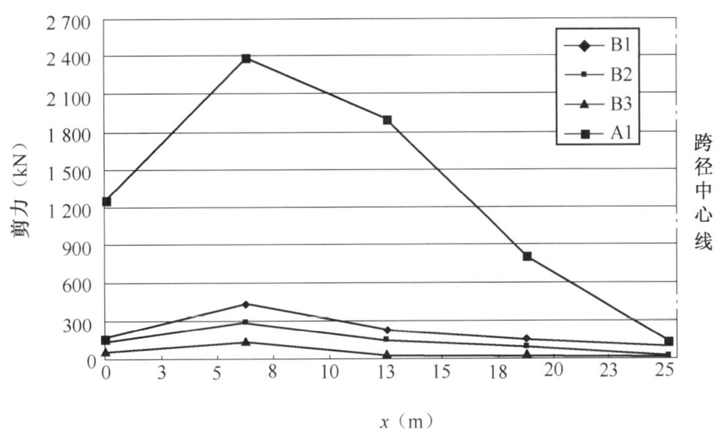

图 1—4—3　上桥面系节点部位纵向剪力分布

单独取主桁节点处的栓钉，研究每个节点处栓钉沿纵桥向的受力规律(由端部向跨中)。得到板桁组合结构节点处群钉的受力规律，如图 1—4—4 所示。

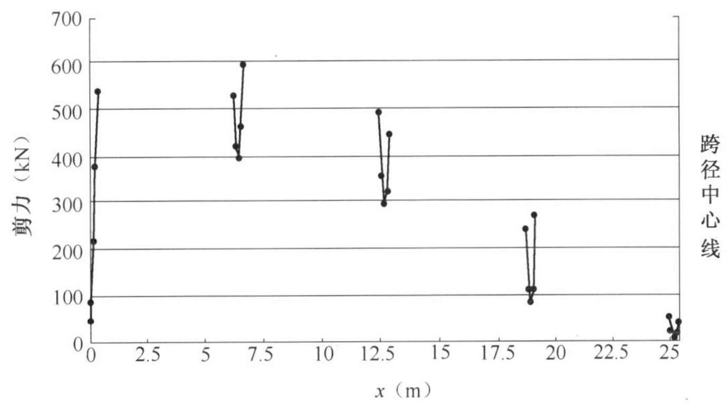

图 1—4—4　主桁上弦节点处群钉受力规律

从图中可以看到，除端部节点的栓钉由于支座的影响以外，每个节点处的群钉承载力呈现明显的规律性。由于栓钉刚度的影响，群钉承受的剪力在节点范围内，由两侧向中间逐渐减小，即每个栓钉群中，外围的栓钉承担的剪力大，中心栓钉承担的剪力小。从整桥来看，跨中主桁节点处所承受纵向剪力已经很小，越往端部剪力越大。

4.2.2　横向剪力分布

栓钉除了承受纵向剪力外，还要承受横桥向的剪力。将每个节点处栓钉承受的横向剪力相加，得到每个节点传入混凝土的横向力。节点处横向剪力分布规律如图 1—4—5 所示，图中 y 轴方向表示沿桥横向从跨中到端部的距离。

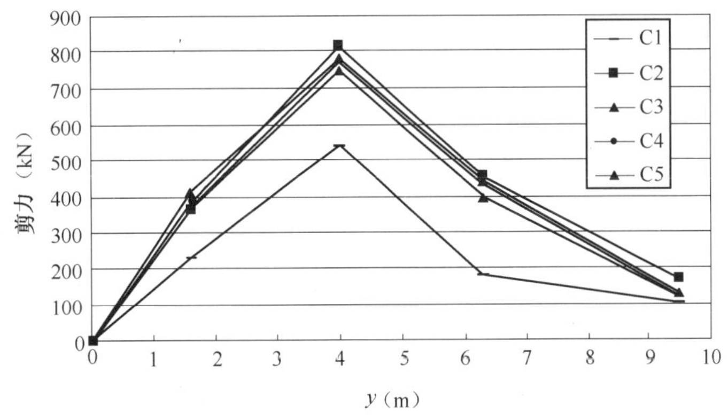

图 1—4—5　上桥面系节点部位横向剪力分布

如图所示，除靠近支座的横梁 C1 上剪力有所降低外，其余横梁上节点处横向剪力的分布规律基本一致。横向剪力最大值出现在纵梁 B2 上的节点，而不是主桁上节点。同时，注意到纵梁 B1、B2、B3 节点栓钉所受的横向剪力一般大于其所受的纵向剪力。研究中发现，横梁上除主桁上弦节点处外，栓钉的横向剪力往往大于其所承受的纵向剪力，此时栓钉破坏主要由横向剪力控制，工程中不能忽视。

4.2.3 剪力比较

取节点处栓钉承受的剪力(支座处节点除外)进行分析，纵向剪力与横向剪力的比较如表 1—4—3～表 1—4—6所示。定义一个纵向剪力影响系数：$\psi=V_x/V$，ψ 表示纵向剪力与合力的接近程度，即纵向剪力在总剪力中所占的比重。

表 1—4—3 主桁上弦 A1 节点处剪力

节点剪力	A1×C2	A1×C3	A1×C4	A1×C5
纵向剪力 V_x(kN)	2 393	1 904	811	128
横向剪力 V_y(kN)	454	394	428	439
合力 V(kN)	2 436	1 944	917	457
ψ(%)	98.2	97.9	88.4	28.0

表 1—4—4 纵梁 B1 节点处剪力

节点剪力	B1×C2	B1×C3	B1×C4	B1×C5
纵向剪力 V_x(kN)	437	218	146	91
横向剪力 V_y(kN)	171	125	119	130
合力 V(kN)	469	251	188	159
ψ(%)	93.1	86.8	77.6	57.2

表 1—4—5 纵梁 B2 节点处剪力

节点剪力	B2×C2	B2×C3	B2×C4	B2×C5
纵向剪力 V_x(kN)	284	141	89	18
横向剪力 V_y(kN)	811	746	766	777
合力 V(kN)	859	759	771	777
ψ(%)	33.1	18.6	11.5	2.3

表 1—4—6 纵梁 B3 节点处剪力

节点剪力	B3×C2	B3×C3	B3×C4	B3×C5
纵向剪力 V_x(kN)	132	26	35	14
横向剪力 V_y(kN)	363	375	383	411
合力 V(kN)	386	376	385	411
ψ(%)	34.2	6.9	9.1	3.4

研究发现，比例系数 ψ 沿纵桥向从桥梁端部向跨中呈递减趋势，沿横桥向从桥两侧向桥中部呈递减趋势。从图 1—4—6 可以看出，主桁上弦 A1 和边梁 B1 上(处跨中外)纵向剪力在合力中所占的比例很大，其余纵梁(B2、B3)上 ψ 值较小，纵向力不是控制因素。纵梁 B2、B3 节点纵向剪力最多只占到合力的不到 40%，一般在 20%以下，横向剪力是控制因素。

上述有限元模型采用的布钉方式是在节点处集中布置，节间不布置栓钉。结果上桥面节点附近的混凝土中存在应力集中现象，最大第一主应力达 32 MPa。因此，可参考芜湖桥的布钉方式，在节间按构造要求布钉，以分担节点处栓钉的受力，减少混凝土中的应力集中。

4.2.4 小　　结

(1)纵向力主要由主桁节点处传入，造成主桁节点处的栓钉承受巨大的纵向力，其数值比纵梁节点处的数值大十几倍甚至几十倍。因此，在主桁节点处栓钉要密集布置，以承受节点传来的巨大纵向力。

(2)主桁上弦节点、边梁节点处横向剪力的数值远小于纵向剪力，纵向剪力起控制作用。其余纵梁节点处，横向剪力的数值多大于纵向剪力，是控制因素。

(3)跨中部位纵向剪力很小，栓钉主要承受横向剪力。

(4)主桁上弦节点范围栓钉承受纵向剪力的规律是从两端向中间逐渐减小，这是由于栓钉本身的刚度引起的。因此，在节点处布置栓钉时，可以考虑周围密集布钉而中间相对稀松布钉，从而达到节省材料的目的。

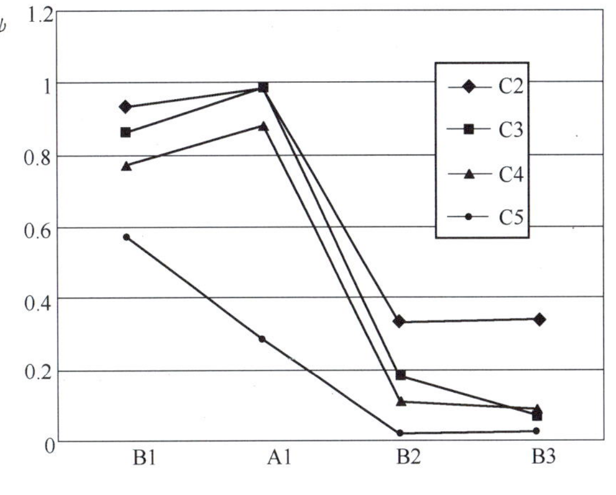

图 1—4—6　节点栓钉纵向力比例系数

4.3　栓钉布置与计算

芜湖长江大桥在节点部位大量集中布钉，钉距纵向 125 mm，横向 90 mm；节间均匀布置，钉距纵向 250 mm，横向分别为 90 mm 和 180 mm；上桥面纵梁上剪力钉成束布置，束中距 750 mm，每束外纵梁 4 颗钉，内纵梁 6 颗钉；上桥面横梁上剪力钉均匀布置，间距沿桥横向为 250 mm。

按照上一小节有限元模型，采用栓钉完全集中布置时(上弦节点 50 颗、其他节点 30 颗)，节间不布置栓钉，全桥使用栓钉共 2 500 颗。结果发现上桥面混凝土板中的应力集中现象明显(图 1—4—7)，最大第一主应力达 32 MPa。

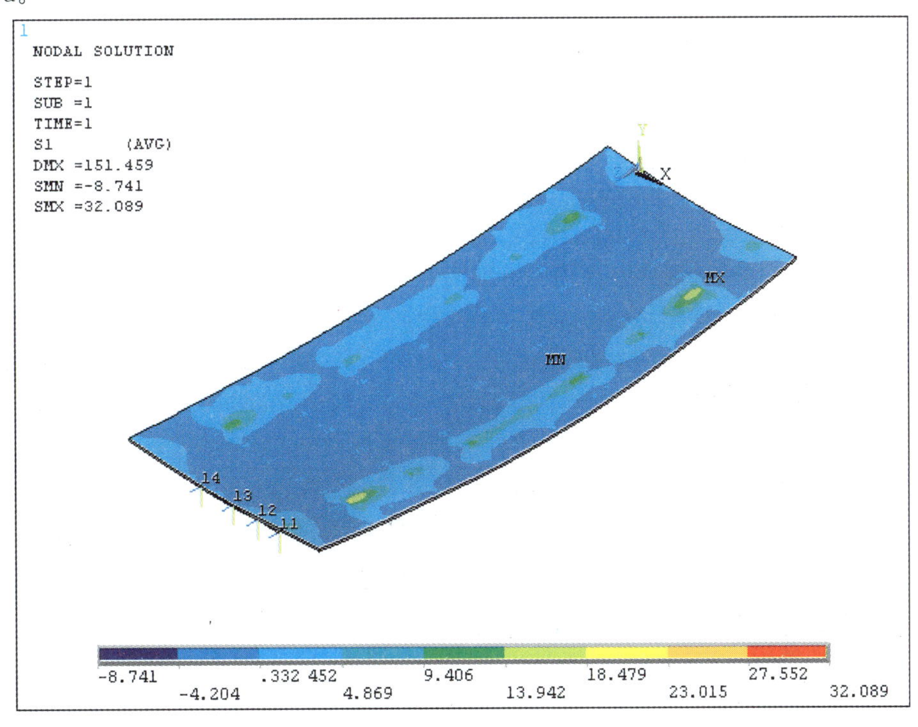

图 1—4—7　完全集中布钉时混凝土第一主应力图

参考芜湖桥布钉方式，采用新型布钉方式，在节点处仍然集中布置栓钉，另外，在上弦节间处按照构造要求均匀布钉，钉距为 250 mm，每排 3 颗钉。这样全桥用钉个数增加了 500 颗，达到 3 000 个，但是上桥面混凝土板中的应力集中现象明显改善(图 1—4—8)，栓钉个数增加 20%，最大主应力下降 51%，最大第一主应力为 15.7 MPa。

钢梁与钢筋混凝土板之间的纵向水平剪力由抗剪连接件承受，单位长度上的纵向水平剪力 T 按下式计算。

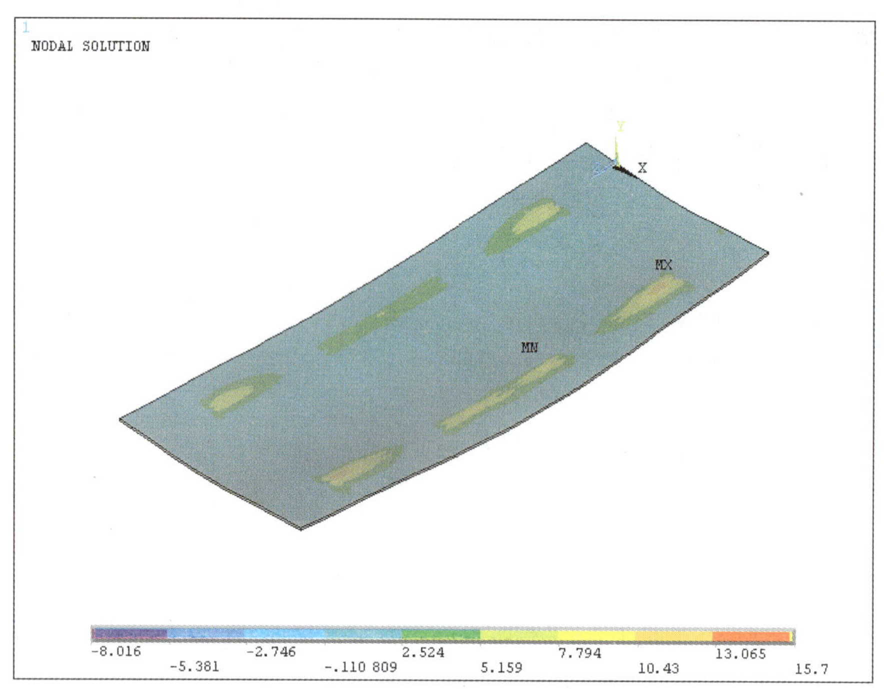

图 1—4—8　节间构造布钉时混凝土第一主应力图

$$T=\frac{QS}{I_0}$$

式中　Q——作用于板桁组合梁的剪力；

S——钢筋混凝土板对联合截面震心轴的面积矩；

I_0——板桁组合梁换算截面惯性矩，可按下式计算：

$$I_0=I_{s1}+I_{s2}+A_{s1}y_{s1}^2+A_{s2}y_{s2}^2+\frac{1}{\alpha_E}(A_c y_c^2+I_c)$$

其中，　I_0——换算截面惯性矩；

A_{s1}、A_{s2}——桁架上、下弦杆的面积；

I_{s1}、I_{s2}——桁架上、下弦杆对换算截面中性轴的惯性矩；

y_{s1}、y_{s2}——桁架上、下弦杆重心到换算截面中性轴的距离；

A_c——桥面板混凝土等效钢材截面面积，$A_c=h_f b_e/\alpha_E$，其中 h_f 为桥面板的厚度，忽略承托，b_e 为桥面板的有效宽度；

I_c——桥面板混凝土等效钢材截面对自身形心主惯性轴的惯性矩；

y_c——桥面板混凝土等效钢材截面中心到换算截面中性轴的距离。

我们提出，合理的栓钉布置方式是根据公式计算出栓钉个数，然后在节点范围内集中布置栓钉，以抵抗节点传来的剪力，同时节间按照构造要求布置栓钉以分散节点栓钉的受力，减少混凝土应力集中现象。栓钉的构造要求如下：

(1)栓钉钉头下表面高出翼板底部钢筋顶面 30 mm；

(2)栓钉纵向最大间距不应大于混凝土翼板(包括板托)厚度的 4 倍，且不大于 400 mm；

(3)栓钉外侧边缘与钢梁翼缘边缘之间的距离不应小于 20 mm；

(4)栓钉外侧边缘至混凝土翼板边缘间的距离不应小于 100 mm；

(5)栓钉顶面的混凝土保护层厚度不应小于 20 mm；

(6)栓钉长度不应小于其杆径的 4 倍；

(7)栓钉沿梁轴线方向的间距不应小于杆径的 6 倍，垂直于梁轴线方向的间距不应小于杆件的 4 倍。

第 5 章　桥面板有效宽度研究

5.1　计算方法与模型

带肋梁在外力作用下产生对称弯曲，应用初等梁弯曲理论，板上得到均匀分布的弯曲正应力。产生弯曲的内力通过梁肋的剪切变形传递给板，事实上，剪应变在向板内传递的过程中是不均匀的，在梁肋与翼缘板的交接处最大，随着与梁肋距离的增加而逐渐减小。因此，剪切变形沿翼缘板的分布是不均匀的。由于冀板剪切变形的不均匀性，引起在弯曲时，远离梁肋的翼板纵向位移滞后于靠近梁肋的翼板纵向位移，所以其弯曲正应力的横向分布呈曲线形状。这种由于翼板的剪切变形而造成的弯曲正应力沿梁宽度方向不均匀分布的现象称为剪力滞后现象。如图 1—5—1、图 1—5—2 所示。

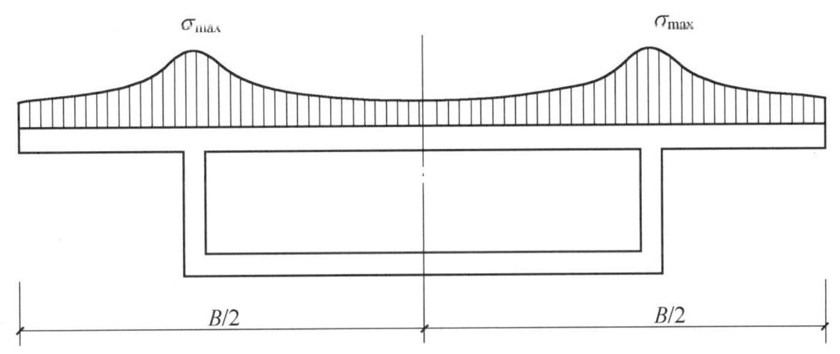

图 1—5—1　箱形截面梁剪力滞后

由于初等梁理论是基于纳维假定，即梁的横截面在弯曲变形中仍保持为一个平截面，且该平面与变形轴相垂直，这样剪力滞效应的影响就会在初等梁理论中被忽略掉。所以我们使用翼缘有效宽度代替真实翼缘宽度的办法，仍基于初等梁理论来求解梁内的大变形和应力。如果我们知道在翼缘板上的弯曲应力的分布状态，那么组合梁的有效宽度可以定义为：

$$B_e = \frac{\int_{-h_c/2}^{h_c/2}\int_{-b/2}^{b/2}\sigma_z \mathrm{d}x\mathrm{d}y}{\int_{-h_c/2}^{h_c/2}|\sigma_z|_{x=0}\mathrm{d}y}$$

从上面有效翼缘宽度的公式可以看出，研究有效翼缘宽度的关键是得到剪力滞后效应影响下翼缘板上的正应力分布。所以为了确定有效翼缘宽度首先要知道翼缘板上的正应力分布。

计算有效宽度的方法也比较多，比如差分法、能量变分法、比拟杆法等近似计算方法，这些方法一般要解微分方程。板桁组合结构桥梁的主要承重结构为钢桁架，要利用以上方法计算桥面板的有效宽度，还要把钢桁架近似等效为薄壁箱梁。公路桥面板有效宽度的计算如果采用以上任何一种方法，都比较复杂而且计算精度不容易控制。采用空间有限元方法计算桥面板的有效宽度，可以不对桁架做近似的薄壁箱梁等效，并且避免了求解微分方程，当单元划分足够细时可以认为得到的解是精确解。

本次研究采用大型通用有限元程序 ANSYS，对各种跨径（30 m、50 m 和 70 m）的板桁组合结构桥梁进行空间有限元分析，得到混凝土桥面板纵向应力的详细分布，采用上述公式计算混凝土桥面板的有效宽度。

根据有关文献，在满足一定的抗剪条件下，混凝土板有效翼缘宽度受抗剪连接件的连接程度影响较小。所以，在研究板桁组合结构混凝土板有效宽度的时候，不考虑栓钉滑移对结构的影响，在上桥面纵横梁节点和上弦节点处采用大刚度短杆与混凝土板相连来模拟混凝土板与钢梁之间的栓钉连接。采用 Shell63 壳单元模拟混凝土桥面板，Beam188 梁单元模拟桁架弦杆与腹杆、上下桥面纵横梁、桥门架和下平纵联。

考虑到荷载形式对桥面板有效宽度的影响，新规范中城—A 级车辆荷载作为一种等效简化荷载对有效宽度的研究不适用。所以，在本次研究中，汽车活载采用汽一超20 两车道布载，更加接近于真实的荷载情况。混凝土采用 C40 等级混凝土，抗压强度 $f_c=19.1\ \text{N/mm}^2$，不考虑混凝土的抗拉强度，弹性模量 $E_c=3.25\times10^4\ \text{N/mm}^2$，泊松比为 0.25，密度为 2 500 kg/m^3。不考虑混凝土的开裂，即开裂对混凝土刚度的折减。采用理想的弹性应力-应变曲线进行结构的分析。钢材采用 Q345-C 钢材，钢材强度 $f_y=300\ \text{N/mm}^2$，弹性模量为 $E_c=2.06\times10^{11}\ \text{N/mm}^2$，泊松比为 0.3，密度为 7 850 kg/m^3，采用理想的弹性应力-应变曲线进行结构的分析。正交异性桥面板采用 Q345 钢材，钢材强度 $f_y=300\ \text{N/mm}^2$，三个方向的弹性模量为 $E_x=4.49\times10^{13}\ \text{N/mm}^2$，$E_y=1.20\times10^{14}\ \text{N/mm}^2$，$E_z=2.06\times10^{11}\ \text{N/mm}^2$，三个方向的泊松比均为 0.3。

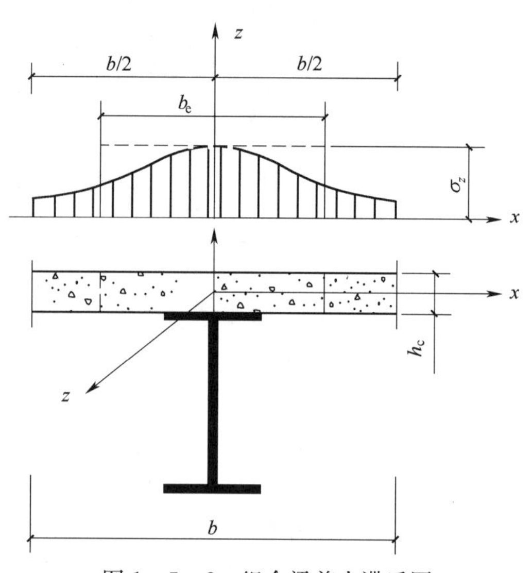

图 1－5－2　组合梁剪力滞后图

研究发现，混凝土桥面板单元划分的大小对有效宽度计算的影响很大。在芜湖长江大桥桥面板有效宽度的有限元分析中，由于受计算资源的限制，沿横桥向单元划分边长为 2.05～2.275 m，得到如图 1－5－3 所示的节点应力图，然后用直线连接各节点的应力值，将折线代替剪力曲线，最后按照公式计算有效宽度。

从图中可以看出，在求得折线与坐标轴之间的面积时，由于单元划分太大，节点太少，剪力分布折线（实线）与实际的曲线（虚线）不相符合，按照折线求得的面积要大于按照实际曲线求得的面积，导致有效宽度的计算值偏大，偏于不安全。

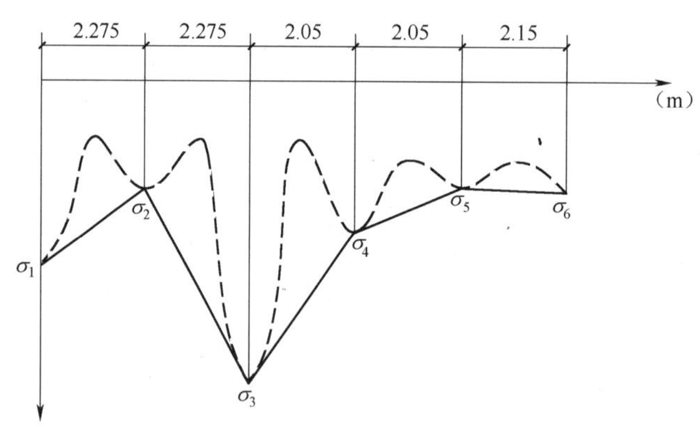

图 1－5－3　芜湖桥桥面板单元划分

考虑以上因素，本次研究中混凝土桥面板单元边长沿横桥向划分为 0.05 m，纵桥向为 0.125 m，大大细化了单元，分布曲线变得圆滑，更能够反映出真实的剪力曲线变化，提高了计算的精确性。

5.2　计算结果分析

5.2.1　纵向应力分布

如图 1－5－4 所示，在节点部位（圆环处）前后沿横桥向横切，得到混凝土桥面板截面上的纵向剪应力分布。图 1－5－5～图 1－5－8 为 A～H 截面上纵向剪力沿横桥向的分布图。

从图中可以看出，节点前后混凝土桥面板中的局部应力呈跳跃变化，这主要是由于连接件挤压前方的混凝土，使前方混凝土受压，从而导致连接件后方的混凝土受拉。另外，由本书关于栓钉受力的研究得知，主桁上弦节点处栓钉受到的纵向剪力远远大于纵横梁节点处栓钉受到的纵向剪力，并且节点剪力由桥端向跨中呈递减趋势。这也是主桁上弦附近混凝土剪力滞后效应比纵梁附近更加明显的原因。

通常认为，板桁组合结构桥面板的纵向应力由两个部分组成，一部分是简支梁在弯剪作用下的弯剪应力，另一部分是由节点栓钉部位传入混凝土的纵向力引起的纵向剪应力，两种应力叠加为混凝土的纵向应

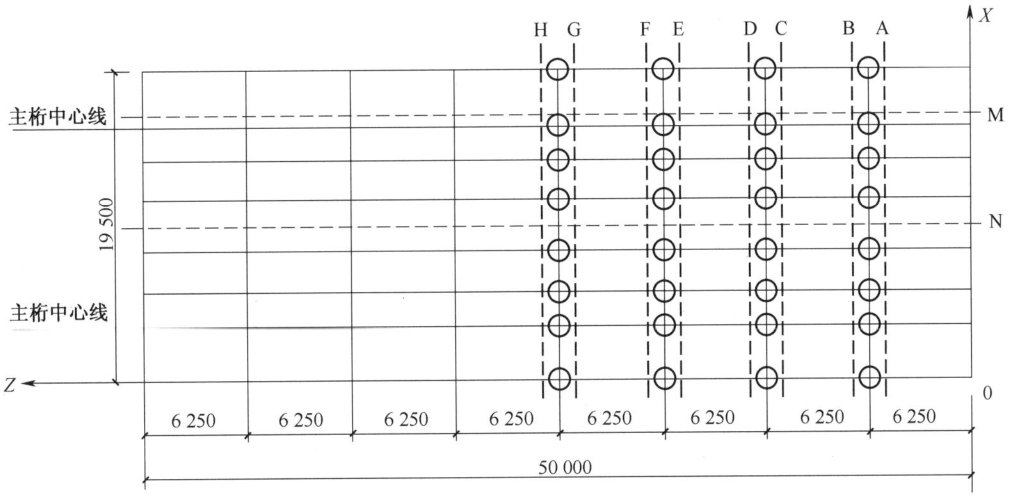

图 1—5—4　上桥面桥面板示意图(mm)

力。一般说来,弯剪正应力的大小符合简支梁的受力规律,即从两端向跨中逐渐递增。由于桥梁端部附近混凝土中的弯剪应力数值较小,而节点处传入的拉力很大,所以混凝土主要受纵向拉应力。随着向跨中部位的深入,节点处栓钉传递的剪力越来越小,而由于简支梁弯剪作用引起的弯剪应力越来越大,混凝土主要表现为受压。

跨中部位节点处(图 1—5—8)栓钉传入的剪力引起的纵向应力与混凝土板自身的弯剪应力相比已经很小,此处的混凝土的剪力滞效应已不明显。

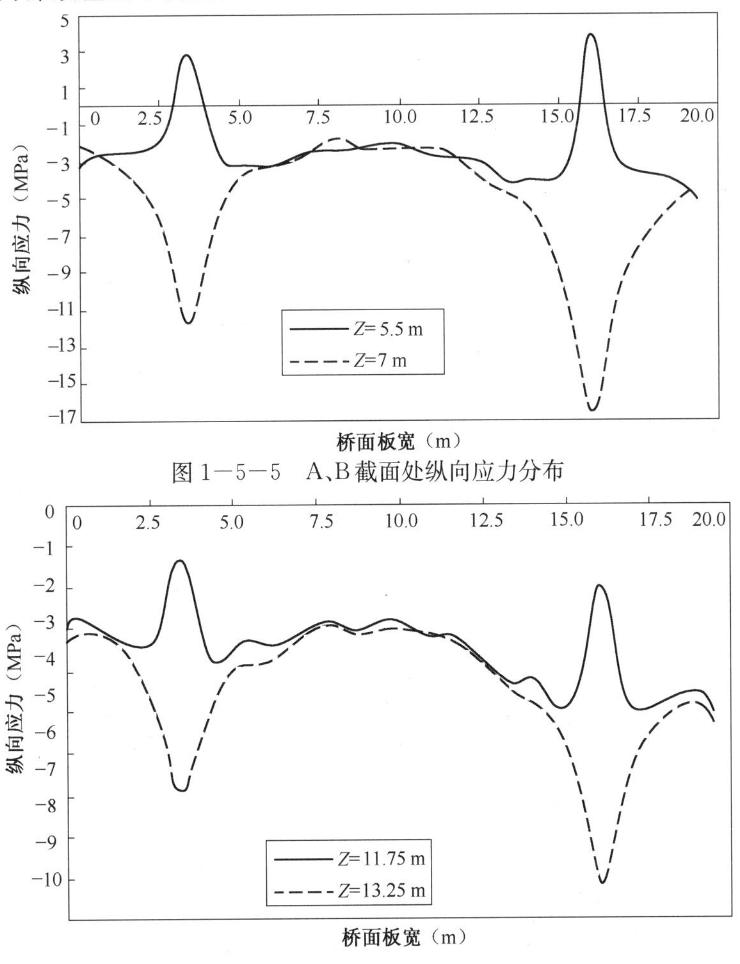

图 1—5—5　A、B 截面处纵向应力分布

图 1—5—6　C、D 截面处纵向应力分布

图 1—5—9 为纵向应力沿桥纵向的分布(X=3 m 和 X=9.7 m),从图上可以看出,桥端部第一节间的混凝土主要受拉,其余节间主要受压,每一节间纵向应力都符合由大到小再变大的规律。分析认为,由于节

点处栓钉前面的混凝土受到栓钉挤压，随着远离节点，由节点处传入的压力渐渐消散，所以每个节间跨中部位的混凝土压力有所降低。当降低到最低点时，由于弯剪作用引起的正应力一直在增加，混凝土压应力值再次上升。与此同时，下一个节点处传来的拉力使混凝土压应力再一次降低，拉力越大，对混凝土压应力的降低作用越明显。

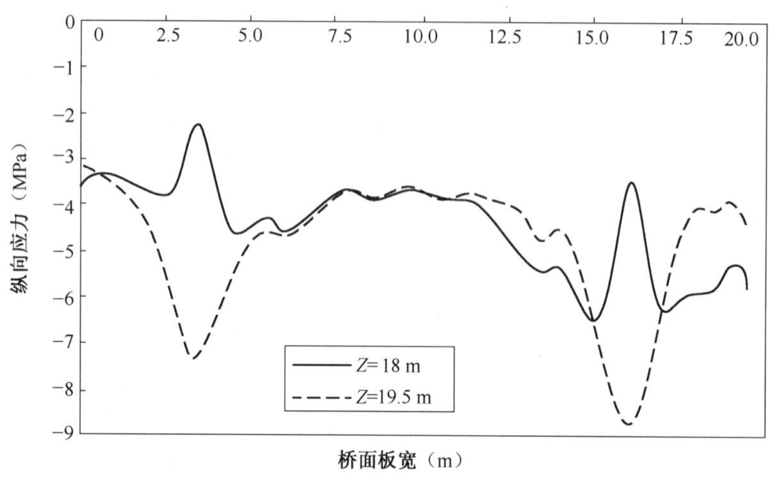

图 1—5—7　E、F 截面处纵向应力分布

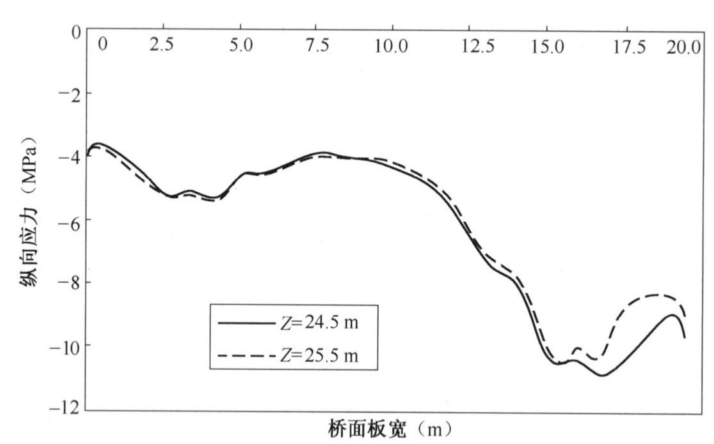

图 1—5—8　G、H 截面处纵向应力分布

从 $X=3$ m 曲线可以看出，在每一个节点处，压应力经历一个峰值。离桥端部节点越近，压应力峰值偏离节点越明显，表明拉力作用越大。同样，$X=3$ m 处与 $X=9.7$ m 相比更靠近主桁，主桁节点传入的剪力一般比纵横梁节点剪力大的多，因此此处的拉力对混凝土压应力的影响更加明显(压应力峰值偏离节点更明显)。

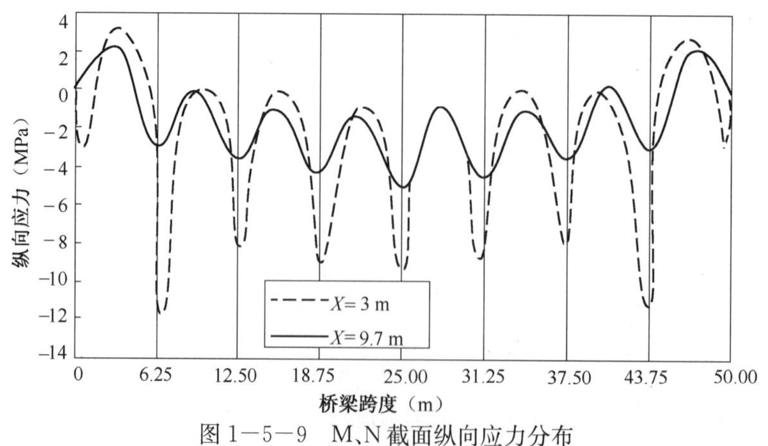

图 1—5—9　M、N 截面纵向应力分布

参考相关文献，引入一个无量纲的参数——截面有效宽度系数：$\alpha_e=\dfrac{B_e}{b}$，其中 B_e 为有效宽度，b 为板的

宽度。截面有效宽度系数的大小，表示混凝土桥面板此截面处的剪力滞后效应的大小，α_e 越小表明剪力滞效应越大，混凝土板此截面处的有效宽度越小。

定义桥面板平均有效宽度为：$\overline{B_e}=\dfrac{\int_0^L B_e \mathrm{d}x}{n}$，其中 L 为全桥跨径，n 为沿桥纵向划分单元数(截面的个数)，比如对于 50 m 跨径桥梁沿桥面板纵向单元长度为 125 mm，n 为 400。

图 1—5—10 是在均布荷载下，混凝土桥面板的截面有效宽度系数沿纵桥向的分布。从图中可以看出，桥面板有效宽度沿桥纵向分布变化很大，但总的来说是由两端向跨中逐渐增大。具体变化体现在以下几个方面：① 在每个节点处，混凝土由于受到栓钉传入剪力的影响，栓钉后方的混凝土受拉，有效宽度降低，同时栓钉前方的混凝土受压，有效宽度又逐渐增大；② 随着节点处传入的压力向节间逐渐消散，混凝土板的有效宽度又逐渐减小；③ 与此同时，混凝土板的弯剪应力逐渐起控制作用，有效宽度开始回升，直到下一个节点的拉力传来，有效宽度再一次降低。

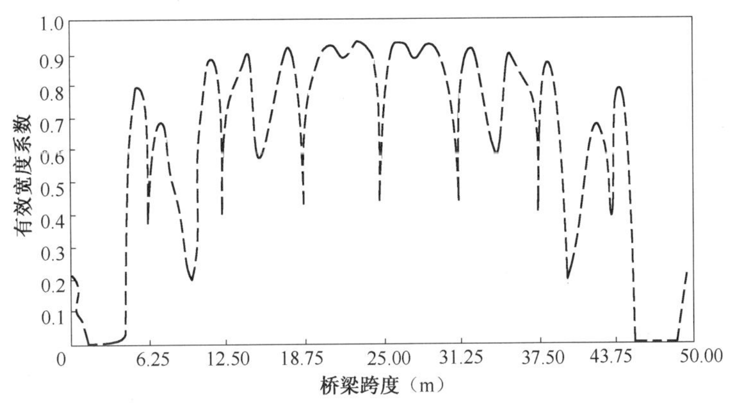

图 1—5—10　均布荷载下有效宽度系数沿桥纵向分布

组合梁翼板有效宽度沿梁跨的分布规律很复杂，影响因素众多，在实际工程中，为了便于应用，通常对同一根梁沿全长采用同一翼板有效宽度数值。虽然这与实际情况不甚符合，但在大多数情况下可以满足工程设计的需要。因此，定义桥面板平均有效宽度系数为：$\overline{\alpha_e}=\dfrac{\overline{B}}{b}$，此系数为实际工程中采用的有效宽度系数，按照此系数计算出的桥面板平均有效宽度值为设计值。

5.2.2　板厚的影响

板桁组合结构中，混凝土桥面板的厚度对桥面板的剪力滞后程度有重要的影响，有效宽度会随着板厚的变化而变化。本此研究对 50 m 板桁组合结构桥梁进行模拟，采用城—超 20 荷载等级，两车道加载。通过改变混凝土板的厚度来研究有效宽度与混凝土板厚的关系，混凝土板厚度最小值取 150 mm，最大值取 400 mm，依次增加 25 mm。

从图 1—5—11 可以看出，混凝土桥面板厚度在 150～300 mm 之间时，混凝土桥面板有效宽度基本保持稳定，板厚增加了一倍，而平均有效宽度系数只下降了 2.24%。当混凝土板厚度由 300 mm 增加到 400 mm 时，有效宽度开始减小，平均有效宽度系数下降幅度达 14%。

考虑混凝土板要与栓钉相结合，为保证栓钉有足够的抗拉拔力，栓钉最好深入混凝土板中性轴附近，同时栓钉上层混凝土保护层厚度不得小于 30 mm。本次研究采用栓钉长度为 115 mm，因此混凝土板的厚度取值宜选取在 150～250 mm 之间。

5.2.3　宽跨比的影响

混凝土桥面板有效宽度受宽跨比 B/L 的影响很大，B 为主桁间距，L 为桥梁跨径。通过改变不同的主桁间距和桥梁跨径，计算得到宽跨比对桥面板有效宽度的影响。建模时充分考虑到实际桥梁的车道布置，主桁间距采用可布置两车道和三车道的情况。因此，B 分别取 8 m、9 m、10 m、11 m 和 12 m，L 分别取

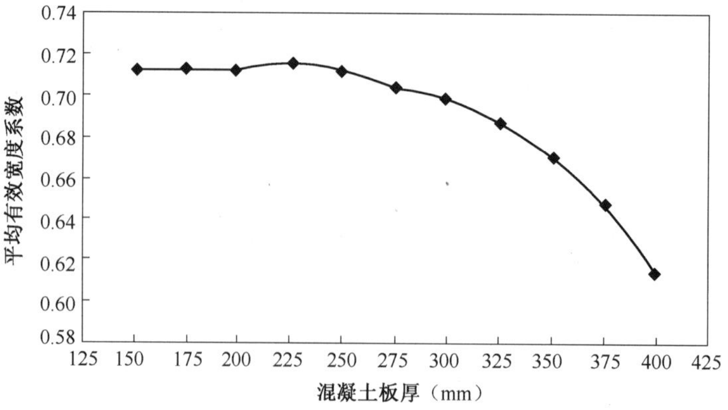

图 1—5—11　混凝土板厚度对有效宽度的影响

30m、50 m和 70 m。计算结果如图 1—5—12 所示。

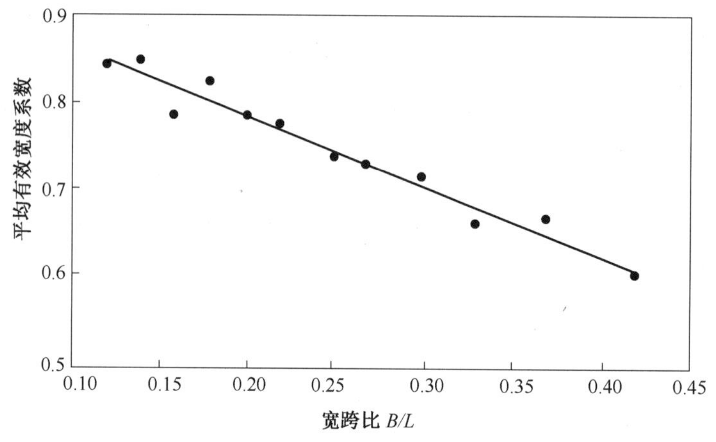

图 1—5—12　宽跨比对有效宽度的影响

结果显示，随着宽跨比的增大，平均有效宽度系数减小，混凝土板的剪力滞后效应逐渐明显。因此，当桥梁跨径较小而又需布置较多车道时(比如跨径为 30 m，下桥面布置三车道)，此时的桥面板平均有效宽度系数很低，混凝土桥面板有效宽度的取值需要谨慎。不同宽跨比平均有效宽度系数如表 1—5—1 所示。

表 1—5—1　不同宽跨比平均有效宽度系数

宽跨比 B/L	0.12	0.14	0.16	0.18	0.20	0.22
$\bar{\alpha}_e$	0.833	0.841	0.769	0.810	0.768	0.756
宽跨比 B/L	0.25	0.27	0.30	0.33	0.37	0.42
$\bar{\alpha}_e$	0.713	0.704	0.689	0.630	0.632	0.565

5.2.4　高跨比的影响

通过改变桁高和桥梁跨度来研究不同高跨比 H/L 对桥面板有效宽度的影响，其中 H 为桁高，L 为桥梁跨径。为了减少其他因素对桥面板有效宽度的干扰，本次研究采用跨径 50 m、桁宽 12 m、混凝土板厚 200 mm 的有限元模型，只改变桁高(分别取 4 m、5 m、6 m、7 m、8 m 和 9 m)来研究不同高跨比对桥面板有效宽度的影响。

如图 1—5—13 所示，随着高跨比的增大，剪力滞后现象并没有显著变化。桥面板有效宽度随高跨比的增大略有降低，高跨比 H/L 增大 225%，有效宽度系数只减小了 8%，说明只改变高跨比对上桥面混凝土板的有效宽度影响很小，可以忽略不计。不同高跨比平均有效宽度系数如表 1—5—2 所示。

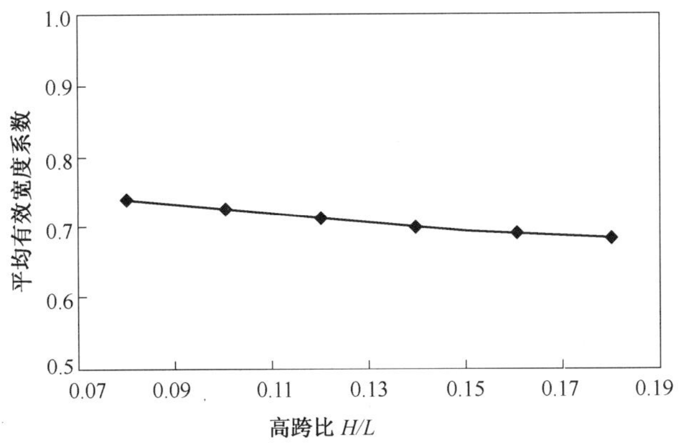

图 1—5—13　高跨比对有效宽度的影响

表 1—5—2　不同高跨比平均有效宽度系数

高跨比 H/L	0.08	0.10	0.12	0.14	0.16	0.18
$\overline{\alpha_e}$	0.742	0.726	0.713	0.700	0.688	0.683

5.2.5　纵梁刚度的影响

仍然采用跨径 50 m、桁宽 12 m、混凝土板厚 200 mm 的有限元模型，只改变上桥面纵梁抗弯刚度(分别取 EI、$2EI$ 一直到 $7EI$)来研究不同纵梁刚度对桥面板有效宽度的影响。

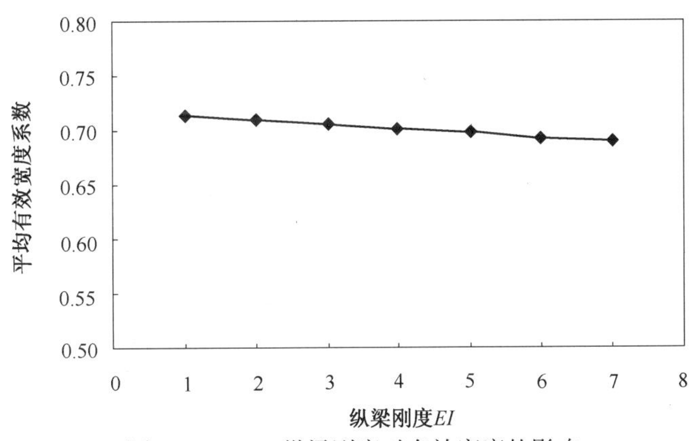

图 1—5—14　纵梁刚度对有效宽度的影响

从图 1—5—14 中可以看出，纵梁抗弯刚度显著增加并不能影响桥面板的有效宽度，抗弯刚度增加为原来的 7 倍，而平均有效宽度系数仅仅下降了 3.3%。所以说，改变纵梁的刚度并不能改善混凝土的受力，混凝土桥面板剪力滞后效应大小主要由桁架刚度控制。不同纵梁刚度平均有效宽度系数如表 1—5—3 所示。

表 1—5—3　不同纵梁刚度平均有效宽度系数

纵梁刚度	EI	$2EI$	$3EI$	$4EI$	$5EI$	$6EI$	$7EI$
$\overline{\alpha_e}$	0.713	0.709	0.705	0.701	0.698	0.693	0.689

5.3　有效宽度修正公式

影响组合梁有效翼缘宽度的因素很多，根据现有的研究结果，影响混凝土翼板有效宽度的主要因素有：翼板宽度与梁跨度之比 B/L、沿梁长度方向的位置、翼板厚度、抗剪连接件连接程度及混凝土板和钢梁的刚度比等。我国《钢结构设计规范》(GB 50017—2003)考虑跨度、板厚和板的净跨三种影响因素，相对于理论精确解来说过于简练，而且只针对常用实腹式组合梁。考虑到板桁组合结构具有空腹式特性，因此实腹式组合梁有效宽度取值规定并不适用于板桁组合结构有效翼缘计算问题。

表 1—5—4 列出了世界上一些国家现行规范关于实腹式组合梁有效翼缘宽度与有限元精确计算结果的比较

情况。为了减少计算量，只取桥面板宽度的一半进行计算。B 为桥面板宽度一半，其中包括了悬臂板的宽度。

表 1—5—4　与各国规范计算结果的对比

跨度(m)	半板宽(m)	板厚(mm)	中国规范	德国规范	英国规范	日本规范	有限元结果
L=70	B=9.6	200	8.400	8.146	8.323	6.371	7.614
		250	9.050	8.146	8.323	6.371	7.520
	B=7.4	200	7.050	6.528	6.886	5.523	6.223
		250	7.450	6.528	6.886	5.523	6.179
L=50	B=9.4	200	7.800	7.795	7.169	5.176	6.845
		250	8.400	7.795	7.169	5.176	6.806
	B=7.4	200	6.875	6.297	6.353	4.772	5.683
		250	7.275	6.297	6.353	4.772	5.624
L=30	B=9.4	200	8.040	6.899	5.966	3.000	4.181
		250	8.740	6.899	5.966	3.000	4.181
	B=7.4	200	6.880	5.720	4.845	3.019	3.845
		250	7.280	5.720	4.845	3.019	3.845

由于中国《钢结构设计规范》(GB 50017—2003)中关于组合梁翼缘板有效跨度的计算没有考虑宽跨比对翼缘板剪力滞后效应的影响，因此，翼缘板有效宽度受跨度的变化影响并不明显。德国规范和英国规范在宽跨比较大的时候计算结果相近，但是都大于有限元计算的结果，按照其设计会造成有效宽度取值偏大。日本规范同样考虑了宽跨比的影响，而且计算结果与有限元解相比偏于保守 10%～28%。

由此可见，各国对有效翼缘取值的影响因素认识并不统一，现行规范规定的有效翼缘宽度取值方法由于考虑的影响因素数量和各因素之间相互影响程度较少，所以有效宽度容易为某一个因素所控制。

在板桁组合结构桥梁的工程设计中，对桥面板有效宽度的取值一定要慎重考虑，通常可以通过试验方法或建立有限元模型用数值计算的方法取得。也可参考日本规范 AIJ 中的规定计算有效宽度，由于按照日本 AIJ 规范计算的有效宽度偏于保守，根据计算对比，最后将结果再乘以放大系数 1.15 作为板桁组合结构桥梁桥面板有效宽度的计算公式：

当 $B/L<0.25$ 时，$$B_e/B=1.15\left(1-2.4\frac{B}{L}\right)$$

当 $B/L\geqslant 0.25$ 时，$$B_e=0.115L$$

其中 B 为上桥面混凝土板的实际宽度(包括悬臂板的宽度)。

表 1—5—5　修正公式计算结果与精确解的比较

跨度(m)	L=70				L=50	
半板宽(m)	9.6		7.4		9.4	
有限元结果	7.614	7.520	6.223	6.179	6.845	6.806
公式结果	7.327	7.327	6.351	6.351	5.952	5.952
相差百分率(%)	3.8	2.6	−2.1	−2.8	13.0	12.5
跨度(m)	L=50		L=30			
半板宽(m)	7.4		9.4		7.4	
有限元结果	5.683	5.624	4.181	4.181	3.845	3.845
公式结果	5.488	5.488	3.450	3.450	3.472	3.472
相差百分率(%)	3.4	2.4	17.5	17.5	9.7	9.7

通过表 1—5—5 可以看出，修正公式计算结果与精确解结果比较接近，并且桥梁跨度越大(宽跨比越小)，结果越吻合；桥梁跨度越小(宽跨比越大)，修正公式计算结果越偏于保守。

第 6 章　混凝土桥面板应力分析

由于受计算资源与速度的限制，对混凝土桥面板的网格划分不能划至足够细，为了更好地了解节点附近混凝土的应力分布，采用 ANSYS 提供的高级技术——子模型技术，对桥面板节点附近混凝土进行了模型分析，以得到更加详尽的三维应力分布。

子模型法又称切割边界位移法，是在原有模型和分析结果的基础上，通过模型切割截取局部区域模型，并重新划分更精细的网格，施加该局部区域模型实际承受的外荷载和边界条件，并把原有模型在切割边界上的位移作为位移强制荷载施加到局部模型的边界上，重新进行分析求解，从而获得局部区域模型上更精确的结果。

通过对 50 m 板桁组合结构桥梁建立有限元模型，采用实体元 Solid65 模拟混凝土桥面板，采用节点处集中布置，同时上弦节间处均匀布置栓钉方式，得出桥面板应力分布云图。然后，采用 ANSYS 子模型技术，切割应力水平较大的桥梁端部混凝土板，重新细化网格，插值位移边界条件，得到此处混凝土板内部的三维应力。

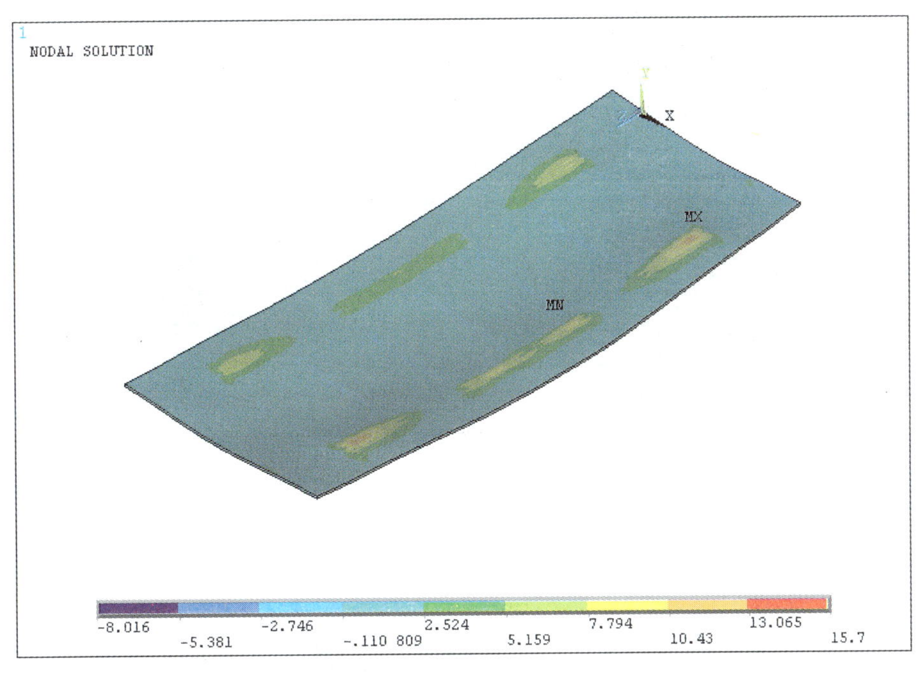

图 1—6—1　GK2—2 混凝土桥面板第一主应力云图

从图 1—6—1 中可以看出，在 GK2—2 下，混凝土桥面板第一主应力最大值为 15.7 MPa，主桁上弦附近混凝土的应力水平较大，在主桁节点处应力出现峰值。这是由于主桁节点处传入混凝土的剪力一般比其余纵横梁节点处的剪力大的多，上桥面主桁附近的混凝土剪力滞后效应更加显著。由于主桁附近的混凝土受力较大，应配置足够多的钢筋帮助混凝土承受拉力。

图 1—6—2、图 1—6—3 为混凝土板纵向（Z 向）应力云图，从图中可以看出，节点一侧混凝土受拉，一侧混凝土受压，而且纵向应力最大值出现在主桁上弦端部节点处。混凝土中的纵向应力是由弯剪应力和栓钉与混凝土的剪切变形引起的纵向应力两部分组成。弯剪应力为压应力，并且符合简支梁的一般规律，即从两端向跨中逐渐增大。而节点处栓钉传入混凝土的纵向应力具有以下规律：主桁上弦节点大于其他节点，越往桥梁端部剪力值越大，同时，栓钉挤压前方混凝土使混凝土受压，从而使栓钉后方混凝土受拉。这个拉力在设计时要引起足够的重视，尤其在主桁上弦靠近桥梁端部的节点处，混凝土承受巨大的拉力，要采取高

配筋限制混凝土裂缝的发展。

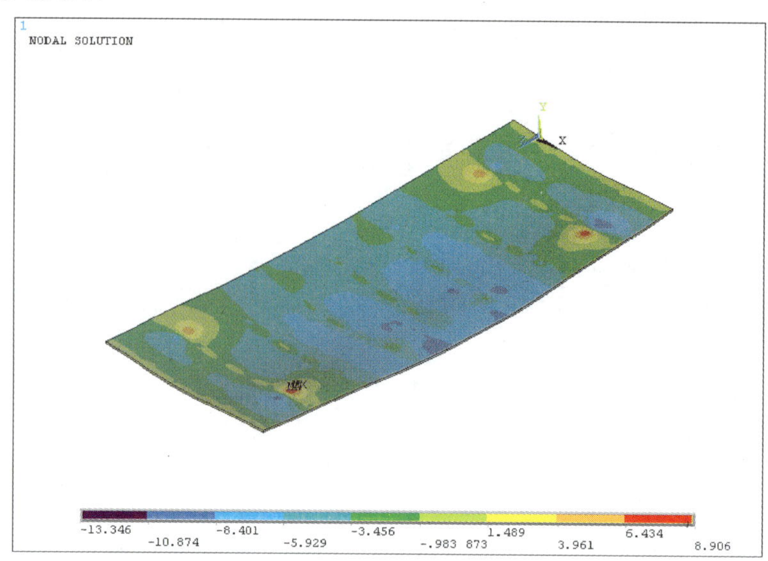

图 1—6—2　GK2—2 混凝土桥面板纵桥向应力云图

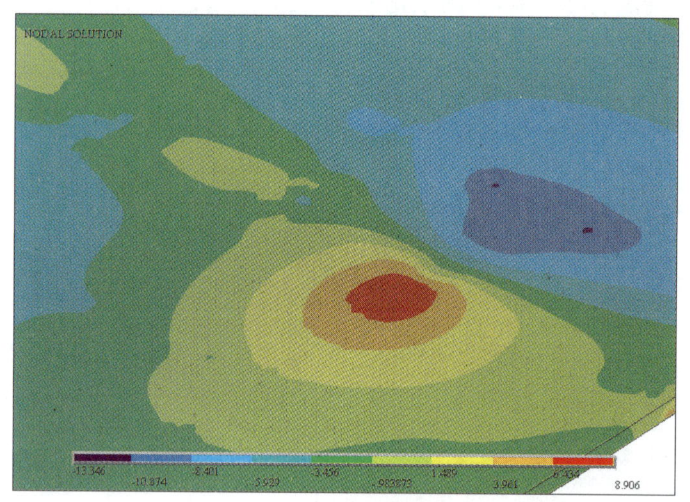

图 1—6—3　GK2—2 节点附近桥面板纵桥向应力云图

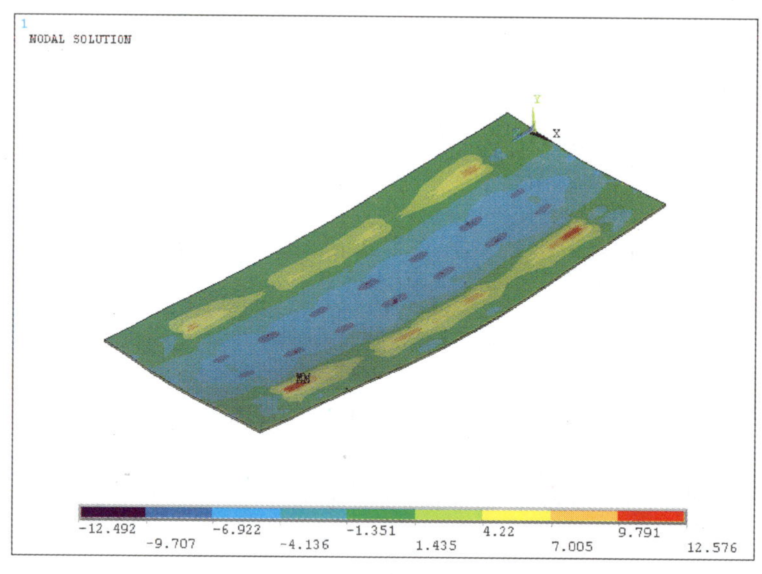

图 1—6—4　GK2—2 混凝土桥面板横桥向应力云图

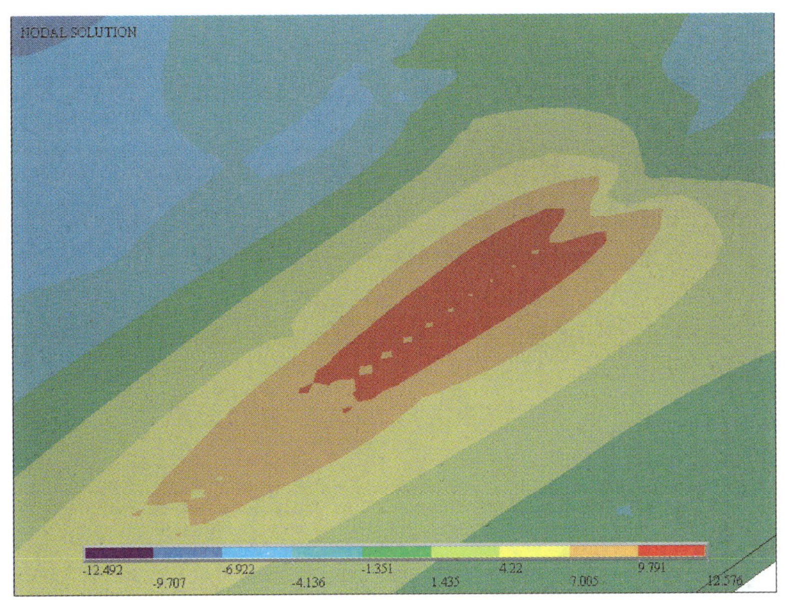

图 1—6—5　GK2—2 上弦节点桥面板横桥向应力云图

从图 1—6—4、图 1—6—5 可以看出，横桥向最大拉应力最大值为 12.6 MPa，大于纵向最大拉应力值 8.9 MPa。因此，板桁组合结构桥面板应按照双向板设计，主筋在两个方向上设置，而且横向主筋的设计同样重要。横桥向最大拉应力出现在主桁附近的混凝土中，并且沿主桁上弦纵向有一定长度的分布，这是由于悬臂板在负弯矩的影响下，混凝土受拉引起的。因此，主桁上弦附近要多配横向主筋，与混凝土一起抵抗拉应力。

采用 ANSYS 子模型技术，切割桥面板中应力水平较高的部分，如图 1—6—6 所示，细化网格(由一层单元增加到 10 层)，计算结构在恒载作用下的板内三维应力分布。

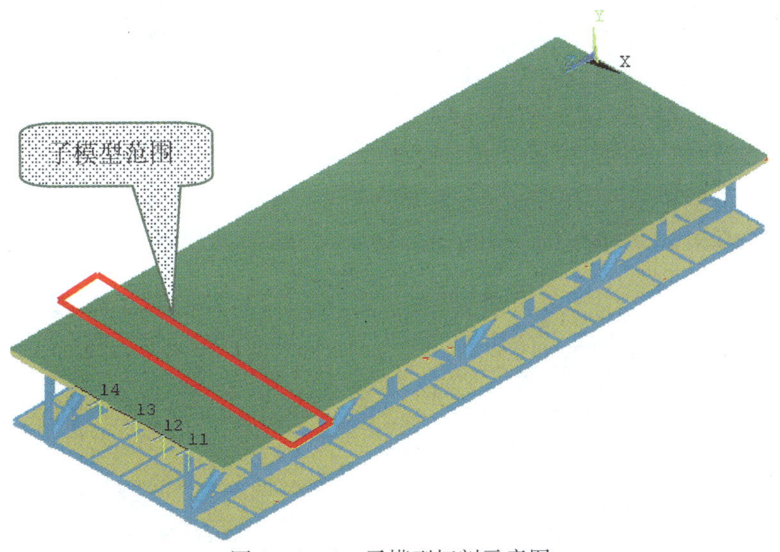

图 1—6—6　子模型切割示意图

混凝土板厚为 200 mm，混凝土板的上表面坐标为 $y=200$，下表面为 $y=0$。

图 1—6—7～图 1—6—10 为子模型上不同高度($y=200$、150、100、50)剖面上纵向应力的等值线图。

由图 1—6—7～图 1—6—9 可见，在主桁节点上，由于栓钉群传入混凝土的巨大纵向力，在栓钉群前方的混凝土受压，而后方的混凝土受拉，因此，产生了最高约 5.5 MPa 的拉应力。越靠近节点部位，纵向应力等值线越密，纵向应力衰减较快，说明在此处混凝土布置钢筋以抵抗拉应力时，仅需在栓钉群周围较小的范围内布置即可。在桥梁中轴线附近，应力等值线间距较疏，说明此处剪力滞后的影响已基本消除，纵向应力变化比较均匀，桥面板接近均匀受压。

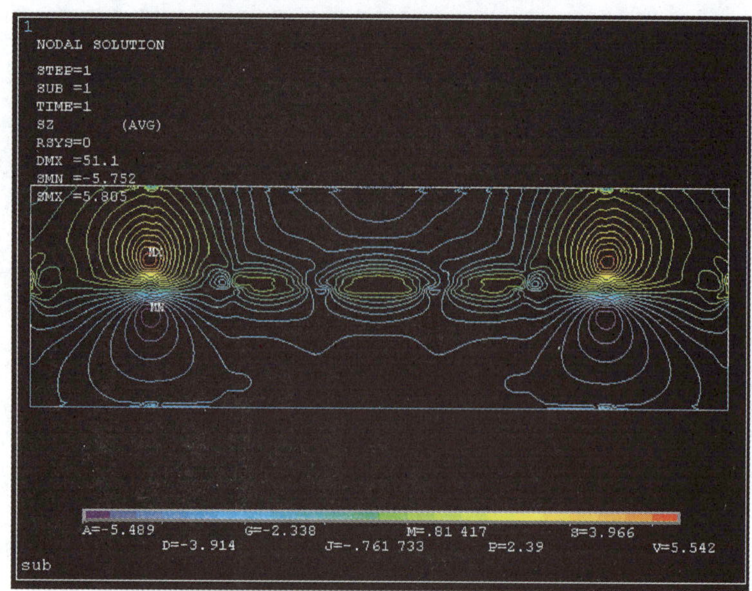

图 1—6—7　子模型 $y=200$ 剖面上纵桥向应力等值线

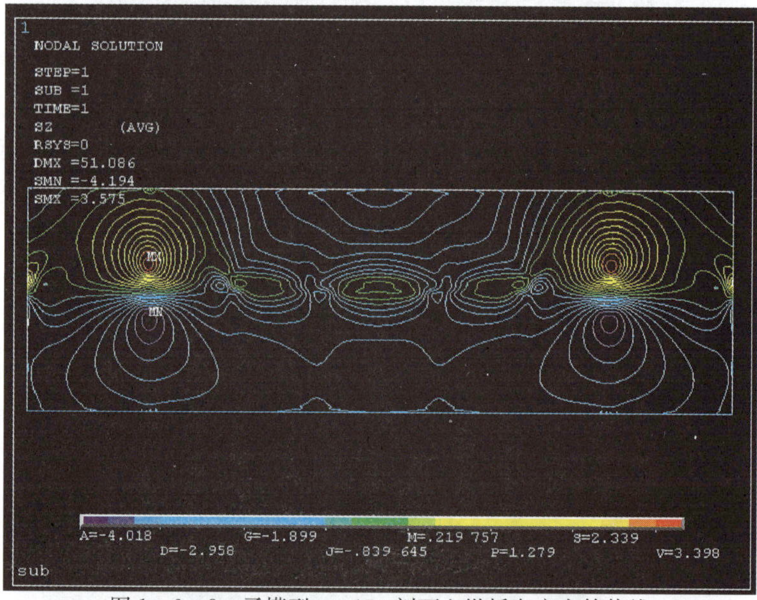

图 1—6—8　子模型 $y=150$ 剖面上纵桥向应力等值线

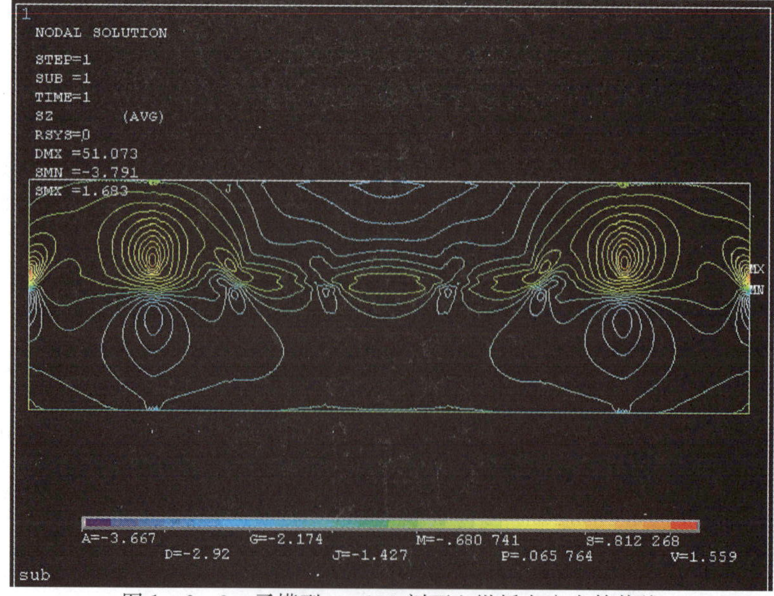

图 1—6—9　子模型 $y=100$ 剖面上纵桥向应力等值线

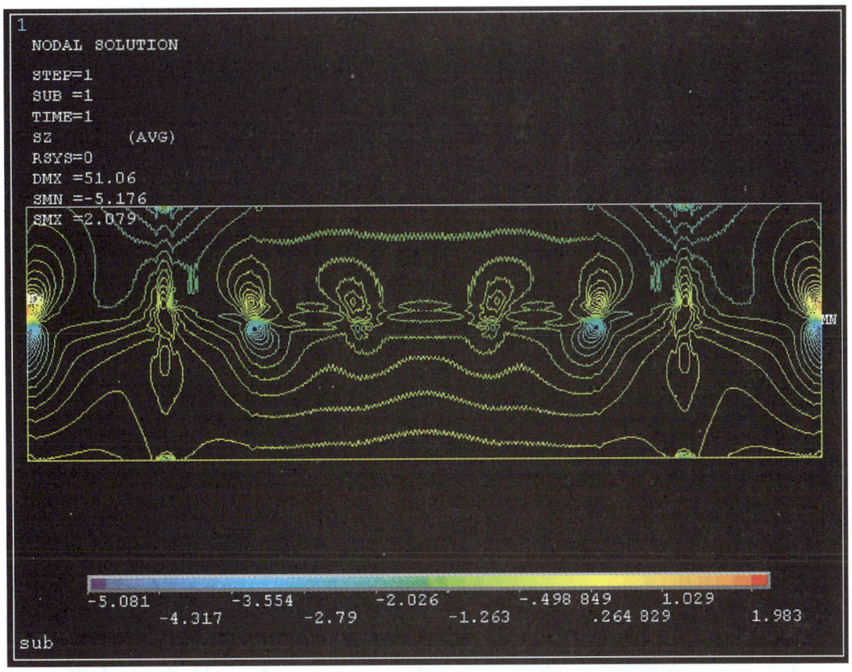

图 1－6－10　子模型 $y=50$ 剖面上纵桥向应力等值线

由图 1－6－10 可以看出，在靠近栓钉的剖面（$y=50$）上，纵向应力沿竖向变化急剧，由于不同高度处应力计算插值点的影响，投影到 $y=50$ 剖面上的应力等值线相距较近，致使应力等值线表现为少量的波动。

图 1－6－11～图 1－6－14 为子模型上不同高度（$y=200$、150、100、50）剖面上横向应力的等值线图。

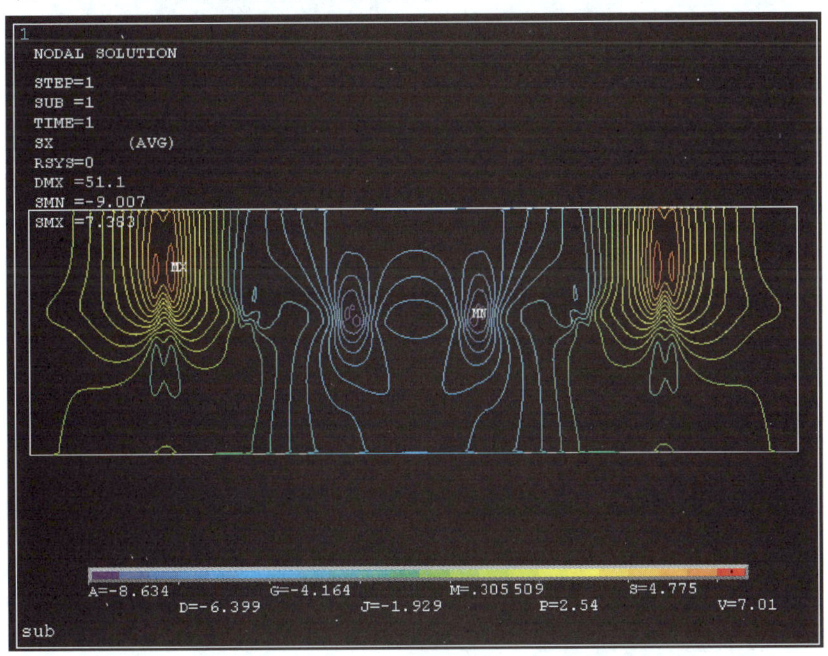

图 1－6－11　子模型 $y=200$ 剖面上横桥向应力等值线

由图 1－6－11、图 1－6－12 可见，在主桁之上，由于悬臂板负弯矩的影响，主桁上的混凝土上缘受拉，横向拉应力最大达 7.01 MPa，与纵向最大拉应力相比，高出约 1.5 MPa，可见在靠近支点处的桥梁断面上，横桥向的最大拉应力占主导地位，设计中，应引起重视，将混凝土上缘受力主筋的方向确定为横桥向。

图 1－6－13、图 1－6－14 可见由于负弯矩的影响，主桁上的混凝土桥面板下缘主要受压，由于节点栓钉群传入混凝土的横桥向剪力的影响，各纵梁节点上的栓钉传入混凝土的剪力导致该栓钉两侧的混凝土横桥向应力符号相反，即一侧受压，一侧受拉，这与纵桥向应力在栓钉群前后的横断面上的分布规律是类似的。因此在设计中，在节点处，应根据这种分布规律，合理布置受力钢筋，以抵抗可能产生的混凝土开裂。

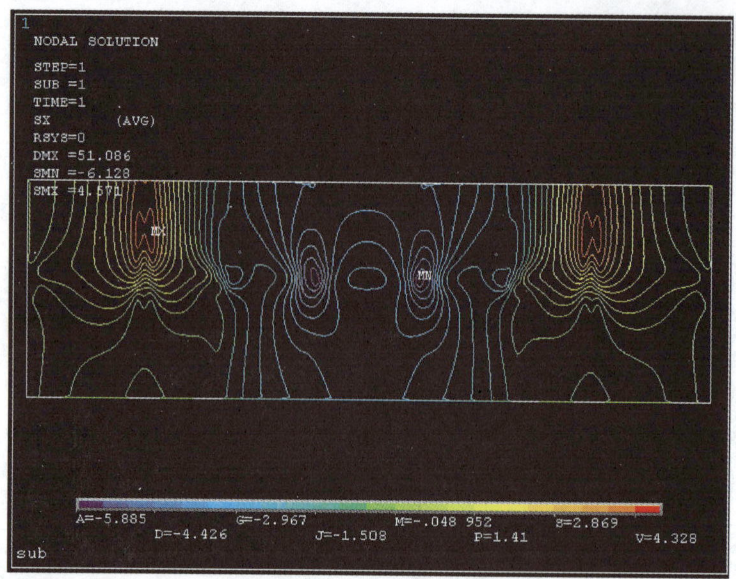

图 1－6－12　子模型 $y=150$ 剖面上横桥向应力等值线

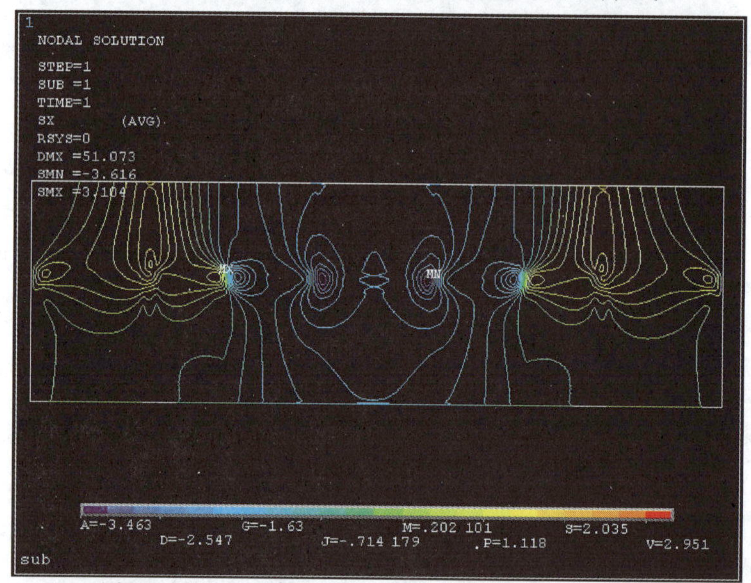

图 1－6－13　子模型 $y=100$ 剖面上横桥向应力等值线

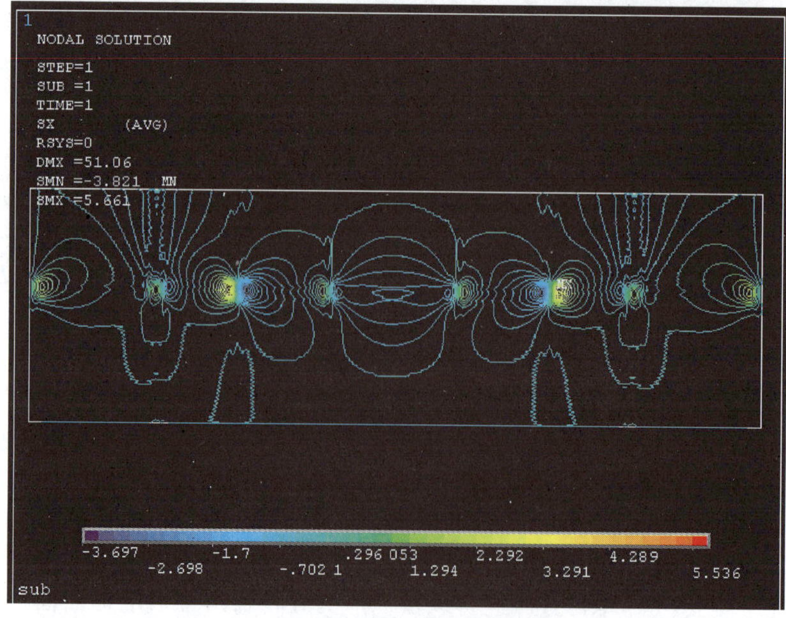

图 1－6－14　子模型 $y=50$ 剖面上横桥向应力等值线

第 7 章　施工期杆件内力检算

板桁组合结构桥梁中混凝土与钢桁架协同受力，混凝土桥面板可以视为钢梁上翼缘的一部分参与工作。研究发现，除支座截面外，混凝土承担的上弦轴向力占了结构上弦轴力的 70% 以上，即桥面板承担了上弦大部分的轴向力。此外，混凝土对协同纵梁共同受力还有着举足轻重的作用。因此，混凝土对板桁组合结构的影响不可忽视。

板桁组合结构桥梁施工顺序一般是先架设钢梁，然后浇筑混凝土。在浇筑混凝土之前，钢桁梁自行承担荷载，此时的结构为普通桁架结构；当已浇筑混凝土，但是混凝土还未养护完成，强度和刚度未达到设计值以前，新加入的混凝土重量也由下面的钢桁梁承担。因此有必要对施工期间桁架内力进行检算，以确定结构在施工期间是否安全可靠。

ANSYS 提供单元生死技术，可以用来模拟结构的安装和拆除(如建筑物施工过程，桥梁安装过程等)、浇筑、焊接等工程问题。ANSYS 对于被杀死的单元仅仅是将单元刚度矩阵乘以一个很小的因子，被杀死的单元载荷等于 0，不包括在载荷向量中，被杀死的单元的质量、阻尼、比热和其他同类特性均等 0。ANSYS 可以把杀死的单元重新激活，即再生，当死单元被重新激活时，其刚度、质量、单元载荷等都将恢复原始真实取值。

根据施工期钢桁梁受力特点，分为一期恒载工况 1 和一期恒载工况 2。工况 1 即钢桁梁架设完毕，混凝土还未浇筑时的情况；工况 2 为混凝土已经浇筑，但还未养护完成时的情况。本次研究针对 30 m 简支板桁组合结构桥梁，利用单元生死技术，开始时杀死混凝土单元，计算一期恒载工况 1 下的桁架杆件内力；然后激活单元，赋予新生混凝土单元一个较低的刚度参数，来模拟混凝土已经浇筑但还未凝固的情况，计算一期荷载工况 2 下杆件内力；最后与混凝土凝固后的成桥状态进行比较。表 1—7—1～表 1—7—4 是各杆件在不同工况下的轴力对比。

表 1—7—1　30 m 竖杆轴力表(kN)

竖杆	一期恒载工况 1 轴力	一期恒载工况 2 轴力	成桥恒载轴力	成桥各工况最大轴力
A0E0	−52	−254	−318	−473
A1E1	208	217	178	324
A2E2	−11	−177	−292	−428
A3E3	196	207	153	458
A4E4	−11	−177	−292	−778
A5E5	201	211	172	586
A6E6	−52	−254	−318	−1 030

表 1—7—2　30 m 下弦杆轴力表(kN)

下弦	一期恒载工况 1 轴力	一期恒载工况 2 轴力	成桥恒载轴力	成桥各工况最大轴力
E0E1	564	967	1 430	2 463
E1E2	571	979	1 441	2 483
E2E3	1 048	1 787	2 590	5 031
E3E4	1 054	1 797	2 600	5 049
E4E5	587	1 009	1 469	2 863
E5E6	593	1 018	1 478	2 878

表 1—7—3　30 m 上弦杆轴力表(kN)

上弦	一期恒载工况 1 轴力	一期恒载工况 2 轴力	成桥恒载轴力	成桥各工况最大轴力
A0A1	74	123	494	938
A1A2	−793	−1 337	−1 168	−2 231
A2A3	−748	−1 263	−844	−1 555
A3A4	−748	−1 263	−844	−1 768
A4A5	−793	−1 337	−1 168	−2 309
A5A6	74	123	495	934

表 1—7—4　30 m 斜杆轴力表(kN)

斜杆	一期恒载工况 1 轴力	一期恒载工况 2 轴力	成桥恒载轴力	成桥各工况最大轴力
A1E0	−930	−1 597	−2 283	−4 165
A1E2	547	898	1 292	2 704
A3E2	−175	−325	−453	−1 194
A3E4	−175	−325	−453	−1 272
A5E4	551	902	1 296	2 634
A5E6	−926	−1 593	−2 280	−4 415

从表中可以看出,施工期一期恒载下的轴力一般都小于成桥恒载下的轴力,更小于成桥下恒、活载组合计算时的杆件最大轴力,因此是安全的。同时,注意到竖杆中的拉杆和上弦中的压杆在施工二期工况下的轴力大于成桥恒载下的轴力,最多相差 50%左右。

第 8 章　经济技术指标对比

一种新型桥梁结构形式的推广，除了与桥梁的外形、功能、设计施工难易程度等因素有关外，还与其经济技术指标密切相关。常用的评价指标，有单位面积的造价和单位面积的材料用量，由于单位面积造价受一定时期或特定地区物价水平的影响波动较大，难以准确衡量一种桥梁结构形式的优劣。因此，比较单位面积材料用量是一种估算不同桥梁结构形式经济技术性能的合理手段。

研究中对 30 m 跨径和 70 m 跨径板桁组合结构桥梁的单位面积材料用量进行统计，并与相近跨径的其他桥梁结构形式的单位面积材料用量比较，表 1—8—1 列出不同结构形式桥梁单位面积材料用量。

表 1—8—1　不同结构形式 30 m 跨径桥梁上部结构经济技术指标对比

结构形式	普通钢筋用量 (kg/m^2)	预应力钢筋用量 (kg/m^2)	混凝土用量 (m^3/m^2)	钢材用量 (kg/m^2)
预应力混凝土 T 梁桥	50.10	11.80	0.40	6.00
板桁组合梁桥(按单层桥面平均)	49.0	—	0.25	437.5
板桁组合梁桥(按双层桥面平均)	24.5	—	0.125	221.7

表 1—8—2　不同结构形式 70 m 跨径桥梁上部结构经济技术指标对比

结构形式	普通钢筋用量 (kg/m^2)	预应力钢筋用量 (kg/m^2)	混凝土用量 (m^3/m^2)	钢材用量 (kg/m^2)
预应力混凝土连续箱梁(悬臂浇筑法)	70.0	24.70	0.63	—
预应力混凝土连续箱梁(顶推法)	67.2	36.6	0.66	—
板桁组合梁桥(按单层桥面平均)	49.0	—	0.25	334
板桁组合梁桥(按双层桥面平均)	24.5	—	0.125	167

表 1—8—1、表 1—8—2 的对比表明，由于板桁组合结构桥梁从大的分类上属于钢结构，因此与相同跨径的预应力混凝土桥梁相比，除钢材的用量大于预应力混凝土桥梁外，混凝土用量、普通钢筋用量以及预应力钢筋的用量均远低于预应力混凝土桥梁，若考虑到板桁组合梁桥能提供双层桥面的因素，则即使用钢量高于预应力混凝土梁桥，从单位面积的材料成本上也是具有明显优势的。

结　　论

为了推广板桁组合结构在城市桥梁中的应用，由广州市市政设计研究院项目立项，与北京科技大学携手合作，历经一年，对板桁组合结构的几个关键技术问题进行了研究，得到以下结论。

(1)根据城市双层高架桥的特点，板桁组合结构桥梁的截面可选用双层带悬臂的截面形式。其中下层桥面可采用正交异性钢桥面板的形式，并利用悬臂作非机动车道；上层桥面采用高配筋率的C50混凝土桥面板。主桁杆件上下弦杆采用箱形截面，腹杆采用焊接H型钢。

(2)存在一个混凝土桥面板最优厚度，即在杆件截面确定的情况下，板桁组合结构在荷载条件下对结构影响最小时的混凝土厚度。同时，选择混凝土板厚度的时候也要考虑于栓钉长度的配合，以及对桥面板有效宽度的影响。

(3)板桁组合结构桥梁混凝土桥面板承担了上弦大部分的轴向力，对桁架上弦的帮助很大，而下桥面纵梁仅分担了下部总拉力的5%。因此，设计时应考虑采取构造措施，可考虑使下桥面纵梁与下弦杆联系在一起，协同受力。

(4)当其他条件不变(板厚、高跨比、宽跨比等)时，通过增大主桁下弦杆和腹杆的刚度可以有效控制桥梁整体的刚度，但增大到一定数值时，桥梁整体挠度趋于收敛。改变上弦杆刚度对桥梁整体刚度的影响不大。

(5)不同型号的栓钉与不同强度等级的混凝土存在一个相互配合适用的问题，C50的混凝土大致与ϕ22栓钉强度相匹配。在设计中，推荐使用ϕ22栓钉，C50混凝土，ϕ22栓钉的单钉静承载力设计值为50 kN，疲劳承载力设计值为25 kN。

(6)由于纵向力主要由主桁节点处传入，造成主桁节点处的栓钉承受巨大的纵向力，其数值一般比纵横梁节点处的数值大几倍甚至十几倍。因此，在主桁结点处栓钉要密集布置，而在纵横梁节点处栓钉可以减少个数。

(7)主桁节点处横向剪力的数值远远小于纵向剪力，纵向剪力起控制作用。而在纵横梁节点处，横向剪力的数值往往大于纵向剪力，是控制因素；跨中部位纵向剪力很小，栓钉主要承受横向剪力。

(8)合理的栓钉布置形式是在节点范围内集中布置栓钉，以传递节点传来的纵向剪力，同时在节间按照构造要求布置栓钉，以分担节点处栓钉的剪力，降低混凝土板内的应力集中程度。

(9)影响板桁组合结构桥梁混凝土桥面板有效宽度的因素很多，通过研究对比，参照日本AIJ规范，得出板桁组合结构桥梁有效宽度修正计算公式，建议在设计时采用。

(10)宽桥(宽跨比大)的有效宽度一般较小，设计取值时要谨慎，可先做模型试验或有限元分析，此时按照修正公式计算的有效宽度偏于保守，设计时亦可以采用。

(11)混凝土桥面板的应力分布比较复杂，一般节点处的混凝土在节点一侧受拉，另一侧受压，尤其是主桁节点处的混凝土拉应力很大；同时，主桁上的混凝土由于悬臂板负弯矩的影响，板的上缘横桥向拉应力值也很大。因此，桥面板应采用双向配筋，在主桁附近加密钢筋的布置，以抵抗混凝土的开裂。

(12)施工期一期恒载下的杆件轴力一般都小于成桥二期恒载下的轴力，更小于成桥状态在各工况下的内力控制值，因此施工时虽然混凝土没有参有受力，但从桁架的内力值来看是安全的。

参 考 文 献

[1] 聂建国,刘明,叶列平．钢-混凝土组合结构[M]. 北京:中国建筑工业出版社,2005.

[2] 刘玉擎．组合结构桥梁[M]. 北京:人民交通出版社,2005.

[3] 聂建国,陈林,肖岩．钢-混凝土组合梁正弯矩区截面的组合抗剪性能[J]. 清华大学学报,2002,6:835～838.

[4] J. R. U. Mujagic, W. S. Easterling, T. M. Murray. Design and Behavior of Light Composite Steel-Concrete Trusses with Drilled Standoff Screw Shear Connections[J]. Steel Construction, 2010(12): 91～92.

[5] R. K. L. Su,H. J. Pam,W. Y. Lam. Effects of Shear Connectors on Plate-Reinforced Composite Coupling Beams of Short and Medium-Length Spans[J]. Journal of Constructional Steel Research,2006,62:178～188.

[6] S. S. J. Moy,C. Tayler. The Effect of Precast Concrete Planks on Shear Connector Strength[J]. Journal of Constructional Steel Research,1996,36(3):201～213.

[7] 张清华,李乔,唐亮．剪力连接件的三维非线性仿真分析方法[J]. 西南交通大学学报,2005:595～599.

[8] 胡少伟,聂建国,朱林森．复合弯扭下钢-混凝土组合梁连接件的设计方法[J]. 土木工程学报,2005,37(10):28～32.

[9] 叶梅新,吏林山．混凝土受拉状态下钢-混凝土组合结构中栓钉的承载力的研究[J]. 长沙铁道学院学报,2001,21(1):8～12.

[10] 聂建国,沈聚敏等．钢-混凝土组合梁中剪力连接件实际承载力的研究[J]. 建筑结构学报,1996,17(2):8～12.

[11] Dennis Lam. Capacities of Headed Stud Shear Connectors in Composite Steel Beams with Precast Hollow Core Slabs[J]. Journal of Constructional Steel Research,2006,11:1～15.

[12] 聂建国,谭英,王洪全．钢高强混凝土组合梁栓钉剪力连接件的设计计算[J]. 清华大学学报,1999,39(12):94～97.

[13] 彭桂林．升温条件下组合梁连接件剪切滑移试验评述[J]. 钢结构,2004,19(1):31～33.

[14] Ehab Ellobody,Ben Young,Performance of Shear Connection in Composite Beams with Profiled Steel Sheeting[J]. Journal of Constructional Steel Research,2006,62:682～694.

[15] Chang-Su Shim,Pil-Goo Lee,Tae-Yang Yoon. Static Behavior of Large Stud Shear Connectors[J]. Engineering Structures,2004,26:1853～1860.

[16] S. Bullo,R. Di Marco. A Simplified Method for Assessing the Ductile Behavior of Study Connectors in Composite Beams with High Strength Concrete Slab[J]. Journal of Constructional Steel Research,2004,60:1387～1408.

[17] N. Gattesco. Analytical Modeling of Nonlinear Behavior of Composite Beams with Deformable Connection[J]. Journal of Constructional Steel Research,1999,52:195～218.

[18] Oreste S. Bursia,Fei-Fei Sunb,Stefano Postal. Non-linear Analysis of Steel-concrete Composite Frames with Full and Partial Shear Connection Subjected to Seismic Loads[J]. Journal of Constructional Steel Research,2005,61:67～92.

[19] Shervin Maleki. Seismic Energy Dissipation with Shear Connectors for Bridges[J]. Engineering Structures,2006,28:134～142.

[20] Pil-Goo Lee,Chang-Su Shim,Sung-Pil Chang. Static and Fatigue Behavior of Large Stud Shear Connectors for Steel-Concrete Composite Bridges[J]. Journal of Constructional Steel Research,2005,61:1270～1285.

[21] Gerhard Hanswille,Markus Porsch,Cenk Ustundag. Resistance of Headed Studs Subjected to Fatigue Loading Part I: Experimental Study[J]. Journal of Constructional Steel Research,2007,63:475～484.

[22] 宗周红,车惠民．剪力连接件静载和疲劳试验研究[J]. 福州大学学报,1999,27(6):61～66.

[23] 侯文崎,叶梅新．桁梁结合梁栓钉疲劳承载力的试验研究[J]. 长沙铁道学院学报,1999,17(4):46～50.

[24] 侯文崎,叶梅新．低温下钢-混凝土组合结构疲劳试验和极限承载力[J]. 中南大学学报,2004,35(6):1025～1030.

[25] 方小丹,李少云,钱稼茹,杨润强．钢管混凝土柱-环梁节点抗震性能的试验研究[J]. 建筑结构学报,2002,23(6):10～18.

[26] 陈德坤．钢-混凝土组合结构的应力重分布与蠕变断裂[M]. 同济大学出版社,2005.

[27] R. P. Johnson. Resistance of Stud Shear Connectors to Fatigue[J]. Journal of Constructional Steel Research,2000,56:101～116.

[28] 周天华,何保康,陈国津,魏潮文,单银木．方钢管混凝土柱与钢梁框架节点的抗震性能试验研究[J]. 建筑结构学报,2004,25(1):9～16.

[29] 张雪松,李忠献．低周反复循环荷载作用下装配整体式钢骨混凝土框架节点抗震性能试验研究[J]. 东南大学学报,2005,35(1):1～4.

[30] 黄炳生,舒赣平,吕志涛．梁端楔形翼缘连接钢框架低周反复荷载试验研究[J]. 建筑结构学报,2006,27(2):57～63.

[31] 聂建国，秦凯，刘嵘．方钢管混凝土柱与钢-混凝土组合梁连接的内隔板式节点的抗震性能试验研究[J]．建筑结构学报，2006，27(4)：1～9.

[32] 李振宝，董挺峰等．混合连接装配式框架内节点抗震性能研究[J]．北京工业大学学报，2006，32(10)：895～900.

[33] 姜绍飞，王鹏，吴兆旗．钢-混凝土组合梁疲劳性能的有限元分析[J]．沈阳建筑大学学报(自然科学版)，2009，25(1)：111～114.

[34] 陈传尧．疲劳与断裂[M]．武汉：华中科技大学出版社，2002.

[35] 单辉祖．材料动力学[M]．北京：高等教育出版社，1999.

[36] 杨王玥，强文江．材料力学行为[M]．北京：化学工业出版社，2009.

[37] 郑舟军，陈开利，童智洋．剪力钉推出试验受力机理研究[J]．钢结构，2009，9(24)：29～32.

[38] N. Gattesco & Giuriani. Experimental Study on Stud Shear Connectors Subjected to Cyclic Loading[J]. Construct. Steel Res，1996，38(1)：1～21.

[39] [美国] B. I. Sandor. 循环应力与循环应变的基本原理[M]．俞炯亮，译．北京：科学出版社，1985.

[40] 王芳，刘光锌，柯静．预应力混凝土桥梁振动频率的影响[J]．建筑与发展，2009，11：72～73.

[41] 梁远森，许红，王云昌．高层建筑结构的自振周期的计算与实测[J]．河南科学，2005，23(5)：699～703.

[42] 王娴明．建筑结构试验[M]．北京：清华大学出版社，1988.

[43] 易伟建，张望喜．建筑结构试验[M]．北京：中国建筑工业出版社，2005.

[44] 薛伟辰，程斌，李杰．低周反复荷载下预应力高性能混凝土梁的抗震性能[J]．地震工程与工程振动，2003，23(1)：78～83.

[45] 薛伟辰，杨枫，苏旭等．预应力钢骨混凝土梁低周反复荷载试验研究[J]．哈尔滨工业大学学报，2007，39(8)：1185～1190.

[46] 许江，杨秀贵，王鸿．周期性荷载作用下岩石滞回曲线的演化规律[J]．西南交通大学学报，2005，40(6)：754～758.

[47] 聂建国，秦凯．方钢管混凝土柱内隔板式节点骨架曲线的确定方法[J]．土木工程学报，2008，41(4)：1～7.

第 2 篇　城市地下空间结构

第 9 章　地下工程的研究概况

9.1 引　　言

目前，随着经济的发展，现代化城市化进程明显加快。一方面由于城市人口持续增加，导致城市用地日益紧张，土地供应严重不足；而另一方面，由于人口密集、城市机能和设施的不断扩大和高度现代化，现代城市又亟需解决城市容量的扩张问题。

城市扩容受当地资源和人口密度等多种因素的制约，目前国际上主要有两大类城市化扩容模式可供选择。一类是美国、加拿大、澳大利亚的“外延式”城市扩容模式。由于人均占有的土地资源比较丰富，美国、加拿大、澳大利亚的城市规划建筑密度比较低，而且主要在两维空间内扩大城市空间容量，形成外延式的扩张模式，土地利用效率低下。二类是日本、新加坡和中国香港“内含式”的城市扩容模式。由于人均占有的土地资源比较少，这些国家与地区的城市规划既保持城区较高的建筑密度，又充分开发利用了地下空间，在三维空间内扩大城市空间容量，从而最大限度提高了土地资源的利用率。因此，随着经济发展和人口密度的增加，兴建地下工程结构正成为拓宽国内外现代化大城市地理空间的一个有效手段。

由于我国人口众多，土地资源相对匮乏，因此决定了宜按照“内含式”的城市扩容模式解决城市土地供应不足的问题。除了需要适当提高建筑物密度，增加建筑高度，还需要充分利用地下空间进行立体化开发，从两维式平面开发的模式转向三维式立体化的城市开发模式，以扩大城市容量。充分利用地下空间的优点在于，一方面可以最大限度地利用土地资源，使地上过于拥挤的人流、物流、信息流得到有效分流，有效的扩大城市空间容量，改善城市环境质量，避免或减缓交通拥挤等城市病的影响。另一方面可以使城市基础设施得到集约化的利用，发挥其共享的优势，节约城市运转的综合成本，优化与提高城市功能。

目前在大跨度地下空间结构开发方面存在以下主要技术难题。

1. 土体—基础—结构的相互作用

与地面建筑结构相比，地下结构有其自身的特点，主要在于结构与其周围岩土介质存在着复杂的相互作用关系。在大跨度地下空间结构中，还要考虑基础与结构、周围岩土的相互作用。目前，我国在地下工程结构的计算中，主要采用的是荷载结构模型、地层结构模型和经验类比模型。

由于地下结构的设计受到多种复杂因素的影响，使内力分析即使采用了比较严密的理论，计算结果的合理性也常需借助经验类比予以判断和完善。经验类比模型则是完全依靠经验设计地下结构的设计模型，但是，由于大跨度地下空间结构工程实例不多，使大跨度地下空间结构的设计变得更加困难。

常规设计法是把上部结构、基础与土体三者作为彼此离散的独立结构单元进行力学分析(如图 2－9－1所示)。不难看出常规设计法有不合理之处，因为土体、基础和上部结构沿接触面分离后，虽然满足静力平衡，但却完全忽略了三者之间受荷前后的变形连续性。其实，土体、基础和上部结构三者是相互联系成整体来承担荷载而发生变形的。这时，三部分都将按各自的刚度对变形产生相互制约的作用，从而使整个体系的内力和变形(包括地基沉降)发生变化。显然，当土体软弱、结构物对不均匀沉降敏感时，上述常规分析结果与实际情况的差别就愈大。

由此可见，合理的分析方法，原则上应该以土体、基础、上部结构之间必须同时满足静力平衡和变形协调两个条件为前提。只有这样，才能揭示它们在外荷作用下相互制约、彼此影响的内在联系，从而达到安全、经济的设计目的。

2. 地下工程基础抗浮设计

对于地下工程，特别在高水位地区，往往存在着工程的抗浮问题(如图 2—9—2 所示)。因地下水浮力引起的地下工程结构的破坏事故时有发生，破坏的形式主要有：地下工程底板隆起破坏；工程的整体浮起导致梁柱节点处开裂及底板的破坏等。《建筑地基基础设计规范》(GB 50007—2002)中提出，当地下水埋藏

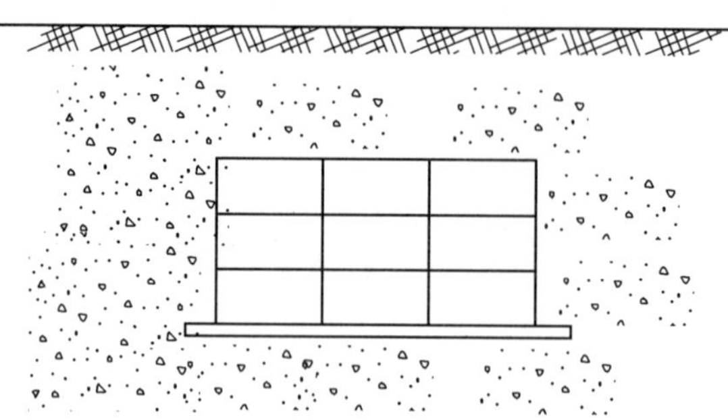

图 2—9—1　地下大跨度空间结构

较浅，建筑地下室或地下构筑物存在上浮问题时应进行抗浮验算，而具体的计算方法新规范并未作规定。由于目前对地下水浮力的确定以及地下结构的抗浮计算缺乏统一的认识，这给抗浮设计带来一定的困难。

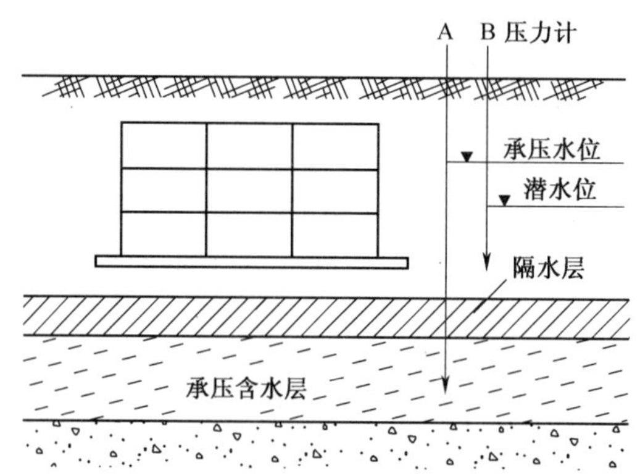

图 2—9—2　地下大跨度空间结构场地附近的水文地质条件

为防止地下工程的浮起破坏，目前工程上通常采用配重法、设置抗浮桩或抗浮锚杆、降排截水技术来解决地下工程的抗浮问题。

配重法即通过增加工程的自重来抵御水浮力的作用，但是因设回填层增加了工程埋深而使浮力增大，配重提供的抗浮力自身也“消耗”了约一半。配重法受地质条件、施工环境的影响相对较少，造价低，虽可常作为基本方法予以采用，但本身局限性也很大。

抗浮桩利用桩侧阻力起抗浮作用，抗浮桩的单桩承载力较大，受环境条件、施工条件影响较大，造价较高。抗浮桩的桩型选择主要根据工程地质情况、施工条件和周围环境等因素综合确定。抗浮桩设计的基础是单桩抗拔承载力的确定，由于目前对抗浮桩的研究成果还比较少，相对抗压柱而言，其荷载作用机理及设计方法还不够成熟，仍处于套用抗压桩设计方法的阶段。

抗浮锚杆则利用锚杆与砂浆组成的锚固体与岩土层的结合力作为抗浮力。因其造价低廉、施工方便、受力合理等优点而被广泛应用。但抗浮锚杆的设计、施工和检测还没有专业规范，给抗浮锚杆的应用带来不便。此外，锚杆作为永久性结构的构件时，应考虑解决锚杆的腐蚀和蠕变两个问题。

降排截水技术是工程中解决地下结构抗浮和减小底板受力的常用方法，但是过去设计往往采用传统的方法和凭经验。如何充分运用新材料去改进降排截水设计和克服淤堵现象，以及抽水后引起的周围地面沉降，是有待解决的问题。

在实际工程中，应根据地下工程的结构形式、地质条件、浮力大小、施工条件和工期要求等因素确定采用何种抗浮措施，也可以根据工程特点，采取多种抗浮措施。抗浮的最终目的是控制地下结构的上浮量，而对上浮量的允许值目前暂无规定，它是一个很重要的控制参数，它影响到抗浮桩、抗浮锚杆的上拔位移允许值及抗拔力取值的确定，影响到抗浮技术措施的合理选择。而对上浮量的允许值目前还无规定，今后的发展方向应将上浮量作为控制指标。

3. 地基不均匀沉降

地下结构周围土体对整体结构的影响以地基土最为严重(如图 2—9—3 所示)。地基土质软弱差异以及上部建筑结构荷载不均匀等因素都将导致建筑结构下部的地基产生不均匀沉降，从而引起上部结构的过大变形、开裂、倾斜甚至破坏。

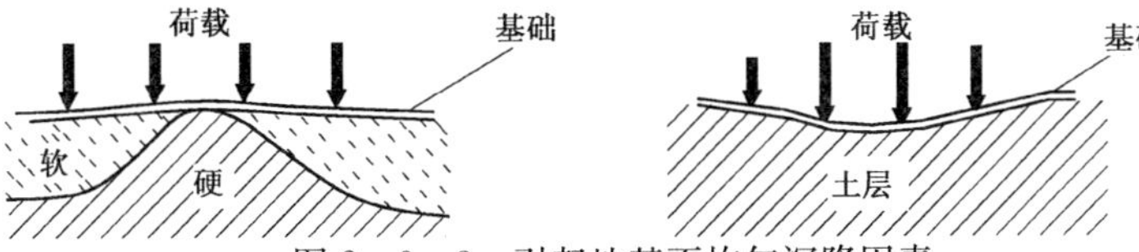

荷载　基础　软　硬　荷载　基础　土层

图 2—9—3　引起地基不均匀沉降因素

目前国内外关于地基不均匀沉降的研究主要集中在如下几个方面:结构物沉降过程的预测、最终沉降的计算和防止不均匀沉降的具体措施等。结构物沉降过程的预测一般采用经验公式,并结合模糊数学或神经网络等算法。

对于结构物的最终沉降,我国《建筑地基基础设计规范》要求采用半理论、半经验的修正分层总和法计算,但是,由于地质条件的复杂性以及结构物荷载的多样性,计算结果往往存在一定的误差。陈祥福对深基础地基沉降计算方法和研究进展进行了综述,由于未知因素、不确定因素很多,地基沉降计算历来就是地基基础工程中三大难题之一。

为了控制不均匀沉降的不利影响,我国《建筑地基基础设计规范》在建筑上采用概念设计法,对于控制不均匀沉降来说这是一条有效的途径,但是其影响建筑物的美观和功能。结构上,一方面增强和调整上部结构的刚度,这无论从技术角度、还是从经济角度考虑都不是最佳选择,另一方面增强和调整基础的刚度,在满足基础抗冲切和抗剪切的前提下,对基础的型式和刚度进行优化和适当调整,这是必要的,但大幅度增强是不可取的。在实际施工过程中,一些工程技术人员采用逆作法、后浇带法、控制地下水位法等措施成功地减少了建筑物的不均匀沉降,但这依赖于对地基沉降的提前估算。目前较为先进的处理方法是我国刘金砺等提出的高层建筑地基基础的变刚度调平的设计思想,由于地基应力场与变形场的非均匀性是出现差异沉降的根源,因此调整地基的刚度分布是控制高层建筑基础差异变形的合理有效的途径。刘金砺等提出的高层建筑地基基础的变刚度调平的设计方法,以上部结构、基础、地基三者的相互作用分析为基础,根据地基变形非均匀分布特征,实施变刚度布桩(或加固),使差异变形减小,材料消耗降低。这种方法在一定程度上解决了这一问题,但其不足之处在于这是一种被动的处理方法,而且实际效果完全依赖于对地基变形非均匀分布特征的了解,以及相应的初始变刚度调平处理措施。该方法不能做到在使用过程中随着地基非均匀变形的实际情况及时调整桩的刚度,因此,不能从根本上解决由于地基不均匀沉降导致的建筑结构产生较大变形和裂缝的问题。

对于大跨度地下空间结构,受力较普通地面结构更复杂,如围岩压力的存在等,地基不均匀沉降不仅会对结构造成影响,而且地基沉降将改变围岩与结构间的相互作用,使大跨度地下空间结构的安全存在极大的安全隐患。因此,本项目将地基的不均匀沉降以及最终沉降作为重点研究内容之一。

4. 地下工程施工监测

在地下工程建设中,施工期原位监测有着举足轻重的作用。随着施工方法不同,具体的监测方案自然也有所不同。通过监测可以对地下工程的施工作出安全预报,对工程的安全运行作出评价,防患于未然,还可验证地下工程设计和施工的合理性。

在城市地下结构施工中,除常规地面控制量、竖井联系、地下导线和温度的常规测量以外,围岩、支护和结构内部的应力应变分布也是一项极重要的监测内容,与施工的安全性密切相关。图 2—9—4 为支护结构安全监测示意图。

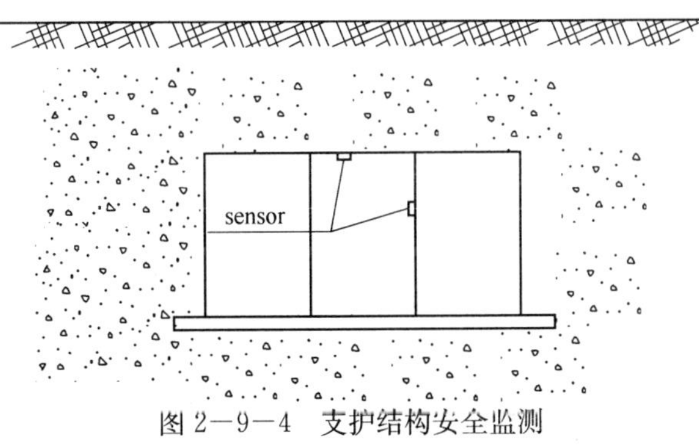

图 2—9—4　支护结构安全监测

地下大跨空间结构的施工监测可以积极借鉴现代结构健康监测技术的最新成果。现代结构健康监测技术具有诸多传统的安全监测技术手段无法比拟的优点,是目前土木工程领域研究最为活跃的分支之一。

例如光纤传感技术，就具有信噪比高、传输距离远、抗干扰性强、体积小、重量轻和寿命长等诸多优点，而声发射技术可以敏感捕捉到由于材料内部深处裂缝出现或扩展而引起的声信号变化等外部征兆。除可靠性和精度的优势以外，这些新技术自动化集成度高，可以保证连续性和远距离监测的需要，效率高，在此基础上易于开发出高效率现代自动化综合监测系统。

9.2　地下工程的应用

人口爆炸、资源短缺、环境恶化、土地衰退，当前人类赖以生存的地球表面已经不堪重负，在这种情况下，各国除采取综合性的政治、经济措施外，都日益注重地下空间和地下工程的开发和利用。虽然有科学家提出 21 世纪在海上、空中建造大城市，但比较可靠的还是“入地”。世界范围内的工程界传言：19 世纪是长大桥梁发展的时代，20 世纪是高层建筑发展的时代，21 世纪将是长大隧道工程发展、大力开发利用地下空间的时代。

从 1863 年伦敦建成 6.2 km 的世界上第一条地铁开始，到 2005 年年底的 100 多年里，全世界已有 44 个国家近 120 多个城市修建了 353 条、线路总长超过 6 000 km(其中地下线路超过 3 000 km)的地下铁道交通系统。全球范围内都开始对地下空间进行大规模的开发利用。目前，国外城市地下空间的开发利用趋势主要有两方面，一是大型建筑物向地下的自然延伸发展到复杂的地下综合体(地下连接通道、地下车库、地下商业、休闲娱乐等)，进而发展到地下城(与地下快速轨道交通系统相结合的地下街系统)；二是地下市政设施的建设从地下供、排水管网发展到地下大型供水系统，地下大型能源供应系统，地下大型排水及污水处理系统，地下生活垃圾的清除、处理和回收系统和地下综合管线廊道(共同沟)。

我国地下空间有计划的大规模利用始于 20 世纪 60 年代，主要是为了“备战备荒”的军事或准军事目的而修建的地下防灾设施。在 20 世纪 60、70 年代，我国建设了一批地下工厂、人防工程和北京、天津地下铁道。随着国际关系趋向缓和和我国综合国力的提升，我国逐渐把地下空间利用的出发点从防空工程转移到国防与经济建设综合考虑上，目前基本形成了“平战结合，为民造福”的地下空间利用指导原则。由于我国地下空间利用起步相对较晚，利用形态相对简单，地下设施类型也较少。我国的地铁始建于 1965 年。目前大陆已建成和在建地铁的城市有北京、上海、天津、广州、深圳、南京、武汉、长春、成都等城市。地下商业街、人行道、地下停车场是我国最广泛的城市地下空间利用形式，在各省会城市及大城市基本都有出现。

自 1888 年开工修建第一条狮球岭隧道起至 2005 年年末，我国共建成铁路隧道 7 538 座，总延长 4 314 km(未记入台湾铁路隧道数量)，其中 3 km 以上的长隧道与特长隧道有 158 座，是世界上铁路隧道最多的国家。在建成的隧道中 90%以上是中华人民共和国成立后修建的，平均每年修建铁路隧道超过 120 座，长度超过 70 km。1968 年上海用国产挤土网络盾构建成了越江打浦路隧道，以后又陆续建成延安东路越江隧道。我国用沉管法先后建成了宁波涌江公路隧道、广州珠江铁路隧道。特别是在山城重庆，建成了多条公路山岭隧道。

9.3　地下工程计算理论的发展

早年地下工程结构的建设完全依据经验，19 世纪初才逐渐形成计算理论，开始用于指导地下工程结构的设计与施工。当时的地下工程结构大多是以砖石材料砌筑的拱形工程结构，特点为截面尺寸很大，结构受力后产生的弹性变形很小，因而最先出现的计算理论是将地下工程结构视为刚性结构的计算理论，如压力线理论等。直到 19 世纪后期，混凝土和钢筋混凝土材料陆续出现，并被用于建造地下工程，使地下工程结构具有较好的整体性。从这时起，地下工程结构开始按弹性连续拱形框架计算内力，并据以进行截面设计。

地下工程结构在主动荷载作用下发生弹性变形的同时，将受到地层对其变形产生的约束作用。将这类约束作用假设为弹性抗力，地下工程结构的计算理论便有了与地面结构不同的特点。由此建立了典型的假定抗力方法、弹性地基梁的力法、角变位移法及不均衡力矩与侧力传播法等。

由于人们认识到地下工程结构与地层是一个受力整体，20 世纪以来，按连续介质力学理论建立地下工程结构内力计算方法的研究也逐渐取得成果。已经建立的方法既有解析解，又有各类数值计算法。随着计算机技术的推广应用和岩土介质本构关系研究的进展，地下工程结构的数值计算方法有了很大的发展，并已编制了多种功能齐全的程序软件。

20世纪70年代起，随着隧道施工力学研究的发展，人们开始致力于对采用新奥法施作的隧道建立仿真计算技术的研究，并据以对复合支护提出计算方法和设计方法，后者同时包括对地下工程施工的安全性监测建立和完善量测技术，以及对其建立分析理论和对地下工程结构的设计引入反馈设计方法，以优化工程设计和确保工程施工的安全性。

在地下工程结构计算理论研究的发展过程中，后期提出的计算方法一般并不否定前期的研究成果。鉴于岩土介质性质的复杂多变性，这些计算方法一般都有各自的适用场合，但都带有一定的局限性。

与地面结构不同，设计地下工程结构不能完全依赖计算。这是因为岩土介质在漫长的地质年代中经历过多次构造运动，影响其物理力学性质的因素很多，而这些因素至今还没有完全被人们认识，因此理论计算结果常与实际情况有较大的出入，很难用作确切的设计依据。在进行地下工程结构的设计时仍需依赖经验和实践。

9.4　地下工程的施工

城市地下隧道及井孔工程先后采用了明挖法、暗挖法、盖挖法、盾构法、沉管法、冻结法及注浆法等，这些技术有各自不同的适用性和优缺点，依据具体工程，国内外也发展了其他一些有针对性的方法，例如加拿大的N. Chandler在数值模拟的基础上结合热学、岩石力学等理论，提出了适用于开挖核废料处理坑的意见。

明挖法具有施工简单、快捷、经济、安全的优点，城市地下隧道式工程发展初期都把它作为首选的开挖技术。其缺点是对周围环境的影响较大。明挖法的关键工序是：降低地下水位，边坡支护，土方开挖，结构施工及防水工程等。其中边坡支护是确保安全施工的关键技术。明挖法施工的工程实例很多，例如沈阳市地铁一号线启工街站通过对站点地面以上场地及地下地质条件的分析，以及对主体围护结构的不同方案进行比选，确定了该站点采用明挖施工方法和排桩围护结构；新建铜九铁路Z4标段刘家湾隧道施工区段为带有微膨胀性的红黏土，隧道顶土体厚度2～10 m，采用明挖法施工。

暗挖法适用于城市中不能采用明挖法施工的地方，亦适用于松散层及含水松散层地层。一般应按照"新奥法"原理设计和施工，采用较强的初期支护，先注浆后开挖的方法。暗挖法有单拱单跨和多拱多跨暗挖施工技术，北京地铁西单车站为多拱多跨；也有三连拱、四连拱、五连拱地铁车站、公路隧道和地下商场，北京天外天地下商场为五连拱结构；还有平直墙暗挖施工技术。国际上传统的暗挖法其顶部都是拱形结构，我国创造出平顶直墙超浅埋暗挖施工技术，如北京长安街过街道。在岩石中进行暗挖施工时，一般采用钻爆法。为了保护围岩的自承能力，普遍采用光面爆破技术。为了减少对地面的振动影响，还采用微差爆破及合理设计爆破参数等减振技术。

盖挖法指的是边坡支护为连续墙、混凝土灌注桩，其上为盖板所构成的框架结构，并在其保护下开挖及结构施工的方法，上海地铁7号线常熟路站采用的就是盖挖法施工，北京地铁1号线天安门东站采用的也是盖挖法施工。它具有快速、经济、安全的优点，是较明挖法对环境影响少，较暗挖法成本低的一种方法。适于市区高层建筑密集区。盖挖法可分为由浅而深地逐层开挖、逐层做结构的盖挖逆作法以及依次开挖至底后再做结构的正作法两种。

盾构法指的是全断面推动园筒状钢盾构进行开挖的方法。施工方法有人工、半机械及全机械化多种。盾构由液压千斤顶推进。用盾构法能完成直径几十厘米至十多米尺寸的隧道，以及双联、三联和四联盾构的大型工程。它适于稳定和不稳定松散含水地层。从施工技术上看，盾构法有泥水盾构法、土压平衡法(可控制地面沉降)、开敞式机械化盾构、气压盾构、插刀盾构及混合盾构等多种。在岩石地层中，也可采用隧道掘进机(岩石盾构)。上海地铁2号线上行线隧道位于上海浦东东方路下的立交工程采用的就是盾构法施工；另外，广州地铁土建工程也大量采用盾构法。

地层冻结法是采用人工制冷固结不稳定松散砂土地层或软岩地层，并隔断地下水的施工方法。在拟开凿的地下工程周围钻凿一定数量的冻结孔，通过冻结管中的供液管，循环由制冷设备提供的低温盐水，使地层局部形成不透水且有一定强度能抵抗地压的冻结壁，并在其保护下进行开挖施工，工程完工后，冻结壁融化，地层岩土恢复原状。此法适用于松散含水地层，已在煤矿广泛采用。上海轨道交通13号线世博园站至长清路站专用交通联络线工程盾构井与13号线右线区间之间的联络通道、广州地铁三号线天河客运站折返线隧道、北京地铁大北窑区间隧道等复杂高难地段，均用此法获得成功，并首次试成水平冻结技术及液氮快速冻结技术。

沉管(箱)法是采用将事先预制的钢筋混凝土结构，焊封头部钢板、然后放水浮运沉入到设计的位置来建造水下岩土工程的方法。广州珠江隧道采用了这种方法，上海外环沉管隧道管段采用的也是这种方法。适于修建过江、过海隧道的水中部分及浅表土层中的竖井施工。

注浆法指的是通过注浆设备以选定的注浆工艺利用钻孔进行岩土加固的一种施工技术。它早就被广泛应用，例如上海—银川高速公路“襄樊—十堰”段采取了管棚注浆预加固措施，北京地铁5号线刘家窑车站使用的管棚加交叉小导管超前注浆预加固施工技术，根据注浆材料不同有单液和双液注浆，水泥注浆、黏土水泥和化学材料注浆；根据注浆机具不同有重力注浆和压力注浆，有渗透注浆和喷射注浆等。近年来发展起来的高压喷射注浆法，在岩土工程的加固和治水中更是发挥了独特作用，例如高压旋喷桩法、高压定喷墙法以及水平旋喷法。三重管高压旋喷桩法在上海地铁1号线的施工中，对淤泥地层进行帷幕堵水、防渗加固，效果十分理想。高压旋喷桩与灌注桩结合法在高层建筑地基基坑护坡工程中更是得到广泛应用。

9.5　地下工程结构的特点

与地面建筑结构相比，地下工程结构有其自身的特点，主要在于结构与其周围岩土介质存在着复杂的相互作用关系其特点主要有以下几点。

(1)地下工程结构处在地层之中，不像地面结构处在空气介质之中，修建中和建成后都要受到地层的作用，受到地层的自重、变形和振动的作用，粗看起来地层是个荷载，但观察大量天然洞室和模型实验，表明地层不单纯是荷载，各类地层有不同程度的自承载能力。当洞室形成时，地层在垂直和水平方向出现临空面，在两个方向均有一定的自稳范围和自稳时间，随着地层种类和构造的不同，其自稳范围和自稳时间在一个很大范围内变化，地下工程结构如何形成，就是要充分利用或改善地层的自稳范围和自稳时间的大小。

(2)地下工程结构不同于地面结构另一个突出之点，是地面结构是做好后受载，地下工程结构是在受载状态下构筑。地下工程结构虽在总体上讲是在受载下构筑，而在每一个部件形成时，仍然是构筑后受载。地下工程往往是一个大的空间体系，承受地层实体对人工开挖形成地下空间的作用，在形成过程中都是与地层共同作用构成小空间体系，由小的逐步变化为大的工程要求的空间体系，每一小阶段地下工程结构修建时都要利用地层的自承载能力。另一方面要说明的是地下工程结构替代地层实体形成地下空间时，洞室上层的岩体自重产生变形将其作用通过两侧岩体传递到洞室的下部地层，这实际上表明在洞室周围存在着围岩承载环。

(3)由于地下工程是以地下工程结构内含空间替代地层实体，在替代过程中是在某种范围和时间内依赖地层的自承载力逐步实现的，地下工程结构的刚度无论如何都没有地层实体大，而且中间还要进行由实体到空间的转换，所以这一过程不可避免地要使围岩产生变形。建设者的任务就是将这一变形控制在允许的范围之内，完全不变形是不可能的，微小的变形也会带来造价的增高。

(4)含水地层的状态往往对地下建筑和结构产生巨大的影响，绝大部分塌方和滑坡都与水有关，要了解地下水的分布情况，弄清水压和水量，注意地下水状况的变化而带来地层参数的变化，特别是岩体夹层参数的变化，采取相应的结构和防排水措施。

(5)地下工程结构所处的岩土介质在漫长的地质年代中经历过多次构造运动，影响其物理性质的因素很多，而这些因素至今还没有完全被人们认识，在设计时只能提供一个概略的地质条件资料，许多因素是未知的，只有在施工过程中才能逐步揭露和了解地质状况。另外还有些因数随着施工进程变化，如地层位移、流变和地壳运动(如地震)等，都随时间有一个明显或不明显的变化。因此，建立合理的地下模型仍然面临较大困难，另外，与地面结构不同，地下工程结构的设计不能完全依赖计算，很大程度上仍需依赖经验和实践。地下工程结构的设计和施工一般有一个特殊的模式，即设计→施工及监测→信息反馈→修改设计→修改或加固施工→建成后还需有一段时间的监测。

(6)由于地下工程处于地层中，是在受载下进行建造的，且地下水对地下工程的影响较大，所以地下结构的计算必须和施工结合起来。同一工程采用不同的施工方法时，其围岩扰动和结构受力是完全不同的。

第 10 章　地下工程设计的计算方法及实例

10.1　地下结构工程的计算方法

10.1.1　荷载结构法

目前，我国在地下工程结构的计算中，采用较多的仍是以散体理论为基础的荷载结构模型。原因是，一方面该理论发展时间较长，在应用中有较多经验，另一方面该计算理论形式简单，比较容易为工程人员所掌握。

荷载结构模型是我国《铁路隧道设计规范》中推荐采用的一种方法，它采用荷载结构法计算衬砌内力，并据以进行构件截面设计。结构承受的荷载主要是丌挖洞室后由松动岩土的自重产生的地层压力。这一方法与设计地面结构时习惯采用的方法基本一致，区别是计算结构内力时需考虑周围地层介质对结构变形的约束作用。

其中，周围压力规范上采用的都是半理论、半经验的公式，如我国公路隧道规范（JTJ 026－90）给出的，对不产生显著偏压力及膨胀力、围岩压力作为主动地压，一般按矿山法施工的整体式混凝土衬砌，其上部竖直均布压力的计算公式如：

$$q=0.45\times 2^{6-S}\times[1+i(B-5)]\gamma$$

式中　q ——上部竖直均布压力；

S ——围岩类别；

γ ——围岩容重；

i——经验系数；

B——隧道毛洞跨度。

采用这种方法进行计算的缺点在于，结构本身的内力和变形可以由计算得出，但是周围环境的变形仅能由结构的变形间接求得，而且难以知道周围岩土体的应力状况及其稳定性。另外，其理论基础——散体理论认为，当地下工程埋深较大时，作用在结构上的压力不是上覆岩层的重量，而只是围岩坍落拱内松动岩体的重量，坍落拱的高度与地下工程的跨度及围岩的性质有关。但是，并不是所有的地下空间都存在坍落拱，该理论也没能科学地确定坍落拱的高度及其形成过程，更没有认识到稳定围岩和充分发挥围岩的自承作用问题。

10.1.2　地层结构法

地层结构模型是 20 世纪 70 年代中期以来，随着计算机的广泛应用和计算技术的不断成熟而逐渐发展起来的一种地下工程结构计算方法。特别是有限元、边界元、杂交元等数值计算方法的推广，为连续体模型在隧道和地下工程结构中的应用创造了条件。喷锚支护这类以“主动”加固岩体为机制的支护型式，以及以这种新型支护技术为背景的新奥法的应用，使地层结构模型得以发展。

与前面的荷载结构模型不同，地层结构模型认为地下工程结构周围的地层不仅能对结构产生荷载，而且其自身也能承受荷载，地下工程结构是否安全可靠，首先取决于周围地层的稳定状态。由此可知，结构的作用是在洞室周围地层应力重分布的过程中参与地层的变形，对地层提供必要的支承抗力，并与周围地层一起组成共同受力的整体，以保持洞室的稳定。在这种模型中，围岩和支护系统不再作为相互作用的两个方面，而是作为一个联合系统加以考虑。结构的内力和洞室周围的应力都能计算出来，在计算过程中，通过位移协调条件使地层应力与结构的内力保持平衡；按这种方法进行截面设计的特点，是验算结构的强度时要求综合考虑地层稳定性的影响。相对荷载结构法，地层结构法考虑了地下工程结构与周围地层的相互作用,结合具体的施工过程可以充分模拟地下工程结构以及周围地层在每一个施工工况的结构内力以及周围地层的变形,更能符合工程实际。计算可采用解析解(弹性、塑性、黏弹性等)和数值解(有限元、边界元、离散元等)。

1. 有限单元法

有限元法自出现至今,已成为求解复杂岩土工程问题的有力工具,并已越来越多地被工程界所采用。就数值分析方法来说都是以离散化原则为基础,即把一个复杂的整体问题离散化为若干个较小的等价的单体所组成的整体,有限元法也是如此。它是通过变分原理(或加权余量法)和分区插值的离散化处理把基本支配方程转化为线性代数方程,把求解待解域内的连续函数转化为求解有限个离散点(节点)处的场函数值。有限元法的最基本元素是单元和节点,基本计算步骤的第一步为离散化问题域的连续体被离散为单元与节点的组合;第二步为单元分析,一般以位移法为基本方法,建立刚度矩阵;第三步为组集总体刚度矩阵,并由此建立系统的整体方法组;第四步为引入计算模型的边界条件,求解方程组,求得节点位移;第五步为求出个单元的应变、应力及主应力等。

2. 边界单元法

在有限单元法中,问题域被离散为单元,并对连续介质的位移场和应力场的连续性提供物理近似,对于单元的节点可以精确地建立和求解控制方程。因此,有限元法是对问题的微分近似表达式给出了精确解,它实质上属于微分法。与微分法相对应的是积分法,积分法所涉及的边界可包围整个问题域,而数值分析的离散化仅在边界上近似,即在内部问题的外边界或外部问题的内边界上划分单元作近似处理。积分法统称为边界单元法,有直接法和间接法两类,它们都是利用了简单奇异问题的解析解,并可近似满足每个边界单元的应力和位移边界条件。由于该法仅仅限定和离散问题的边界,把平面问题的重点转移到边界上来,可有效地使已知问题的维数降低一维,并由此减小方程组的规模,使计算效率大大提高。由于边界元法可以正确地模拟远处的边界条件,并可以保证在整个材料体内应力场和位移场变化的连续性。因此,边界元法最适用于均质材料和线性性态情况。

3. 离散单元法

尽管有限元法或边界元法将问题域的内部或边界进行了离散化,但在计算过程中,仍要求保持整体完整性,单元之间不允许拉开,应力仍保持连续。离散单元法则完全强调岩体的非连续性。问题域被众多的岩体单元所组成,但这些单元之间并不要求完全紧密接触,单元之间既可以是面接触,也可以是面与点的接触,每个岩体单元不仅要输入它的材料弹性参数等,还要确定形成岩块四周结构面的切向刚度、法向刚度以及 c、φ 值等。也允许块体之间滑移或受到拉力以后脱开,甚至脱离母体而自由下坠。离散单元法认为,岩体中的各离散单元,在初始应力作用下各块体保持平衡。岩体被表面或内部开挖以后,一部分岩体就存在不平衡力,离散单元法对计算域内的每个块体所受的四周作用力及自重进行不平衡力计算,并采用牛顿运动定律确定该岩块内不平衡力引起的速度和位移。反复逐个块体进行类似的计算,最终确定岩体在已知荷载作用下是否将破坏或计算出最终稳定体系的累计位移,所采用的解算方法称为松弛法,是一种反复迭代的计算方法。

地层结构法主要包括如下几部分内容:地层的合理化模拟、结构模拟、施工过程的模拟以及施工过程中结构与周围地层的相互作用的模拟。近年来随着地层结构理论本身的发展以及相关计算机辅助设计软件的开发,以地层结构理论为基础的地层结构法发展迅速。但是由于周围地层以及地层与结构相互作用模拟的复杂性,地层结构模型目前尚处于发展阶段。如地层岩土材料性质的模拟有了多种模型,有各向同性线弹性、非线性弹性及弹塑性体或横观各向异性、正交各向异性线弹性体;考虑周围时间效应的黏弹性、黏弹塑性模型;由于地下水在围岩及土体中的渗流,先后发展了渗流耦合模型,考虑土体中空隙水压力的变化,发展了固结模型等。本章试图通过对具体土质、具体施工条件和施工要求的研究,建立尽可能模拟实际情况的计算模型,验证不同的施工方式下衬砌结构的和围岩的受力及变形特性,以确定适合本书的工程实例的计算、施工方法,以及计算和施工注意事项。

10.1.3 经验类比法

经验类比模型则是完全依靠经验设计地下工程结构的设计模型。由于地下工程结构的设计受到多种复杂因素的影响，使内力即使采用了比较严密的理论，计算结果的合理性也仍需借助经验类比予以判断和完善，因此，经验设计法往往占据一定的位置。

工程类比法在我国甚至于世界隧道和地下工程的设计领域仍占据主导地位。许多已建或在建的特大型工程，其结构设计都是以工程类比法为主。工程类比的经验设计方法的关键在于建立正确的围岩分类体系，以及既有工程资料的积累和整理。现行围岩分类本身带有很大的人为因素，仍是一个定性为主的分类，而因为没有一个完善的地下工程数据库，工程类比也只是各单位依据局部有限的经验进行类比，设计者难以纵观全局的基础上确定出经济合理的设计方案。

10.1.4　收敛限制法

随着新奥法的问世和与新奥法有关的研究工作的不断深入，近 20 年来在地下工程结构设计理论中又出现了一种根据洞周位移量测值反馈设计衬砌结构的模型——收敛限制模型。它在隧道与地下工程界也占有一席之地。其基本原理在于：①充分利用和发挥围岩的自承能力；②增强围岩的强度，均衡围岩应力的分布，并允许围岩有一定程度的变形，以减少对支护的围岩压力；③利用现场的监测值进行反馈施工。收敛约束模型认为围岩压力和支护抗力是在围岩和支护系统共同变形中形成的，它主要关心的是支护抗力作用下的地层状态，而不是荷载作用下的衬砌结构状态，从而体现了新奥法的岩石支承作用的思想。但是，由于实际工程中涉及到的岩土地质情况非常复杂，对于支护及衬砌结构来说，其作用机理及其围岩与支护的相互关系，尚有诸多的问题需要进一步讨论，很多问题难以解决。要使它作为隧道支护定量分析与设计的实用方法，还有许多理论上的难题需要解决。

10.2　具体工程实例

10.2.1　工程概况

工程名称为“明月二路人行过街地道工程”，位于广州市内明月二路与广州大道交叉处，下穿广州大道，东西走向，长 52 m，东侧为珠江新城，西侧为五羊新城，如图 2—10—1 所示；主通道结构净宽 5.0 m，通行高度为 3 m，埋深确定在 3.0～4.7 m，工程结构安全等级为二级。

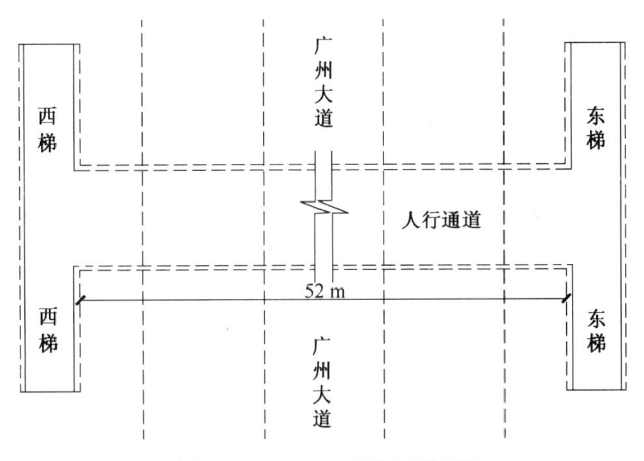

图 2—10—1　工程位置示意图

1. 工程地质条件

场区位于天河向斜南翼，出路基岩为上白垩三水组东湖段，地表为第四系土层覆盖。地层岩性自上而下如下：

(1) 第四系人工堆积层：层厚 1.50～3.10 m，连续分布。杂黄色、杂红色、杂褐色，松散状杂填土，由砖块、碎石、填土组成，硬质物含量约 15%。顶面均有 10～30 cm 厚混凝土板。

(2)冲积层：顶界埋深 1.50～3.10 m，层厚 4.20～11.70 m。

①淤泥：黑色，流塑状，不等厚层状连续分布，顶界埋深 1.50～3.10 m，层厚 0.30～2.50 m。标贯值 $N=1.9$。

②细砂层：局部为粉砂、中砂。灰白、灰色，饱和，松散状，分选性差，含少量黏性土。位于(2—1)层下，于地道东梯连续分布，顶界埋深 3.00～5.40 m，层厚 1.60～3.40 m；于地道西梯薄层透镜体状分布；顶界埋深 3.10～7.10 m，厚度 0.60～1.60 m；地道主体，顶界埋深 2.30 m，层厚 3.80 m，且其上部 1.90 m 含淤泥质。标贯值 $N=8.9$。

③粉质黏土、黏土：局部相变为粉土，灰色、红色、灰黄色、灰白色，局部呈花斑状。于地道西梯连续分布，顶界埋深 2.50～5.00 m，层厚 2.90～5.10 m，层中也出露薄层细砂；于地道东梯层位出露不稳定，揭露

于泥炭土之下的呈薄层连续分布，揭露于砂层中的则呈断絮状或尖灭状分布。由于该层的出露分布情况，导致其土质不均匀，总体以软塑为主。标贯值 N=4.5。

④泥炭土：灰褐色，软塑，含大量腐木。于地道东梯连续分布，于地道西梯偶有揭露，地道主体也有揭露。顶界埋深 5.40～7.60 m，层厚 0.40～2.40 m。标贯值 N=3.0。

(3)残积层：粉质黏土，暗紫红色，为泥质粉砂岩风化残积土，可塑，底部硬塑，场区内连续分布。顶界埋深 6.60～9.80 m，层厚 0.50～10.90 m。标贯值 N=11.8。

(4)上白垩统三水组东湖段岩层：暗紫红色泥岩、泥质粉砂岩、粉砂岩、细砂岩，泥质或粉砂质结构，层状构造，胶结物为泥质或钙质，岩层薄、层理发育，含微薄层桩、脉状石膏。顶界埋深 8.60～20.40 m。

①强风化带：岩芯呈短柱状或半岩半土状，岩质软，用手可折断。顶界埋深 8.60～20.40 m，层厚 0.40～7.50 m。标贯值 N=32.3。

②中风化带：裂隙发育，岩芯呈块状、片状及柱状。顶界埋深 10.00～21.20 m，揭露厚度 2.10～3.70 m。天然抗压强度 P_a=6.92 MPa。

计算时各土层自上而下的分布及各土层的实验参数如表 2—10—1 所示。

表 2—10—1　各土层参数

土层名称	层厚	天然重度	黏聚力	内摩擦角	压缩模量	泊松比	K_0
	m	kN/ m³	kPa	°	MPa		
杂填土	3.1	17.3	15	28	3.94	0.35	0.623
淤泥	2.6	16.1	8	8	2.42	0.36	0.595
中沙	3.5	19.5	30	23	1.5	0.3	0.743
黏性土	2.4	19.2	36	15	4.5	0.32	0.699
强风化岩	2.1	23	0.4	36	500	0.3	0.743
中风化岩	12	23.8	0.9	37	2 000	0.25	0.833

2. 水文地质条件

人工堆积层结构松散，含上层滞水，水位动态变化与大气降水有关；冲积淤泥层为饱和状态；冲击粉质黏土及残积粉质黏土为相对隔水层；冲击砂层含孔隙型潜水，地道东梯该砂层连续出露，故水量较丰，而地道西梯局部出露，水量一般。场区出露的碎屑岩主要以泥钙质胶结，为隔水层。

地下最高水位埋深 0.80 m，地下水在干湿交替环境下对钢筋混凝土中的钢筋具有弱腐蚀性。

3. 工程特点

从上面的资料可以看出，明月二路地下人行过街通道的地质条件较差。首先，通道所处位置土层依次是：杂填土、饱和淤泥、饱和中砂、饱和黏性土、强风化岩、中风化岩，与内陆地区相比地质条件较差。例如北京市朝阳区东大桥路芳草地的一工程其土层分布如下：人工堆积层、黏性土层、粉土、砂性土层、砂、卵石层，可见，明月二路地下人行通道的土层在黏性土层之上多了的饱和淤泥层和中砂层，而饱和的淤泥层和中沙层相对于黏土层来说自承能力较差、流动性大。

其次，明月二路地下人行过街通道所在地的地下水位埋深较高，为 0.8 m，而北京地区地下潜水位埋深通常约为 13 m。较高的地下水位给地下工程的施工带来更多困难。

另外，不同于许多浅埋地下工程的是，通道的施工要求严格控制其上的地面沉降量不超过 25 mm，以保证交通的畅通。

10.2.2　采用的计算方法

计算依据的设计规范主要有：铁路隧道设计规范(TB 10003—2005)；建筑结构荷载规范(GB 50009—2001)；混凝土结构设计规范(GB 50010—2002)等。

当前我国的地下工程结构设计计算，主要采用的是荷载结构法、地层结构法和经验类比法。收敛限制法尚有诸多的问题需要进一步讨论，很多问题难以解决，要使它作为地下工程结构定量分析与设计的实用方法，还有许多理论上的难题需要解决。

地下人行通道衬砌结构的设计计算目前主要借鉴于《铁路隧道设计规范》，荷载结构法是《铁路隧道设计规范》推荐采用的方法，它以散体理论为基础，是我国广为采用的一种地下工程结构计算方法，原因是一方面该理论发展时间较长，在应用中有较多经验，另一方面该计算理论形式简单，比较容易为工程人员所掌握，主要使用于软弱围岩中的浅埋隧道。

明挖段的计算比较简单，借助有限元软件 MIDAS/GTS 计算并模拟不同的施工方法的施工过程，从而确定能够满足围岩稳定和控制地面沉降量的设计方案，对底板厚度的厚度选取提出参考意见和抗浮分析及计算。

对于暗挖段，本章将首先采用荷载结构法对衬砌结构进行计算，依据《铁路隧道设计规范》取定计算截面和截面上所受荷载，计算时采用 SAP2000 辅助计算。由于荷载结构法将围岩看作荷载施加在衬砌结构上，然后按地面结构的计算方式对衬砌结构进行内力和变形计算，因此无法计算围岩的应力和变形，而通道稳定和地面沉降量的控制需要由围岩的应力和变形来确定，是本章的关键问题，所以需要进一步采用地层结构法进行模拟计算。地下工程的模拟计算必须和施工方法结合起来，本章借助有限元软件 MIDAS/GTS 实现地层结构法的计算，计算时模拟不同的施工方法的施工过程，从而确定能够满足围岩稳定和控制地面沉降量的施工方法，并对底板厚度的选取提出参考意见和抗浮分析及计算。

10.2.3　暗挖段的分析计算

1. 衬砌结构的计算

衬砌结构的计算国内通常是按照《铁路隧道设计规范》推荐的荷载结构法计算的，计算时按照规范相关条文取定计算截面，再按规范上的经验公式确定计算截面上所受荷载，然后按照结构力学中计算超静定问题的位移法进行衬砌结构内力和变形的计算。本章按规范确定计算截面和荷载后利用 SAP2000 辅助计算。

(1)荷载的确定

地下工程结构所受的荷载，可分为静载、活载、特殊荷载以及地震等偶然荷载三类。静载是指长期作用在结构上的不变荷载，如结构自重、土压力及地下水压力等；活载是指结构物使用期间或施工期间可能存在的变动荷载，如人群、车辆、设备或施工设备以及施工期间堆放的材料、机器等荷载；特载则指常规武器(炮、炸弹)作用或核武器爆炸形成的荷载。处于地震区的地下工程结构，还受到地震荷载的作用。关于特载的大小是按照不同的防护等级采用的，它在人防工程的有关规范中有明确的规定。

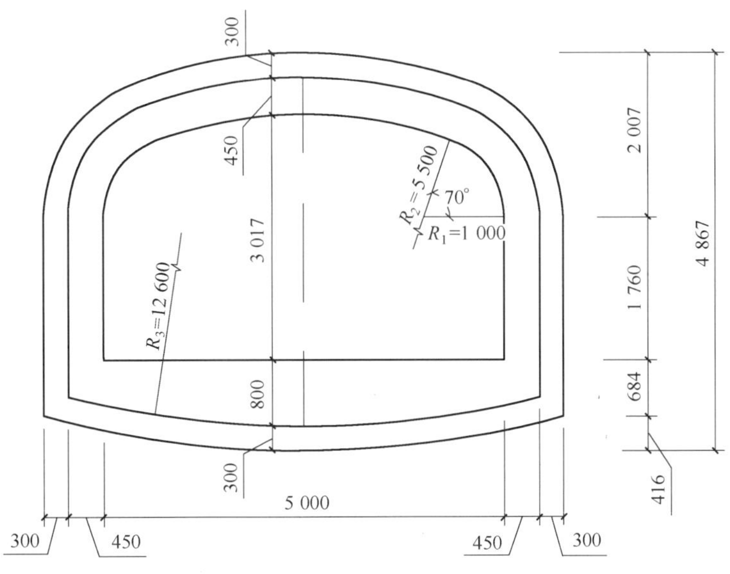

图 2—10—2　隧道截面尺寸图(mm)

由结构力学可知，计算超静定结构的内力，必须事先知道各杆件截面的尺寸，至少也要知道各杆件截面惯性矩的比值，否则无法进行内力计算。但是截面尺寸的确定只有在知道内力之后才能进行，这一矛盾的产生，是由杆件系统结构力学理论本身带来的。克服这一矛盾的办法是：在进行内力计算之前，通常先根据以往的经验或近似计算方法设定各个结构构件的截面尺寸，经内力计算后，再来验算所设截面是否合适，重复上述过程，直至所设截面合适为止。所以，此处根据以往相似工程初步假定隧道截面如图 2－10－2 所示，采用 C30 混凝土，衬砌结构弧顶埋深 4.300 m。

①顶板上的荷载

作用于顶板上的荷载，包括有顶板以上的覆土压力、水压力、顶板自重、路面活荷载以及特载。

a. 覆土压力

因为是浅埋结构，所以计算覆土压力时，只要将结构范围内顶板以上各层土壤（包括路面材料）的重量之和求出来，然后除以顶板的承压面积即可。如果某层土壤处于地下水中，则它的容重 γ_i 要采用浮容重 γ_i。覆土压力标准值计算如下：

$$\begin{aligned} q_{土} &= \sum_i \gamma_i h_i \\ &= 17.3\times0.8+(17.3-10)\times(3.1-0.8)+(16.1-10)\times1.6 \\ &= 13.84+16.79+9.76=40.39\ (\mathrm{kN/m^2}) \end{aligned}$$

式中　γ_i——第 i 层土壤（或路面材料）的重度；

h_i——第 i 层土壤（或路面材料）的厚度（弧顶部分按半高折算）。

b. 水压力

计算水压力时可用下式计算：

$$\begin{aligned} q_{水} &= \gamma_w h_w \\ &= 10\times(2.3+1.6)=39\ (\mathrm{kN/m^2}) \end{aligned}$$

式中　γ_w——水重度，其值等于 10 kN/m^3；

h_w——地下水自由面至顶板表面的距离（弧顶部分按半高折算）。

c. 顶板自重

$$\begin{aligned} q &= \gamma d \\ &= 26\times0.75=19.5\ (\mathrm{kN/m^2}) \end{aligned}$$

式中　γ——顶板材料的重度，这里混凝土重度取为 26 kN/m^3；

d——顶板的厚度。

d. 地面超载

按规范取 20 kN/m^2。

e. 顶板上所受的荷载

将上面的结果总和起来即得到顶板上所受的荷载标准值：

$$q_{顶}=40.39+39+19.5+20=118.89\ (\mathrm{kN/m^2})$$

对应的荷载基本组合设计值为：

$$q_{顶设}=1.2\times(40.39+39+19.5)+1.4\times20=118.668+28=146.67\ (\mathrm{kN/m^2})$$

②底板上的荷载

一般情况下，浅埋地下工程中的结构刚度都较大，而地基相对来说较松软，所以假定地基反力为直线分布。作用于底板上的荷载标准值可按下式计算：

$$\begin{aligned} q_{底} &= q_{顶} + \frac{\sum P}{L} \\ &= 118.89 + 23.60 = 142.50\ (\mathrm{kN/m^2}) \end{aligned}$$

对应的荷载基本组合设计值为：

$$\begin{aligned} q_{底设} &= q_{顶设} + 1.2\times\frac{\sum P}{L} \\ &= 146.67 + 1.2\times23.60 = 175\ (\mathrm{kN/m^2}) \end{aligned}$$

式中　$\sum P$——结构顶板以下，底板以上的两边墙及中间柱等重量；

L——结构横断面的宽度。

③侧墙上的荷载

a. 土层侧向压力

$$e=(\sum_{i}\gamma_i h_i)\tan^2(45^\circ-\frac{\varphi}{2})$$

$$e_1=(17.3\times0.8+7.3\times2.3+6.1\times2.6)\times\tan^2(45^\circ-\frac{23^\circ}{2})=20.37\ (\mathrm{kN/m^2})$$

$$e_2=(17.3\times0.8+7.3\times2.3+6.1\times2.6+9.5\times3.5)\times\tan^2(45^\circ-\frac{23^\circ}{2})=34.93\ (\mathrm{kN/m^2})$$

式中　φ——结构埋置处土层的内摩擦角。此外，处于地下水中的土壤，其 γ_i 要用浮重度。

b. 侧向水压力

$$e_{1\mathrm{w}}=\psi\gamma_{\mathrm{w}}h=1.0\times10\times3.5=35\ (\mathrm{kN/m^2})$$

$$e_{2\mathrm{w}}=\psi\gamma_{\mathrm{w}}h=1.0\times10\times8.4=84\ (\mathrm{kN/m^2})$$

式中　ψ——折减系数，其值依土壤的透水性来确定：对于砂土 $\psi=1$，对于黏土 $\psi=0.7$，此处为安全取为 1；

h——从地下水表面至考察点的距离。

c. 作用于侧墙上的荷载

侧墙上的荷载即为土层侧向压力和侧向水压力的总和，侧墙上的荷载标准值为：

$$q_{侧}=e+e_{\mathrm{w}}$$

$$q_{侧1}=e_1+e_{\mathrm{w1}}=20.37+35=55.37\ (\mathrm{kN/m^2})$$

$$q_{侧2}=e_2+e_{\mathrm{w2}}=34.93+84=118.93\ (\mathrm{kN/m^2})$$

对应的荷载基本组合设计值为：

$$q_{侧1设}=1.35\times(e_1+e_{\mathrm{w1}})=1.35\times(20.37+35)=74.75\ (\mathrm{kN/m^2})$$

$$q_{侧2设}=1.35\times(e_2+e_{\mathrm{w2}})=1.35\times(34.93+84)=160.56\ (\mathrm{kN/m^2})$$

(2)计算过程及结果

①计算简图

工程中的地下通道结构，纵向很长，横向较短，结构所受的荷载沿纵向的大小近于不变，因此，当不考虑结构纵向不均匀变形时，结构可看作平面变形问题。计算时可沿纵向截取单位长度(1 m 长)的截条当做闭合框架来计算。计算简图如图 2－10－3 所示。

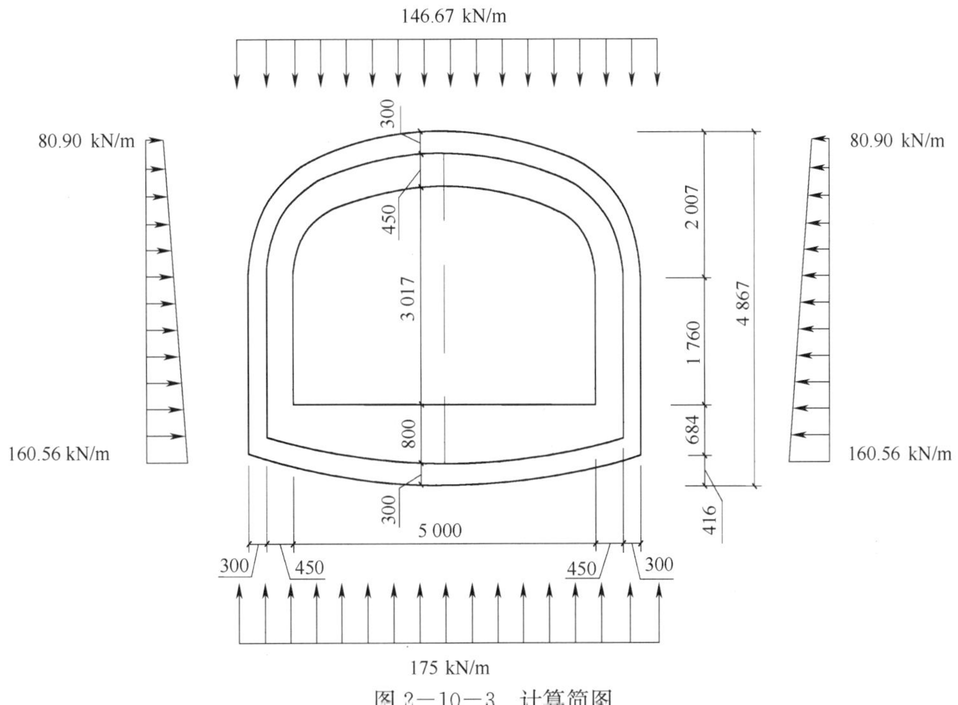

图 2－10－3　计算简图

图 2－10－3 中，表示尺寸标注的单位为 mm，最外面一层厚 300 mm 的结构为初期支护衬砌结构，宽 6 500 mm，高 4 867 mm；初步衬砌里面是二次衬砌，二次衬砌的截面厚度是变化的，拱顶和侧墙部分的厚度

为 450 mm，底板厚度为 800 mm；通道净宽 5 000 mm，净高 3 017 mm。

人行通道的衬砌拟采用复合式衬砌，关于复合式衬砌内外层结构受力状态，一种看法认为：围岩中因围岩具有自承能力，它与初期支护组合组在一起能起到永久建筑物的作用，故二次衬砌只是用来提高安全度的；另一种看法则认为：二次衬砌的承载作用是主要的，它不仅稳定围岩的变形且在整个衬砌结构中占有主导地位；还有一种看法认为内、外衬砌是共同承载受力的。根据模型实验和理论分析的结果表明：复合式衬砌的极限承载能力比同等厚度的单层模筑混凝土衬砌可提高 15%～25%，如能调整好内衬的施作时间，还可以改善结构的受力条件。所以此处计算的对象是初期支护的衬砌结构。

图 2－10－3 所示计算简图是一个三次超静定结构，可以按照结构力学的位移法进行手算，但涉及到弧形且矩阵的复杂计算，所以采用结构有限元软件 SAP2000 辅助计算。

②计算结果

采用 SAP2000 辅助计算时采用多段线代替隧道上下的弧线，和手工计算一样，因为初期支护结构是一个超静定结构，计算时在侧墙底部截断，并用固定支座模拟，计算结果如图 2－10－4～图 2－10－7 所示。

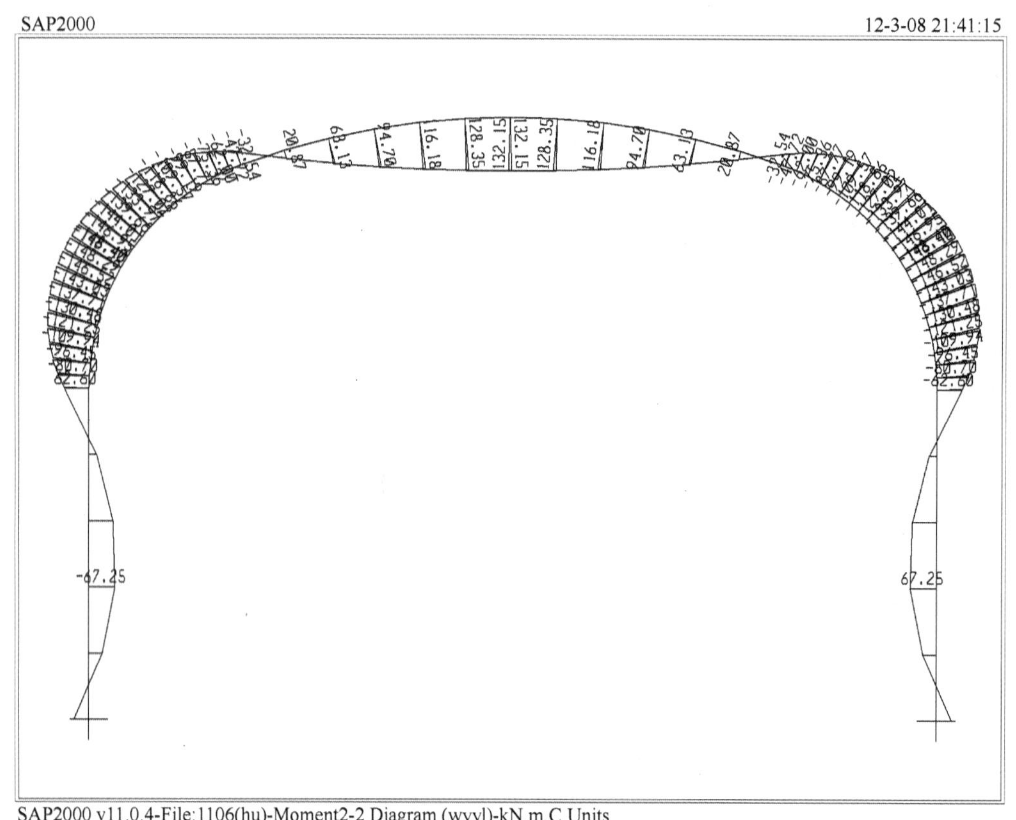

图 2－10－4 衬砌结构弯矩图

图 2－10－4 为初支衬砌的弯矩图，因为衬砌结构自身的几何外形及断面完全关于结构中轴线对称，而且受荷也完全关于中轴线对称，所以图中显示的弯矩图是一个对称图。图中正负号与结构力学中的规定一致，即弯矩使“杆件下部”受拉时为正。衬砌结构上的弯矩图一共出现了 6 个拐点，分别位于侧墙底部附近、拱肩与侧墙连接处、拱肩与拱顶连接处；侧墙上的最大弯矩绝对值为 67.25 kN·m，内侧受拉，外侧受压；拱肩处的最大弯矩绝对值为 148.40 kN·m，与侧墙处不同的是，拱肩处的受拉侧为外侧，受压侧为内侧；拱顶的最大弯矩出现在中点位置，其值为 132.15 kN·m，内侧受拉，外侧受压。

从弯矩图的分布可以估计衬砌结构受弯后的变形方式：拱顶有向下位移的趋势，拱肩有向外凸的趋势，而侧墙则有向内凸的趋势。因为衬砌结构与周围土体是紧密接触、相互制约的，所以衬砌结构周围土地的位移趋势也与衬砌结构的变形趋势一致，拱肩处由于土体的约束，外凸的位移不大，而且对围岩稳定的影响较小；但拱顶的向下位移及侧墙向内的位移过大会引起地面沉降过大甚至塌落，造成事故。所以《铁路隧道设计规范》要求严格控制拱顶相对下沉值和拱脚水平相对净空变化值。

图 2－10－5 为衬砌结构的剪力图，拱顶和拱肩部分的剪力图是关于结构中轴线的反对称图形，正负号

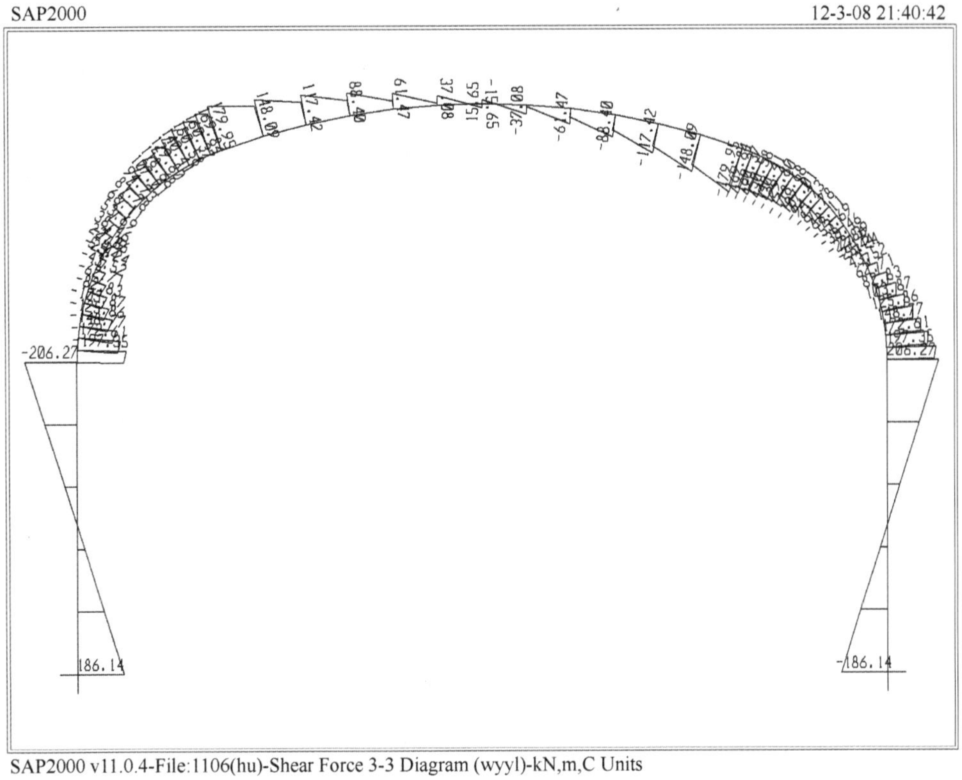

SAP2000　12-3-08 21:40:42

SAP2000 v11.0.4-File:1106(hu)-Shear Force 3-3 Diagram (wyyl)-kN,m,C Units

图 2—10—5　衬砌结构剪力图

的规定与结构力学中的规定完全一致，即以绕微段隔离体顺时针转的剪力为正。图中一共有 5 个剪力为零的位置，分别是两个侧墙中点、两个拱肩中点和拱顶中点，正好是侧墙、拱肩和拱顶弯矩最大的位置；图中一共有 4 个极值，分别为－206.27 kN、179.95 kN、－179.95 kN、206.27 kN，位于侧墙与拱肩连接处、拱肩与拱顶连接处，正好是弯矩图中拐点的位置。剪力最不利截面剪力最大值为 206.27 kN，衬砌结构厚 300 mm 时剪力最不利截面(即 45°斜截面)的剪应力为：

$$206.27\times10^3/(1\ 000\times\sqrt{2}\times300)=0.49\ (\text{N/mm}^2)$$

衬砌结构厚 200 mm 时能承受的最大剪力为：

$$1\ 000\times\sqrt{2}\times200\times1.43=404\ (\text{kN})$$

都小于 C30 混凝土的抗拉强度设计值 1.43 N/mm^2，所以 200 mm、300 mm 厚衬砌结构的抗剪强度都满足工程要求。

图 2—10—6 为衬砌结构的轴力图，轴力图是完全关于结构中轴线对称的图形，因为衬砌结构自身的几何外形及断面完全关于中轴线对称，而且所受荷载也完全关于中轴线对称。衬砌结构正负号的规定与结构力学中的规定完全一致，即压力为负，拉力为正。图中轴力全都为负，即表示衬砌结构所受轴力全为压力，这是因为衬砌结构顶部采用拱形结构，且衬砌结构所受荷载关于结构中轴线对称。衬砌结构拱顶中点处轴力最小，为－526 kN，沿侧墙方向轴力逐渐增大，侧墙底部轴力最大，为－627 kN。拱顶弯矩最大处的轴力为－526 kN，拱肩弯矩最大处的轴力为－560 kN，侧墙上弯矩最大处的轴力为－627 kN。

200 mm 衬砌结构能够承受的最大轴力为：

$$14.3\times200\times1\ 000=2\ 860\ (\text{kN})$$

衬砌结构厚 200 mm 时能承受的最大轴力远远大于所受轴力。

拱顶中点弯矩最大，而拱顶中点处的轴力与拱顶其他位置的轴力相差不大，轴力和弯矩的共同作用下，其压应力是拱顶部分的最大值，同理，拱肩弯矩最大处和侧墙弯矩最大处的压应力分别是拱肩部分和侧墙部分压应力最大的位置。300 mm 衬砌结构拱顶中点、拱肩弯矩最大处、侧墙弯矩最大处的压应力计算如表 2—10—2 所示。

对比表 2—10—2 中的压应力绝对值可以看出，衬砌结构的压应力绝对值最大值为 4.61 N/mm^2，位于拱肩弯矩最大处，远小于 C30 混凝土的抗压强度设计值 14.3 N/mm^2。

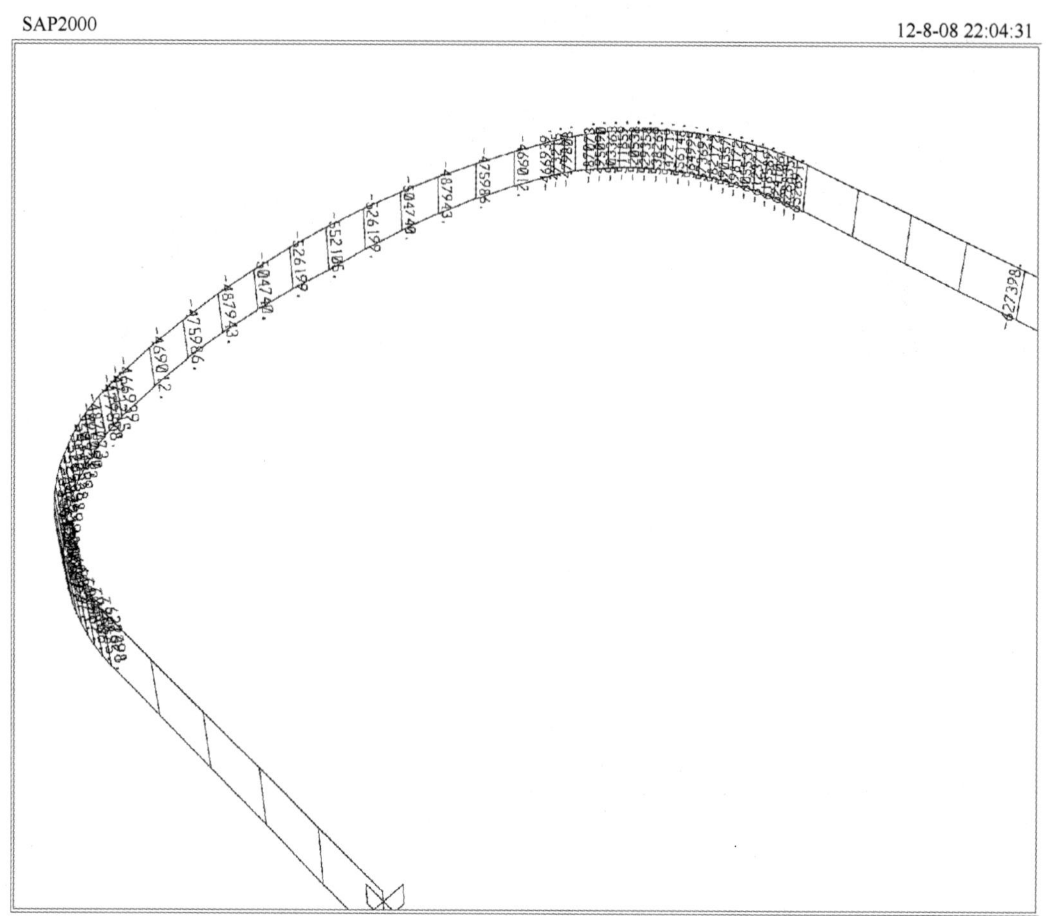

图 2—10—6　衬砌结构轴力图

由表 2—10—2 可知，弯矩最大截面的弯矩值为 148.40 kN·m，因为衬砌中布置有 HRB335 钢筋制成的格栅钢架，所以按板计算，200 mm、300 mm 厚的衬砌结构能够承受的最大弯矩值分别为：

表 2—10—2　压应力极值点计算

位置	弯矩(kN·m)	轴力(kN)	300 mm 厚衬砌结构压应力绝对值(N/mm²)
拱顶中点	132.15	−526	3.91
拱肩弯矩最大处	148.40	−560	4.61
侧墙弯矩最大处	67.25	−627	2.63

$$M_{u,max}=\alpha_1 f_c b h_0^2 \alpha_{s,max}=14.3\times 1\ 000\times 170^2\times 0.399=164\ \text{kN}\cdot\text{m}$$

$$M_{u,max}=\alpha_1 f_c b h_0^2 \alpha_{s,max}=14.3\times 1\ 000\times 270^2\times 0.399=416\ \text{kN}\cdot\text{m}$$

都能够满足抗弯强度的要求，此时 300 mm 厚衬砌结构由于弯矩产生的受拉区边缘最大拉应力为：

$$\sigma=M_{u,max}y/I=146.77\times 10^6\times 170/2.25\times 10^9=11.09\ (\text{N/mm}^2)$$

实际的最大拉应力是弯矩产生的拉应力与轴力产生的压应力的合力，所以合力小于 11.09 N/mm²，而所配钢筋的抗拉强度为 300 N/mm²，远大于衬砌结构中的最大拉应力，即衬砌结构的抗拉强度完全满足安全的要求。

衬砌结构与周围土体是紧密结合在一起的，所以根据衬砌结构的变形能够估计周围土体的位移。由于衬砌结构拱顶的变形直接决定着地面的变形，而本工程要求路面的交通不受影响，所以拱顶的变形必须符合要求，拱顶单元详细的计算结果如图 2—10—7 所示。

图 2—10—7 中，第一幅小图显示的是隔离单元计算简图，隔离单元两端弯矩分别为 132.15 kN·m、128.35 kN·m，剪力分别为 15.65 kN、37.08 kN，计算后单元得到的最大剪力为 37.080 kN，最大弯矩为 132.15 kN·m，隔离单元的位移如第四幅小图所示下移了 5.561 mm。但从这里的计算可以看出，荷载结构

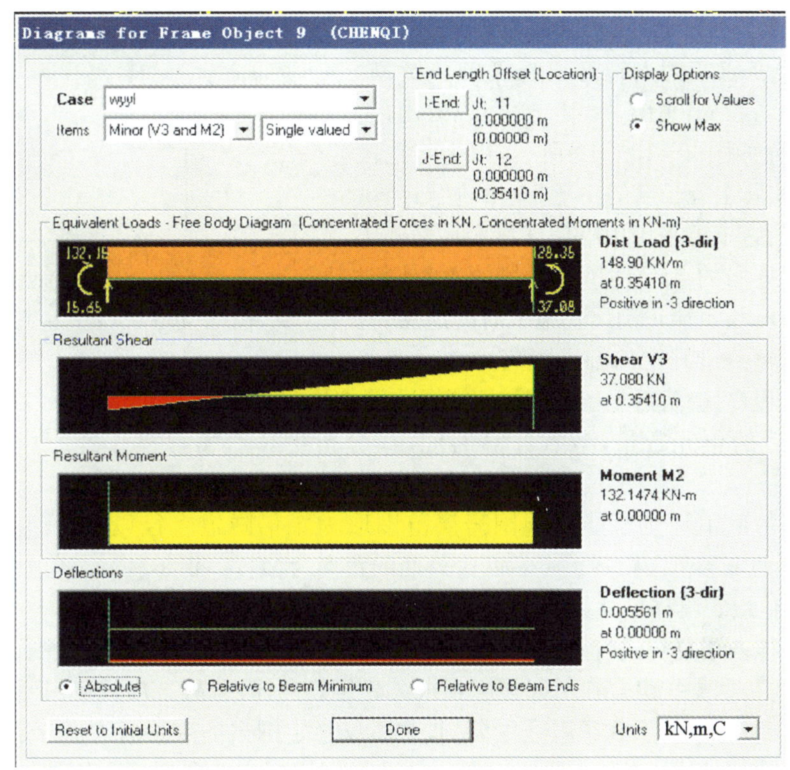

图 2—10—7　拱顶单元计算结果

法没有考虑衬砌结构和周围土体的相互作用，也没有考虑周围土体的自承能力，所以仅依靠衬砌结构的变形确定周围土体的变形是不合理的。

2. 暗挖部分的通道稳定与地面沉降的控制研究

上一节中采用的荷载结构法将围岩看作荷载施加在衬砌结构上，然后按地面结构的计算方式对衬砌结构进行内力和变形计算，因此无法计算围岩的应力和变形，而通道稳定和地面沉降量的控制需要由围岩的应力和变形来确定，是本工程的关键问题，所以需要进一步采用地层结构法进行模拟计算。地下工程的模拟计算必须和施工方法结合起来，本工程借助有限元软件 MIDAS/GTS 实现地层结构法的计算，计算时模拟不同的施工方法的施工过程，从而确定能够满足围岩稳定和控制地面沉降量的施工方法。

(1)不注浆时的计算

①拟采用的施工方法

利用 MIDAS/GTS 三维建模时可以对施工过程进行模拟，所以在建模计算前应该根据经验设定施工方法。本工程拟采用的施工方法为中隔壁法(CD)，依据《铁路隧道施工规范》(TB 10204—2002)的要求，开挖时一侧自上而下分为二部进行，每开挖一步(1 m)均及时施作锚喷支护、安设钢架、施作中隔壁，底部设仰拱；中隔墙依次分布联结而成，之后再开挖中隔墙的另一侧，其分布次数及支护形式与先开挖的一侧相同；各部开挖时，周边轮廓尽量圆顺，减小应力集中，每一部的开挖高度取为 2.45 m，左右两侧纵向间距拉开一定的距离，取为人行通道长度的一半 26 m，中隔壁设置为弧形，在灌注二次衬砌时，逐段拆除中隔墙。具体的施工过程如图 2—10—8 及图 2—10—9 所示。

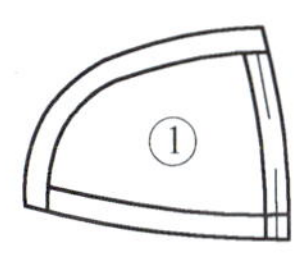

第1步　开挖①部土体
施作初期支护

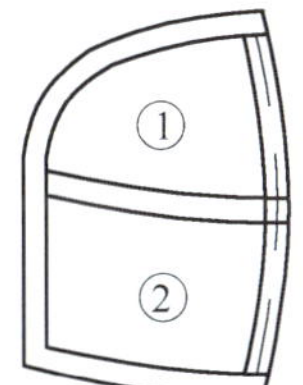

第2步　开挖②部土体
施作初期支护

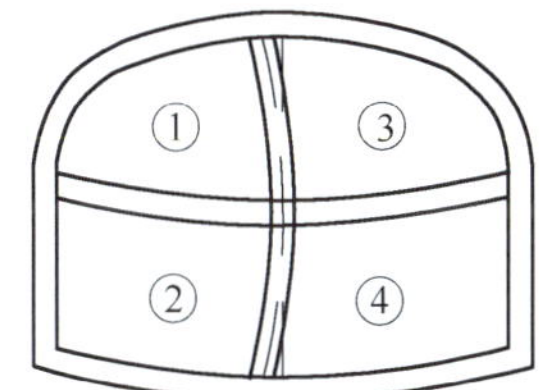

第3步　按前两步方法开挖③、④
部土体及施作初期支护

图 2—10—8　隧道施工横断面示意图

②模型范围的选取

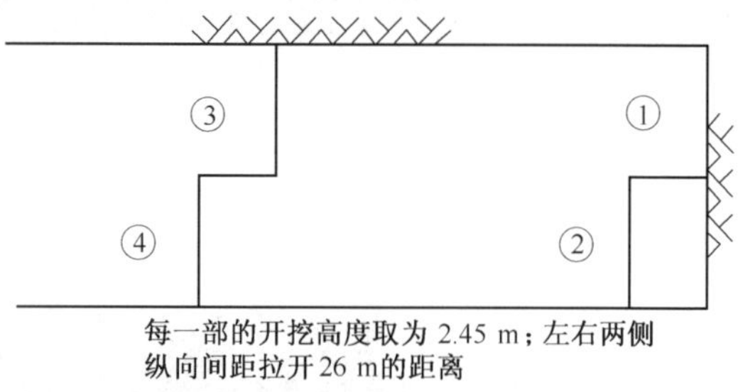

图 2—10—9　隧道施工纵断面示意图

模型所模拟的长度取定为人行通道长度的一半，即26 m，原因有以下三点：首先，由图 2—10—2 可以看出，工程东西对称，模型截面如图 2—10—10 所示，因为暗挖段工程基本对称，可取实际工程长度的一半 26 m 进行计算；其次，按经验本工程的施工拟采用中隔壁法(CD)，先施工一侧工程到工程长度方向的 26 m 时，另一侧的工程同时施工，所以模型取 26 m 长也能正确反映施工时的地层、衬砌情况；另外，施工时每一步开挖的掘进距离为1 m，为了尽量模拟实际施工工程，衬砌附近土层的网格距离最大只能取为 1 m，在这种情况下，取 26 m 长的模型还能减小模型划分单元后的单元数量，节省计算时间，让分析更具有实际操作性、可行性，具体尺寸如图 2—10—10所示。

模型的土层范围的取值原则是隧道周围岩层范围取为 3 倍隧道直径以上，隧道初期支护的宽度为 6.5 m，所以隧道左右的土层范围距隧道左右两边外墙的距离为 26 m 和 26.1 m，隧道以下的土层取到隧道下 19.5 m，达到中风化层。具体尺寸如图 2—10—10 所示。

人行通道的衬砌拟采用复合式衬砌，关于复合式衬砌内外层结构受力状态，一种看法认为：围岩中因围岩具有自承能力，它与初期支护组合在一起能起到永久建筑物的作用，故二次衬砌只是用来提高安全度的；另一种看法则认为：二次衬砌的承载作用是主要的，它不仅稳定围岩的变形且在整个衬砌结构中占有主导地位；还有一种看法认为内、外衬砌是共同承载受力的。根据模型实验和理论分析的结果表明：复合式衬砌的极限承载能力比同等厚度的单层模筑混凝土衬砌可提高 15%～25%，如能调整好内衬的施作时间，还可以改善结构的受力条件。具体工程背景中的人行通道对开挖过程中土层位移要求很严格，显然确定初期支护完成时土层的位移是工程的关键，所以所建模型模拟的是初期支护的衬砌结构。虽然上一章中计算结果显示衬砌结构采用 200 mm 厚已能满足强度要求，但实际工程中考虑到地下工程的防水和施工误差，需取用比极限值更大的结构，本工程有限元模拟时衬砌结构厚度取为 300 mm 厚。

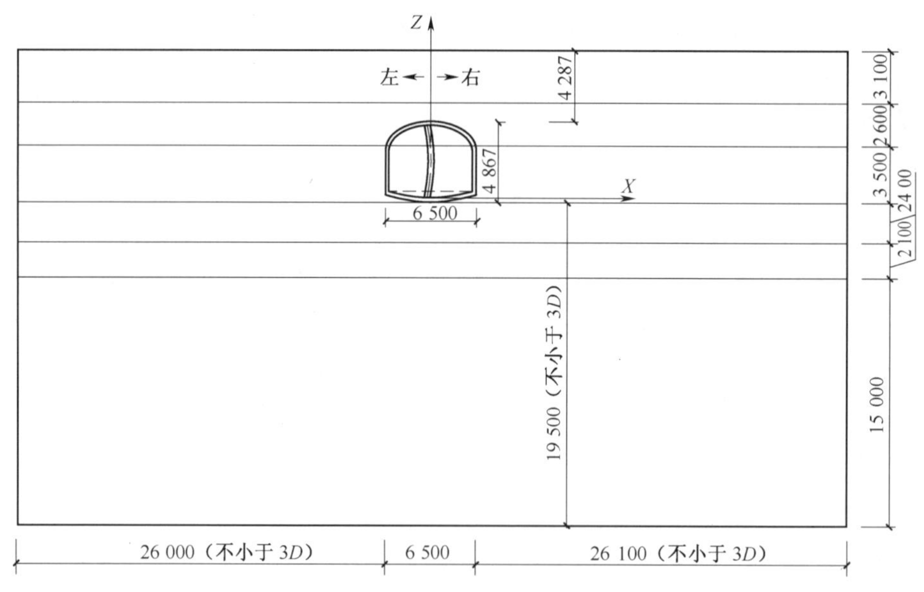

图 2—10—10　MIDAS/GTS 模型截面(mm)

③模型的建立

a. 建立几何模型

GTS 中，一般是先建立几何模型，之后再以此为基础进行网格划分等后续工作。几何模型可以利用 GTS 提供的建模功能，也可将 CAD 等其他专用建模程序的几何数据文件导入。

GTS 提供多种高级的建立几何模型的功能，比起通过节点、单元来手动建模的方式，特别是对于复杂的三维地层和隧道等模型，非常高效、方便。本工程背景——地下人行通道建成后的几何模型如图2—10—11、图2—10—12所示。

利用 GTS 进行几何建模时一个必须注意的问题是各实体之间的关系，利用平面或实体分割实体时需要保证各实体的紧密结合，慎用 GTS 中的“分割”、“嵌入”等命令，以保证后续操作产生的网格是耦合的。

图 2—10—11 所示为模型中的实体，包括紧密结合在一起的各个土层：杂填土、淤泥、中砂、黏性土、强风化岩、中风化岩，以及即将被开挖作为人行通道的那部分土体。图中的黑色线条就是各实体的分割线，为方便观察特将“人行通道”从原来土层中移到模型之外显示。

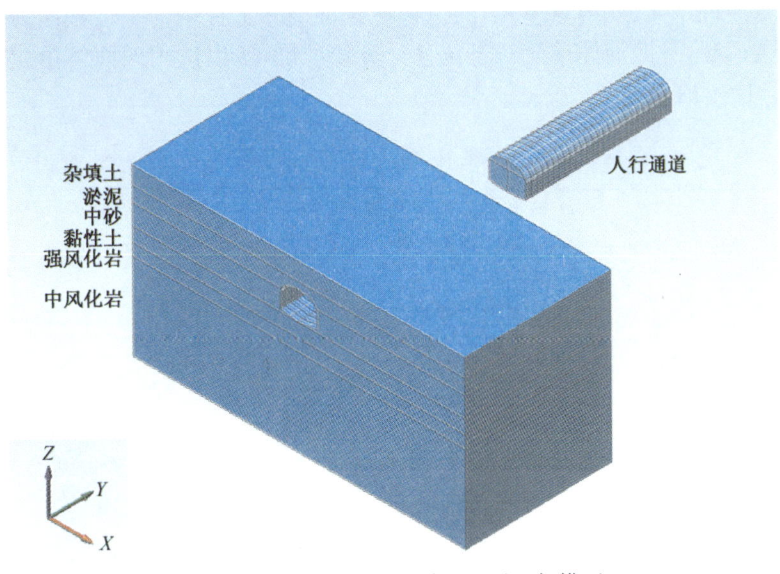

图 2—10—11　人行通道及土层几何模型

图 2—10—12 为图 2—10—11 中“人行通道”部分的放大显示，人行通道开挖时实际上穿越了淤泥层和中砂层，其土层性质是不同的；另外，每一施工步骤都会引起土层和衬砌结构的应力变化，所以，每一施工步骤都需要单独模拟，这就需要将土层按施工步骤划分为不同的实体，“人行通道”部分就划分为 102 个实体，图中“施工阶段分割线”以及“中隔线”就是各实体的分割线。

b. 单元的选取

岩土的有限元分析模型包含节点、单元、边界条件。节点决定模型的位置，单元决定形状和材料特性，边界条件决定连接状态。岩土分析就是为了分析岩土及与岩土连接的结构在荷载作用下的反应。

MIDAS/GTS 中的岩土模型一般使用以下单元类型。

(a)实体单元(solid element)

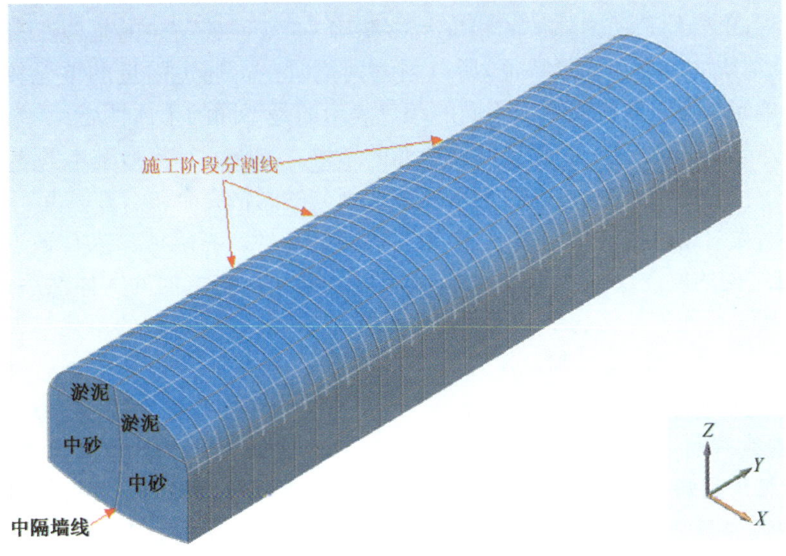

图 2—10—12　人行通道模型

(b)平面应变单元(2D plane strain element)

(c)平面应力单元(2D axisymmetric element)

(d)接触单元(interface element)

实体单元是利用四节点、六节点和八节点构成的三维实体单元(Solid Element),用于模拟实体结构(Solid Structure)或厚板壳(Thick Shell)结构。实体单元仅有 3 个平移自由度,没有旋转自由度。所以本工程所建模型各土层选用实体单元进行模拟。

一般来说六面体单元(八节点单元)和高阶单元的位移和应力结果与实际情况比较接近。但四面体单元(四节点单元)或三角棱柱单元(六节点单元)的位移比较准确。工程中的隧道截面为弧形,与中砂层和黏性土层分界面形成复杂形状,且四面体单元对于位移计算较准确,所以选用四面体单元,划分的单元划分后的单元示意图如图 2—10—13 所示。

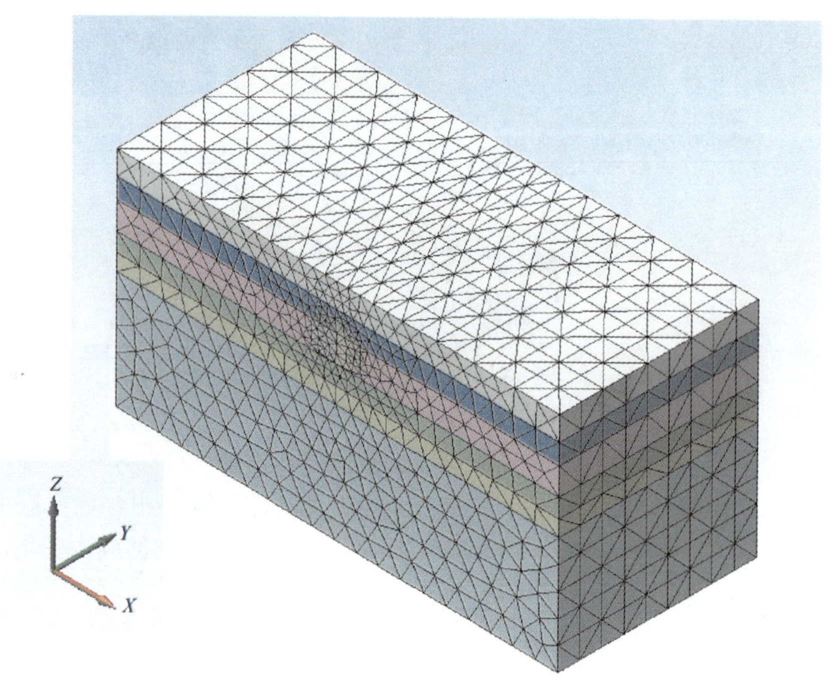

图 2—10—13　网格划分后的网格分布图

从图 2—10—13 中可以看出,模型划分单元后,网格线的长短不一致,离隧道远的单元网格线长,而隧道土体和隧道周围土体的单元网格线相对较短。网格线尺寸越小,所分单元越细、越多,则计算结果越精确,但是,如果单元数过多会引起整个模型的计算时间成倍增长,计算耗时几天甚至更久,导致模型失去实用性。对于计算结果而言,重要的是关键部位的精度足够精确,本工程最关注的是施工过程中人行通道及其附近的土体,以及衬砌结构的应力和变形特征,所以划分网格时人行通道附近的单元较小、网格较密,离人行通道较远处的土体单元较大。网格模型中不同的颜色表示的是不同的土体性质。

图 2—10—14 是隐藏了杂填土层、淤泥层网格单元的结果。有限元计算最基本的要求是单元的耦合,如果单元不耦合是无法进行后续计算的,可以看到本模型所划分的网格完全耦合在一起。

图 2—10—15 所示为衬砌结构的单元图,依次为左隔墙、中隔墙、右隔墙。人行通道及其附近的单元最小尺寸是 1 m,而衬砌结构的厚度仅为 0.3 m,所以无法单独建立衬砌结构的实体然后划分单元,但可以通过"析取单元"的方式从人行通道外围的单元析取衬砌结构的单元,这样析取的单元与人行通道外围的单元共用节点,所以衬砌结构的单元完全与其他单元耦合在一起。图中显示的单元分别为左边衬砌结构的单元、中隔墙的单元和右边衬砌结构的单元,都被分为 26 部分,是为了模拟施工过程需要而划分的。

在 GTS 中提供的线弹性、弹塑性本构模型均适用于实体单元,本章所建模型使用的莫尔—库伦(Mohr—Coulomb)模型为弹塑性模型中的一种。GTS 的弹塑性模型模拟的是弹性-完全塑性的本构关系,其典型的应力-应变曲线如图 2—10—16 所示。应力在达到屈服点前与应变成正比例关系,超过屈服点时应力-应变关系为水平线。

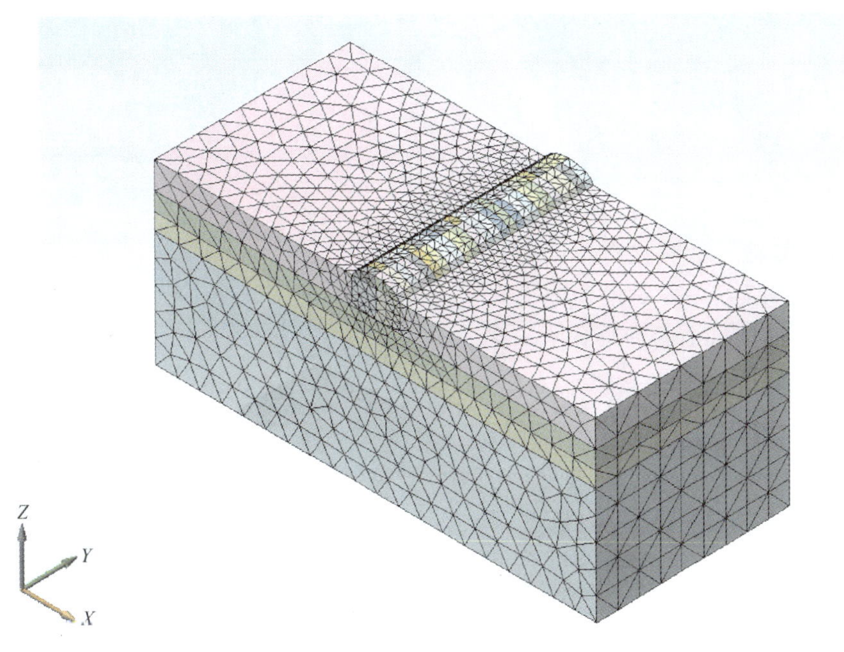

图 2—10—14　衬砌结构的网格与土层耦合在一起

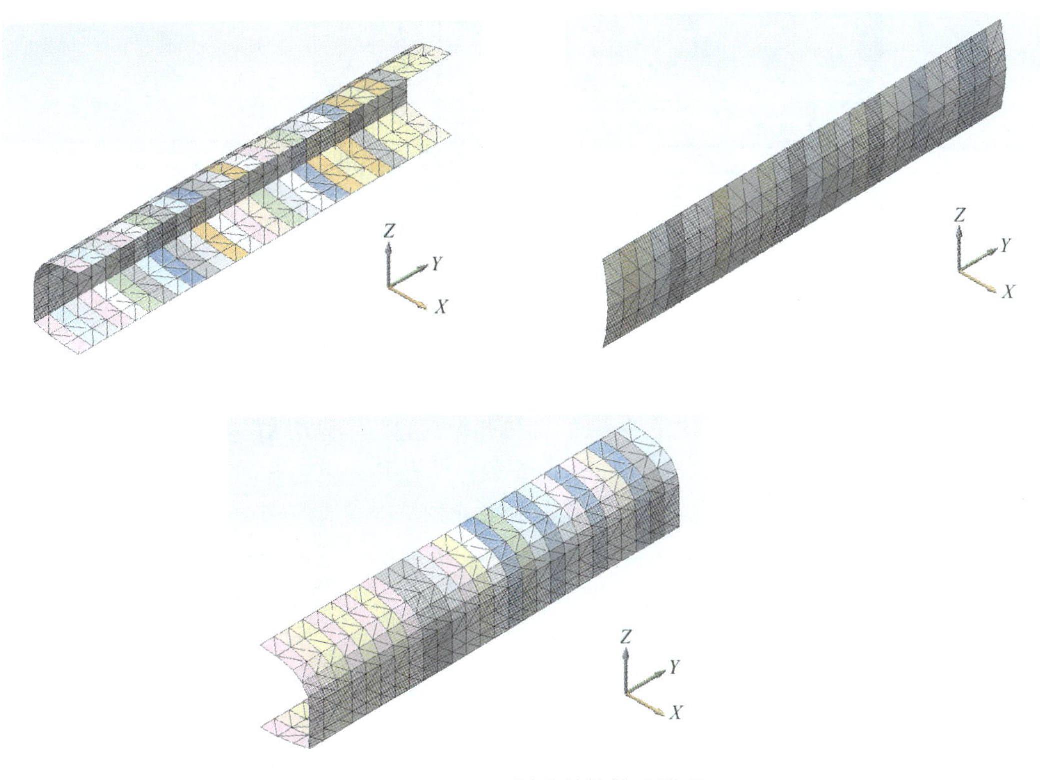

图 2—10—15　衬砌结构单元模型

c. 施工阶段的模拟

程序的施工阶段分析采用的是累加模型，即每个施工阶段都继承了上一个施工阶段的分析结果，并累加了本施工阶段的分析结果。也就是说上一个施工阶段中结构体系与荷载的变化会影响到后续阶段的分析结果。

利用 MIDAS/GTS 的"施工阶段建模助手"及"第一施工阶段"能轻松定义和修改施工阶段的设置。根据文中人行通道拟采取的施工方法，一共分为 54 个施工阶段：第 1 步，开挖① 、②（如图 2—10—8 所示）部土体，开挖距离 1 m；第 2 步，在第 1 步开挖后的通道内浇筑衬砌结构；第 3 步，继续向前开挖① 、② 部的土体,开挖距离 1 m……依次类推,第 54 步,拆除中隔墙部分的衬砌。

d. 边界条件及荷载的施加

模型的六个面上如果不添加约束则成了自由面,这与实际情况不符,GTS 也无法继续计算下去,所以需要根据实际情况对模型的自由面添加约束或者荷载;另外,衬砌结构所受荷载大部分来自土层自重产生的压力和水压力的作用,所以需要对模型定义自重计算方式及地下水水位。模型自由面约束和所受路面交通荷载如图 2—10—17 所示。

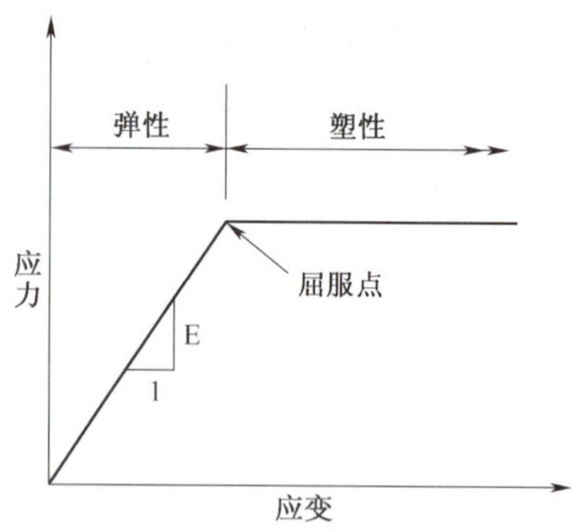

图 2—10—16 弹性-完全塑性本构关系

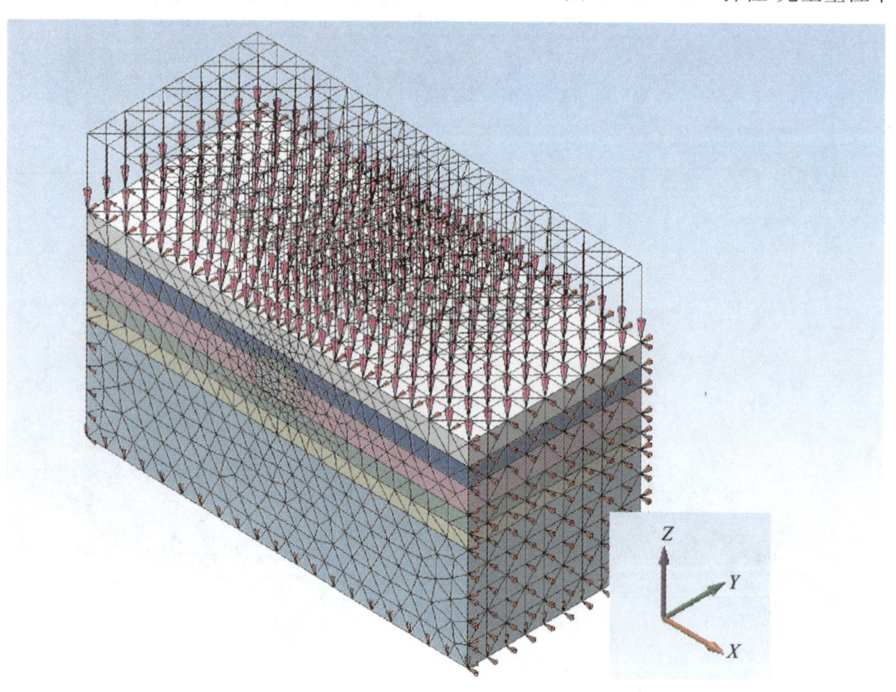

图 2—10—17 模型约束及受载图

图 2—10—17 中,模型最上面模拟的是地表面,即广州大道,按工程实际情况,广州大道上的车辆超载为 20 kN/m^2,图中长箭头表示的就是 20 kN/m^2 的地面超载。荷载和约束施加时实际上是施加在单元节点上的,所以图中的箭头顶点均为单元节点。图中除上表面之外的五个面的短箭头表示的是位移约束,是为了限制模型边缘的位移,因为模型已经取了人行通道跨度的 3 倍或以上范围,所以模型与 X 轴垂直的两个面上的单元节点可以视为没有 X 向的位移,与 Y 轴垂直的两个面上的单元节点可以视为没有 Y 向的位移,底面可以视为没有 Z 向的位移。

e. 计算结果分析

(a)通道稳定概述

人行通道施工过程中,其上道路的交通不间断,施工阶段必须保证人行通道稳定的同时保证其上的路面安全平稳。目前地下人行通道的设计是参照《铁路隧道设计规范》的要求设计的,《铁路隧道设计规范》第 F.0.2 条规定单线隧道初期支护极限相对位移必须满足表 2—10—3 的要求。

表 2—10—3 中,拱脚水平相对净空变化指拱脚测点间净空水平变化值与其距离之比;拱顶相对下沉指拱顶下沉值减去隧道下沉值后与原拱顶至隧底高度之比。硬岩取表中小值,软岩取大值。

所计算工程的围岩等级为Ⅴ级,埋深小于 50 m,拱脚距离 6.5 m,拱顶至拱底距离为 4.87 m,按上表规定计算,保持通道稳定的拱脚水平相对净空变化允许值为 19.5～65 mm,拱顶相对下沉的允许值为 2.9～5.8 mm。本工程土质较差,按表中取值方式,拱脚水平相对净空变化允许值取为 65 mm,拱顶相对下沉的允许值取为 5.8 mm。

(b)拱顶相对下沉

经 GTS 计算，每一个施工阶段都输出多种土层和衬砌结构的计算结果，包括受力、变形、应力、应变等。拱顶相对下沉值的计算结果需要查看 Z 方向的变形情况来确定，其中第 54 步施工阶段(即中隔墙拆除阶段)Z 方向的变形情况如图 2—10—18 所示。

表 2—10—3　单线隧道初期支护极限相对位移(%)

围岩级别	隧道埋深 h(m)		
	$h \leqslant 50$	$50 < h \leqslant 300$	$300 < h \leqslant 500$
拱脚水平相对净空变化			
Ⅱ	—	—	0.20～0.60
Ⅲ	0.10～0.50	0.40～0.70	0.60～1.50
Ⅳ	0.20～0.70	0.50～2.60	2.40～3.50
Ⅴ	0.30～1.00	0.80～3.50	3.00～5.00
拱顶相对下沉			
Ⅱ	—	0.01～0.05	0.04～0.08
Ⅲ	0.01～0.04	0.03～0.11	0.10～0.25
Ⅳ	0.03～0.07	0.06～0.15	0.10～0.60
Ⅴ	0.06～0.12	0.10～0.60	0.50～1.20

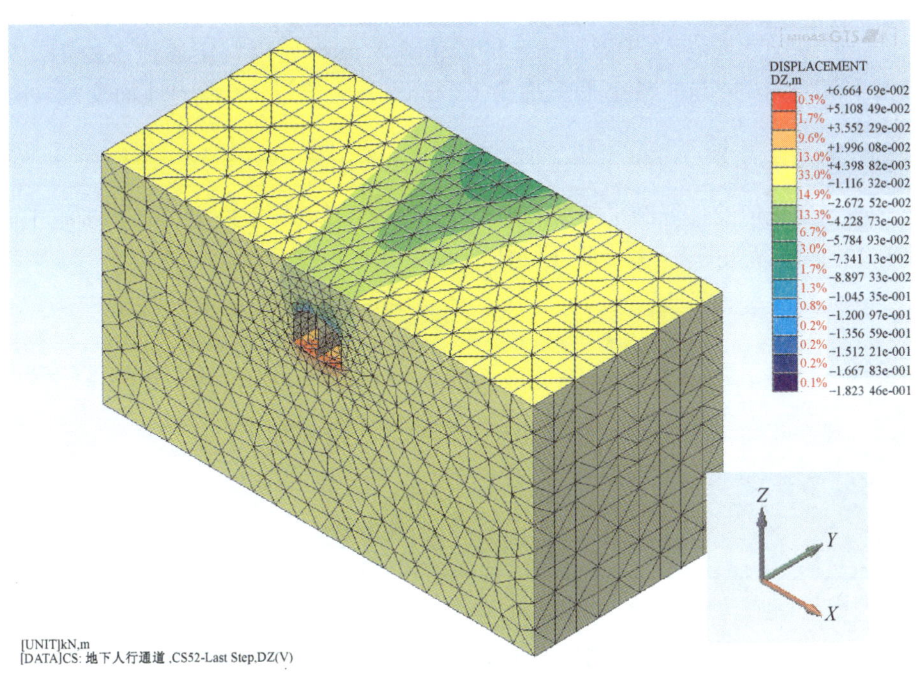

图 2—10—18　不注浆时第 54 阶段 Z 向位移图

图 2—10—18 显示的是不注浆情况下第 54 施工阶段 Z 向的位移图，坐标如图中右下所示，正值位移表示沿 Z 轴正向(向上)，负值位移表示沿 Z 轴负向(向下)。模型大部分位置的位移绝对值均较大，例如位移为 43 mm 的单元占到了 33%，位移为 11 mm 的单元约占 15%；通道顶部主要为蓝色显示区域，位移都在 150 mm 以上，方向沿 Z 轴向下，因为人行通道的土体开挖后，顶部土体短暂失去支承引起的；通道底部单元主要为红色区域，位移都超过 19 mm，方向沿 Z 轴向上，表现为底部隆起，类似于基坑开挖过程中的坑底隆起，是因为人行通道开挖后通道底部土体原来的平衡遭到破坏。图中，①部土体位于通道口处的拱顶土体向下的位移量约为 182 mm，通道 Z 向同样位置处的拱底土体向上的位移量约为 66 mm，即此处通道拱顶相对下沉约 248 mm，远远超过《铁路隧道设计规范》中保持隧道稳定的允许值 5.8 mm；另外，虽然除通道口外的其他部分通道其拱顶相对下沉值比通道口小很多，但仍大于 5.8 mm，所以不注浆施工时人行通道是不稳定的。

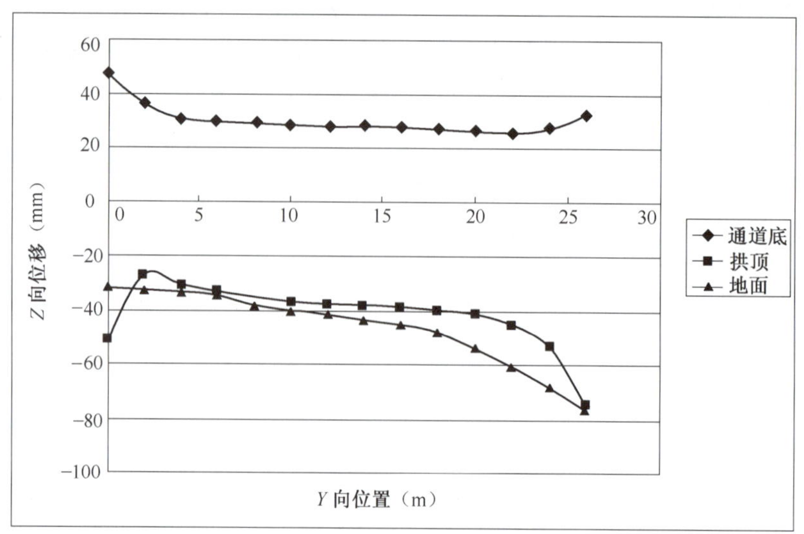

图 2—10—19　通道底、拱顶、地面 Z 向位移图

图 2—10—19 显示的是不注浆施工时通道截面底部中点、拱顶中点和拱顶中点正上方地面的 Z 向位移图，从图中可以看出通道底部在不注浆施工时处于隆起状态，尤其是通道口部（曲线起点）最大，达到了 47 mm；拱顶中点及其正上方地面 Z 向位移值比较接近，均为下沉，通道底数值曲线与拱顶数值曲线的差值即为相应位置拱顶相对下沉值，从图中可以看出通道截面中点处拱顶相对下沉值最大为 107 mm，最小为 62 mm，都大于《铁路隧道设计规范》关于隧道稳定的限值 5.8 mm，所以判定通道不稳定。另外，地面沉降曲线显示地面最大下沉值为 76 mm，最小下沉值为 61 mm，下沉值过大，影响地面交通，不满足工程施工要求。

(c)拱脚水平相对净空变化

拱脚水平相对净空变化值的计算结果需要查看 X 方向的变形情况来确定，第 54 步施工阶段（即中隔墙拆除阶段）X 方向的变形情况如图 2—10—20 所示。

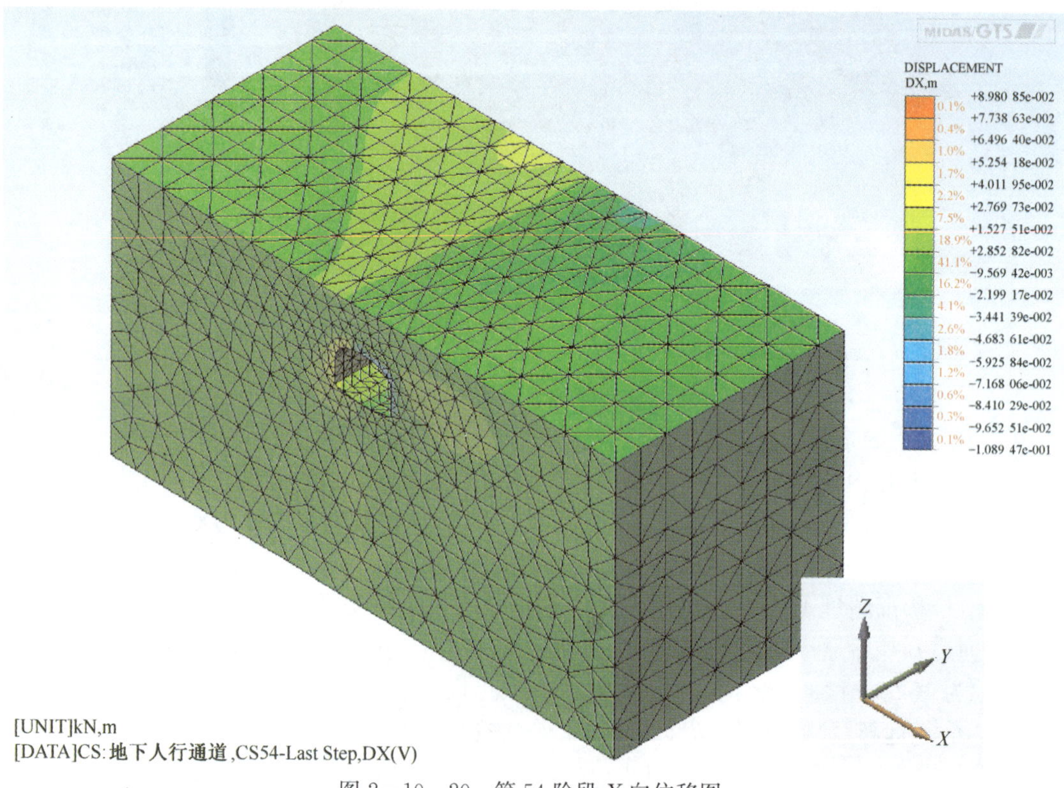

图 2—10—20　第 54 阶段 X 向位移图

图 2—10—20 显示的是不注浆情况下第 54 施工阶段 X 向的位移图，坐标如图中右下所示，正值位移表示沿 X 轴正向（向右），负值位移表示沿 X 轴负向（向左）。模型大部分区域 X 向位移不大，尤其是离人行通道位置较远处，沿 X 正向位移了 2.8 mm 的单元占到模型 41%，沿 X 轴正向位移 15.27 mm 的单元约占 19%；通道右边侧墙主要为蓝色显示区域，位移较大，都在 70 mm 以上，方向沿 X 轴负向（向左），是因为人行通道的土体开挖后，土体受到侧向压力作用产生的；通道左边侧墙单元主要为红色区域，位移都超过 52 mm，方向沿 X 轴正向，也是因为人行通道的土体开挖后，土体受到侧向压力作用产生的。图中，④ 部土体位于通道口处的右侧拱脚土体向左的位移量约为 108 mm，通道 X 向同样位置处左侧拱脚土体向右的位移量约为 89 mm，即通道拱脚水平相对净空变化值为 197 mm，远远超过《铁路隧道设计规范》中保持隧道稳定的允许值 65 mm。另外，除通道口外的其他大部分通道其拱脚水平相对净空变化值比通道口小很多，但仍然大于 65 mm。

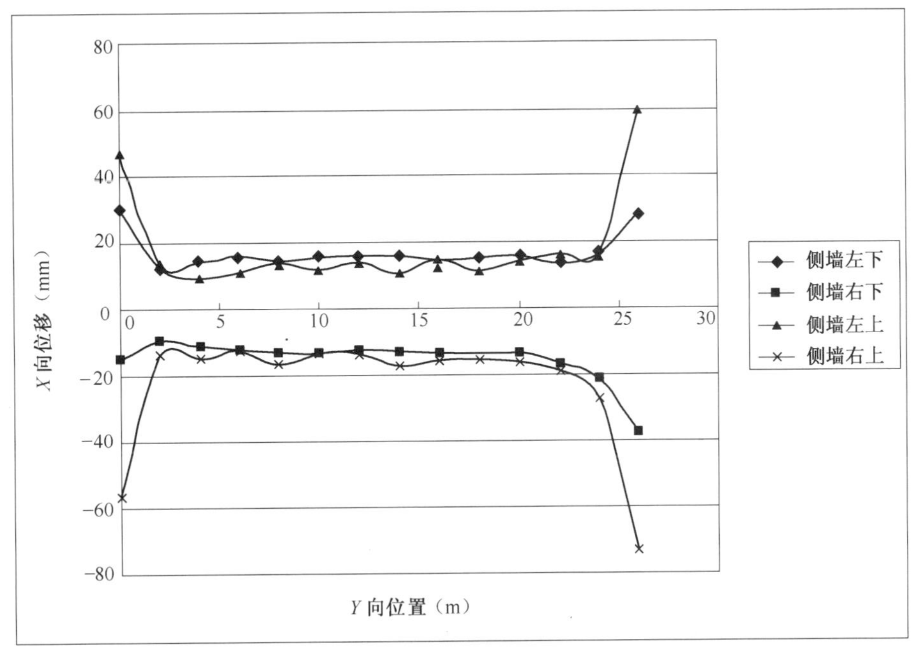

图 2—10—21　侧墙 X 向位移图

图 2—10—21 为不注浆施工时侧墙左下、右下、左上、右上的 X 向位移值，从图中可以看出侧墙左上、左下 X 向位移值相近，均为正值，表示左边侧墙均沿 X 正向位移，侧墙右上、右下 X 向位移值相近，均为负值，表示右边侧墙均沿 X 负向位移。四条曲线起点和端点数值均特别大，表示通道两端的位移较大，因为两端是自由面，施工时应特别给予加强；侧墙左上与右上的差值即为拱脚水平相对净空变化值，从图中可以看出除两端之外的通道其他部分拱脚水平相对净空变化最大值为 43 mm，最小值为 23 mm，小于《铁路隧道设计规范》关于通道稳定限制 65 mm，即不注浆时通道水平向稳定。

(d)各施工阶段对比

上两图查看的是最后一个施工阶段的变形图，工程分析还需要了解各施工阶段的受力、变形等情况，所以再通过 GTS 中提供的查询方式了解整个施工过程各施工阶段 Z 方向的位移最大值如表 2—10—4 所示，各施工阶段 X 方向的位移最大值如表 2—10—5 所示。

表 2—10—4 为各施工阶段 Z 向位移的危险点，CS 是 Construction Stage（施工阶段）的缩写。由表中数值可以看出，整个施工阶段，Z 向位移最大的位置都是编号为 6048 的节点处，约为 182 mm，沿 Z 轴正向，节点 6048 的具体位置如图 2—10—22 所示，从图中可以看到节点 6048 即为①部土体位于通道口处的左上角。之所以各个施工阶段的 Z 向最大位移都出现在节点 6048 的位置，是因为不注浆时，开挖①部土体的通道口时就已经导致通道口左上角的土体塌落，各施工阶段其他区域的最大 Z 向位移都不超过195 mm，对已经塌落的土体也不可能因为其他的施工而加大了其位移。

表 2—10—4　各施工阶段 Z 方向的位移最大值

步骤	节点号	绝对值最大(m)	步骤	节点号	绝对值最大(m)
IS	8432	0.000 000	CS28	6048	−0.186 649
CS	6048	−0.199 393	CS29	6048	−0.186 346
CS2	6048	−0.196 621	CS30	6048	−0.186 046
CS3	6048	−0.194 773	CS31	6048	−0.185 777
CS4	6048	−0.193 641	CS32	6048	−0.185 505
CS5	6048	−0.192 692	CS33	6048	−0.185 215
CS6	6048	−0.191 838	CS34	6048	−0.184 948
CS7	6048	−0.191 139	CS35	6048	−0.184 709
CS8	6048	−0.190 470	CS36	6048	−0.184 470
CS9	6048	−0.189 839	CS37	6048	−0.184 250
CS10	6048	−0.189 338	CS38	6048	−0.184 056
CS11	6048	−0.188 845	CS39	6048	−0.183 863
CS12	6048	−0.188 427	CS40	6048	−0.183 710
CS13	6048	−0.188 100	CS41	6048	−0.183 556
CS14	6048	−0.187 808	CS42	6048	−0.183 409
CS15	6048	−0.187 508	CS43	6048	−0.183 271
CS16	6048	−0.187 251	CS44	6048	−0.183 148
CS17	6048	−0.186 995	CS45	6048	−0.183 033
CS18	6048	−0.186 781	CS46	6048	−0.182 935
CS19	6048	−0.186 637	CS47	6048	−0.182 837
CS20	6048	−0.186 493	CS48	6048	−0.182 742
CS21	6048	−0.186 397	CS49	6048	−0.182 654
CS22	6048	−0.186 337	CS50	6048	−0.182 565
CS23	6048	−0.186 324	CS51	6048	−0.182 464
CS24	6048	−0.186 325	CS52	6048	−0.182 346
CS25	6048	−0.186 340	CS53	6048	−0.182 429
CS26	6048	−0.186 342	CS54	6048	−0.195 828
CS27	6048	−0.186 985			

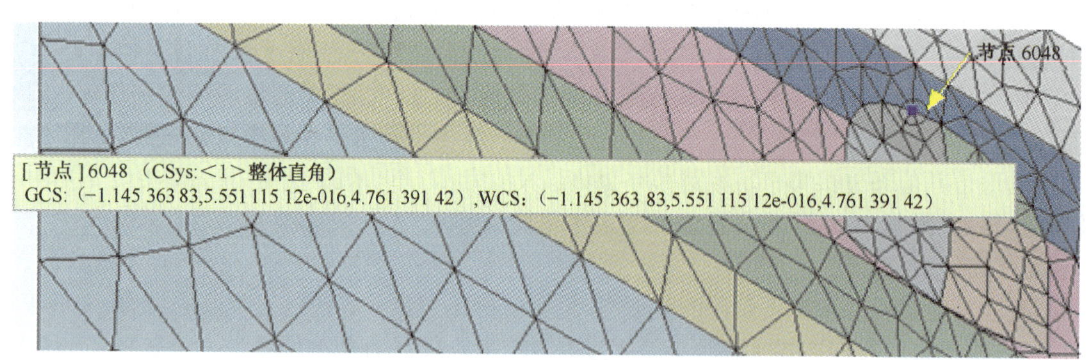

图 2—10—22　节点 6048 的具体位置(圆圈内)

图 2—10—22 为编号为 6048 的节点的具体位置,即图中箭头所指的圆圈内。图中显示节点 6048 的具体坐标,GCS 为 Global Coordinate System 的缩写,表示全局坐标,WCS 为 Work Coordinate System 的缩写,表示局部坐标。图中显示节点 6048 正好是①部土体位于通道口处的左上角。

表 2—10—5 为各施工阶段 X 向位移的危险点,CS 是 Construction Stage(施工阶段)的缩写。由表中数值可以看出,第 1 到第 26 施工阶段,X 向位移最大的位置为编号 6046 的节点,约为 94 mm,沿 X 轴正向;第 27 到第 54 施工阶段,X 向位移最大的位置为编号 6468 的节点,约为 112 mm,沿 X 轴负向。节点6046、

6468 的具体位置如图 2—10—23、图 2—10—24 所示，从图 2—10—16 中可以看到节点 6046 即为①部土体位于通道口的左上角，从图 2—10—24 中可以看到节点 6468 为③ 部土体位于通道口处的右上角。第 1 到第 26 施工阶段各个施工阶段的 X 向最大位移都出现在节点 6046 的位置，是因为不注浆时，开挖①部土体的通道口时就已经导致通道口左上角的土体塌落；第 27 到第 54 施工阶段各个施工阶段的 X 向最大位移都出现在节点 6468 的位置，是因为不注浆时，开挖③部土体的通道口时就已经导致通道口右上角的土体塌落，各施工阶段其他区域的最大 X 向位移都不超过 112 mm，对已经塌落的土体也不可能因为其他的施工而加大了其位移。

表 2—10—5　各施工阶段 X 方向的位移最大值

步骤	节点号	绝对值最大(m)	步骤	节点号	绝对值最大(m)
IS	8432	0. 000 000	CS28	6468	−0. 109 754
CS1	6046	0. 093 667	CS29	6468	−0. 110 029
CS2	6046	0. 094 102	CS30	6468	−0. 110 271
CS3	6046	0. 094 275	CS31	6468	−0. 110 487
CS4	6046	0. 094 645	CS32	6468	−0. 110 687
CS5	6046	0. 094 864	CS33	6468	−0. 110 884
CS6	6046	0. 094 862	CS34	6468	−0. 111 067
CS7	6046	0. 094 976	CS35	6468	−0. 111 226
CS8	6046	0. 094 987	CS36	6468	−0. 111 391
CS9	6046	0. 094 909	CS37	6468	−0. 111 548
CS10	6046	0. 094 955	CS38	6468	−0. 111 663
CS11	6046	0. 094 967	CS39	6468	−0. 111 767
CS12	6046	0. 094 909	CS40	6468	−0. 111 857
CS13	6046	0. 094 883	CS41	6468	−0. 111 938
CS14	6046	0. 094 850	CS42	6468	−0. 112 033
CS15	6046	0. 094 807	CS43	6468	−0. 112 121
CS16	6046	0. 094 765	CS44	6468	−0. 112 197
CS17	6046	0. 094 730	CS45	6468	−0. 112 262
CS18	6046	0. 094 664	CS46	6468	−0. 112 322
CS19	6046	0. 094 647	CS47	6468	−0. 112 365
CS20	6046	0. 094 574	CS48	6468	−0. 112 392
CS21	6046	0. 094 528	CS49	6468	−0. 112 410
CS22	6046	0. 094 497	CS50	6468	−0. 112 418
CS23	6046	0. 094 477	CS51	6468	−0. 112 421
CS24	6046	0. 094 473	CS52	6468	−0. 112 475
CS25	6046	0. 094 487	CS53	6468	−0. 112 380
CS26	6046	0. 094 479	CS54	6468	−0. 108 947
CS27	6468	−0. 109 436			

图 2—10—23 为编号为 6046 的节点的具体位置，即图中箭头所指的圆圈内。图中还显示了显示节点 6046 的具体坐标，GCS 为 Global Coordinate System 的缩写，表示全局坐标，WCS 为 Work Coordinate System 的缩写，表示局部坐标。图中显示节点 6046 正好是①部土体位于通道口处的左上角。图2—10—24 显示的是编号为 6468 的节点的具体位置，即图中箭头所指的圆圈内，正好是③部土体位于通道口处的右上角。

上面的分析中，简要查看了第 54 施工阶段 X 向、Z 向的位移情况，以及所有各个施工阶段 X 向、Z 向的最大位移情况，结果显示，不注浆开挖时，人行通道口处最危险，会发生土体塌落现象。另外，通道口外的其

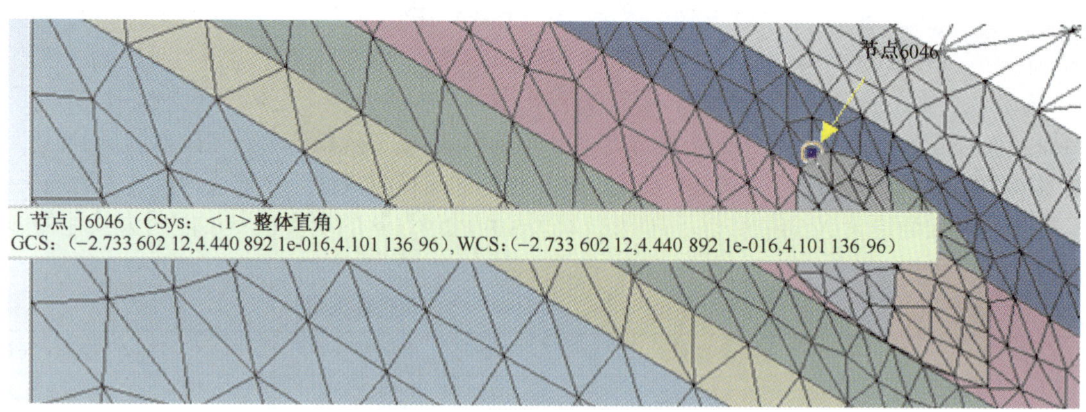

图 2—10—23　节点 6046 的具体位置

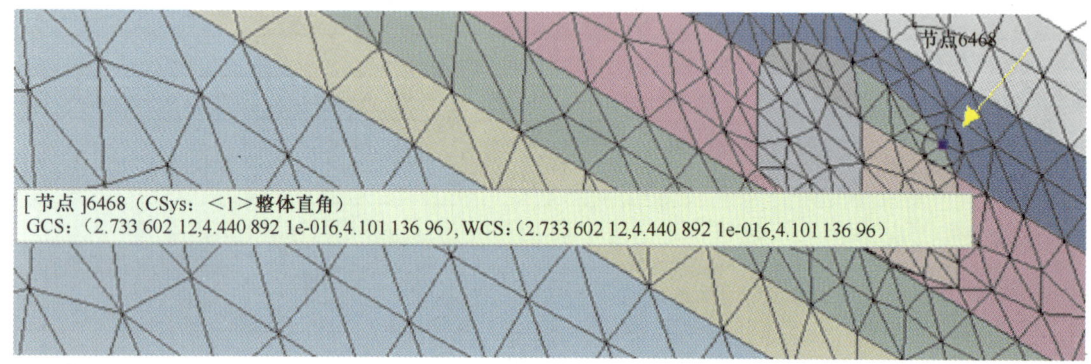

图 2—10—24　节点 6048 的具体位置

他区域位移也超过了《铁路隧道设计规范》关于隧道稳定的限值，所以如果不注浆或采取其他措施，通道的施工是不安全的，必须改进施工方法，然后按新的施工方法进行计算。

工程拟采用的改进的施工方法是在弧顶注浆，与不注浆相比，弧顶注浆的施工方法需要增加更多的资金投入，而且工期也将延长，经济效果较差。

(2)弧顶注浆时的计算

①超前注浆小导管简介

a. 构造组成

超前注浆小导管是在开挖前，沿坑道周边，向前方围岩钻孔并安装带孔小导管，或直接打入带孔小导管，并通过小导管向围岩压注起胶结作用的浆液，待浆液硬化后，坑道周围岩体就形成了有一定厚度的加固圈。在此加固圈的保护下即可安全地进行开挖等作业。若小导管前端焊一个简易钻头，则可钻孔、插管一次完成，称为自进式注浆锚杆。

b. 性能特点及适用条件

浆液被压注到岩体裂隙中并硬化后，不仅将岩块或颗粒胶结为整体起到了加固作用，而且填塞了裂隙，阻隔了地下水向坑道渗流的通道，起到了堵水作用。因此，超前注浆小导管不仅适用于一般软弱破碎围岩，也适用于含水的软弱破碎围岩。

c. 小导管布置和安装

小导管钻孔安装前，应对开挖面及 5 m 范围内的坑道喷射 5～10 cm 厚的混凝土封闭；小导管一般采用无缝钢管制作，长度宜为 3～6 m，前端做成尖锥形，前段管壁上每隔 10～20 cm 交错钻眼，眼孔直径宜为 6～8 mm；钻孔直径应较管径大，横向间距应按地层条件而定，一般采用 35～50 cm；外插角应控制在 3°～15°之间；极破碎围岩或处理塌方时可采用双排管；地下水丰富的松软层，可采用双排以上的多排管，大断面或注浆效果差时，可采用双排管；小导管插入后应外露一定长度，以便连接注浆管，并用塑胶泥将导管周围孔隙封堵密实。

d. 注浆材料

在断层破碎带及砂卵石地层（裂隙宽度或颗粒粒径大于 1 mm，渗透系数 $k \geqslant 5\times10^{-4}$ m/s）等强渗透性地层中，应采用料源广且价格便宜的注浆材料；一般对于无水的松散地层，宜优先选用单液水泥浆；对于有水的强渗透地层，则宜选用水泥—水玻璃双浆液，以控制注浆范围。断层带，当裂隙宽度(或粒径)小于1 mm，或渗透系数 $k \geqslant 10^{-5}$ m/s 时，注浆材料宜优先选用水玻璃类和木胺类浆液；细、粉砂层、细小裂隙岩层及断层地段等弱渗透地层中，宜选用渗透性好、低毒及遇水膨胀的化学浆液，如聚胺酯类，或超细水泥浆；对于不透水的黏土层，则宜采用高压劈裂注浆。

注浆材料的配比应根据地层情况和胶凝时间要求，并经过试验而定。采用水泥浆液时，水灰比可采用0.5∶1～1∶1，需缩短凝结时间时，可加入氯盐、三乙醇胺速凝剂；采用水泥—水玻璃浆液时，水泥浆的水灰比可用0.5∶1～1∶1；水玻璃浓度为25～40度，水泥浆与水玻璃的体积比宜为1∶1～1∶0.3。

e. 注浆

小导管注浆的孔口最高压力应严格控制在允许范围内，以防压裂开挖面，注浆压力一般为0.5～1.0 MPa，止浆塞应能经受注浆压力。注浆压力与地层条件及注浆范围要求有关，一般要求单管注浆能扩散到管周0.5～1.0 m的半径范围内。

要控制注浆量，即每根导管内已达到规定注入量时就可结束；若孔口压力已达到规定压力值，但注入量仍不足时，亦应停止注浆。

注浆结束后，应做一定数量的钻孔检查或用声波探测仪检查注浆效果，如未达到要求，应进行补注浆。

注浆后应视浆液种类，等待4 h(水泥—水玻璃浆)～8 h(水泥浆)方可开挖，开挖长度不宜太长，以保留一定长度的止浆墙(亦即超前注浆的最短超前量)。

②注浆固结体的物理性质

水泥与水拌和后，首先产生铝酸三钙水化物和氢氧化钙，它们可溶于水，但溶解度不高，很快就达到饱和，这种化学反应连续不断的进行，就析出一种胶质物体。这种胶质物体有一部分混在水中悬浮，后来就包围在水泥微粒的表面，形成一层胶凝薄膜。所生成的硅酸二钙几乎不溶于水，只能以无定形的胶质包围在水泥微粒的表层，另一部分渗入水中。由水泥各种成分所生成的胶凝膜，逐渐发展为胶凝体，此时表现为水泥的初凝状态，开始有胶粘的性质。此后，水泥在不缺水、不干涸的情况下，继续不断的按上述水化程序发展、增强和扩大，从而产生下列现象：

胶凝体增大并吸收水分，使凝固加速，结合更紧密；

由于微晶(结晶体)的产生进而生成结晶体，结晶体与胶凝体相互包围渗透并达到一种稳定状态，这就是硬化的开始；

水化作用继续深入到水泥内部，使未水化部分再参加以上的化学反应，直到完全没有水分以及胶质凝固物和结晶体充盈为止。但无论水化时间持续多久，很难将水泥微粒内核全部水化完，所以水化过程是一个长久的过程。

固结体的特征与性质由以下因素决定：土的类别及其密实程度；注浆方式；注浆材料及水灰比；喷射技术参数，包括喷射压力与流量等。土层为砂土时，单管法注浆形成的固结体的性质及模型取值如表2—10—6所示。

表2—10—6　固结体性质及模型取值

固结体性质	一般取值	本模型取值
干重度(kN/m³)	16～20	18
渗透系数(cm/s)	1×10^{-5}～1×10^{-6}	1.5×10^{-5}
黏聚力(MPa)	0.4～0.5	0.45
内摩擦角(°)	30～40	35
标准贯入击数 N 值(击)	30～50	40
弹性模量(MPa)	1×10^{3}～1×10^{4}	1.5×10^{3}

③本工程拟采用的注浆设备

注浆管为直径42 mm的无缝钢管，钢管壁厚4 mm，长6 m，钢管孔口段1 m范围不设注浆孔，其余5 m范围设置注浆孔，注浆管构造图如图2—10—25所示。

注浆孔间距0.5 m，沿通道弧顶环状布置。浆液为1∶1的水泥水玻璃双液浆，注浆压力0.5～1.0 MPa，采用全孔一次性注浆，注浆管布置方式如图2—10—26所示。

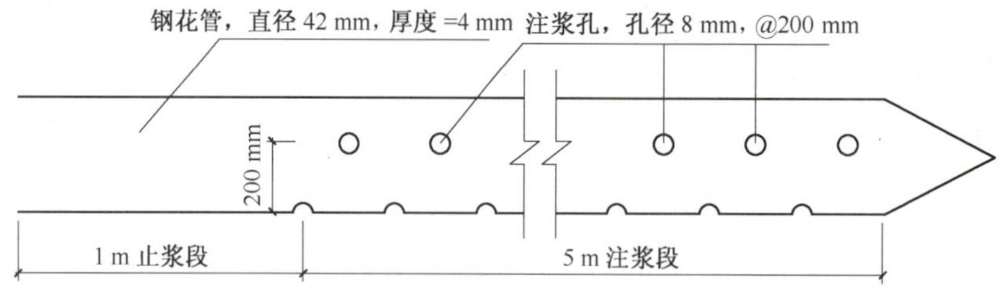

图 2—10—25　注浆管构造图

④模型中注浆的模拟

GTS 的建模过程中，对施工阶段的模拟时，通过"修改施工阶段单元属性"可以将注浆土体的属性更改为固结体的属性，并以"边界条件"的形式保存起来，在注浆施工阶段激活相应的"边界条件"即可把注浆后的土体属性改变为固结体的属性。本工程分别在第 1、5、10、15、20 步施工阶段激活"边界条件"。注浆后形成的计算模型如图 2—10—27 所示。

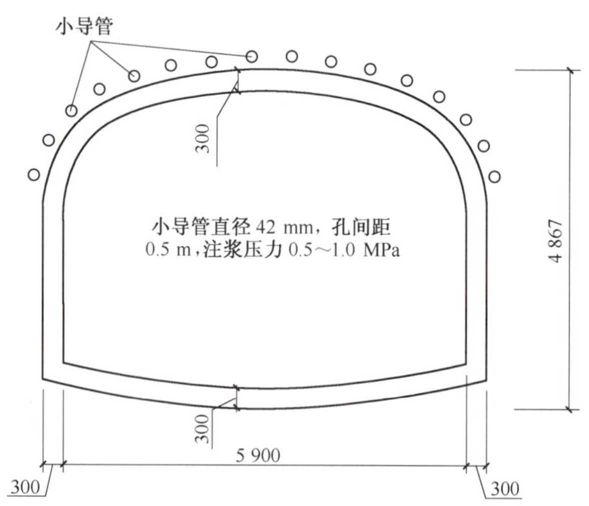

图 2—10—26　弧顶小导管布置方式(mm)

图 2—10—27 中矩形线框内的外环形部分为注浆土体，厚度为 1 m，即初步衬砌结构外围 1 m 的区域，注浆体部分的单元尺寸和通道内部土体一样均为 1 m。为了观察方便，特隐去了杂填土和淤泥层的实体单元。

⑤计算结果分析

a. 拱顶相对下沉

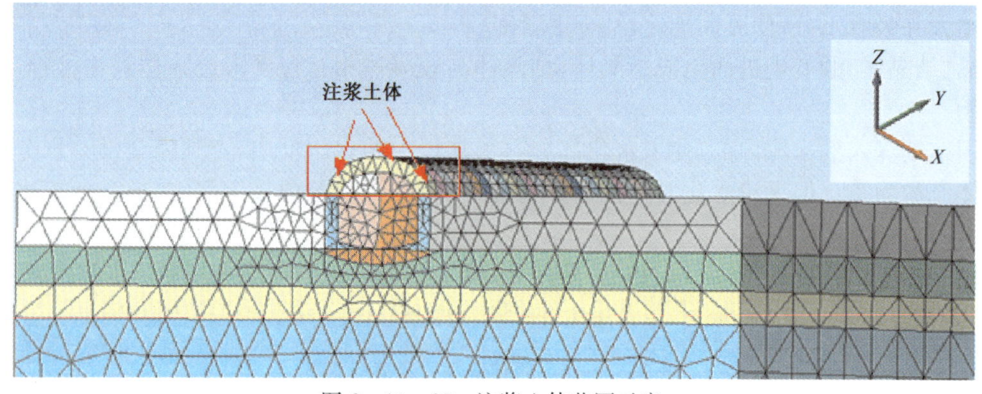

图 2—10—27　注浆土体范围示意

通道稳定的判别方式仍按《铁路隧道设计规范》第 F. 0. 2 条的规定，即保持通道稳定的拱脚水平相对净空变化允许值为 19. 5～65 mm，拱顶相对下沉的允许值为 2. 9～5. 8 mm。GTS 计算后第 54 步施工阶段 Z 向的位移图如图 2—10—28 所示。

图 2—10—28 为弧顶注浆情况下第 54 施工阶段 Z 向的位移图，坐标如图中右下所示，正值位移表示沿 Z 轴正向(向上)，负值位移表示沿 Z 轴负向(向下)。模型大部分位置的位移绝对值均较小，例如位移为 1. 7 mm 的单元占到了 25%，位移为 5. 7 mm 的单元约占 10%；通道顶部主要为蓝色区域，位移都在20 mm以上，方向沿 Z 轴向下，因为人行通道的土体开挖后，顶部土体短暂失去支承引起的；通道底部单元主要为红色区域，位移都超过 53 mm，方向沿 Z 轴向上，表现为底部隆起，类似于基坑开挖过程中的坑底隆起，是因为人行通道开挖后通道底部土体原来的平衡遭到破坏。图中，①部土体位于通道口处的拱顶土体向下的位移量约为42 mm，通道同样位置处的通道底面土体向上的位移量约为 75 mm，即拱顶相对下沉约 117 mm，虽然比不注浆时位移小了不少，但还是超过《铁路隧道设计规范》中保持隧道稳定的允许值5. 8 mm。另外，虽然除通道口外的其他大部分通道其拱顶相对下沉值比通道口小很多，但仍然大于 5. 8 mm。

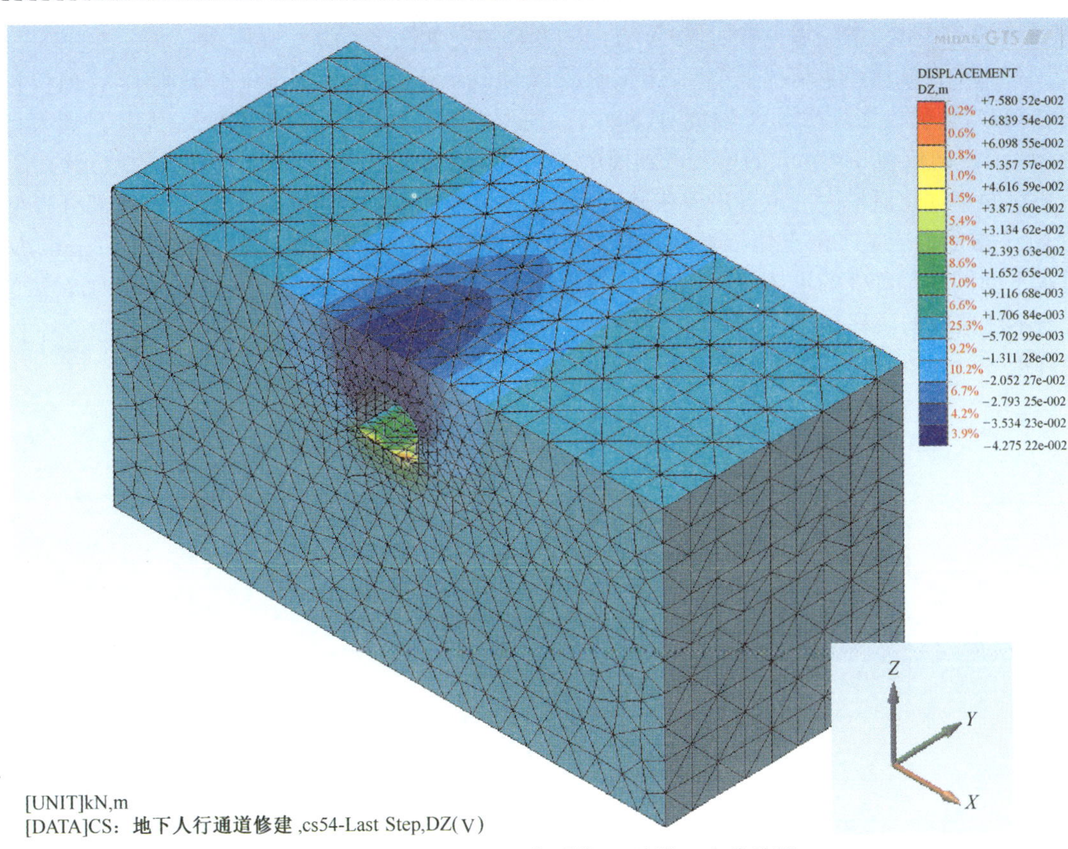

图 2－10－28　弧顶注浆时第 54 阶段 Z 向位移图

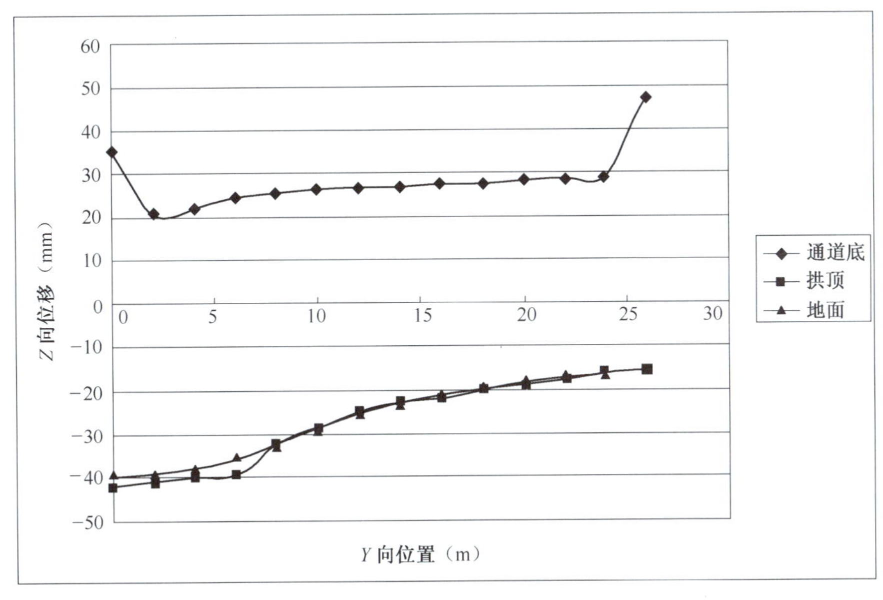

图 2－10－29　通道底、拱顶、地面 Z 向位移图

图 2－10－29 为弧顶注浆施工时通道底部中点、拱顶中点和拱顶中点正上方地面的 Z 向位移图，从图中可以看出通道底在弧顶注浆施工时仍处于隆起状态，尤其是通道末端处(曲线终点)最大，达到了 47 mm；拱顶中点及其正上方地面 Z 向位移值比较接近，均为下沉，通道底数值曲线与拱顶数值曲线的差值即为相应位置拱顶相对下沉值，从图中可以看出通道截面中点处拱顶相对下沉值最大为 77 mm，最小为45 mm，都大于《铁路隧道设计规范》关于隧道稳定的限值 5.8 mm，所以判定弧顶注浆施工时通道不稳定。另外，地面沉降曲线显示地面最大下沉值为 39 mm，最小下沉值为 16 mm，下沉值较不注浆时减小了许多，但最大下沉值仍然较大，影响地面交通。

b. 拱脚水平相对净空变化

第 54 步施工阶段（即中隔墙拆除阶段）X 方向的变形情况如图 2—10—30 所示：

图 2—10—30 为弧顶注浆情况下第 54 施工阶段 X 向的位移图，坐标如图中右下所示，正值位移表示沿 X 轴正向（向右），负值位移表示沿 X 轴负向（向左）。模型大部分区域 X 向位移不大，尤其是离人行通道位置较远处，沿 X 正向位移 2.9 mm 的单元占到模型 29.7%，沿 X 轴正向位移 11.5 mm 的单元约占 34.7%。拱脚水平相对净空变化值最大的位置出现在通道末端处，为方便观察，特隐去了 X 正向大部分模型实体单元。图中 Max 显示的就是①部土体位于通道末端处的拱脚土体向 X 轴正向的位移，约为 71 mm，Min 显示的是通道水平向同样位置处的土体向 X 轴负向的位移量约为 65 mm，即通道拱脚水平相对净空变化值约 136 mm，与不注浆时的位移相比，拱脚位置的位移没有得到改善，还是超过《铁路隧道设计规范》中保持隧道稳定的允许值 65 mm。

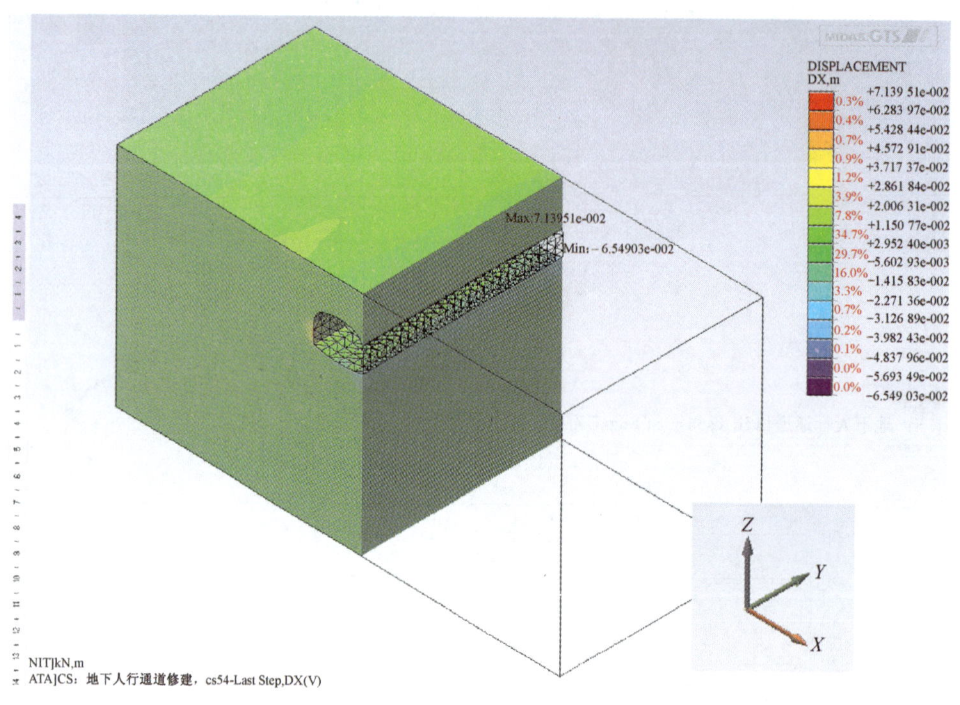

图 2—10—30 弧顶注浆时第 54 阶段 X 向位移图

图 2—10—31 显示的是弧顶注浆施工时侧墙左下、右下、左上、右上的 X 向位移值，从图中可以看出侧

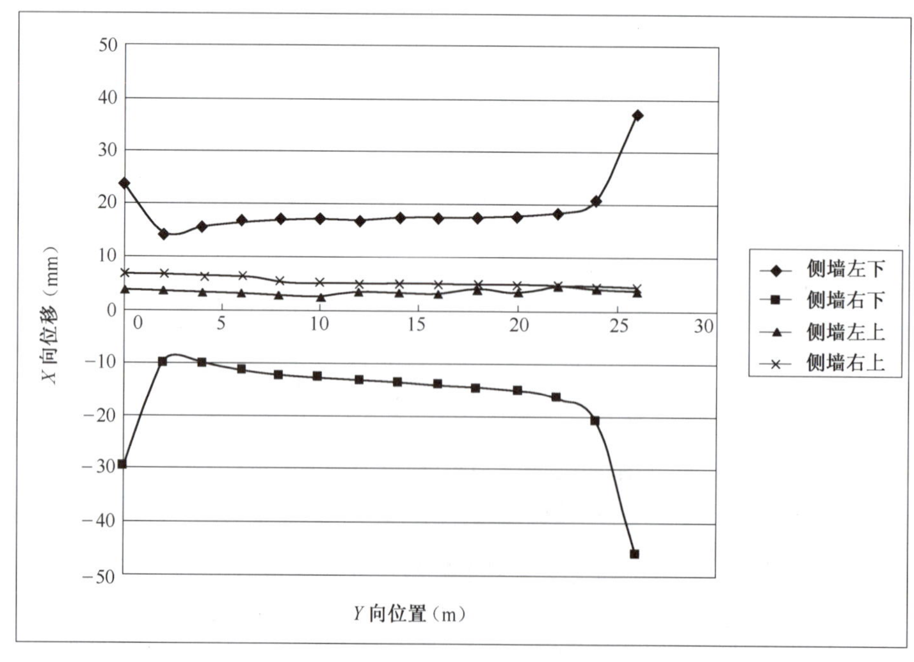

图 2—10—31 侧墙 X 向位移图

墙左上、左下 X 向位移值均为正值，表示左边侧墙均沿 X 正向位移，侧墙右下 X 向位移值为负值，表示右边侧墙下端沿 X 负向位移，而侧墙右上 X 向位移值为正值，表示右边侧墙上端沿 X 正向位移，右边侧墙上下段位移方向不一致是因为上端受到注浆块体的制约。四条曲线起点和端点数值均特别大，表示通道两个断面的位移较大，因为两端是自由面，施工时应特别给予加强；侧墙左上与右上的差值即为拱脚水平相对净空变化值，从图中可以看出除两端之外的通道其他部分拱脚水平相对净空变化最大值为 3.2 mm，最小值为 0.3 mm，小于《铁路隧道设计规范》关于通道稳定限制 65 mm，即弧顶注浆时通道水平向稳定。

c. 各施工阶段对比

上面两图查看的是最后一个施工阶段的变形图，工程分析还需要了解各施工阶段的内力、变形等情况，所以再通过 GTS 中提供的查询方式了解整个施工过程中各施工阶段 Z 方向的位移最大值如表 2—10—7 所示。

表 2—10—7　各施工阶段 Z 方向的位移最大值

步骤	节点号	绝对值最大(m)	步骤	节点号	绝对值最大(m)
IS	12121	0.000 000	CS28	5126	0.075 337
CS1	5130	0.062 350	CS29	5126	0.075 426
CS2	5130	0.060 936	CS30	5126	0.075 445
CS3	5130	0.059 699	CS31	5126	0.075 233
CS4	5130	0.058 700	CS32	5126	0.075 218
CS5	5130	0.055 207	CS33	5126	0.075 028
CS6	5130	0.054 466	CS34	5126	0.075 014
CS7	5130	0.053 802	CS35	5126	0.074 865
CS8	5130	0.053 238	CS36	5126	0.074 858
CS9	5130	0.052 762	CS37	5126	0.074 735
CS10	5130	0.050 923	CS38	5126	0.074 733
CS11	5130	0.050 532	CS39	5126	0.074 634
CS12	5130	0.050 184	CS40	5126	0.074 634
CS13	5130	0.049 870	CS41	5126	0.074 552
CS14	5130	0.049 596	CS42	5126	0.074 550
CS15	5130	0.048 521	CS43	5126	0.074 479
CS16	5130	0.048 290	CS44	5126	0.074 477
CS17	5130	0.048 066	CS45	5126	0.074 416
CS18	5130	0.047 865	CS46	5126	0.074 413
CS19	5130	0.047 687	CS47	5126	0.074 362
CS20	5130	0.046 668	CS48	5126	0.074 358
CS21	5130	0.046 417	CS49	5126	0.074 320
CS22	5130	0.046 178	CS50	5126	0.074 318
CS23	5130	0.045 955	CS51	5126	0.074 308
CS24	5130	0.045 753	CS52	5126	0.074 371
CS25	5130	0.045 577	CS53	5126	0.074 179
CS26	5130	0.045 739	CS54	5126	0.075 805
CS27	5126	0.075 817			

表 2—10—7 为弧顶注浆时各施工阶段 Z 向位移的危险点，CS 是 Construction Stage(施工阶段)的缩写。由表中数值可以看出，第 1 到第 26 施工阶段，Z 向位移最大的位置为编号 5130 的节点，约为50 mm，沿 Z 轴正向；第 27 到第 54 施工阶段，Z 向位移最大的位置为编号 5126 的节点，约为 75 mm，沿 Z 轴正向。节点 5130、5126 的具体位置如图 2—10—32、图 2—10—33 所示，由图 2—10—32 可以看出节点 5130 即为①部土体位于通道口处的左下角；由图 2—10—33 可以看出节点 5126 即为④部土体位于通道口的右下角。与不注浆时比较，由于弧顶注浆，Z 向位移最大的地方出现在了通道底部，表现为底部隆起。

图 2—10—32 为编号为 5130 的节点的具体位置，即图中箭头所指的圆圈内。图中还显示了节点 5130 的信息，Node No. 为节点编号，因为这里查询的是 Z 向的位移，所以 Total Value 和 Z Value 相等，均为 0.046 9 m，而 X Value 和 Y Value 则为 0。图 2—10—33 中显示节点 5130 正好是①部土体位于通道口处的左下角。图 2　10　29 显示的是编号为 5126 的节点的具体位置，即图中箭头所指的圆圈内。图中还显示了节点 5126 的信息，因为这里查询的是 Z 向的位移，所以 Total Value 和 Z Value 相等，均为 0.075 8 m，而 X Value 和 Y Value 则为 0，节点 5126 正好是③部土体位于通道口处的右下角。

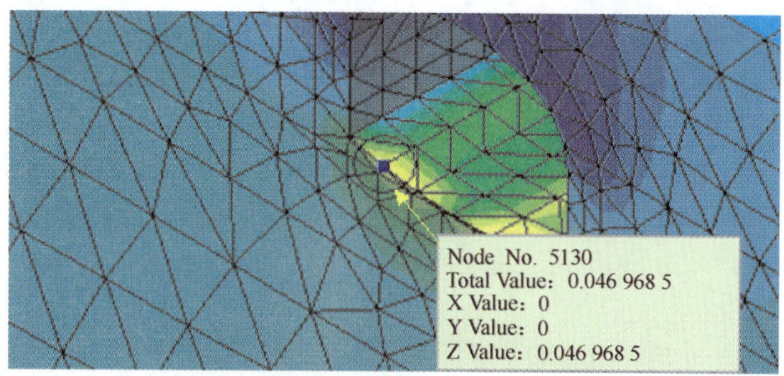

图 2—10—32　节点 5130 的具体位置

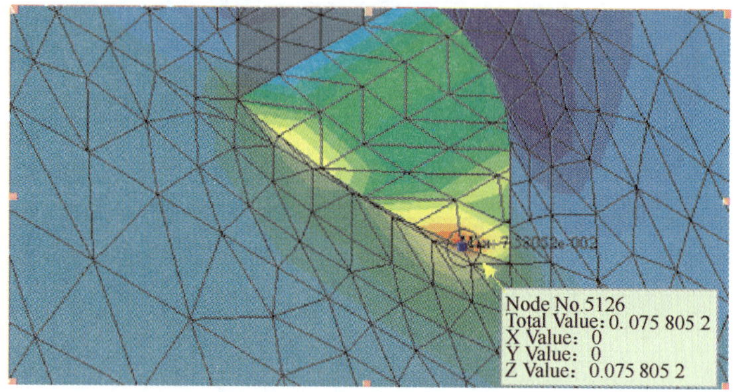

图 2—10—33　节点 5126 的具体位置

表 2—10—8　各施工阶段 *X* 方向的位移最大值

步骤	节点号	绝对值最大(m)	步骤	节点号	绝对值最大(m)
IS	12121	0.000 000	CS28	8797	0.071 837
CS1	8797	0.071 171	CS29	8797	0.071 498
CS2	8797	0.071 838	CS30	8797	0.071 265
CS3	8797	0.071 955	CS31	6716	−0.070 884
CS4	8797	0.072 024	CS32	6716	−0.071 007
CS5	8797	0.072 104	CS33	6716	−0.071 182
CS6	8797	0.072 201	CS34	6716	−0.071 306
CS7	8797	0.072 299	CS35	6716	−0.071 484
CS8	8797	0.072 396	CS36	6716	−0.071 608
CS9	8797	0.072 485	CS37	6716	−0.071 791
CS10	8797	0.072 564	CS38	6716	−0.071 914
CS11	8797	0.072 644	CS39	6716	−0.072 103
CS12	8797	0.072 719	CS40	6716	−0.072 227
CS13	8797	0.072 790	CS41	6716	−0.072 425
CS14	8797	0.072 856	CS42	6716	−0.072 548
CS15	8797	0.072 937	CS43	6716	−0.072 754
CS16	8797	0.073 006	CS44	6716	−0.072 875
CS17	8797	0.073 070	CS45	6716	−0.073 083
CS18	8797	0.073 134	CS46	6716	−0.073 195
CS19	8797	0.073 193	CS47	6716	−0.073 391
CS20	8797	0.073 239	CS48	6716	−0.073 487
CS21	8797	0.073 293	CS49	6716	−0.073 645
CS22	8797	0.073 344	CS50	6716	−0.073 716
CS23	8797	0.073 393	CS51	6716	−0.073 802
CS24	8797	0.073 442	CS52	6716	−0.073 837
CS25	8797	0.073 482	CS53	6716	−0.073 814
CS26	8797	0.073 493	CS54	6716	−0.071 395
CS27	8797	0.072 384			

表 2—10—8 显示的是弧顶注浆时各施工阶段 X 向位移的危险点，CS 是 Construction Stage（施工阶段）的缩写。由表中数值可以看出，第 1 到第 30 施工阶段，X 向位移最大的位置为编号 8797 的节点，约为 73 mm，沿 X 轴正向；第 31 到第 54 施工阶段，X 向位移最大的位置为编号 6716 的节点，约为 72 mm，沿 X 轴负向。节点 8797、6176 的具体位置如图 2—10—34、图 2—10—35，由图 2—10—34 可以看出节点 8797 即为①部土体位于为第 3 步与第 4 步施工阶段连接处的侧墙下角；由图 2—10—35 可以看出节点 6176 即为第 26 施工阶段开挖土体的左下角。与不注浆时比较，由于弧顶注浆，X 向位移最大的地方出现在了通道底部。

图 2—10—34 显示的是编号为 8797 的节点的具体位置，即图中箭头所指的圆圈内。GCS 为 Global Coordinate System 的缩写，表示全局坐标，WCS 为 Work Coordinate System 的缩写，表示局部坐标。图中显示节点 8797 正好是① 部土体位于为第 3 步与第 4 步施工阶段连接处的侧墙下角。图 2—10—35 显示的是编号为 6716 的节点的具体位置，即图中箭头所指的圆圈内。图 2—10—35 中还显示了节点 6716 的信息，因为这里查询的是 X 向的位移，所以 Total Value 和 X Value 相等，均为 0.071 4 m，而 Y Value 和 Z Value 则为 0，节点 6716 正好是第 26 施工阶段开挖土体的左下角（图 2—10—35 是从模型 Y 轴的正向往 Y 轴负向看到的结果）。

上面的分析中，简要查看了第 54 施工阶段 X 向、Z 向的位移情况，以及所有各个施工阶段最大的 X 向、Z 向的位移情况，从计算结果来看，如果仅只是弧顶注浆，通道施工时产生的最大位移比不注浆时降低不少，但通道的施工仍然不安全，所以本章拟采用经济效果更差的全断面注浆施工方法，然后按新的施工方法进行衬砌结构及周围土体的计算。另外，弧顶注浆开挖时，人行通道口处最危险，土体位移过大。

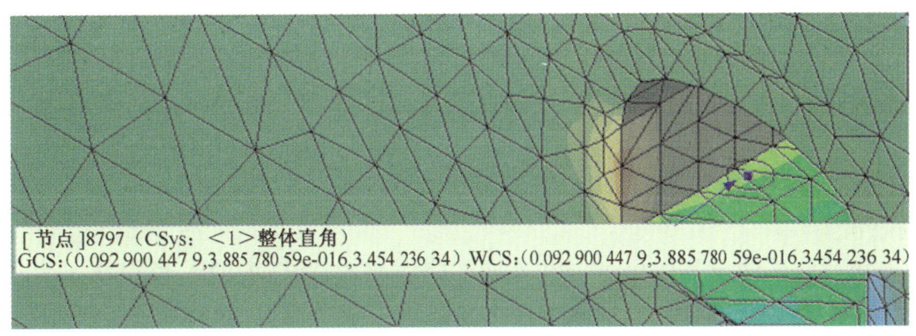

图 2—10—34　节点 8797 的具体位置

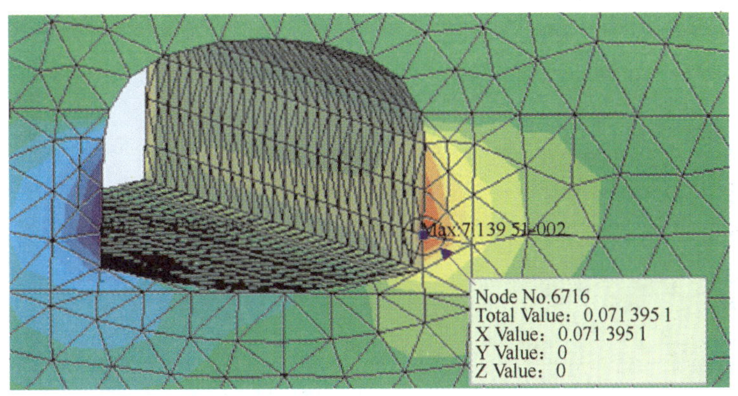

图 2—10—35　节点 6716 的具体位置

(3)全断面注浆时的计算

①全断面注浆方式

从前面两种情况可以看出，不注浆或者只在通道弧顶注浆时，通道的施工都是不安全的，所以没必要进一步查看不注浆和仅弧顶注浆时衬砌结构的应力和变形结果。为了保证施工能够安全进行，并保证通道上部的道路交通能够安全通畅，拟对通道的施工过程进行全断面注浆，除了衬砌结构周围 1 m 范围的土体外，还包括整个开挖掌子面，如图 2—10—36 所示。

注浆用的设备与弧顶注浆的设备一致，浆液为 1∶1 的水泥—水玻璃双液浆，注浆压力 0.5～1.0 MPa，采用全孔一次性注浆，注浆后形成的固结体性质如表 2—10—6 所示。注浆施工在 GTS 的模拟是通过“修改

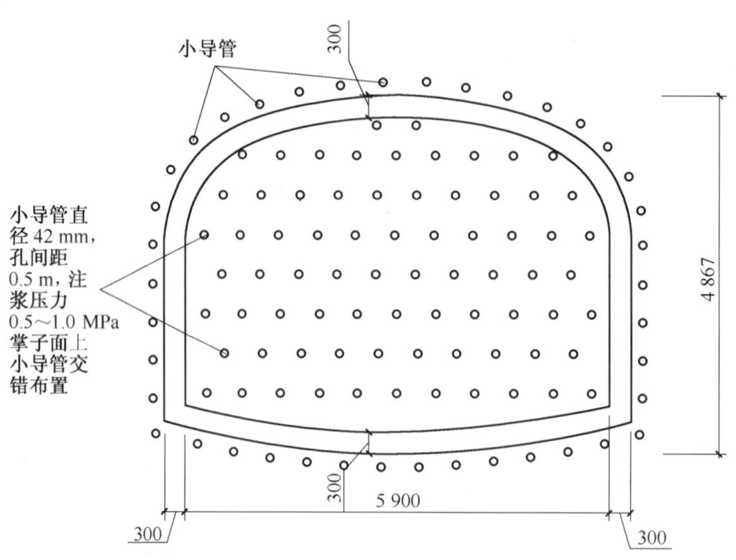

图 2—10—36　全断面注浆时小导管布置图(mm)

施工阶段单元属性”将注浆土体的属性更改为固结体的属性，并以“边界条件”的形式保存起来，在注浆施工阶段激活前面生成的对应的“边界条件”，即可将注浆后的土体属性改变为固结体的属性。本工程分别在第1、5、10、15、20 步施工阶段激活前面形成的“边界条件”。

由表 2—10—6 可以看出，固结体的黏聚力、内摩擦角、弹性模量都比未注浆时的土体有较大增强，而渗透系数大幅降低，这样不仅提高了通道周围土层的自承力，而且起到隔断地下水的作用，提高了施工的安全性和方便性。

②计算结果分析

a. 拱顶相对下沉

全断面注浆与弧顶注浆情况下的施工方法不同的是注浆时注浆面更大，整个掌子面和衬砌结构周围 1 m范围的土体都注浆，所以建模过程以及施工模拟与弧顶注浆时类似。经 GTS 计算，最后一步施工阶段(CS54)完成后土体、衬砌结构 Z 向的位移图如图 2—10—37 所示。

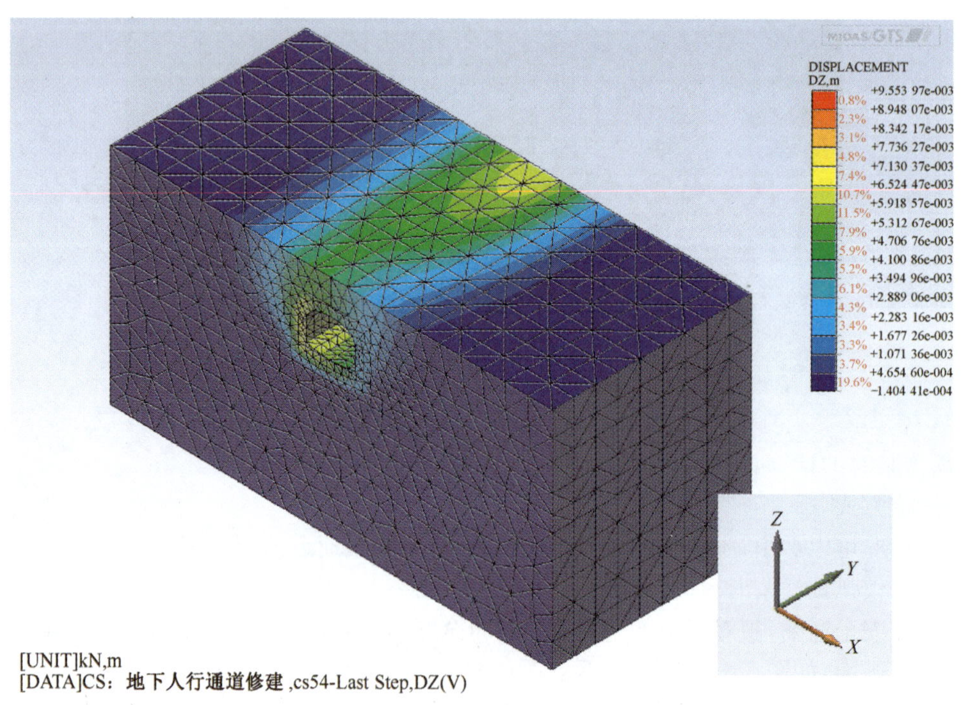

图 2—10—37　全断面注浆时第 54 阶段 Z 向位移图

图 2—10—37 为全断面注浆情况下第 54 施工阶段 Z 向的位移图，坐标如图中右下所示，正值位移表示

沿 Z 轴正向(向上),负值位移表示沿 Z 轴负向(向下)。模型大部分位置的位移绝对值均较小,例如位移为 0.46 mm 的单元占到了 19.6%;通道顶部主要为黄色显示区域,位移约为 6 mm,方向沿 Z 轴正向,通道底部单元主要也为黄色区域,位移约为 4 mm,方向沿 Z 轴向上,整个模型有上浮现象,这是因为人行通道的土体开挖后,通道受到地下水向上的浮力,但模型模拟的是初步衬砌结构,没有模拟二次衬砌,所以没考虑到二次衬砌的自重,实际上通道二次衬砌完成后,通道完全不存在上浮的危险。由图 2—10—37 可以看出,模型在拆除中隔墙后,④部土体位于通道末端处(如图 2—10—38 所示)拱底的下角土体向上位移最大,约为 9.5 mm,但通道同样位置处的拱顶土体也是向上移动,所以需要通过进一步的分析来确定拱顶相对下沉值。

图 2—10—38 为通道末端的 Z 向位移图(从模型 Y 轴的正向往 Y 轴负向看到的结果),图中标出的数值是部分节点的 Z 向位移的具体数值,单位是 mm。图中显示了这一截面一些主要节点的位移值,从图中可以看出,通道是上下同时向上移动的,拱顶相对下沉值小于 2 mm。同样,通过 GTS 提供的“剖分面”和“剖断面”可以查看每一个施工阶段各截面的位移值,然后经过进一步计算发现,所有施工阶段下各截面的拱顶相对下沉值均小于《铁路隧道设计规范》中保持隧道稳定的允许值 5.8 mm。

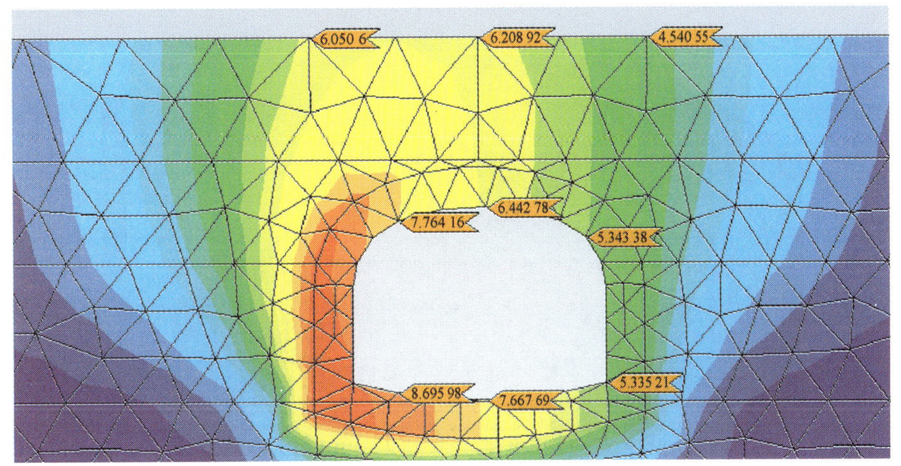

图 2—10—38 通道末端的部分节点位移值(mm)

图 2—10—39 为全断面注浆施工时通道底部中点、拱顶中点和拱顶中点正上方地面的 Z 向位移图,从图中可以看出通道底在全断面注浆施工时仍处于隆起状态,尤其是通道末端处(曲线终点)最大,达到了 6.2 mm;拱顶中点与其正上方地面 Z 向位移值比较接近,均为上浮,通道底数值曲线与拱顶数值曲线的差值即为相应位置拱顶相对下沉值,从图中可以看出通道截面中点处拱顶相对下沉值最大为 1.94 mm,最小为 1.04 mm,都小于《铁路隧道设计规范》关于隧道稳定的限值 5.8 mm,所以判定通道在施工过程中保持稳定。另外,地面沉降曲线显示地面最大上浮值为 6.2 mm,最小上浮值为 4.05 mm,上浮值很小,不影响地面交通。

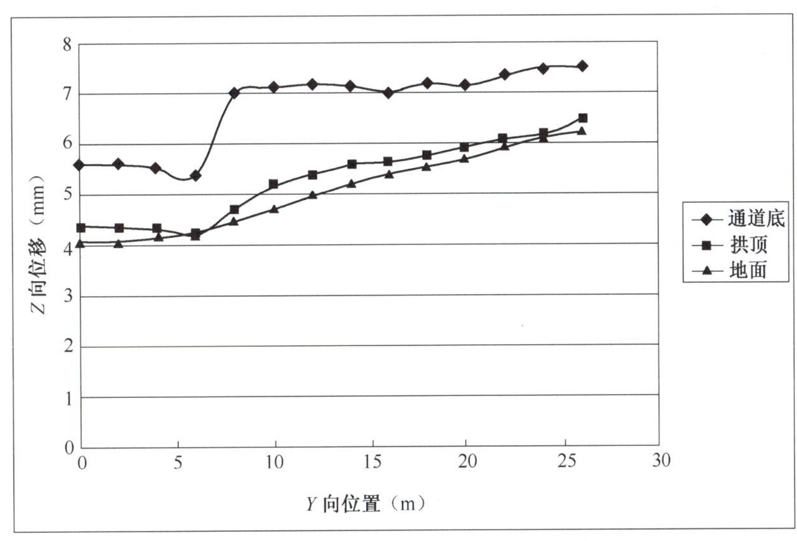

图 2—10—39 通道底、拱顶、地面 Z 向位移图

因为模型模拟的是初期支护衬砌结构，没有考虑二次衬砌的自重，所以整个通道有上浮趋势，实际情况是施工完二次衬砌后通道不存在上浮问题。

b. 拱脚水平相对净空变化

第 54 步施工阶段（即中隔墙拆除阶段）X 方向的变形情况如图 2—10—40 所示。

图 2—10—40 为全断面注浆情况下第 54 施工阶段 X 向的位移图，坐标如图中右下所示，正值位移表示沿 X 轴正向（向上），负值位移表示沿 X 轴负向（向下）。模型大部分区域的位移绝对值均较小，例如位移为 0.17 mm 的单元占到了 27.9%；由于地下水的作用，开挖过程中通道口和通道末端沿 X 向的位移方向不一致，但均非常小（约 2 mm），差异也很微小。模型在拆除中隔墙后，通道口拱顶右上角土体沿 X 轴正向的位移量最大，为 3.0 mm，通道水平向同样位置处的拱顶左上角也沿 X 轴正向，则 X 向最大位移处其水平相对净空变化值小于 3 mm，远小于《铁路隧道设计规范》中保持隧道稳定的允许值 65 mm。

图 2—10—41 为弧顶注浆施工时侧墙左下、右下、左上、右上的 X 向位移值，从图中可以看出通道侧墙 X 向的位移值均很小，不到 2 mm，侧墙左上、右上 X 向位移值变化趋势一致，侧墙左下、右下 X 向位

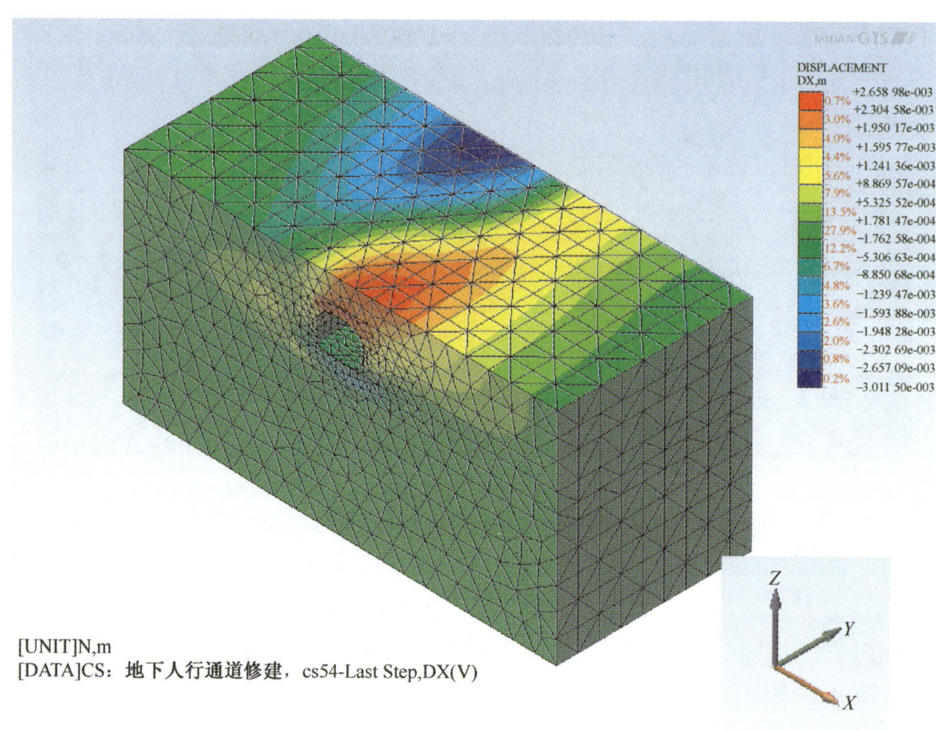

图 2—10—40　全断面注浆时第 54 阶段 X 向位移图

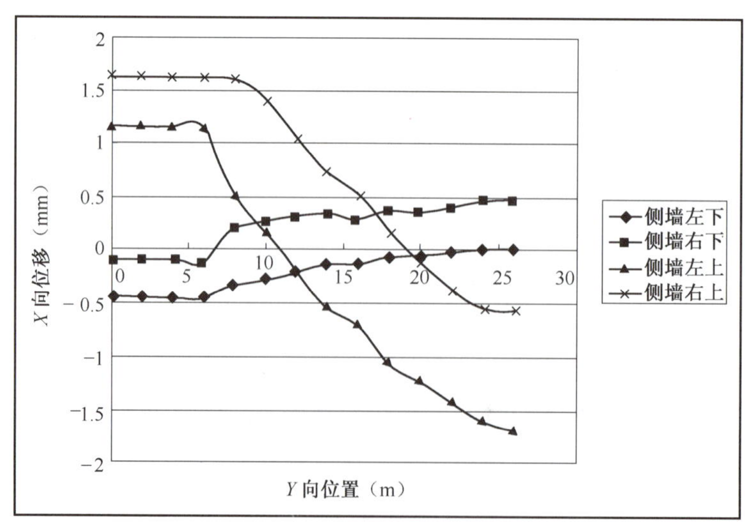

图 2—10—41　侧墙 X 向位移图

移值变化趋势一致，而左边侧墙上下端变化趋势相反，右边侧墙上下端变化趋势也相反，可见通道整体性较好，有轻微整体绕 Y 轴的翻转。

图 2—10—41 中侧墙左上与右上的差值即为拱脚水平相对净空变化值，从图中可以看出除通道拱脚水平相对净空变化最大值为 1.25 mm，最小值为 0.44 mm，小于《铁路隧道设计规范》关于通道稳定限制 65 mm，即全断面注浆时通道水平向稳定。

c. 各施工阶段对比

上面两图查看的是最后一个施工阶段的变形图，工程分析还需要了解各施工阶段的内力、变形等情况，所以再通过 GTS 中提供的查询方式了解整个施工过程各施工阶段 Z 方向的位移最大值如表 2—10—9 所示，各施工阶段 X 方向的位移最大值如表 2—10—10 所示。

表 2—10—9　各施工阶段 Z 方向的位移最大值

步骤	节点号	绝对值最大(m)	步骤	节点号	绝对值最大(m)
IS	12121	0.000 000	CS28	5478	−0.007 674
CS1	5138	−0.005 387	CS29	5478	−0.007 264
CS2	5148	−0.005 012	CS30	5477	−0.006 854
CS3	5289	−0.004 643	CS31	2731	−0.006 445
CS4	5414	−0.004 277	CS32	5478	−0.006 036
CS5	5477	−0.006 814	CS33	5478	−0.005 624
CS6	5477	−0.006 598	CS34	5478	−0.005 213
CS7	5477	−0.006 386	CS35	5478	−0.004 804
CS8	5477	−0.006 176	CS36	4388	0.004 471
CS9	5477	−0.005 966	CS37	4388	0.004 601
CS10	5478	−0.007 743	CS38	4388	0.004 726
CS11	5478	−0.007 595	CS39	4388	0.004 846
CS12	5478	−0.007 452	CS40	4388	0.004 961
CS13	5478	−0.007 312	CS41	4388	0.005 072
CS14	5478	−0.007 174	CS42	4388	0.005 180
CS15	5478	−0.008 296	CS43	2175	0.005 348
CS16	5478	−0.008 195	CS44	2175	0.005 737
CS17	5 478	−0.008 100	CS45	2175	0.006 130
CS18	5478	−0.008 009	CS46	2175	0.006 527
CS19	5478	−0.007 923	CS47	2175	0.006 929
CS20	5478	−0.009 064	CS48	2175	0.007 335
CS21	5478	−0.008 982	CS49	2175	0.007 747
CS22	5478	−0.008 902	CS50	2175	0.008 162
CS23	5478	−0.008 824	CS51	2175	0.008 586
CS24	5478	−0.008 747	CS52	2175	0.008 994
CS25	5478	−0.008 670	CS53	2175	0.008 840
CS26	5478	−0.008 595	CS54	2175	0.009 554
CS27	5478	−0.008 082			

从表 2—10—9 可以看出，各施工阶段 Z 向位移最大值出现的位置不一致，分别在编号为 5477、5478、4388、2175 等的节点处，但数值均不大，如第 54 步施工阶段的最大位移值为 9.554 mm，但经进一步查看位移最大点的通道截面变形情况，发现通道同样位置处的拱顶上体也是向上移动，其拱顶相对下沉最大值小于 2 mm(图 2—10—34)。类似的，利用 GTS 提供的后处理工具查看了每一个施工阶段下各截面的位移变形，然后经过进一步计算发现，所有施工阶段下各截面的拱顶相对下沉值均小于《铁路隧道设计规范》中保

持隧道稳定的允许值 5.8 mm。

表 2—10—10　各施工阶段 X 方向的位移最大值

步骤	节点号	绝对值最大(m)	步骤	节点号	绝对值最大(m)
IS	12121	0.000 000	CS28	9648	0.006 394
CS1	11486	0.001 523	CS29	9648	0.006 238
CS2	11487	0.001 556	CS30	9648	0.006 080
CS3	11488	0.001 754	CS31	9711	0.005 921
CS4	9765	0.002 228	CS32	9765	0.005 763
CS5	11488	0.002 539	CS33	9818	0.005 604
CS6	9637	0.002 769	CS34	9818	0.005 445
CS7	9637	0.003 092	CS35	9818	0.005 286
CS8	9637	0.003 417	CS36	9818	0.005 127
CS9	9637	0.003 742	CS37	9818	0.004 967
CS10	9648	0.003 941	CS38	9818	0.004 808
CS11	9648	0.004 168	CS39	9818	0.004 649
CS12	9648	0.004 399	CS40	9818	0.004 491
CS13	9648	0.004 632	CS41	9818	0.004 332
CS14	9648	0.004 864	CS42	9818	0.004 174
CS15	9648	0.005 026	CS43	9818	0.004 016
CS16	9648	0.005 206	CS44	9818	0.003 858
CS17	9648	0.005 388	CS45	9818	0.003 700
CS18	9648	0.005 572	CS46	9711	0.003 542
CS19	9648	0.005 756	CS47	9711	0.003 384
CS20	9648	0.005 890	CS48	9711	0.003 227
CS21	9648	0.006 047	CS49	9711	0.003 069
CS22	9648	0.006 206	CS50	9711	0.002 912
CS23	9648	0.006 366	CS51	11522	−0.002 770
CS24	9648	0.006 527	CS52	11522	−0.002 935
CS25	9648	0.006 687	CS53	11522	−0.002 865
CS26	9648	0.006 849	CS54	11522	−0.003 011
CS27	9648	0.006 549			

从表 2—10—10 为全断面注浆时各施工阶段 X 方向的最大位移可以看出，各施工阶段 X 向位移最大值出现的位置不一致，分别在编号为 9637、9648、9818、9711 等的节点处，但数值均不大。从表中可以看出各施工阶段通道沿 X 正向的最大位移不超过 7 mm，沿 X 负向的最大位移约 3 mm，则整个施工阶段拱脚相对净空变化的最大值不超过 11 mm，远小于《铁路隧道设计规范》中保持隧道稳定的拱脚相对净空变化允许值 65 mm。

(4)通道抗浮计算

通过前面三小节的对比分析可以看出全断面注浆时通道的在施工阶段是稳定安全的，但也存在水平向和竖向的变形，如图 2—10—42 所示。

图 2—10—42 中变形为放大了 1 000 倍显示的效果。由图中可以看出，通道衬砌结构施工完毕后，通道整体向上移动，这是由于较高的地下水位产生的浮力所致。另外，由于先开挖通道左边土体，即①、②部的土体，然后才开挖右边的土体，造成左、右通道的上浮量不一致，产生轻微翻转。

但是，有限元模型模拟的是初期支护的衬砌结构，而本工程根据经验拟采取的是复合衬砌(图 2—10—3)，所以通道的抗浮计算考虑二次衬砌的作用。

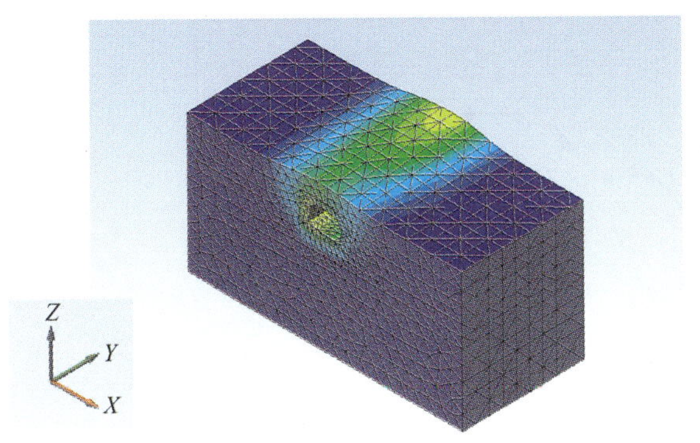

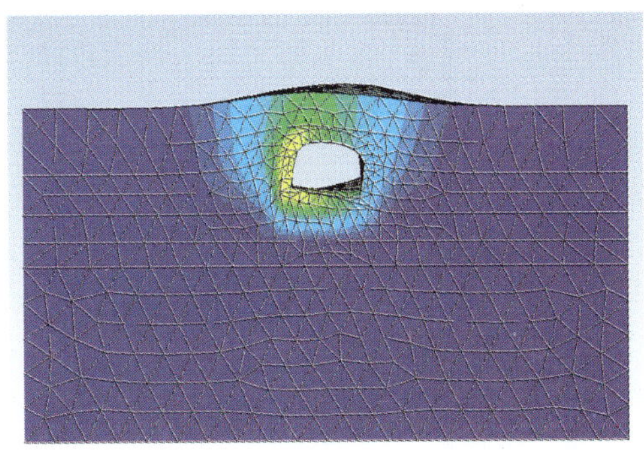

图 2—10—42　模型变形轴测图和正立面图

沿隧道纵向取标准断面 1 m 计算结构抗浮。

计算参数：各覆土层的详细重度见工程地质条件，覆土厚度 4.3 m，钢筋混凝土重度 25 kN/ m^3；地下水位－0.8 m。

①拱顶压力：

$$\begin{aligned}\sigma_{cz1} &= \gamma_1 \times 0.8 + \gamma_1(3.1-0.8) + \gamma_2 \times 1.187 \\ &= 17.3 \times 0.8 + 7.3 \times 2.3 + 6.1 \times 1.187 \\ &= 13.84 + 16.79 + 7.24 \\ &= 37.87\ \text{kPa}\end{aligned}$$

②将拱外截面等效成 6.50 m×4.751 m 矩形，侧壁、顶部厚 0.75 m，底部厚 1.1 m，1 m 拱段重量：

$$G = [6.5 + 2\times(4.751-0.75-1.1)]\times 0.75\times 1\times 25.0 + 6.5\times 1.1\times 1\times 25.0 = 409.41\ \text{kN}$$

结构自重产生的土压力：

$$\sigma_G = \frac{G}{S} = \frac{409.41}{6.5\times 1} = 62.99\ \text{kPa}$$

③拱体所受浮力：

$$F = \rho g V = 10\times 6.5\times 4.751\times 1 = 308.82\ \text{kN}$$

$$\sigma_F = \frac{F}{S} = 47.5\ \text{kPa}$$

综合前三项：

$$\frac{\sigma_{cz1} + \sigma_G}{\sigma_F} = \frac{37.87 + 62.99}{47.5} = 2.12 > 1.05$$

结构抗浮安全。

即通道二次衬砌施工完毕后不存在上浮问题，但是模型计算结果显示施工阶段通道会产生微小上浮，最大上浮量约 6.2 mm（如图 2—10—42 所示），所以通道初期支护施工时，应该适当增加压重，并尽早进行二次衬砌的施工，这样可以完全消除上浮的可能性，同时二次衬砌的刚度也能消除翻转的危险。

在全断面注浆的模型中可以将衬砌结构的密度改大，将二次衬砌的自重折算在初支的衬砌结构上，将初支衬砌结构的密度改为 60 kN/ m^3 后通道底部中心、拱顶中心和拱顶中心正上方地面的 Z 向变形值如图 2—10—43 所示。

与图 2—10—39 相比，考虑了二次衬砌自重后通道底部中点、拱顶中点和通道正上方地面的 Z 向变形都比不考虑二次衬砌自重时小很多，其中通道口处都为负值，表示下沉。从图 2—10—43 可以看出，拱顶数值曲线上与通道底数值曲线的差值即为截面中心处拱顶相对下沉值，最大为 3.1 mm，最小为 1.3 mm，均小于《铁路隧道设计规范》中保持通道稳定的限制 5.8 mm，即通道稳定。地面下沉最大值为 3.29 mm，最大隆起值为 2.67 mm，均不会影响地面交通。

由于不注浆、仅弧顶注浆时不能保证通道施工的安全，所以没必要查看不注浆、仅弧顶注浆情况下通道的衬砌结构计算结果。但是全断面注浆的情况下，通道的变形完全满足通道稳定的要求，这时通道的安全还需要衬砌结构的材料强度能满足工程要求。衬砌结构的主要应力计算结果如图 2—10—44～图 2—10—46 所示。

图 2—10—44 为衬砌结构的应力 S_{xx}，S_{xx} 表示垂直于 x 轴的截面上，指向 x 正向或者负向的应力，即纵

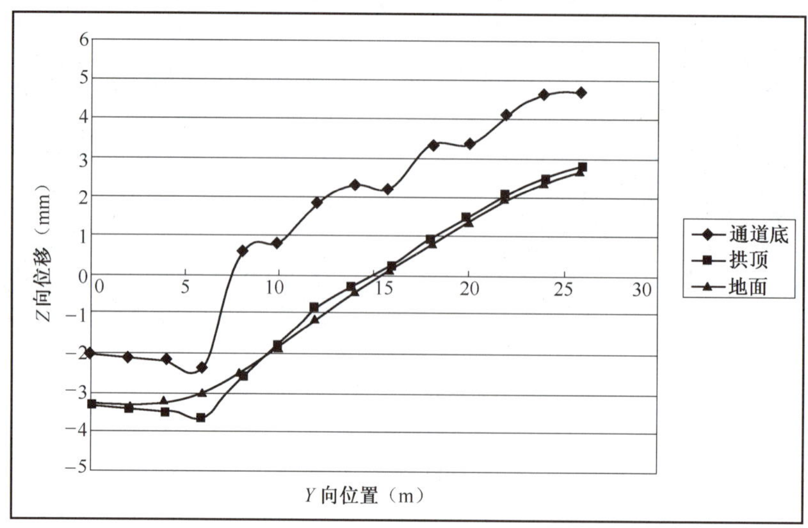

图 2—10—43　考虑二次衬砌自重时的 Z 向位移图

截面上的横向拉、压应力。(a)图为上表面的横向拉、压应力,(b)图为下表面的拉、压应力。综合观察(a)、(b)两图,可以看出上下表面的拉、压应力均很小,其中最大拉应力不到为 1.8 N/ mm^2,远小于衬砌结构中所配钢筋(HRB 335)的抗拉强度设计值 300 N/ mm^2;最大压应力均不到 2 N/mm^2,也远小于衬砌结构的混凝土(C30)抗压强度设计值 14.3 N/ mm^2。

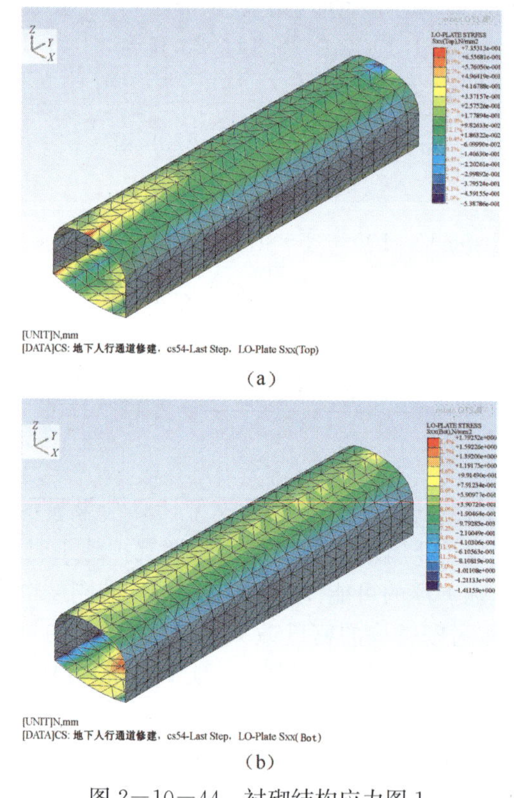

图 2—10—44　衬砌结构应力图 1

图 2—10—45 为衬砌结构的应力 S_{yy},S_{yy} 表示垂直于 y 轴的截面上,指向 y 正向或者负向的应力,即横截面上的纵向拉、压应力。(a)图为上表面的纵向拉、压应力,(b)图为下表面的纵向拉、压应力。综合观察(a)、(b)两图,可以看出上下表面的拉、压应力均很小,由图中可以看出,纵向最大拉应力约为 2.1N/ mm^2,小于衬砌结构中所配钢筋(HRB 335)的抗拉强度设计值 300 N/ mm^2;衬砌结构纵向最大压应力均小于 1.1 N/mm^2,也远小于衬砌结构的混凝土(C30)抗压强度设计值 14.3 N/mm^2。

图 2—10—46 为衬砌结构的应力 S_{xy},S_{xy} 表示垂直于 x 轴的截面上,指向 y 正向或者负向的应力,即纵截面上的纵向剪应力。(a)图为上表面的纵向剪应力,(b)图为下表面的纵向剪应力。综合观察(a)、(b)两

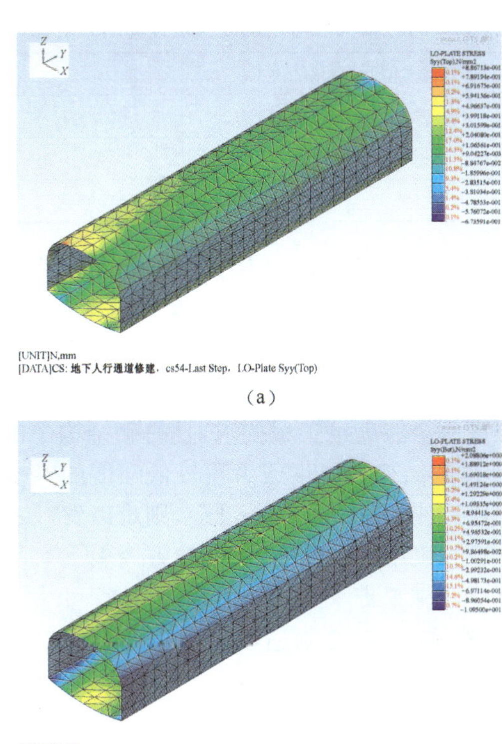

(a)

(b)

图 2—10—45　衬砌结构应力图 2

图,可以看出上下表面的剪应力均很小,由图中可以看出,纵向最大剪应力约为 0.5 N/mm^2,小于衬砌结构的混凝土(C30)抗拉强度设计值 1.43 N/mm^2。

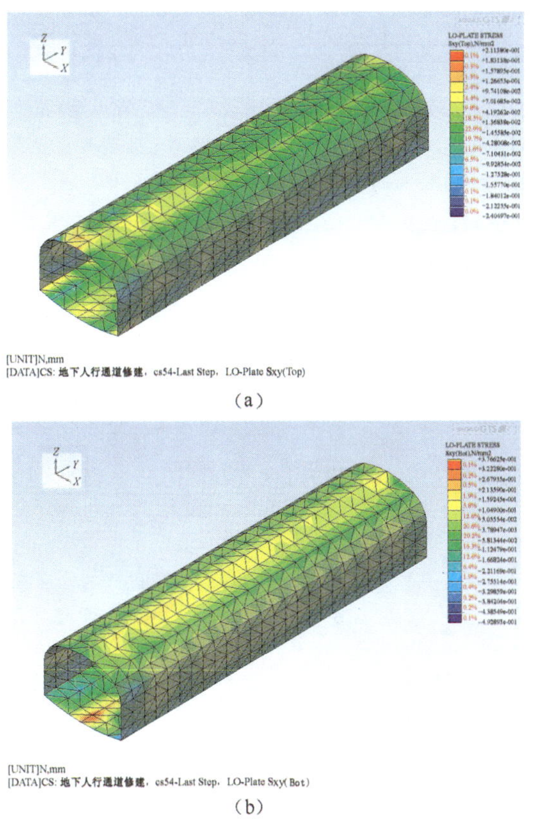

(a)

(b)

图 2—10—46　衬砌结构应力图 3

衬砌结构的传统计算方法(荷载结构法),与本章地层结构法计算结果比较如表 2—10—11 所示。

表 2—10—11 荷载结构法与地层结构法计算结果对比(N/mm²)

计算结果	横向(最大值)			纵向(最大值)		
	拉应力	压应力	剪应力	拉应力	压应力	剪应力
荷载结构法	12.8	4.61	0.49	无	无	无
地层结构法	1.8	2	无	2.1	1.1	0.5

由表 2—10—11 可以看出,荷载结构法相比于地层结构发的计算结果偏大,这是荷载结构法没有考虑周围土体的自承能力,尤其本工程全断面注浆后周围土体的自承能力得到很大提高。另外荷载结构法难以计算衬砌结构的纵向应力,而地层结构法模拟衬砌结构时为了节点耦合采用的是从周围土体边缘析取的板单元,所以无法计算出横向剪应力。

由以上分析看出,衬砌结构强度完全能满足工程要求,且衬砌结构中的应力计算结果远小于所用材料的强度设计值,但并不能因此减小衬砌结构的厚度或者用较低强度的材料代替,原因是如果衬砌结构厚度减小(现为 300 mm 厚),则难以发挥钢筋和混凝土的联合作用,降低了衬砌结构的刚度,可能导致周围土体变形过大,而且较小的衬砌厚度会给施工带来不便。另外,由计算可以看出,衬砌结构的纵向有剪力的存在,所以必须适当布置横向分布钢筋。

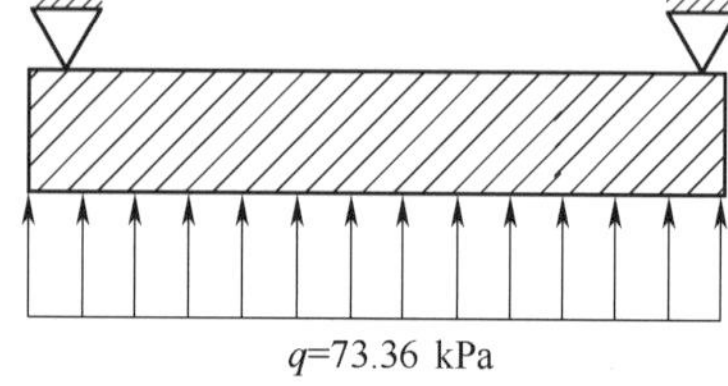

图 2—10—47 暗挖底板受力简图

3. 暗挖部分底板厚度的确定

底板的简化受力如图 2—10—47 所示。

考虑路面活荷载底部土压力:

$$\sigma_{cz}=\sigma_{cz1}+\sigma_G-\sigma_F+20=73.36\ \text{kPa}$$

拱底挠度:

$$\omega=\frac{5ql^4}{384EI}=\frac{5\times73.36\times10^3\times6.5^4}{384\times2.8\times10^{10}\times\dfrac{1.0\times1.1^3}{12}}=0.47\ \text{mm}<\frac{l}{200}=32.5\ \text{mm}$$

底板选取厚度满足要求。

4. 沉降缝处暗挖段沉降差计算

计算深度:$z_n=b(2.5-0.4\ln b)=11.38$ m

过街通道按条形基础计算:$l/b=10$

沉降缝处标高(地面标高为±0.000 m):

$$\begin{aligned}&(40\,130+2\,900-4\,400-12\,000)\times2.632\%-475-7\,570\\&=-8\,745\ \text{mm}\\&=-8.745\ \text{m}\end{aligned}$$

暗挖断底板附加土压力:

$$\begin{aligned}p_0&=\frac{[6.5+2\times(4.751-0.75-1.1)]\times0.75\times1\times25.0+6.5\times1.1\times1\times25-10\times6.5\times4.751\times1.0}{6.5\times1}\\&\quad-1.131\times6.1-3.5\times9.5-0.055\times9.2+20\\&=-5.178\,6\ \text{kPa}\end{aligned}$$

则暗挖段竖向位移为:

$$s=\sum_{i=1}^{n}\frac{p_0}{E_{si}}z_i\alpha_i-z_{i-1}\alpha_{i-1}=-2.75\ \text{mm}$$

10.2.4 明挖段的分析计算

1. 明挖部分通道稳定与地面沉降的控制研究

在明月二路地下通道的入口和出口采用明挖法施工,从地面向下分层,分段依次开挖,直至达到结构要求的尺寸和高程,然后在基坑中进行地下通道施工和防水作业,然后回填恢复地面。具体操作是采用顺筑法施工，基坑侧壁垂直陡坡，沿设计开挖轮廓线外先期进行深层水泥搅拌施工，然后打设钢板桩，开挖基坑时，开挖 1 m 后架立第一道钢管内支撑，然后隔 2.5 m 架立第二道、第三道钢管内支撑，架设支撑采用 ϕ450 的钢管进行，分四次开挖。图 2—10—48 为该工程支挡式基坑开挖示意图。

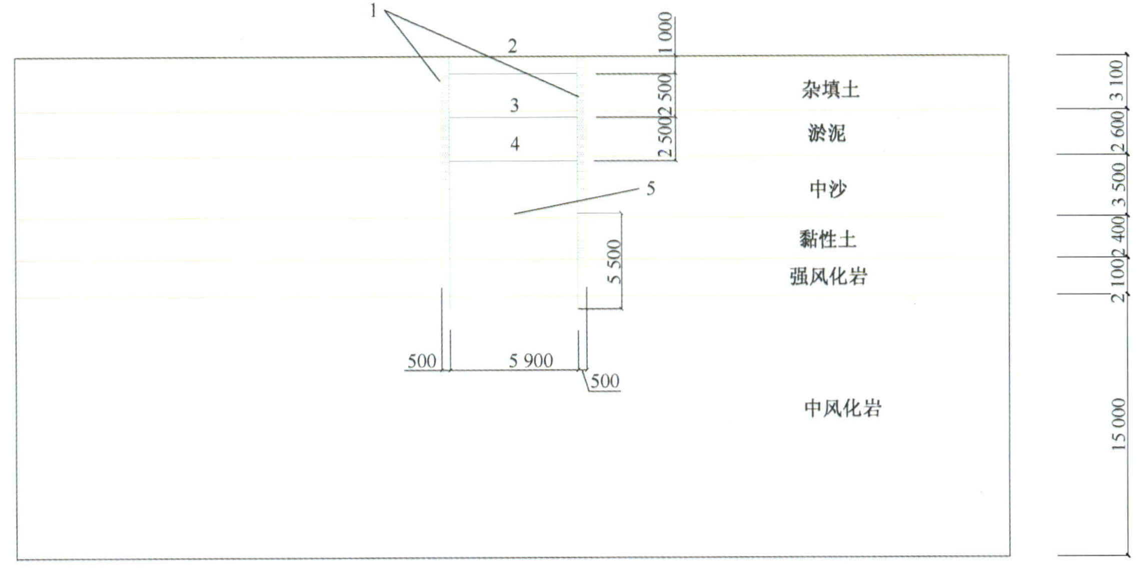

图 2—10—48　工程支挡式基坑开挖断面

1—钢桩；2、3、4—架设支撑；5—开挖底面

明挖法通道的稳定性主要是验证隧道的抗浮情况。通过软件 MIDAS/GTS，计算隧道的抗浮位移。对于第四次开挖基坑水平位移如图 2—10—49 所示。

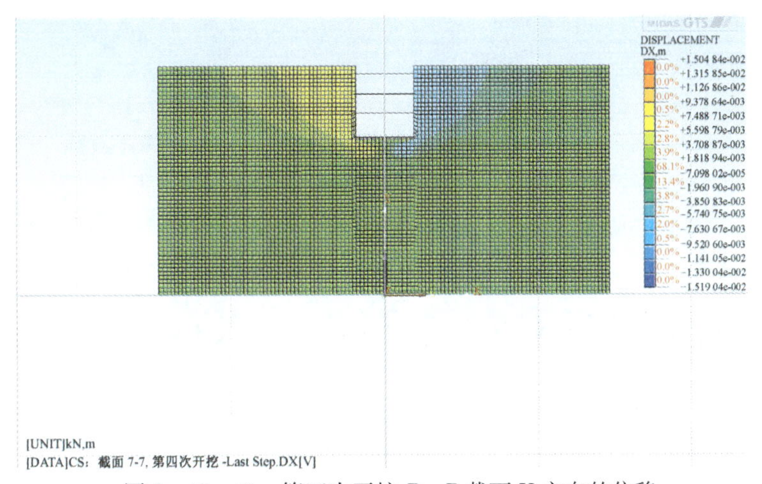

图 2—10—49　第四次开挖 B—B 截面 X 方向的位移

图 2—10—49 为第四次开挖通道 B—B 截面的 X 向位移图，右侧图中标出的数值是不同区域 X 向位移的具体数值，单位是 m，沿图 2—10—49 中 X 坐标正向位移为正，反之为负，故而黄色区域位移为正，青色区域位移为负。由于左右两侧均为单排搅拌桩，左右两侧对土体位移的限制效果基本对称。为清楚起见，放大部分区域，截取其中几个典型点（点 409，364，467，359，1146，1083，1890，1778，1893，1781）的位移值，具体位置如图 2—10—50 所示，结合表 2—10—12 显示的第四次开挖侧壁典型点的水平位移，单位是 m。从而可以看出，侧壁水平位移小于 8 mm。

图 2—10—51 为第四次开挖通道 B—B 截面的底面 Y 向位移图，右侧图中标出的数值是不同区域 Y 向位移的具体数值（按照由大到小的位移值排列），单位是 m，沿图 2—10—51 中 Y 坐标正向位移为正，即上浮为正，反之为负。为清楚起见，放大部分区域，截取其中几个典型点（点 1809，1827，1845，1863，1881）的位移值，具体位置如图 2—10—52 所示，结合表 2—10—13 显示的第四次开挖底板典型点的上浮量，单位是 m。

从而可以看出，通道底板的上浮量最大值为 9 cm。

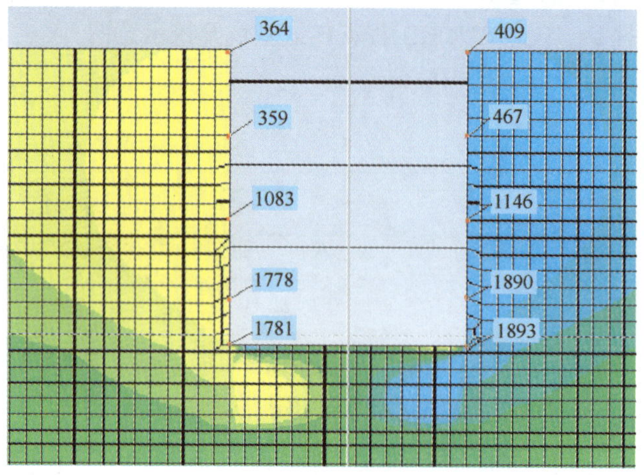

图 2—10—50　第四次开挖侧壁典型点的布置

表 2—10—12　第四次开挖侧壁典型点的水平位移

启动页面 | 截面7-7.gtb:1 | 提取结果

No	节点	X	Y	Z	第四次开挖-Last Step : DX
1	409	3.751 000	0.001 000	28.701 000	−0.006 437
2	364	−3.749 000	0.001 000	28.701 000	0.006 223
3	467	3.751 000	0.001 000	26.126 000	−0.007 398
4	359	−3.749 000	0.001 000	26.126 000	0.007 233
5	1146	3.751 000	0.001 000	23.551 000	−0.007 891
6	1083	−3.749 000	0.001 000	23.551 000	0.007 798
7	1890	3.751 000	0.001 000	21.201 000	−0.006 911
8	1778	−3.749 000	0.001 000	21.201 000	0.006 927
9	1893	3.751 000	0.001 000	19.701 000	−0.005 369
10	1781	−3.749 000	0.001 000	19.701 000	0.005 393

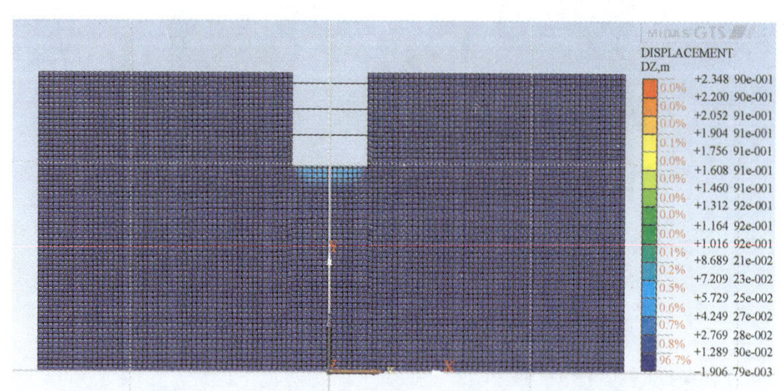

图 2—10—51　第四次开挖 *B*—*B* 截面 *Y* 方向的位移

沿隧道纵向取标准断面 1 m 计算结构抗浮。

(1)拱段截面等效成 5.9 m×3.98 m 矩形，侧、顶壁厚 0.45 m，底板厚 0.5 m 则 1 m 拱段自重：

$$G=(5.9+3.04\times 2)\times 0.45\times 1\times 25.0+5.9\times 0.5\times 1\times 25.0=211.53\ \text{kN}$$

(2)拱体所受浮力：

$$F=\rho gV=10\times 5.9\times 3.98\times 1.0=234.23\ \text{kN}$$

明挖段抗浮最不利情况为，拱体还未覆土，而水已经侵入基坑中，综合前两项：

$$\frac{G}{F}=\frac{211.53}{234.23}=0.90<1.05$$

结构抗浮不利，需要注意抗浮措施例如配重法、设置抗浮桩或抗浮锚杆、降排截水。

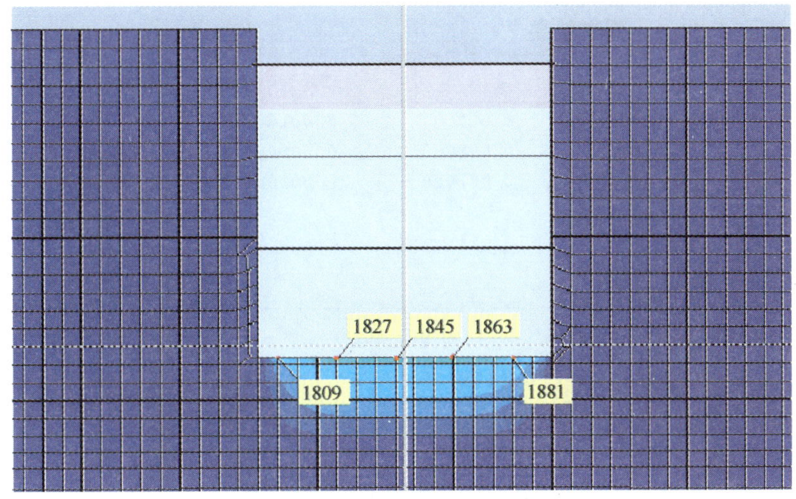

图 2—10—52　第四次开挖底面典型点的布置

表 2—10—13　第四次开挖底板典型点的上浮量

启动页面 | 截面7-7.gtb:1 | 提取结果

	No	节点	X	Y	Z	第四次开挖-Last Step : DZ
▶	1	1809	-3.249 000	0.001 000	19.701 000	0.060 782
	2	1827	-1.749 000	0.001 000	19.701 000	0.085 133
	3	1845	-0.249 000	0.001 000	19.701 000	0.088 736
	4	1863	1.251 000	0.001 000	19.701 000	0.087 428
	5	1881	2.751 000	0.001 000	19.701 000	0.071 405

通过 MIDAS/GTS 对施工过程进行模拟，计算四次开挖过程中钢管支撑所受的内力及应力情况。在这里只取了典型工况——第四次开挖情况下钢管支撑所受轴力如图 2—10—53 所示，单位是 kN 和应力情况如图 2—10—54 所示，单位是 kN/m^2。表 2—10—14 和表 2—10—15 为从上而下架设的三道支撑 1,2,3 的轴力和应力值，单位是 kN 和 kN/m^2。

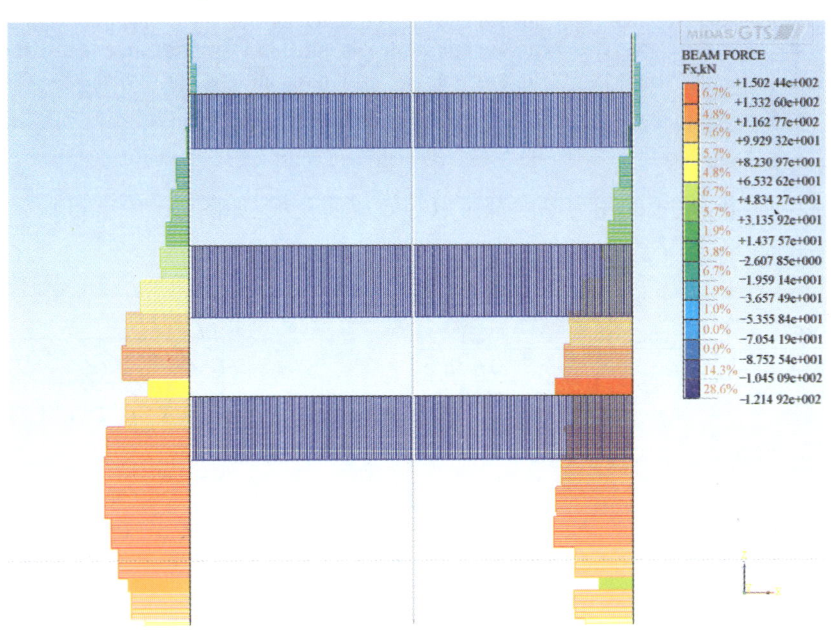

图 2—10—53　第四次开挖钢管支撑及钢板桩 X 向受力分布图

表 2—10—14 第四次开挖三道支撑轴力值

启动结果组 截面7-7.gtb:1 提取结果

	No	单元	X	Y	Z	第四次开挖-Last Step : Be
▶	1	8203	0.001000	0.001000	27.701000	-91.026900
	2	8218	0.001000	0.001000	25.201000	-121.492000
	3	8233	0.001000	0.001000	22.701000	-107.883000

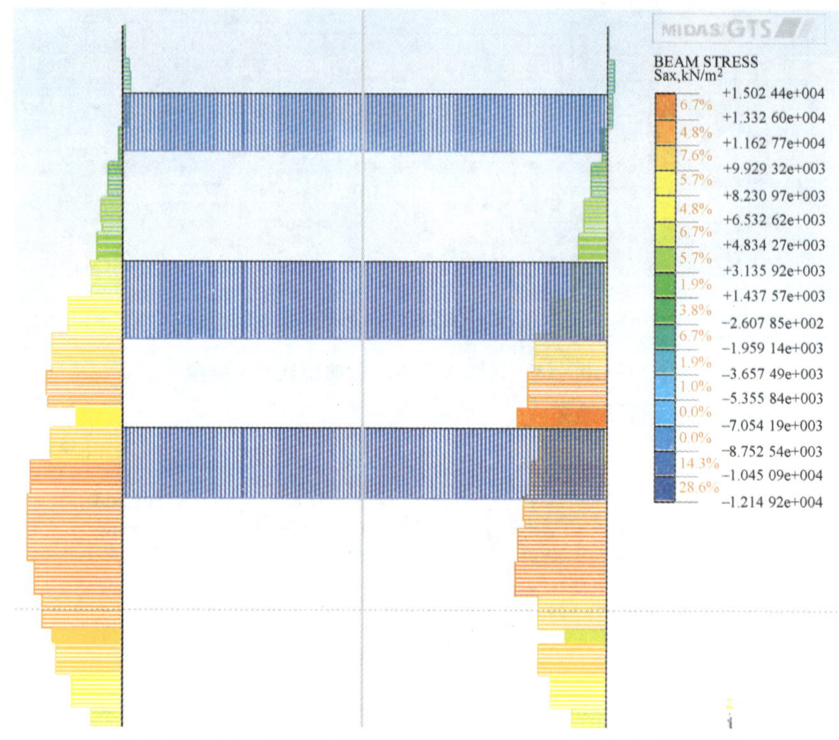

图 2—10—54 第四次开挖钢管支撑及钢板桩 X 向应力分布图

表 2—10—15 第四次开挖三道支撑轴向应力值

启动页面 截面7-7.gtb:1 提取结果

	No	单元	X	Y	Z	第四次开挖-Last Step : Be
▶	1	8203	0.001000	0.001000	27.701000	-9102.690000
	2	8218	0.001000	0.001000	25.201000	-12149.200000
	3	8233	0.001000	0.001000	22.701000	-10788.300000

2. 底板厚度的确定

对于明挖 1 m 拱段分析，底板的受力厚度都可以等效成简支梁，如图 2—10—55 所示。

底部土压力：$\sigma_{cz}=62.88$ kPa

拱底挠度：

$$\omega=\frac{5ql^4}{384EI}=\frac{5\times62.88\times10^3\times6.5^4}{384\times3.0\times10^{10}\times\frac{1.0\times0.5^3}{12}}$$

$$=9.36\ \text{mm}<\frac{l}{200}=29.5\ \text{mm}$$

q=62.88 kPa

图 2—10—55 明挖底板受力简图

底板选取厚度满足要求。

3. 沉降缝处明挖段沉降差计算

暗挖断底板附加土压力：

$$p_0=\frac{(5.9+3.03\times2)\times1.0\times0.45\times25+5.9\times0.5\times1.0\times25-10\times5.9\times3.98\times1.0}{5.9\times1}$$

$$-1.902\times6.1-3.5\times9.5-0.055\times9.2+20$$

$= -29.853\ 1\ \text{kPa}$

则明挖段竖向位移为：

$$s = \sum_{i=1}^{n} \frac{p_0}{E_{si}} z_i \alpha_i - z_{i-1}\alpha_{i-1} = -13.4\ \text{mm}$$

综合前两项，沉降缝处沉降差 $\Delta h = 13.40 - 2.75 = 10.65\ \text{mm}$

10.3　小　　结

本章首先简要介绍了地下工程的计算方法：荷载结构法、地层结构法、经验类别法、收敛限制法。然后结合具体工程实例——明月二路人行过街地道工程所涉及的一些关键问题进行了研究，主要包括衬砌结构的断面设计、通道稳定性分析和地面沉降量计算，抗浮计算，地板厚度的确定，沉降缝的计算等等。明挖法的计算比较简单，在暗挖法中分三种情况建立了三个三维有限元模型，分别模拟不注浆施工、仅弧顶注浆施工和全断面注浆施工的情况，并进行计算。

不注浆施工经济效果最好，仅弧顶注浆施工次之，全断面注浆施工最差。但经过对三个模型计算结果的分析，发现在本章工程实例下，不注浆时不能保证通道的稳定；仅弧顶注浆施工时虽然人行通道的变形较不注浆时降低不小，但人行通道周围土体的变形还是过大，也不能保证通道的稳定；全断面注浆时人行通道周围土体变形小，通道稳定，拱顶相对下沉最大值仅为 2 mm，小于《铁路隧道设计规范》的上限值 6.5 mm；拱脚水平相对净空最大变化值为 3 mm，远小于规范的上限值 65 mm。另外，不注浆时地面沉降最大值数倍于施工许可值；但仅在部分断面注浆的情况下，地面沉降量较不注浆施工即有明显改善，有可能满足施工要求，全断面注浆时地面下沉最大值为 3.29 mm，满足施工要求。

有限元的模拟分析中还验证了全断面注浆施工时衬砌结构的应力，结果显示衬砌结构的应力也没有超过衬砌结构所用材料的强度，但比常规计算方法的计算结果小，不到常规计算方法计算结果的一半。

第 11 章　地下工程防水问题研究

在本章对地下工程防水作了比较系统和全面的研究。水对地下工程维护结构可产生吸湿作用、毛细作用、侵蚀作用、渗透作用和冻融作用等一系列的有害作用。在地下水位以下开挖基坑，构筑的地下室、竖井、地道穿过含水层时，均会有地下水渗入基坑或洞内的可能，施工中必须采取降低地下水位防止地面水回流进入基坑，防止地下水突涌等措施排出渗入基坑或洞内的地下水。

11.1　地下工程防水

11.1.1　地下工程的防水技术

1. 地下工程防水的形式

地下工程的防水形式大体上可以归纳为水密型防水、泄水型防水、混合型防水等三种类型。水密型防水是指从围岩、结构、材料着手，采用种种方法防止地下水进入工程内部；泄水型防水又称引流自排型防水，是指从疏水、泄水着手，将地下水有意识的疏导入工程里的排水系统，使之不侵蚀结构本身的一种防水形式；混合型防水是指将水密型防水和泄水型防水二种防水形式结合于一体，即在同一工程中既有泄水一面，又有水密一面的一种防水形式。

2. 地下工程的防水措施

按照地下工程防水措施的类别，地下工程的防水方法按其设防的方法可分为构造防水和材料防水。构造防水是依靠建筑物的结构材料自身的密实性以及采用合适构造形式来阻断水的通路，以达到构件自身防水的目的的一类防水措施。材料防水是依靠采用不同的建筑防水材料来阻断水的通道，以达到防水的目的或增强抗渗漏能力的一类防水措施。

地下工程防水的基本方法，由于地下工程所处的位置不同，故所遇到的地下水的类型和埋藏的条件也各不相同。因此必须针对地下水存在的特点，采取相应的防水措施。其主要方法有隔水、排水、堵水等。隔水是利用不透水材料或弱透水材料，将地下水隔绝在建筑空间之外，隔水可以通过材料防水其作用，也可以利用结构自防水起作用；排水是将渗漏进地下工程内部之前加以疏导和排除；堵水其一是向岩石体内注入防水材料，堵塞水流通路而形成一个隔水层，即注浆止水。其二是当防水结构和防水构造受到破坏而发生渗漏时，向破坏处及其附近注入防水材料而起到修复作用，即堵漏。

11.1.2　地下防水工程的设计

1. 基本规定

在修建地下工程时，应根据工程的水文地质情况、地质条件、区域地形、环境条件、埋置深度、地下水位高低、工程结构特点及谢建方法、防水标准、工程用途和使用要求、材料来源等技术指标综合考虑确定防水方案。基本原则是遵循“防、排、截、堵，刚柔结合，因地制宜，综合治理”进行设计。

(1)地下工程必须进行防水设计，防水设计应定级确定、方案可靠、施工简便、经济合理。

(2)地下工程必须从工程规划、建筑结构设计、材料选择、施工工艺等全面系统地做好地下工程的防排水。

(3)下工程的防水设计，应考虑的地表水、地下水、毛脉细管水等的作用，以及由于人为等因素引起的附近水文地质改变的影响。单建式的地下工程，应采用全封闭、部分封闭防水设计；附建式的全地下或半地下工程的防水设防高度，应高出室外地坪高程 550 mm 以上。

(4)地下工程的钢筋混凝土结构，应采用防水混凝土，并根据防水等级的要求采用其他防水措施。

(5)地下工程变形缝、施工缝、诱导缝、后浇带、穿墙管、预埋件、预留通道接头、桩头等细部构造，应加强防水措施。

(6)地下工程排水管沟、地漏、出入口、窗井、风井等，应有防倒灌措施，寒冷及严寒地区的排水沟应有防冻措施。

(7)地下工程防水设的，应根据工程的特点和需要搜集有关资料。

(8)地下工程防水设计的内容包括：地下工程防水等级和设防要求；地下工程混凝土结构自防水所选用防水混凝土的抗渗等级和其他技术指标，质量保证措施；其他防水层选用的防水材料及技术指标、质量保证措施；防水工程的细部构造的防水措施，选用的材料及技术指标，质量保证措施；工程防排水系统，地面挡水、截水系统及工程各种洞口的防倒灌措施。

2. 方案的确定

对于没有自流排水条件而处于饱和土层或岩层中的工程，可采用：

(1)防水混凝土自防水结构或钢、铸铁管筒或管片。

(2)设置防水层，采用注浆或其他防水措施。

对于没有自流排水条件而处于非饱和土层或岩层中的工程，可采用防水混凝土自防水结构、普通混凝土结构或砌体结构：

(1)设置防水层或采用注浆或其他防水措施。

(2)无自流排水条件，有渗漏水或需要应急排水的工程，应设机械排水系统。

对于有自流排水条件的工程，可采用：

(1)防水混凝土自防水结构、普通混凝土结构、砌体结构或锚喷支护。

(2)设置防水层、衬套、采用注浆或其他防水措施。

(3)具有自流排水系统条件的工程，应设自流排水系统。

对于特殊情况的工程，可采用下列措施：

(1)如在侵蚀介质中工作，应采用耐侵蚀的防水砂浆、混凝土、卷材或涂料等防水方案。

(2)受振动工程，应采用柔性的防水层或乳胶类涂料等防水方案。

(3)处于冻土层中的工程，当采用混凝土结构时，混凝土抗冻融循环不得小于 100 次。

3. 防水等级

地下工程的防水等级分为四级，各级的标准应符合表 2－11－1。

表 2－11－1　地下工程防水等级标准

级别	标　准	适用范围
一级	不允许渗水，结构表面无湿渍	人员长期停留的场所；因有少量湿渍会是物品变质、失效的储物场所及严重影响设备正常运转和危及工程安全运营的部位；极重要的战备工程
二级	1. 不允许渗水，结构表面可有少量湿渍 2. 工业与民用建筑：总湿渍面积不应大于总防水面积(包括顶板、墙面、地面)的 1/1 000；任意 100 m^2 防水面积上湿渍不超过 1 处，单个湿渍的最大面积不大于 0.1 m^2 3. 其他地下工程：总湿渍面积不应大于总防水面积的 6/1 000；任意 100 m^2 防水面积上的湿渍不超过 4 处，单个湿渍的最大面积不大于 0.2 m^2	人员经常活动的场所；在有少量湿渍的情况下不会使物品变质、失效的储物场所及基本不影响着被正常运转和工程安全运营的部位；重要的战备工程
三级	1. 有少量漏水点，不得有线流和漏泥砂 2. 任意 100 m^2 防水面积上的漏水点数不超过 7 处，单个漏水点的最大漏水不大于 2.5 L/d，单个湿渍的最大面积不大于 0.3 m^2	1. 人员临时活动的场所 2. 一般战备工程
四级	1. 有漏水点，不得有线流和漏泥砂 2. 整个工程平均漏水量不大于 2 L/(m^2 · d)；任意 100 m^2 防水面积的平均漏水量不大于 4 L/(m^2 · d)	对渗漏水无严格要求的工程

明挖法的防水设防要求应按表 2—11—2 选用;暗挖法的防水设防要求应按表 2—11—3 选用。

4. 混凝土结构细部构造

(1)变形缝的设计要点

①变形缝的构造形式及选用的材料应满足密封防水,适应地基或结构变形情况及水压、水质情况,并达到施工方便、检修容易等要求。

②用于伸缩的变形缝宜不设或少设,可根据不同的工程结构类别及工程地质情况采用诱导缝、加强带、后浇带等替代措施,如图 2—11—1 所示。

③变形缝处混凝土结构的厚度不应小于 300 mm。

④用于沉降的变形缝其最大允许沉降差值不应大于 30 mm。当计算沉降差值大于 30 mm 时,应在设计时采取措施。

⑤用于沉降的变形缝的宽度宜为 20～30 mm,用于伸缩的变形缝的宽度宜小于此值。

⑥变形缝的防水措施可根据工程开挖法、防水等级按表 2—11—1～表 2—11—3 选用。

表 2—11—2　明挖法地下工程防水设防

工程部位		主体						施工缝					后浇带				变形缝						
防水措施		防水混凝土	防水砂浆	防水卷材	防水涂料	塑料防水板	金属板	遇水膨胀止水条	中埋式止水带	外贴式止水带	外抹防水砂浆	外涂防水涂料	膨胀混凝土	遇水膨胀止水条	外贴式止水带	防水嵌缝材料	中埋式止水带	外贴式止水带	可卸式止水带	防水嵌缝材料	外贴防水卷材	外涂防水涂料	遇水膨胀止水条
防水等级	一级	应选	应选一至二种					应选二种					应选	应选二种			应选	应选二种					
	二级	应选	应选一种					应选一至二种					应选	应选一至二种			应选	应选一至二种					
	三级	应选	宜选一种					宜选一至二种					应选	宜选一至二种			应选	宜选一至二种					
	四级	宜选	—					宜选一种					应选	宜选一种			应选	宜选一种					

表 2—11—3　暗挖法地下工程防水设防

工程部位		主体				内衬砌施工缝					内衬砌变形缝、诱导缝				
防水措施		复合式衬砌	离壁式衬砌、衬砌	贴壁式衬砌	喷射混凝土	外贴式止水带	遇水膨胀止水条	防水嵌缝材料	中埋式止水带	外涂防水涂料	中埋式止水带	外贴式止水带	可卸式止水带	防水嵌缝材料	遇水膨胀止水条
防水等级	1 级	应选一种			—	应选二种					应选	应选二种			
	2 级	应选一种			—	应选一至二种					应选	应选一至二种			
	3 级	—	应选一种			宜选一至二种					应选	宜选一至二种			
	4 级	—	应选一种			宜选一种					应选	宜选一种			

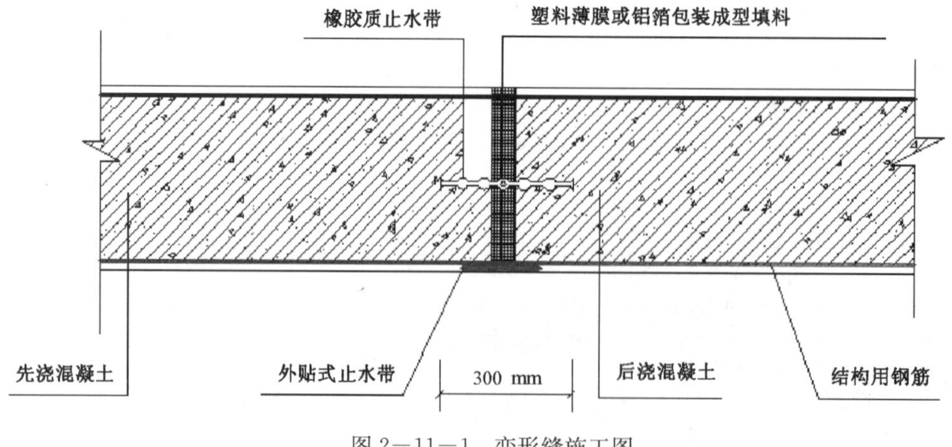

图 2—11—1　变形缝施工图

(2)施工缝

施工缝是混凝土结构的薄弱环节,也是地下工程易出现渗漏的部位,因此其防水采用多道设防的处理方法。防水混凝土应连续进行浇筑,宜少留施工缝。顶板、底板不宜留施工缝,墙体必须留设施工缝时,只准留水平缝,当留设施工缝时,则应遵守下列规则:

①墙体水平施工缝不应留在剪力和弯矩最大处或底板与侧墙的交接处,应留在高出底板表面不小于 300 mm 的墙体上,拱墙结合的水平施工缝宜留在拱墙接缝线以下 150～300 mm 处,墙体有预留孔洞是,施工缝距孔洞边缘不应小于 300 mm。

②墙体垂直方向如需留施工缝应避开地下水和裂隙水较多的地段,应尽量与变形缝相结合,并按变形缝结构处理,图 2—11—2 为施工缝的防水构造。

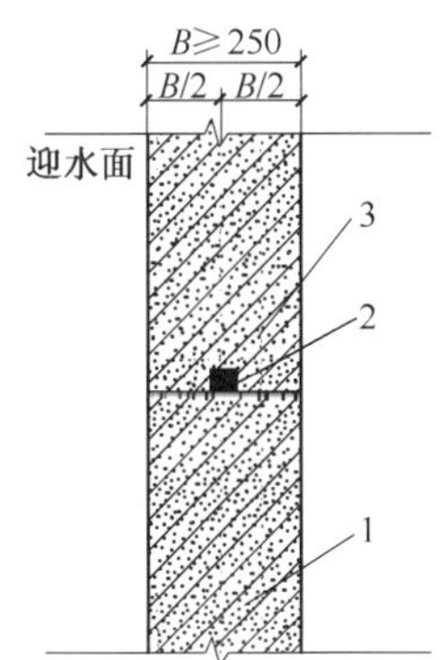

(a) 施工缝防水基本构造(一)
1—先浇混凝土;2—遇水膨胀止水条;
3—后浇混凝土

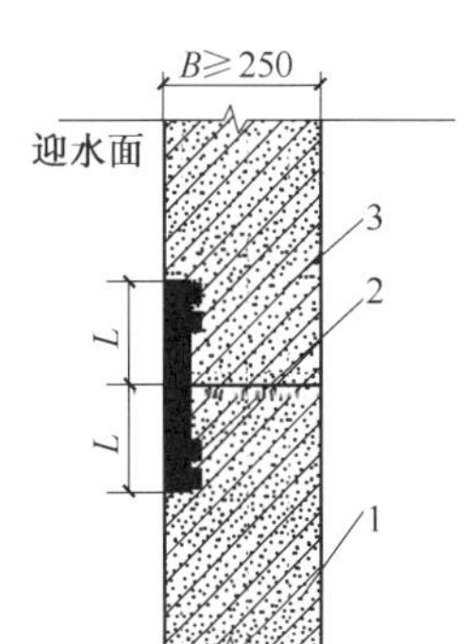

(b) 施工缝防水基本构造(二)
外贴止水带 $L>150$;外涂防水材料 $L=200$;
外抹防水砂浆 $L=200$
1—先浇混凝土;2—外贴防水层;3—后浇混凝土

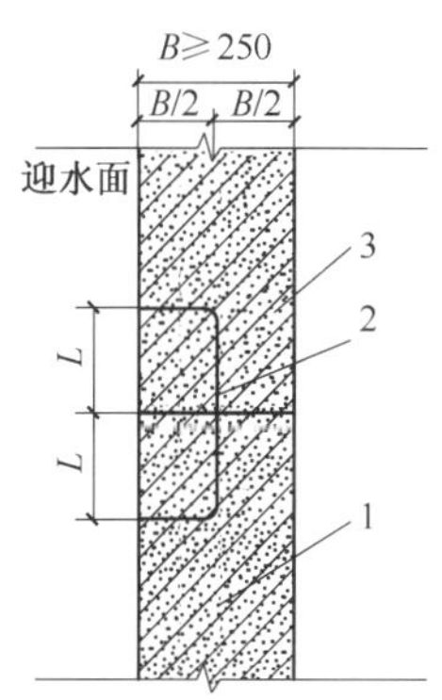

(c) 施工缝防水基本构造(三)
钢板止水带 $L>100$;橡胶止水带 $L>125$;
钢边橡胶止水带 $L>120$
1—先浇混凝土;2—中埋止水带;3—后浇混凝土

图 2—11—2　施工缝防水基本构造

③施工缝的地下防水工程的薄弱环节,对水压较大的重要工程,施工缝处理宜采用多道防线,常用的做法有:

a. 在施工缝的迎水面抹 20 mm 后聚合物防水砂浆,并在其表面粘贴 3～4 mm 厚高聚物改性沥青卷材或涂刷 2 mm 厚聚氨酯防水涂料;

b. 在施工缝的断面中部,嵌粘遇水膨胀橡胶条。

(3)后浇带

后浇带是一种刚性连接,当地下建筑工程不允许留设变形缝时,为了减少混凝土结构的干缩、水化收缩可在结构受力和变形较小的部位设置后浇带,以减少或避免混凝土收缩引起的混凝土结构裂缝。

后浇带其设置和防水设置处理应按下列要点进行:

①地下工程的后浇带应设在受剪力和变形较小的部位。一般在跨中 1/3 范围内,因为设置后浇带后,在缝的两侧可出现两条施工缝,因而就成为受力的薄弱部位,而混凝土在结构中主要承受剪力,跨中 1/3 范围内的剪力较小,而且后浇带的接缝属于刚性连接缝,所以也应设在变形较小的部位。

②设置后浇带其目的就是为了减少混凝土的收缩裂缝,但同时也增加了两条施工缝,这就成为受力和防水的薄弱部位,故不宜多设,其间距以 30～60 m 为宜,宽度以 700～1 000 mm 为宜。

③后浇带的接缝可做成平直缝或阶梯缝。为使其在受力上尽量与主体结构相同,结构主筋不宜在缝中断开,如必须断开,则主筋搭接长度应大于 45 倍主筋直径,并应按设计要求加设附加钢筋。

④后浇带需超前止水时,后浇带混凝土应局部加厚,并增设外贴式或中埋式止水带。

⑤为增强后浇带的两侧施工缝的防水能力,其施工缝应采用遇水膨胀橡胶条、外贴式止水带或外设防水层等进行增强处理。

11.2　地下工程刚性防水

刚性防水指混凝土防水、水泥砂浆防水。混凝土防水采用的材料主要有普通细石混凝土、补偿收缩混凝土和掺加外加剂、掺和料配制而成的防水混凝土等。混凝土防水是依靠增强混凝土的密实性及采取构造措施达到防水目的。水泥砂浆防水，包括普通水泥砂浆、聚合物水泥防水砂浆、掺外加剂或掺和料防水砂浆等，通过采用多层抹压法施工形成防水层，较多用于主体结构的背水面。

11.2.1　防水混凝土的分类

防水混凝土按其组成的不同，主要可分为普通防水混凝土、掺外加剂防水混凝土和膨胀水泥防混凝土三大类别。他们各自具有不同的特点，可根据不同的工程要求选择使用，防水混凝土的分类及使用范围如表 2—11—4 所示。

防水混凝土与柔性防水相比较，其具有以下特点：

(1)兼有防水、承重等功能，能节约材料加快施工速度；

(2)在结构物造型复杂的情况下，施工简便，防水性能可靠；

(3)渗漏水发生时易于检查，便于修补；

(4)耐久性好；

(5)材料来源广，成本低廉；

(6)可改善劳动条件。

表 2—11—4　防水混凝土的分类及适用范围

<table>
<tr><th colspan="2">种　类</th><th>最高抗渗压力(MPa)</th><th>特　点</th><th>适用范围</th></tr>
<tr><td colspan="2">普通防水混凝土</td><td>>3.0</td><td>施工简便，材料来源广泛</td><td>适用于一般工业、民用建筑及公共建筑的地下防水工程</td></tr>
<tr><td rowspan="4">外加剂防水混凝土</td><td>引气剂防水混凝土</td><td>2.2</td><td>抗冻性好</td><td>适用于北方高寒地区，抗冻性要求较高的防水工程及一般防水工程，不适于压缩强度>20 MPa 或耐磨性要求较高的防水工程</td></tr>
<tr><td>减水剂防水混凝土</td><td>2.2</td><td>拌和物流动性好</td><td>用于钢筋密集或捣固困难的薄壁型防水构筑物，也适用于对混凝土凝结时间(促凝或缓凝)和流动性有特殊要求的防水工程(如泵送混凝土工程)</td></tr>
<tr><td>三乙醇胺防水混凝土</td><td>3.8</td><td>早期强高，抗渗标号高</td><td>用于工期紧迫，要求早强及抗渗性较高的工程及一般防水工程</td></tr>
<tr><td>氯化铁防水混凝土</td><td>3.8</td><td>早期有较高的抗渗性，密实性好，抗渗等级高</td><td>适用于水中结构的无筋、少筋厚大防水混凝土工程及一般地下防水工程、砂浆修补抹面工程在接触直流电源或预应力混凝土及重要的薄壁结构上不宜使用</td></tr>
<tr><td rowspan="2">膨胀水泥防水混凝土</td><td>膨胀水泥防水混凝土</td><td>3.6</td><td rowspan="2">密实性好，抗渗等级高，抗裂性好</td><td>适用于地下工程和地上防水构筑物、山洞、非金属油罐和主要工程的后浇缝、梁柱接头等</td></tr>
<tr><td>膨胀剂防水混凝土</td><td>3.0</td><td>适用于一般地下防水工程及屋面防水混凝土工程</td></tr>
</table>

11.2.2　防水混凝土的施工

防水混凝土工程的质量保证，除要求有优良的配合比设计，良好的材料质量，还要求有严格的施工质量控制。施工过程中的任一环节，如搅拌、运输、浇灌、振捣，养护处理不当都会对混凝土的质量带来影响。因此施工人员必须对上述各个环节严格加以控制，以确保防水混凝土工程质量。

1. 施工的基本规定

(1)防水混凝土工程的施工，应尽量做到一次浇灌完成。对于运输通廊等长构筑物可按伸缩缝位置划分不同区段间隔施工；对于大体积防水混凝土工程，应采取分区浇灌，使用发热量低的水泥或掺外加剂等相应的措施，以减少温度裂缝。

(2)施工期间应做好基坑降排水工作，应使地下水低于施工底面 30 cm 以下，严防地下水及地面水流入基坑造成积水，影响混凝土正常硬化，导致防水混凝土强度及抗渗性降低。在主体混凝土结构施工前必须做好基础垫层混凝土，使其起到辅助防线作用。

(3)防水混凝土的配合比应符合下列规定：

①水泥的用量不得少于 320 kg/m^3；掺有活性掺和料时，水泥用量不得少于 280 kg/m^3。

②砂率宜为 35％～40％，泵送时可增至 45％。

③灰砂比宜为(1∶1.5～1∶2.5)。

④水灰比不得大于 0.55。

⑤普通防水混凝土坍落度不宜大于 50 mm，放水混凝土采用预拌混凝土时，入模坍落度宜控制在(120±20) mm，坍落度总损失值不应大于 60 mm。

⑥掺加引气剂或引气型减水剂时，混凝土含气量应控制在 3％～5％。

⑦防水混凝土采用预拌混凝土时，缓凝时间宜为 6～8 h。

(4)防水混凝土配料必须按质量配合比准确称量。计算允许偏差不应大于下列规定：

①水泥、水、砂、外加剂、掺和料为±1％。

②砂、石为±2％。

(5)使用减水剂时，减水剂宜预溶成一定浓度的浴液。

(6)防水混凝土拌和物，必须采用机械搅拌，搅拌时间不应小于 2 min。掺外加剂时，应根据外加剂的技术要求确定搅拌时间。

(7)防水混凝土拌和物在运输后出现离析，必须进行二次搅拌。当坍落度损失后不能满足施工要求，应加入原水灰比的水泥浆或二次参加减水剂进行搅拌，严禁直接加水。

(8)防水混凝土必须采用高频机械振捣密实，振捣时间宜为 10～30 s，以混凝土泛浆和不冒气泡为准，应避免漏振、欠振和超振。

(9)防水混凝土应连续浇筑，宜少留施工缝。顶板、底板不宜留施工缝，顶拱、底拱不宜留纵向施工缝。当留设施工缝时，应遵循下列规定：

①墙体水平施工缝不宜留在剪力和弯矩最大处或底板与侧墙的交接处，应留在高出底板表面不小于 300 mm 的墙体上。拱墙(板)结合的水平施工缝，宜留在拱(板)墙接缝线以下 150～300 mm 处。墙体有预留孔洞时，施工缝距孔洞边缘不宜小于 300 mm。

②垂直施工缝应避开地下水和裂隙较多的地段，并宜与变形缝相结合。

(10)施工缝的施工应符合下列规定：

①水平施工缝浇灌混凝土前，应将其表面浮浆和杂物清除，先铺净浆，再铺 30～50 mm 厚的 1∶1 水泥砂浆或涂刷混凝土界面处理剂，并及时浇灌混凝土。

②垂直施工缝浇灌混凝土前，应将其表面清理干净，并涂刷水泥净浆或混凝土界面处理剂，并及时浇灌混凝土。

③选用遇水膨胀止水条应具有缓胀性能，其 7 d 的膨胀率不应大于最终膨胀率的 60％。

④遇水膨胀止水条应牢固地安装在缝表面或预留槽内。

⑤采用中埋式止水带时，应确保位置准确、牢固。

(11)大体积防水混凝土的施工，应采取以下措施：

①在设计许可的情况下，采用混凝土 60 d 强度作为设计强度。

②采用低热或中热水泥，掺加粉煤灰、磨细矿渣等掺和料。

③掺入减水剂、缓凝剂、膨胀剂等外加剂。

④在炎热季节施工时，采取降低原材料温度、减少混凝土运输时吸收外界热量等降温措施。

⑤混凝土内部预埋管道，进行水冷散热。

⑥采取保温保湿养护，混凝土中心温度与表面温度的差值不应大于 25 ℃，混凝土表面的温度与大气温度的差值不应大于 25 ℃，养护时间不应少于 14 d。

(12)防水混凝土结构内部设置的各种钢筋或绑扎铁丝，不得接触模板。固定模板用的螺栓必须穿过混凝土结构时，可采用工具式螺栓或螺栓加堵头，螺栓上应加焊方形的止水环。拆模后应采取加强措施将留下的凹槽封堵密实，并且在迎水面涂刷防水涂料。

(13)防水混凝土终凝后应立即进行养护，养护时间不得少于 14 d。

(14)防水混凝土的冬季施工，应符合下列规定：

①混凝土入模温度不应低于 5 ℃。

②宜采用综合蓄热法、蓄热法、棚暖法等养护方法，并应保持混凝土表面湿润，防止混凝土早期脱水。

③采用掺化学外加剂方法施工时，应采取保温保湿措施。

(15)防水混凝土浇筑后严禁打洞，所有预埋件、预留空洞都应事先埋设准确。

(16)防水混凝土工程的地下结构部分，拆模后应及时回填土，以利于混凝土后期强度的增长及获得预期的抗渗性能。严格控制回填土的含水率及压实度指标。同时做好基坑周围的散水坡，以防回填土干裂并避免地面水入侵，一般散水坡宽度大于 800 mm，横向坡度大于 5%。

2. 施工工艺

防水混凝土施工工艺流程如图 2—11—3 所示。

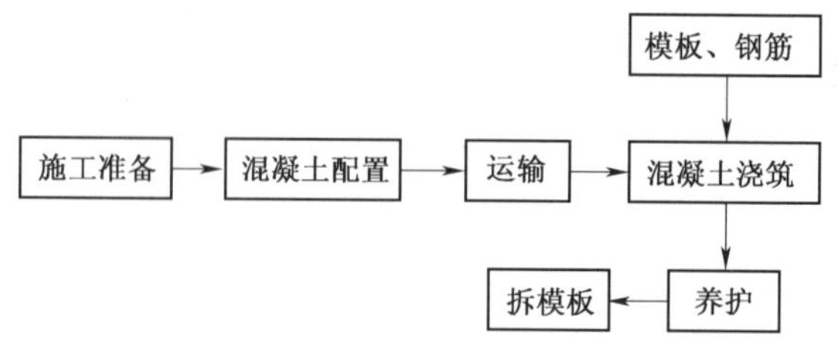

图 2—11—3　防水混凝土施工工艺流程

11.3　地下工程柔性防水的施工

11.3.1　卷材防水层

卷材防水层是将几层防水卷材与其配套的胶结材料粘贴在结构基层上而构成的一种防水层。这种防水层的主要优点是防水性能较好，具有一定的韧性和延伸性，能适应结构的振动和微小变形，不至于产生破坏，导致渗水现象，并能抗酸、碱、盐溶液的侵蚀。但卷材防水层耐久性差，吸水率大，机械强度低，施工工序多，发生渗漏时难以修补。表 2—11—5 防水卷材常用材料及使用范围，以及卷材防水层的施工工艺如图 2—11—4所示。

表 2—11—5　防水卷材常用材料及使用范围

卷材类别	卷材名称	特　点	适用范围	施工工艺
高聚物改性沥青防水卷材	SBS 改性沥青防水卷材	耐高、低温性能有明显提高，卷材的弹性和耐疲劳性明显改善	单层铺设的屋面防水工程或复合使用	冷施工或热熔铺贴
	APP 改性沥青防水卷材	具有良好的强度、延伸性、耐热性、耐紫外线照射及耐老化性能，耐低温性能稍低于 SBS 改性沥青防水卷材	单层铺设，适合于紫外线辐射强烈及炎热地区屋面使用	热熔法或冷粘法铺设
合成高分子防水	三元乙丙橡胶防水卷材	防水性能优异、耐候性好、耐臭氧性、耐化学腐蚀性、弹性和拉伸强度大，对基层变形开裂的适应性强，质量轻，使用温度范围宽，寿命长，但价格高，黏结材料尚需配套完善	屋面防水技术要求较高、防水层耐用年限要求长的工业与民用建筑，单层或复合使用	冷粘法或自粘法
	丁基橡胶防水卷材	有较好的耐候性、拉伸强度和伸长率，耐低温性能稍低于三元乙丙防水卷材	单层或复合使用于要求较高的屋面防水工程	冷粘法施工
	氯化聚乙烯防水卷材	具有良好的耐候、耐臭氧、耐热老化、耐油、耐化学腐蚀及抗撕裂的性能	单层或复合使用，宜用于紫外线强的炎热地区	冷粘法施工
	氯磺化聚乙烯防水卷材	伸长率较大、弹性较好、对基层变形开裂的适应性较强，耐高、低温性能好，耐腐蚀性能优良，有很好的难燃性	适用于有腐蚀介质影响及在寒冷地区的屋面工程	冷粘法施工
	聚氯乙烯防水卷材	具有较高的拉伸强度和撕裂强度，伸长率较大，耐老化性能好，原材料丰富，便宜，容易粘接	单层或复合使用于外露或有保护层的屋面防水	冷粘法或热风焊接法施工
	氯化聚乙烯-橡胶共混防水卷材	不但具有氯化聚乙烯特有的高强度和优异的耐臭氧、耐老化性能，而且具有橡胶特有的高弹性、高延伸性以及良好的低温柔性	单层或复合使用，尤宜用于寒冷地区或变形较大的屋面	冷粘法施工

卷材防水施工常见的施工工艺有三类:热施工工艺、冷施工工艺、机械固定工艺三种方法。铺贴的方法有四种,满粘法、空铺法、条粘法和点粘法等四种。施工时应根据不同的设计要求、材料和工程的具体情况,选用合适的施工方法。

1. 热施工工艺法

(1)热玛蹄脂粘贴法　传统施工方法,边浇热玛蹄脂边滚铺油毡,逐层铺贴。适宜于石油沥青油毡三毡四油(二毡三油)叠层铺贴。

(2)热熔法　采用火焰加热器熔化热熔型防水卷材底部的热熔胶进行粘贴。

(3)热风焊接　采用热空气焊枪加热防水卷材搭接缝进行搭接缝进行黏结。适用范围:热塑性合成高分子防水卷材搭接缝焊接。

2. 冷施工法

(1)冷玛蹄脂粘贴法　采用工厂配制好的冷用沥青胶结材料,施工时不需加热,直接涂刮后粘贴油毡。适用范围:石油沥青毡三毡四油(二毡三油)叠层铺贴。

(2)冷粘法　采用胶黏剂进行卷材与基层、卷材与卷材的黏结,不需加热。适用范围:合成高分子卷材、高聚物改性沥青防水卷材。

(3)自粘法　采用带有自粘胶的防水卷材,不用热施工,也不需涂刷胶材料,直接进行黏结。适用范围:带有自粘胶的合成高分子防水卷材及高聚物改性沥青防水卷材。

3. 机械固定法

(1)机械钉压法　采用镀锌钢或铜钉等固定卷材防水层。适用范围:多用于木基层铺设高聚物改性沥青卷材。

(2)压埋法　卷材与基层大部分不黏结,上面采有卵石等压埋,但搭接缝及周围全粘。适用范围用于空铺法,倒置屋。

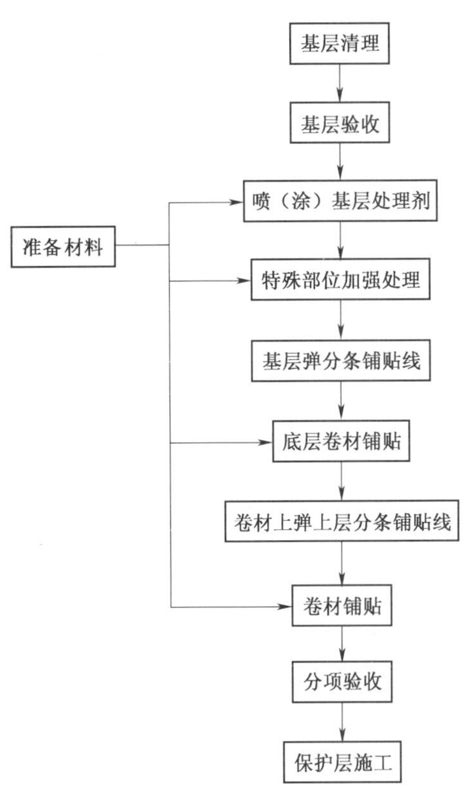

图2—11—4　卷材防水层的施工工艺

以下为卷材防水层铺贴方法及优缺点。

(1)满贴法又称全粘法,是一种传统的施工方法,热熔法、冷粘法、自粘法均可采用此种方法。其优缺点在于:当用于三毡四油沥青防水卷材时,每层均有一定厚度的玛蹄脂满粘,可提高防水性能。但若找平层湿度较大或赋予面变形较大时,防水层易起鼓、开裂。适用条件:屋面面积较小,屋面结构变形较小,找平层干燥条件。

(2)空铺法。卷材与基层仅在四周一定宽度内粘贴,其余部分不粘贴。铺贴时应在檐口、屋脊和层面转角处突出屋面的连接处,卷材与找平层应满粘,其粘贴宽度不得小于80 mm,卷材与卷材搭接缝应满粘,叠层铺贴时,卷材与卷材之间应满贴。其优缺点:能减少基层变形对防水层的影响,有利于解决防水层起皱、开裂问题。但由于防水层与基层不黏结,一旦渗漏,水会在防水层下窜流而不易找到漏点。

(3)条粘法。卷材与基层采用条状黏结,每幅卷材与基层粘贴面不少于2条,每条宽度不少于150 mm,卷材与卷材搭接应满粘,叠层铺也应满粘,其优缺点:由于卷材与基屋有一部分不黏结,故增大了防水层适应基层的变形能力,有利于防止卷材起鼓、开裂。其缺点是操作比较复杂,部分地方能减少一油,影响防水功能。

(4)点粘法。卷材与基层采用点黏结,要求每平方米至少有5个黏结点,每点面积不小于100 mm×100 mm,卷材搭接处应满粘,防水层周边一定范围内也应与基层满粘。当第一层采用了打孔机时,也属于点黏结。其缺点是:增大了防水层适应基层变形的能力,有利于解决防水层起皱、开裂问题。当第一层采用打孔卷材时,仅可用于卷材多叠层铺贴施工,操作比较复杂。

11.3.2　涂料防水

涂料防水是在自身有一定防水能力的结构层表面涂刷一定厚度的防水涂料,经常温交联固化后,形成一层坚韧性的防水涂膜的防水方法。根据涂料的液态类型可分为溶剂型、水乳型、反应型。

涂料防水工程材料的组成与作用如表 2—11—6 所示，涂膜防水层的施工工艺如图 2—11—5 所示。

表 2—11—6　涂料防水工程材料的组成与作用

液态类型	主要特征
溶剂型防水材料	1. 作为主要成膜材料的高分子物质溶解于有机溶剂中，成为溶液。高分子物质以分子状态存在于涂料溶液中。通过溶剂挥发，经过高分子物质的分子链接触、搭接而形成涂膜 2. 涂膜干燥块，结膜较薄而且致密，防水效果好 3. 生产工艺简单，存储稳定性好；施工时可适当加入相应的溶剂便可调至施工所需要的黏度 4. 由于溶剂挥发，施工时对环境有一定污染 5. 属易燃、易爆、有毒物质，生产、储运及使用时要注意安全
水乳型防水涂料	1. 主要成膜材料为高分子物质。高分子物质以极微小的颗粒(不是分子状态)稳定悬浮(不是溶解)在水中，成为乳液状涂料。通过水分蒸发，固体颗粒相互接近、接触、变形而形成涂膜 2. 涂膜干燥慢，一次成膜的致密性较差，一般不宜在 5 ℃以下温度的环境中施工 3. 可在稍潮湿的基层上施工 4. 生产工艺简单，生产成本低 5. 无毒、不燃，生产、储运、使用安全，操作简便，不污染环境 6. 储存期一般不宜超过半年
反应型防水材料	1. 主要成膜材料为高分子物质。高分子物质以预聚物液态形式存在，以单组分或双组分构成涂料，其中不含溶剂。主要通过高分子预聚物与相应物质发生化学反应，形成涂膜 2. 该涂料可一次形成较厚的涂膜，涂膜无收缩并且致密。涂膜质量好，属高档防水涂料 3. 双组分涂料需现场调配，要求调配准确，搅拌均匀。一次配料不宜太多且应在规定时间内用完 4. 生产工艺相对复杂，价格较高

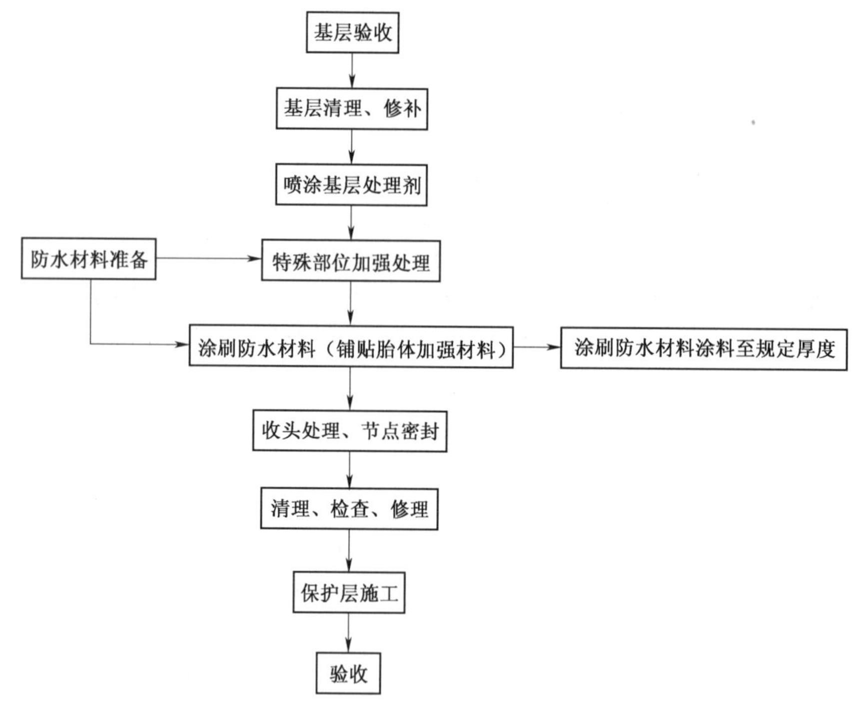

图 2—11—5　地下涂膜防水工程的工艺流程

1. 涂膜防水层施工方法

(1)抹压法：涂料用刮板刮平后，待其表面收水而尚未结膜时，再用铁抹子压实抹光。用于流平性差的沥青基厚质防水涂膜施工。

(2)涂刷法：用棕刷、长柄刷、圆滚刷蘸防水涂料进行涂刷。用于涂刷立面防水层和节点部位细部处理。

(3)涂刮法：用胶皮刮板涂布防水涂料，先将防水涂料倒在基层上，用刮板来回涂刮，使其厚薄均匀。用于黏度较大的高聚物改性沥青防水涂料及合成高分子防水涂料在大面积上的施工。

(4)机械喷涂法:将防水涂料倒入设备内,通过喷枪将防水涂料均匀喷出。用于黏度较小的高聚物改性沥青防水涂料或合成高分子防水涂料的大面积施工。

2. 涂膜防水层施工程序

施工准备工作→板缝处理及基层施工→基层检查及处理→涂刷基层处理剂→节点和特殊部位附加增强处理→涂布防水涂料及铺贴胎体增强材料→防水层清理与检查修整→保护层施工。

11.3.3　塑料防水板的施工

塑料防水板可选用乙烯-醋酸乙烯共聚物(EVA)、乙烯共聚物沥青混合物(ECB)、聚氯乙烯(PVC)、高密度聚乙烯(HDPE)、低密度聚乙烯(LDPE)类或其他性能相近的材料。在地下工程中,塑料防水板置于初期支护与二次衬砌之间,施工时先在初期支护上用暗钉圈将缓冲衬垫固定在基层上,然后将塑料防水板与暗钉圈焊接在一起,在将塑料防水板的搭接缝用双焊缝焊接连接。

11.3.4　金属防水层的施工

做防水层所采用的金属板材主要是钢板,此外尚可采用铜板、铝合金板等板材。金属防水层分内防水和外防水两种做法。采用内防水时,防水板底板应预留浇捣孔,以保证混凝土浇筑密实,待底板混凝土浇筑完后再补焊严密;采用外防水时,金属防水层应焊在混凝土或气体的预埋件上,焊缝检查合格后,应将其与主体结构件的空隙用水泥砂浆灌实。

11.4　密封防水

密封防水系指对建筑物或构筑物的接缝、节点等部位运用"加封"或"密封"材料进行水密和气密处理,起着密封、防水、防尘和隔音等作用。同时还可与卷材防水、涂料防水和刚性防水等工程配套使用,因而是防水工程中的重要组成部分。密封防水的组成、作用及基本要求如表 2—11—7 所示。

表 2—11—7　密封防水的组成、作用及基本要求

组成部分	作　用	基本要求
保护层	防止密封材料被污染、损坏	1. 宽度不小于 100 mm 2. 具有良好的黏结性 3. 能经受外界各种不利的环境因素的侵袭 4. 美观性较好
密封材料	防止雨水渗漏、节能、隔声	1. 具有良好的弹塑性 2. 具有良好的黏结性 3. 具有良好的施工性 4. 具有良好的耐候性 5. 具有良好的拉伸-压缩循环性 6. 具有良好的水密性 7. 具有良好的气密性 8. 具有良好的美观性
背衬材料	控制密封材料的嵌入深度、节约密封材料	1. 压缩复原性好 2. 不吸水 3. 不与密封材料黏结,并对密封材料无不良影响 4. 具有良好的耐久性

11.4.1　设计条件

接缝设计与密封材料的选择中一个重要参数,是接缝的活动量,即接缝的位移量。解放的位移量取决于构件本身的材质、收缩膨胀、温度、湿度及外界风荷载、地震、沉降等参数的影响。建筑物本身刚度越大,其接缝的活动量越小,构件材质热胀冷缩系数的大小及构件干湿度交替作用下尺寸长短的变化,必然引起结构的变形,从而使接缝产生移位。建筑物在地震与风荷载的作用下,使构件产生层间位移,从而使密封材料产生剪切变形。建筑接缝的活动量与密封材料的选择有密切关系，密封材料的长期变形率必须满足建筑接缝活动量的要求。

1. 接缝设计

(1)接缝活动量的确定。建筑接缝的活动首先是由于建筑构件本身热胀冷缩的温度变形以及干湿交替引起的活动，属于长期活动。其次，接缝活动是受风力与地震影响造成的，为短期活动。有温度引起的活动可由下式求得：

$$\Delta L=\alpha\Delta TL$$

式中　ΔL——温度活动量(mm)；

α——构件的热胀系数($\times10^{-6}$/℃)；

ΔT——构件的温度差(℃)；

L——构件的长度(mm)。

层间变位，是指多、高层建筑因地震和风力使上下层之间产生水平方向相对的位移。我国高层建筑的层间变位的控制值是：

框架结构 1/600～1/400，则 ΔL＝5～7.5 mm；

剪力墙结构 1/1 000～1/800，则 ΔL＝3～4 mm。

(2)施工季节。接缝在冬季因构件收缩而张开，在夏季因构件膨胀而闭合。

(3)设计伸缩率和剪切错位率。密封材料的永续伸缩率，一般以活动量与接缝宽度的百分率表示，不同密封材料的允许伸缩率与剪切错位率是不同的，并且随接缝的形状、尺寸和施工季节的不同而变化。

(4)形状系数。形状系数是接缝深度(D)与接缝宽度(W)之比(D/W)。形状系数大，则接缝深度大，嵌填的密封材料厚，与接缝量测的黏结面大，拉伸压缩时，对密封材料的负担大。形状系数小，接缝深度浅，密封材料厚度薄，与接缝两侧黏结面小，不易保证黏结性。因此必须选择适当的形状系数。国外有关材料介绍，根据接缝的宽度，密封材料形状系数选择 0.5～0.7 较为宜。

(5)最大、最小接缝尺寸。参照日本建筑工程规范，密封材料最大最小接缝尺寸标准值如表 2－11－8 所示。

表 2－11－8　密封材料最大最小接缝尺寸标准值

密封材料	接缝尺寸(mm)	
	最大宽度×深度	最小宽度×深度
硅酮系	40×20	10×10(5×5)
聚硫化物系	40×20	10×10(6×6)
聚氨酯系	40×20	10×10
丙烯酸系	20×15	10×10
丁苯橡胶系	20×15	10×10
丁基橡胶系	20×15	10×10
油性系	20×15	10×10

2. 不定形建筑密封材料和底涂料的选用

密封材料品种繁多，各有不同的用途和适用范围，地下工程常用的密封材料参如表 2－11－9 所示。

表 2－11－9　地下工程常用密封材料

名称	密封材料	类别	特点	适用年限	档次
合成高分子密封材料	聚硫建筑密封膏	弹性体	弹性好，抗撕裂性强，且具有良好的黏结性、耐水性、耐候性	20 年左右	高
	聚氨酯建筑密封膏	弹性体	具有良好的黏结性，耐水、耐油、耐低温、耐酸碱，黏结强度≥0.2 MPa，伸长率 200%～400%，低温柔型－30 ℃～－40 ℃	20 年左右	高
	丙烯酸酯建筑密封膏	弹性体	具有良好的黏结性，延伸性，耐高、低温性以及耐老化性，低温柔型－20 ℃～－40 ℃，黏结强度 0.02～0.15 MPa，伸长率 150%～400%	20 年左右	中
	氯磺化聚乙烯密封膏	弹性体	具有良好的耐候性，弹性好、黏结力强，耐水性、耐高低温性、耐酸碱性俱佳，黏结强度≥0.4 MPa，伸长率 150%，低温柔性－30 ℃	15 年以上	中

续上表

名　称	密封材料	类　别	特　　点	适用年限	档　次
改性沥青密封材料	橡胶沥青嵌缝油膏	塑性体	具有优良的黏结性及防水性、有较好的延伸性、耐久性、耐高低温性、冷施工、安全,且价格较低,耐热度 80 ℃,黏结性≥25 mm,低温柔性－20 ℃	年限较少	低
	聚氯乙烯胶泥	弹塑性体	具有优良的弹塑性、黏结性、防水性、耐热性和较好的耐寒性、耐腐蚀性和耐老化性,耐热度 80 ℃,黏结性 0.196 MPa,延伸率 380%	10 年左右	低

除油性密封材料外,其他密封材料均需要采用底涂料,特别是弹性密封材料。底涂料的作用有:改善密封此案料和黏结体之间的黏结性;在密封混凝土及水泥砂浆表面,防止内部渗水、渗碱,防止增塑剂成分的转移。底涂料与密封材料的选择性参照表 2－11－10。

表 2－11－10　底涂料与密封材料的选择性

被黏结物	密封膏系列			
	硅酮系	聚硫系	聚氨酯系	丙烯酸系
混凝土	硅烷系、改性硅烷系、硅树脂系	改性硅烷系、氨基甲酸酯系、环氧系	氨基甲酸酯系	硅烷系、改性硅烷系、丙烯酸系、合成橡胶系
塑料	硅烷系、改性硅烷系、硅树脂系	硅烷系、改性硅烷系、氨基甲酸酯系、环氧系	氨基甲酸酯系、改性硅烷系	硅烷系、丙烯酸系、合成橡胶系
玻璃	硅烷系、改性硅烷系、硅树脂系	硅烷系、改性硅烷系	硅烷系、改性硅烷系	丙烯酸系、合成橡胶系

3. 辅助材料

辅助材料有背衬材料、隔离条、防污条三种。背衬材料主要控制密封膏嵌入深度确保两面黏结。隔离条主要用于控制接缝深度,保持两边黏结;金属管道根部、檐口、泛水卷材收头节点等节点处应选用隔离条。防污条是保持黏结物不对界面两边造成污染,其黏性要切当。

11.4.2　密封防水施工工艺

防水密封材料的施工一般都是在工程临近竣工之前进行,此时工期要求紧,各种误差集中,施工条件特殊,如不精心施工,就会降低密封材料的性能,提高漏水的几率。为了满足接缝的水密、气密要求,在正确的接缝设计和施工环境下完成任务,就需要充分做好施工准备,各道工序认真施工,并加强施工管理,才能达到要求。防水密封胶的施工顺序如图 2－11－6 所示。

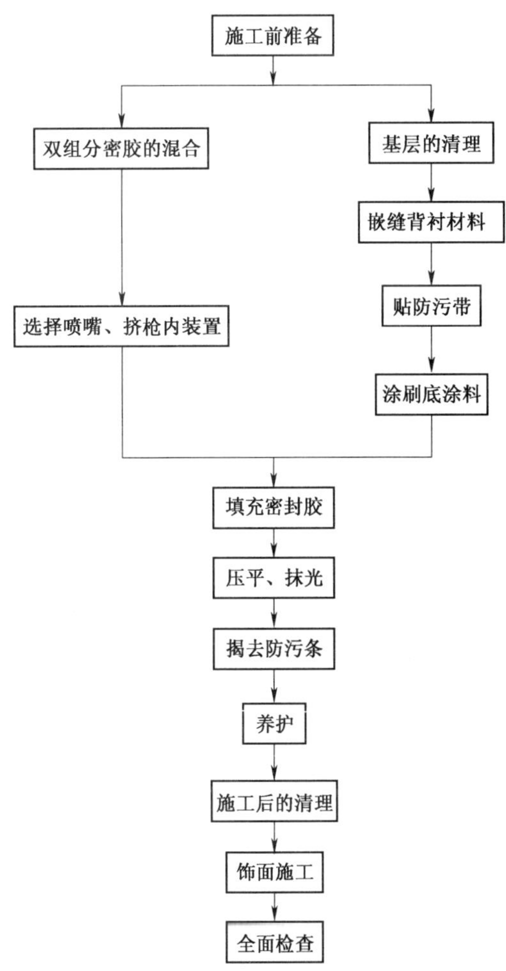

图 2－11－6　建筑密封胶施工顺序

11.5　注浆防水

注浆防水又称灌浆防水,是在渗漏水的地层、围岩、回填、衬砌内,利用液压、气压或电化学原理,通过注浆管把无机或有机浆液均匀地注入其中,浆液以填充、渗透和挤密等方式,将土颗粒或岩土裂隙中的水分和空气排除后,占据其位置,并将原来松散的土粒或裂隙胶结成一个整体,形成个强度大、防水性能高和化学稳定性良好结构体(结石体)的一种防水技术。

注浆防水可分为预注浆和后注浆，预注浆是指当地下室隧道等地下工程在开凿前或开凿到接近含水层以前所进行的注浆工程，后注浆是指当地下室、隧道等地下工程掘砌以后，采用注浆工艺治理水害和地层加固的注浆工程。

11.5.1　注浆材料

注浆防水按注浆使用的浆液材料可分为水泥注浆、黏土注浆、化学注浆；按浆液在底层中运动的方式可分为充填注浆、挤压注浆或劈裂注浆、置换注浆、高压喷射注浆。

注浆材料品种很多，其分类参如图 2－11－7 及表 2－11－11所示。

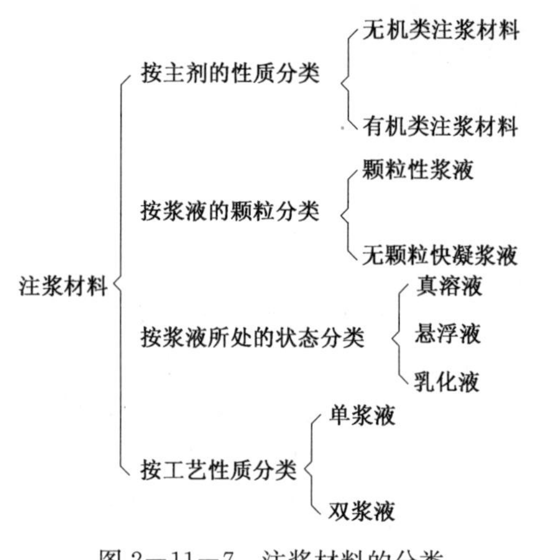

图 2－11－7　注浆材料的分类

表 2－11－11　集中注浆材料的基本性能和使用范围

浆液名称	黏度（Pa·m）	渗透系数（cm/s）	凝胶时间	抗压强度（MPa）	适用范围	主要成分	材料来源难易程度	1 m^3 浆液成本（元）
单液水泥浆	15～140	10^{-1}～10^{-3}	6～15 h	15～20	基岩裂隙地面注浆或工作面注浆被覆后充填加固	水泥、其他附加剂	容易	250～300
水泥水玻璃类	15～140	10^{-2}～10^{-3}	十几秒至几十分	5～20	基岩裂隙地面注浆或工作面注浆堵特大涌水被覆后注浆	水泥、水玻璃	容易	450～500
水玻璃类	3～14	10^{-2}	瞬间至几十分	＜3	地基加固，冲击层注浆	水玻璃、其他外加剂	容易	750～1 000
铬木素类	(3～14)×10^{-3}	10^{-3}～10^{-5}	十几秒至几十分	0.4～2	冲积层注浆被覆后注浆	纸浆废液、重铬酸钠、过硫酸铵等	较容易	1 800～5 400
丙烯酰胺类	1.2×10^{-3}	10^{-5}～10^{-6}	十几秒至几十分	0.4～0.6	冲积层堵水，防渗被覆内、被覆后注浆	丙烯酰胺、过硫酸铵、N，N′-亚甲基双丙烯酰胺、β-二甲氨基丙晴等	难	10 500～11 500
甲凝			几十分	60～120	冲积层堵水，防渗被覆内、被覆后注浆	以甲基丙烯酸甲酯为主体加入增塑剂、亲水剂、引发剂、促凝剂和除氧剂等配成		
聚氨酯类	(20～90)×10^{-3}		几秒至几十分	15～35	防渗堵漏和加固地基	由异氰酸酯和聚醚以及附加剂等		≈12 000

11.5.2　注浆防水设计

注浆包括预注浆（含高压喷射注浆）、后注浆（衬砌前围岩注浆、回填注浆、衬砌内注浆、衬砌后围岩注浆等），应根据工程地质及水文地质条件按下列要求选择注浆方案：

在工程开挖前，预计涌水量大的地段、软弱地层，宜采用预注浆；

开挖后有大股涌水或大面积渗漏水时，应采用衬砌前围岩注浆；

衬砌后渗漏水严重的地段或重填壁后的空隙地段，宜进行回填注浆；

衬砌后或回填注浆后仍有渗漏水时，宜采用衬砌内注浆或衬砌后围岩注浆。

注浆防水方案选择及选用材料如表 2－11－12 所示。

表 2－11－12　注浆防水方案选择及选用材料

项次	注浆方案	基本条件	选用材料
1	预注浆	在工程开挖前，预计涌水量大的地段，软弱地层	水泥浆、水泥-水玻璃或化学浆液
2	衬砌前围岩注浆	开挖后有大股涌水或大面积渗漏水	水泥浆、水泥-水玻璃或化学浆液
3	回填注浆	衬砌后渗漏水严重的地段或充填壁后的空隙地段	水泥浆、水泥砂浆或掺有石灰、黏土、粉煤灰的水泥浆液
4	衬砌内注浆	衬砌后仍有渗漏水时	水泥浆液、化学浆液
5	衬砌后围岩注浆	回填注浆后仍有渗漏水时	水泥浆或化学浆液

整个注浆工艺包括裂缝清理、粘贴嘴子（或开缝钻眼下嘴）、裂缝和表面局部封闭、试气和施灌六道工序。注浆有单液和双液注浆两种流程，双液注浆又分为双液单注和双液双注两种。

1. 单液注浆法

单液注浆法是将注浆材料全部混合搅拌均匀后，用一台注浆泵注浆。这种方法适用于凝胶时间大于 30 min的注浆。

2. 双液单注法

双液单注法是用两台注浆泵或一台双缸注浆泵，按一定比例分别压送甲、乙两种浆液，在孔口混合器混合后，再注入到岩层中。采用这种方法，浆液凝胶时间可缩短些（一般为几十秒到几分钟）。

3. 双液双注法

双液双注法是将两种浆液通过不同管路注入钻孔内，使其在钻孔内混合。这种方法，适于胶凝时间非常短的浆液。将甲、乙浆液分别压送到相邻的两个注浆孔中，然后进入岩层或砂粒之间孔隙混合而成凝胶。两种浆液靠改变三通转芯阀，用单孔交替注入甲、乙两种浆液，在注浆孔内混合。注浆的工艺流程如图 2－11－8 所示。

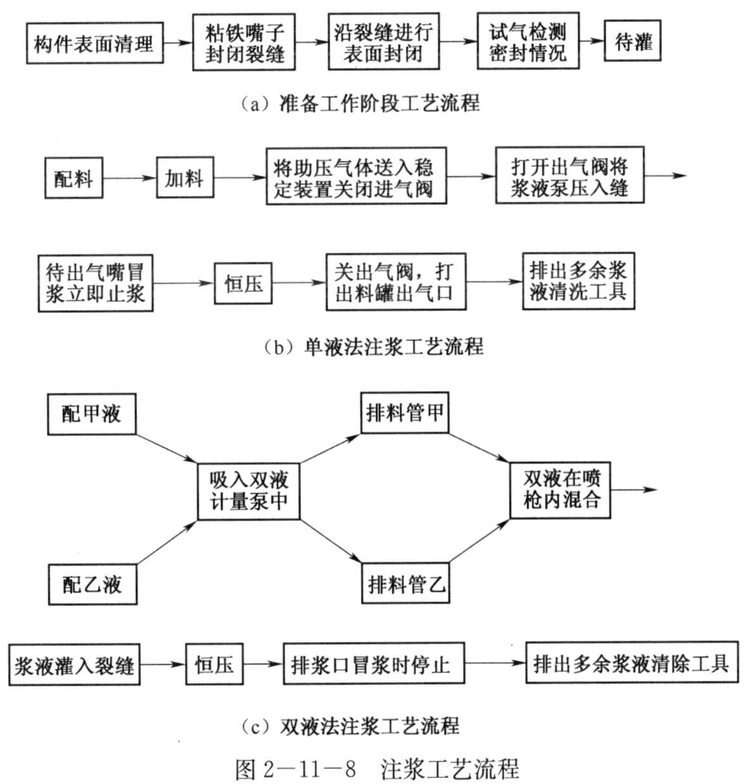

图 2－11－8　注浆工艺流程

11.6　地下工程渗漏水的治理

渗漏水是由于结构层中存在着空洞、裂缝和毛细孔等原因，从而导致的空洞漏水、裂缝漏水、防水面渗水或上述几种渗漏综合所致的。因此进行地下工程渗漏水的修堵施工，首先必须查明其渗漏的原因，确定其位置，弄清其水压大小，方可根据不同的渗漏情况采取不同的修堵措施。

目前较常用的堵漏方法主要是抹面堵漏法和注浆堵漏法。

抹面堵漏法其特点为先堵漏后抹面，还可以作为柔性防水层渗漏的补救做法。堵漏的原则是逐步把大漏变小漏、将面漏变成线漏、线漏变成点漏、片漏变成孔漏，使漏水集中于一点或数点，最后一堵成功。堵截漏后还应进行抹面防水施工，这一工序与堵漏同等重要，还可以防止因地下水位的变化以及堵漏施工不周所致的在原漏点以外的薄弱部位又产生渗漏，这种做法适合于大面积渗漏的修堵治理。目前普通的防水抹面五层作法已被掺有各种外加剂、防水剂和聚合物乳液的砂浆所代替，且效能高、施工简便。

注浆堵漏法是根据工程渗漏水的具体情况如水的流量、流速以及渗漏部位，布置注浆孔，并选择适宜的注浆设备和注浆材料，将浆液压入裂缝及孔隙的深部注满并固化，从而达到治理渗漏目的的一种渗漏水堵漏方法。

地下工程渗漏水治理应遵循“堵排结合，因地制宜，刚柔相济，综合治理”的原则。具体措施：

大面积严重渗漏水可采用以下处理措施。

(1)衬砌后和衬砌内注浆止水或引水，待基面干燥后，用掺外加剂防水砂浆、聚合物水泥砂浆、挂网水泥砂浆或防水涂层等加强处理；

(2)引水孔最后封闭；

(3)必要时采用贴壁混凝土衬砌加强。

大面积渗漏水和渗漏点，可先用速凝材料堵水，再作防水砂浆抹面或防水涂层加强处理。

渗漏水较大的裂缝，可用速凝浆液进行衬砌内注浆堵水，渗出水量不大时，可进行嵌缝或衬砌内注浆处理，表面防水砂浆抹面或防水涂层加强。

结构仍在变形、未稳定的裂缝，应待结构稳定后再进行处理，处理方法同第三条。

有自流水条件的工程，除应做好防水措施外，还应采用排水措施。

需要补强的渗漏水工程，应选用强度较高的注浆衬砌，如水泥浆、超级细水泥浆、环氧树脂、聚氨酯等浆液处理，必要时可在止水后再做混凝土衬砌。

锚喷支护工程渗漏水部位，可采用引水带、导管排水、喷涂快凝材料及化学注浆堵水。

细部构造部位渗漏水处理可采用下列措施：

(1)变形缝合新旧结构接头，应先注浆堵截水，再采用嵌填遇水膨胀止水条、密封材料或设置可卸式止水带等方式处理；

(2)穿墙管和预埋件可先用快速堵截漏材料止水后，再采用嵌填密封材料、涂抹防水涂料、水泥砂浆等措施处理；

(3)施工缝可根据渗出水情况采用注浆、嵌填密封防水材料及设置排水暗槽等方法处理，表面增设水泥砂浆、涂料防水层等加强措施。

治理过程中的安全措施、劳动保护必须符合有关安全施工技术规定。

地下工程漏水治理，必须由防水专业设计人员和有防水资质的专业施工队伍。

11.7 小　结

建筑防水工程是建筑工程中的一个重要组成部分，建筑防水技术是保证建筑物和构筑物的结构不受水的侵袭，内部空间不受水危害的专门措施。

首先，本章概述了地下防水工程的相关理论知识。地下工程的防水形式(包括水密型防水、泄水型防水、混合型防水三种类型)，从防水措施来看有构造防水和材料防水。构造防水依靠建(构)筑物的结构材料自身的密实性以及采用合适的构造形式阻断水的通路。材料防水主要是防水混凝土、防水砂浆防水、卷材防水、涂膜防水、塑料板防水、金属板防水等。防水方案确定的基本原则遵循“防、排、截、堵，刚柔结合，因地制宜，综合治理”。地下工程的设防要求，应根据使用功能、结构形式、环境条件、施工方法及材料性能等因素合理确定，简单介绍了明挖法和暗挖法地下工程防水设防要求以及细部防水构造即变形缝、施工缝、后浇带的做法和施工要点。

然后，本章系统地介绍了地下工程刚性防水施工工艺和柔性防水施工工艺，以及密封防水，注浆防水设计与施工工艺。刚性防水主要采用的是防水混凝土，利用其密实性、憎水性和抗渗性，通过调整混凝土的配合比,掺外加剂以达到防水目的。还详细介绍了刚性防水的施工方法和工艺流程。柔性防水研究了卷材防水、涂膜防水、塑料防水、金属防水四种防水材料以及施工工艺。此外,简单比较了刚性防水和柔性防水的优缺点。密封防水是对结构的接缝、节点等部位进行水密、气密处理,与卷材防水、涂料防水和刚性防水等工程配套使用,达到密封、防水的作用。在此课题中探讨了密封防水设计,其中包括设计材料、接缝设计和密封材料的选择等内容以及施工工艺流程。注浆防水利用浆液填充、渗透土颗粒或岩土裂隙,将原来松散的土粒或裂隙形成一个强度大、防水性能高和化学稳定性良好的结构体,课题中重点研究了注浆防水的材料选择以及注浆工序和施工流程。

最后,本章补充了地下工程渗漏水治理的内容,从地下工程渗漏水治理应遵循的原则以及治理的具体措施都作了比较系统的研究。

结　　论

本篇从地下大跨度空间结构的设计与施工方法入手，包括土体—基础—结构相互作用、基础抗浮设计、连接设计、不均匀沉降预测和施工安全监测，抗浮计算等多方面的研究，可为未来大跨度地下空间结构设计、施工提供理论依据和技术支持，具有重要的学术意义与工程实用意义。结合具体工程实例明月二路地下人行过街通道，针对土质软弱、地下水位高，而且要求施工过程中地面交通不中断的特点和施工要求，针对明挖段、暗挖段中的一些关键问题进行了研究，主要包括衬砌结构的断面设计、通道稳定性分析、地面沉降量计算、基础抗浮设计、底板厚度的选取等内容。此外，本篇还对地下大跨度空间结构防水问题作了系统和较全面的研究，包括柔性防水、刚性防水、密封防水、注浆防水以及地下工程渗漏水的治理问题进行了研究。

目前地下人行通道主要依据《铁路隧道设计规范》进行设计，因此就该规范中常规计算方法的局限性进行了讨论，指出了其中值得注意的一些问题。通过研究，得出以下结论。

(1)从经济性角度考虑，施工过程中宜优先考虑不注浆或部分注浆的方案，其次考虑整体注浆的方法。但数值计算显示，在土质软弱、地下水位较高的情况下，采取不注浆、弧顶注浆等方案会引起通道拱顶明显下沉，很难保证通道的稳定性。

以具体工程为例，不注浆、弧顶注浆时拱顶下对下沉最大值远大于规范安全许可值 5.8 mm。与之相反，采用全断面注浆后，拱顶相对下沉最大值仅为 2 mm，约为规范许可上限值的 1/3；拱脚水平相对位净空最大变化值为 3 mm，约为规范许可上限值的 1/20。

(2)从地面沉降的角度分析，在土质软弱、地下水位较高的情况下，不注浆时地面沉降最大值数倍于施工许可值；但仅在部分断面注浆的情况下，地面沉降量较不注浆施工即有明显改善，有可能满足施工要求。

以具体工程为例，施工允许的最大沉降值为 25 mm。如采用不注浆方案，地面沉降最大值为 76 mm，最小值为 61 mm；而采用弧顶注浆方案后，地面沉降最大值为 39 mm，最小值为 16 mm，改善明显。如调整注浆参数，仍有可能满足实际施工要求。

(3)规范推荐的常规简化设计方法不能考虑围岩的自承力以及围岩与结构的协调变形，由此计算得到的结果可能与实际有较大出入，偏于保守。如考虑这方面的因素，有助于减小衬砌断面，提高设计的经济性。

以具体工程衬砌结构受力为例，如考虑围岩的自承力以及围岩与结构的协调变形，通过有限元计算得到的衬砌结构内力仅为常规计算方法所得结果的一半，有必要相互补充验证以分析实际的受力状态。

参 考 文 献

[1] 朱建明,王树理,张忠苗.地下空间设计与实践[M].北京:中国建材工业出版社,2007.

[2] 关宝树.地下工程[M].北京:高等教育出版社,2007.

[3] 张卫国,姜华,张伟.地下工程结构计算方法概述[J].地下空间与工程学报,2002,22(3):197~199.

[4] 琚娟,朱合华,李小军.基于特征约束的地下空间一体化数据模型研究[J].2007,3(2):199~202.

[5] 孙博等.大跨度洞库施工开挖稳定性研究[J].地下空间与工程学报,2005,5(1):96~101.

[6] 刘和清.地铁暗挖隧道初期支护结构作用机理的数值解析[J].铁道勘察,2004,5:34~37.

[7] 李东勇,徐祯祥,侯庆华.暗挖隧道超前导管注浆对地层位移影响规律的研究[J].铁道建筑,2007:34~36.

[8] 贺忠亮等.地下工程锚固岩体有限元分析的并行计算[J].岩石力学与工程学报,2005,24(1):13~17.

[9] 王卫国,宁如春.广义有限元及其在地下工程开挖计算中的应用[J].西部探矿工程,2007,1:166~168.

[10] Chungsik Yoo. Finite-element Analysis of Tunnel Face Reinforced by Longitudinal Pipes[J]. Computers and Geotechnics,2002(29):73~94.

[11] G. Grasselli. 3D Behaviour of Bolted Rock Joints:Experimental and Numerical Study[J]. International Journal of Rock Mechanics & Mining Sciences,2005(42):13~24.

[12] 贾剑青等.大跨度地下空间支护体系应力监测与稳定性分析[J].岩石力学与工程学报,2006,25(2):3667~3671.

[13] 胡振瀛,朱作荣.岩石地层地下结构的设计方法[J].地下空间与工程学报,1999,19(1):13~18.

[14] 王暖堂.城市地铁复杂洞群浅埋暗挖法的有限元模拟[J].岩土力学,2001,22(4):504~508.

[15] 王海君,朱兰洋.北京地铁西四站暗挖段施工工法数值模拟研究[J].建筑科学,2007,23(11):20~25.

[16] 夏国志,宋卫东,王森.地铁车站站后折返区间浅埋暗挖开挖过程的模拟研究[J].铁道建筑,2007:32~34.

[17] 关宝树.隧道施工要点集[M].北京:人民交通出版社,2007.

[18] 顾国明,陆运.我国城市地下铁道施工技术综述[J].现代隧道技术,2005,42(6):6~12.

[19] 刘国琦,杜文库.我国地下工程施工技术的发展及展望[J].建筑技术,1997,28(7):480~482.

[20] N. Chandler. Developing Tools for Excavation Design at Canada's Underground Research Laboratory[J]. International Journal of Rock Mechanics & Mining Sciences,2004(41):1229~1249.

[21] 王莹君.浅析沈阳市地铁一号线启工街站主体围护结构[J].隧道建设,2008,28(2):89~91.

[22] 古兰玉.双线铁路隧道明挖法边坡开挖与衬砌技术[J].国防交通工程与技术,2008,2:67~69.

[23] 郭建国,梁风林,王兆民.北京地铁西单车站工程概述[J].铁道建筑,1997,3:16~17.

[24] 靳水明等.浅埋暗挖五连拱地下商场设计与施工[J].施工技术,1996,1:16~17.

[25] 陈景安等.浅埋暗挖技术在北京长安街过街通道中的应用[J].建筑技术,1996,23(7):468~470.

[26] 缪仑,罗衍俭.钢盖板临时路面体系在上海地铁7号线常熟路站中的应用[J].现代隧道技术,2008,45(3):40~45.

[27] 姚明华.北京地铁天安门东站钢管柱施工[J].铁道建筑,2000,2:11~12.

[28] 李文婷,王如路,余占奎.软土盾构隧道局部卸载的理论与三维有限元分析[J].四川建筑科学研究,2008,34(5):301~307.

[29] 郭庆华,李彦.广州地区疑难地层中土压平衡盾构推进技术措施浅谈[J].煤炭工程,2008,1:14~15.

[30] 王安邦,陶连金,张印涛.地铁联络通道软土地层冻结法施工的FLAC三维数值模拟[J].岩土工程界,2007,11(5):72~74.

[31] 沈华军.广州地铁三号线天河客运站折返线隧道冻结监测分析[J].西部探矿工程,2008,8:51~54.

[32] 乔京生,陶龙光.地铁隧道水平局部冻结施工应力与位移场数值模拟分析[J].铁道建筑,2004,2:93~96.

[33] 梁禹.广州地铁一号线越江隧道运营期结构变形监测[J].现代隧道技术,2008,45(3):84~87.

[34] 潘永仁,彭俊.上海外环沉管隧道管段基础压砂法施工技术[J].现代隧道技术,2004,41(1):41~45.

[35] 伍振志等.浅埋松软地层开挖中管棚注浆法的加固机理及效果分析[J].岩石力学与工程学报,2005,24(6):1025~1029.

[36] 周刘刚等.浅埋暗挖地铁车站管棚加交叉小导管超前注浆预加固施工技术[J].铁道勘察,2007,4:94~96.

[37] 贺少辉,项彦勇,李兆平.地下工程[M].北京:清华大学出版社,2006.

[38] 朱永全,宋玉香.隧道工程[M].北京:中国铁道出版社,2005.

[39] 刘天泉,钱七虎.城市地下岩土工程技术发展动向[J].煤炭科学技术,1999,27(1):1~5.

[40] 郭陕云.论我国隧道和地下工程技术的研究和发展[J].隧道建设,2004,24(5):1~4.

[41] 孙钧.岩土力学与地下工程结构分析计算的若干进展[J].力学季刊,2005,26(3):329~338.

[42] 朱合华等.地下建筑结构[M].北京:中国建筑工业出版社,2005.
[43] L. Jing. A Review of Techniques, Advances and Outstanding Issues in Numerical Modelling for Rock Mechanics and Rock Engineering[J]. International Journal of Rock Mechanics & Mining Sciences, 2003(40):283~353.
[44] TB 10003—2005,铁路隧道设计规范[S].
[45] GB 50009—2001,建筑结构荷载规范[S].
[46] GB 50010—2002,混凝土结构设计规范[S].
[47] 蔡美峰,何满潮,刘东燕.岩石力学与工程[M].北京:科学出版社,2004.
[48] 李相然,贺可强.高压喷射注浆技术与应用[M].北京:中国建材工业出版社,2007.
[49] 罗文林,韩煊,刘炜.北京地区基坑支护技术现状研究[J].岩土工程学报,2006,28(增):1534~1537.
[50] 沈春林.地下防水工程实用技术[M].北京:机械工业出版社,2005.
[51] 沈春林,周俊,李芳,苏立荣.地下防水设计与施工[M].北京:化学工业出版社,2006.
[52] 王毅.防水工程设计施工实用图集[M].北京:机械工业出版社,2007.

附录A　50 m、70 m跨径板桁组合结构梁桥节点构造图集

50 m、70 m跨径板桁组合梁桥节点构造图集图纸目录

图纸目录

类别	序号	图号	图号	类别	序号	图名	图号
50 m跨径板桁组合结构梁桥节点构造详图	1	设计说明（一）	01	70 m跨径板桁组合结构梁桥节点构造详图	18	设计说明（一）	18
	2	设计说明（二）	02		19	设计说明（二）	19
	3	桁架结构图	03		20	桁架结构图	20
	4	上部结构一般构造图	04		21	上部结构一般构造图	21
	5	上部构造标准横断面图	05		22	上部构造标准横断面图	22
	6	主桁详图　总体构造图	06		23	主桁详图　总体构造图	23
	7	主桁详图　节点A0	07		24	主桁详图　节点A0	24
	8	主桁详图　节点A1（一）	08		25	主桁详图　节点A1（一）	25
	9	主桁详图　节点A1（二）	09		26	主桁详图　节点A1（二）	26
	10	主桁详图　节点A2、A4	10		27	主桁详图　节点A2、A4、A6	27
	11	主桁详图　节点A3（一）	11		28	主桁详图　节点A3、A5、A7（一）	28
	12	主桁详图　节点A3（二）	12		29	主桁详图　节点A3、A5、A7（二）	29
	13	主桁详图　节点E0（一）	13		30	主桁详图　节点E0（一）	30
	14	主桁详图　节点E0（二）	14		31	主桁详图　节点E0（二）	31
	15	主桁详图　节点E1、E3	15		32	主桁详图　节点E1、E3、E5、E7	32
	16	主桁详图　节点E2、E4（一）	16		33	主桁详图　节点E2、E4、E6（一）	33
	17	主桁详图　节点E2、E4（二）	17		34	主桁详图　节点E2、E4、E6（二）	34

广州市政工程设计研究院 北京科技大学土木工程系	50 m跨径板桁组合梁桥	图纸目录	设计		复核		审核		图号	

校对　描图

设计说明

1. 设计标准

(1)桥梁跨径:50.0 m,计算跨径 48.8 m

(2)上桥面宽度:19.5 m

下桥面宽度:19.05 m

(3)汽车荷载:城 A 级

2. 设计依据、规范

(1)《公路桥涵通用设计规范》(DTG D60—2004)

(2)《公路桥涵钢结构和木结构设计规范》(JTJ 025—86)

(3)《城市桥梁设计荷载标准》(CJJ 77—98)

(4)《桥梁用结构钢》(GB/T 714—2000)

(5)《焊缝符号表示法》(GB 324—88)

3. 材料

(1)钢结构板材

主桁、上下平纵联、横梁和桥面系等焊接部件的钢板均采用 Q345qC 级低合金高强度结构钢,其材质和规格应满足《桥梁用结构钢》(GB/T 714—2000)。

(2)钢结构型材

H 型钢、角钢等型钢采用 Q345qC 级低合金高强度结构钢,其材质和规格应满足《桥梁用结构钢》(GB/T 714—2000)。

(3)混凝土

桥梁上桥面板采用高强混凝土 C50。

(4)焊接材料

焊接材料采用与母材相匹配的焊丝、焊剂和手工焊条,且应符合相应的国际要求,通过焊接工艺评定由建设方、设计方和监理方共同确认。

(5)高强度螺栓

高强度连接副由一个 10.9S 级大六角头高强度螺栓、一个 10H 高强度大六角头螺母、两个 RC35~45 高强度垫圈组成。大六角头高强度螺栓可用 20MnTiB 制造,螺母及垫圈可采用满足 GB 699—88 要求的 45 号钢或 15MnVB 钢。高强度螺栓、螺母和垫圈的型式尺寸、技术条件和标记应符合 B/T 1228~1231—91 的规定,热处理后材料的机械性能应符合 GB/T 1231—91 的规定,20MnTiB 和 15MnVB 尚应符合冷镦生产工艺要求。

(6)剪力连接件

剪力连接件采用 ML 钢 ϕ22 圆头焊钉,焊钉长度为 115 mm。栓钉的单钉静载承载力设计值为 50 kN (C50 混凝土中,容许应力法),疲劳承载力设计值为 25 kN。其材质性能应符合国家《圆柱头焊钉》(GB 10433—89)的规定。

4. 主桥上部结构

主桥上部结构为 50 m 简支板桁组合结构梁桥,主桁采用带竖杆的华伦式三角形腹杆体系,节间长度 6.25 m,主桁高度 5.9 m,高跨比为 1/8.5。两片主桁中心矩采用 12.65 m,宽跨比为 1/2.14。上桥面全宽 19.5 m,下桥面宽度 19.05 m,其中桁架外侧人行横道宽 3.2 m。

主桁上、下弦杆均采用箱形截面,上弦杆截面宽度 500 mm,高度 500 mm,板厚均为 20 mm。下弦杆截面宽度 500 mm,高度 800 mm,厚度为 30 mm,工厂焊接,在工地通过高强螺栓在节点内拼接。为了施工方便,其余竖杆均采用焊接 H 型钢,型号为 H500×320×14×16。端斜杆采用焊接 H 型钢,型号为 H630×500×24×26。其余斜杆均采用 H500×460×18×20。

上桥面采用纵横梁结构体系,上面现浇厚度为 200 mm 的 C50 的混凝土板,混凝土板与桁架上弦纵横梁采用栓钉连接,上桥面纵横梁为便于焊接栓钉,均采用箱形截面,横梁的截面尺寸为 450×350×15,纵梁的截面尺寸为 450×250×15,在横梁处断开与横梁焊接。

上桥面混凝土板与桁架上弦纵横梁采用栓钉可靠连接。栓钉在结点部位钉距纵向 125 mm,横向 90 mm,节间均匀布置,钉距纵向 250 mm,横向分别为 90 mm 和 180 mm。上桥面纵架上剪力钉成束布置,束中距 750 mm,每束外纵梁 4 颗钉,内纵梁 6 颗钉,上桥面横梁上剪力钉均匀布置,间距沿桥横向为 250 mm。

下桥面系由下部的纵横梁和上部的钢桥面板以及纵横向加劲肋组成。横梁采用焊接 H 型钢,型号为 H500×160×14×20,与主桁在节点上通过高强螺栓连接。纵梁采用焊接 H 型钢,型号为 H500×160×14×20,在横梁处断开与横梁焊接。

下平面纵向联结系均采用米字形,与弦杆在节点处相连,以抵抗横向风力及弦杆变形产生的内力。端部横撑采用箱形截面,中部横撑采用工形截面,斜撑均采用焊接 H 型钢,型号为 H250×250×9×14。

5. 主桥钢桁梁制造

(1)钢梁制造

本桥钢结构制造工艺处另有规定外,均应符合《铁路钢桥制造规范》(TB 10212—98)的要求。

制造厂应对设计图进行工艺性审查,当需要修改设计时必须征得设计单位的同意,并签署设计变更文件。

杆件的作样和号料应根据施工图和工艺要求进行并按要求预留余量。主桁杆件、纵、横梁杆件下料时,其主要受力方向应与钢板扎制方向一致。钢料不平直、锈蚀、有油漆等污物影响号料或切割质量时,应矫正、清理后再号料,号料尺寸允许偏差为±1 mm。

主要部位的杆件应采用精密切割下料,零件尺寸允许偏差为:剪切、手工切割仅适用于次要杆件、工艺特定的杆件及切割后仍需进行机加工的零部件,切割允许偏差为±2 mm。

零件矫正宜采用冷矫,矫正后的钢材表面不应有明显的凹痕或损伤。采用热矫时,加热温度应控制在 600 ℃~800 ℃,温度降至室温前,不得锤击钢材。

主要受力零件冷作弯曲时,内侧弯曲半径不得小于板厚的 15 倍,小于者热弯。热弯温度控制在900 ℃~1 000 ℃,弯曲后零件边缘不得产生裂纹。对在焊前需进行预施反变形的零件进行预弯时,预弯温度不得低于 5 ℃。顶紧传力面的粗糙度 Ra 不得大于 12.5 μm;顶紧加工面与板面垂直度的偏差应小于板厚的 1%,且不得大于 3 mm。零件应磨去边缘的飞刺、挂渣,使断面光滑匀顺。

工地螺栓孔一律采用钻孔,不得采用冲孔。螺栓孔应成正圆柱形,孔壁表面粗糙度 Ra 不得大于 25 μm,孔缘无损伤不平,无刺屑。应优先采用数控钻床钻孔。首件钻孔必须专检,确认合格后,方能继续钻孔。

埋弧自动焊,半自动焊焊接部位应焊出引弧板及引出板,引板的材质、坡口要与正式零件相同,引板的长度在 80 mm 以上。

采用埋弧焊、半自动焊、CO_2 气体(混合气体)保护焊及低氢型焊条焊接的部位,组装前必须彻底清除待焊区域的铁锈、氧化铁皮、油污、水分等有害物,使其表面显露出金属光泽。

主要部件宜采用胎型进行组装,次要杆件可采用划线按线组装。试装时杆件应处于自由状态,保证板层密贴,试装长度不小于半跨,最好全跨试装,螺栓不得少于螺栓孔总数的 20%,每个螺栓至少放一个垫圈。试装时,必须用试孔器检查所有螺栓孔,主桁的螺栓孔应 100%自由通过较设计孔径小 0.75 mm 的试孔器,桥面系和联结系的螺栓孔应 100%自由通过较设计孔径小 1.0 mm 的试孔器。磨光顶紧处应有 75%以上的面积密贴,用 0.2 mm 塞尺检查,其塞入面积不得超过 25%。

零件作样、矫正、加工、螺栓孔径、孔距及杆件矫正、试装、组装的尺寸允许偏差应满足《铁路钢桥制造规范》(TB 10212—98)的要求。

制作好的节段,须妥善存放、搬运,注意防锈及避免杆件的早期附加应力。

广州市政工程设计研究院 北京科技大学土木工程系	50m 跨径板桁组合梁桥	设计说明（一）	设计		复核		审核		图号	01

(2)高强度螺栓连接

高强度螺栓的连接应按《铁路钢桥高强度螺栓连接施工规定》(TBJ 214—92)和《公路桥涵施工技术规范》(JTJ 041—2000)的要求施工。

制造厂在发送构件时，必须提供随梁的抗滑移系数试件和栓接板面抗滑移系数试验数据，出厂时栓接板面抗滑移系数(摩擦系数)的最小值不得小于0.5。抗滑移系数试件和钢梁应为同一材质、同批制造、同一摩擦面处理工艺，并在相同条件下运输、存放。抗滑移系数试件以钢梁制造做批为单位，每两片梁为一批，每批三组试件。栓接板面抗滑移系数试验根据连接面的板面处理及涂料按《铁路钢桥栓接面抗滑移系数试验方法》进行。

采用高强度螺栓拼接前必须进行抗滑移系数试验，每批试件的抗滑移系数的最小值不得小于0.4，设计预紧力为190 kN。

在构件吊装、运输、存放过程中，应防止栓接板面磨损、沾染脏物和油污。构件拼接前，应除去毛刺、飞边、焊接飞溅物，并用细钢丝刷、干净棉丝除去栓接板面和栓孔内的脏物。栓接板面必须干燥，不应在雨中作业。对翘曲板面应进行整平。当拼接出现摩擦面间隙时，应按《铁路钢桥高强度螺栓连接施工规定》的要求处理。

高强度螺栓连接副的安装应在结构构件位置调整准确按规定插入一定数量的冲钉后方可进行，严禁强行穿入或扩孔后穿入。安装前，高强度螺栓、螺母。垫圈必须按生产厂家提供的批号清理配套，不得改变其出厂状态。组装时，螺栓头一侧及螺母一侧应各置一个垫圈，垫圈有内倒角的一侧应朝向螺栓头、螺母支承面。

高强度螺栓终拧后，按工艺规程规定进行认真严密地检查后，方可进行腻缝、涂装。钢梁节点区的涂装应按《铁路钢桥保护涂装》处理。

(3)焊接

所有钢结构(除了钢桥面板)的主要焊接工艺应在制造工厂进行。

在焊接前工厂要做焊接工艺试验，根据评定报告编制焊接工艺，施焊时要严格执行。

焊接工作宜在室内进行，环境湿度应不小于80%，温度不应低于5 ℃。主要杆件应在组装后24 h内焊接。如超时应根据不同情况在焊接部位进行清理或去湿处理后方可施焊。

焊接材料应通过焊接工艺评定确定，焊剂、焊条必须按产品说明书烘干使用，焊剂中的脏物、焊丝上的油锈等必须清除干净。气体保护焊气体纯度应大于99.5%，使用前须经倒置防水处理。

厚度24 mm以上钢板焊接前要预热。预热温度应通过焊接性试验和焊接工艺评定确定，预热范围一般为焊缝每侧100 mm以上，距焊缝30～50 mm范围内测温。

焊接前必须彻底清除等焊区域内的有害物，焊接时严禁在母材的非焊接部位引弧，焊接后应及时清理焊缝表面的熔渣及两侧的飞溅物。

定位焊不得有裂纹、夹渣、焊瘤、焊偏、未填满的弧坑等缺陷，并彻底清理熔渣。定位焊缝长视钢板厚度可为60～100 mm，间距400～600 mm，焊脚尺寸不得大于设计焊脚尺寸的一半。定位焊缝距构件端部应在30 mm以上。

对接焊缝正面焊完后背面用碳弧气刨清根，并将熔渣清除干净。多道焊接时，应将前道熔渣清除干净，经确认无裂纹等缺陷后再继续施焊。

埋弧自动焊必须在距设计焊缝端部80 mm以上的引板上起、息弧，在焊接过程中不宜断弧，如有断弧则必须将停弧处刨成1∶5斜坡，并搭接50 mm再引弧施焊，焊后搭接处应修磨匀顺。

为防止坡口焊缝的焊偏并保证熔深，焊前应认真检查轨道与焊缝的位置和焊丝对准位置，施焊中及时核对调整。

受拉下弦杆对接焊缝应尽量避免。主桁杆件各板件的对接位置应错开布置，相邻焊缝间距应在200 mm以上。在节点范围内主桁杆件应避免出现对接焊缝。

杆件焊接后，梁端的引板或产品试板必须用气割切掉，并磨平切口，不得损伤杆件。垂直应力方向的对接焊缝必须除去余高，并顺应力方向磨平。焊脚尺寸、焊坡或余高等超出《铁路钢桥制造规范》规定的上限值及小于1 mm且超差的咬边必须修磨匀顺。

焊好的焊接接头，包括焊缝与热影响区应符合下列标准：垂直于受力方向的对接焊缝，冲击韧性−20 ℃时，Akv不低于41 J；平行于受力方向的T型角接焊缝与棱角焊缝的低温冲击韧性在−20 ℃时，Akv不低于34 J。焊接接头的其他力学性能均不应低于母材的标准。

所有焊缝必须在全长范围内进行外观检验，不得有裂纹、未熔合、未填满弧坑和焊瘤等缺陷，并应符合《铁路钢桥制造规范》对焊缝外观的要求。

经外观检查合格后，所有焊缝均应进行超声波探伤检验，探伤检验应在焊接24 h后进行。主要杆件受拉横向对接焊缝的超声波探伤内部质量等级应达到Ⅰ级，主要杆件受压横向对接焊缝、纵向对接焊缝和主要角焊缝的超声波探伤内部质量等级应达到Ⅱ级。超声波探伤方法和检验等级应符合《铁路钢桥制造规范》和《钢焊缝手工超声波探伤方法和探伤结果分级》的规定。

当对焊缝进行超声波检查有疑问时，应进行射线检查。主要杆件受拉横向对接焊缝应按结构数量的10%(不少于一个焊接接头)进行射线探伤。射线探伤应符合现行国家标准《钢熔化焊对接接头照相和质量分级》的规定，射线照相质量等级为B级，焊缝内部质量为Ⅱ级。

进行局部超声波探伤的焊缝，当发现裂纹或较多其它缺陷时，应扩大该条焊缝的探伤范围，必要时可延至全长；进行射线探伤的焊缝，当发现超标缺陷时应加倍检验。

用射线和超声波两种方法检验的焊缝，必须达到各自的质量要求，该焊缝方可认为合格。

返修焊缝应按原焊缝质量要求检验。同一部位的返修焊缝不宜超过两次。

(4)抗剪连接件

抗剪连接件是保证钢梁和混凝土组合作用的关键构件，本结构采用了栓钉作为钢桁架与混凝土桥面板之间的抗剪连接件。栓钉布置应符合下列要求：

①栓钉连接件钉头下表面应高出上桥面板底部钢筋顶面30 mm；

②栓钉的位置的平面误差控制在±3 mm。

(5)防腐涂装

①钢结构外表面

钢结构外表面是指在使用状态下与空气接触的钢构件面积，包括箱形杆件内位于端隔板以外的面积。

钢结构外表面的涂装推荐采用铁路第7涂装体系进行，包括喷砂除锈＋底漆＋中间漆＋面漆，防腐设计寿命在20年以上。

表面处理：涂装前需对工件进行表面处理，喷砂除锈等级达到Sa2.5级，涂装前钢表面粗糙度达到40～80 μm。涂装前工件表面应干燥、无灰尘、无油污、无氧化皮、无锈迹。

底漆：特制环氧富锌底漆2道，干膜厚度2×40 μm，电弧喷漆。

中间漆：云铁环氧中间漆2道，干膜厚度2×40 μm，无气喷漆。

面漆：氟碳涂料面漆2道，干膜厚度2×35 μm，电弧喷漆。

除最后一道面漆外，所有钢结构的主要涂装工序应在制造工厂进行。

②主桁箱形杆件内表面

主桁箱形杆件(包括上平纵联的端横撑)内端隔板以内部分喷砂除锈，箱梁截面形成后，对端隔板以内部分立即采用封闭式措施，端隔板所有缝隙、孔洞使用HM106密封剂封堵严密，防止水汽进入引起钢板锈蚀。

箱形杆件端隔板外侧未密封部位属封前，需对密封部位除锈。密封后，密封表面按与钢结构外表面相同的工艺涂装。密封施工时，环境温度应在5 ℃～35 ℃之间，相对湿度不大于80%，下雨不能施工，表面有水不能施工。

③高强度螺栓摩擦面

表面处理：喷砂除锈等级达到Ra3级，表面粗糙度40～80 μm。

高强度螺栓连接部分摩擦面涂装采用电弧喷涂铝，涂层厚度为150 μm±50 μm，工厂涂层的抗滑移系数不小于0.5，工地安装时抗滑移系数不小于0.4。

栓接点外露的铝表面与涂料涂层搭接处应涂装特制环氧富锌防锈底漆。钢梁组装后，栓接点外露的铝涂层用环氧类封孔剂进行封孔，封孔层厚度无要求，涂覆的封孔剂至不被吸收为止。封孔后应加涂相应的配套涂料。栓接点螺栓，螺栓头处涂装特制环氧富锌防锈底漆，涂装前螺栓应除油，螺母和垫片应水洗清除皂化膜。

广州市政工程设计研究院 北京科技大学土木工程系	50 m跨径板桁组合梁桥	设计说明(二)	设计		复核		审核		图号	02

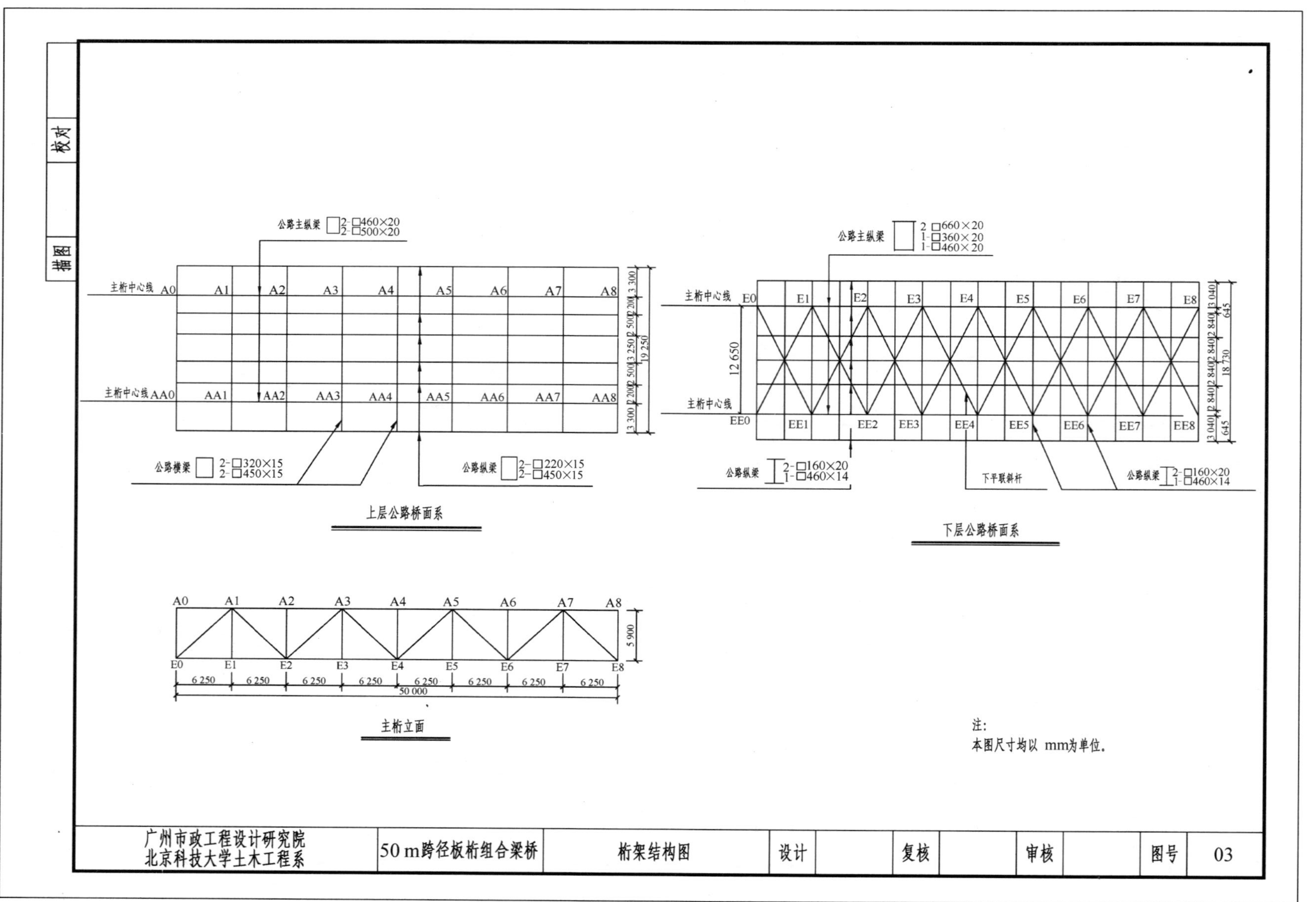
公路主纵梁 2-□460×20 2-□500×20
主桁中心线
公路横梁 2-□320×15 2-□450×15
公路纵梁 2-□220×15 2-□450×15
上层公路桥面系
公路主纵梁 2 □660×20 1-□360×20 1-□460×20
12 650
18 730
公路纵梁 2-□160×20 1-□460×14
下平联斜杆
下层公路桥面系
5 900
6 250
50 000
主桁立面
注:
本图尺寸均以 mm为单位。
广州市政工程设计研究院
北京科技大学土木工程系
50 m跨径板桁组合梁桥
桁架结构图
设计
复核
审核
图号
03
描图
校对

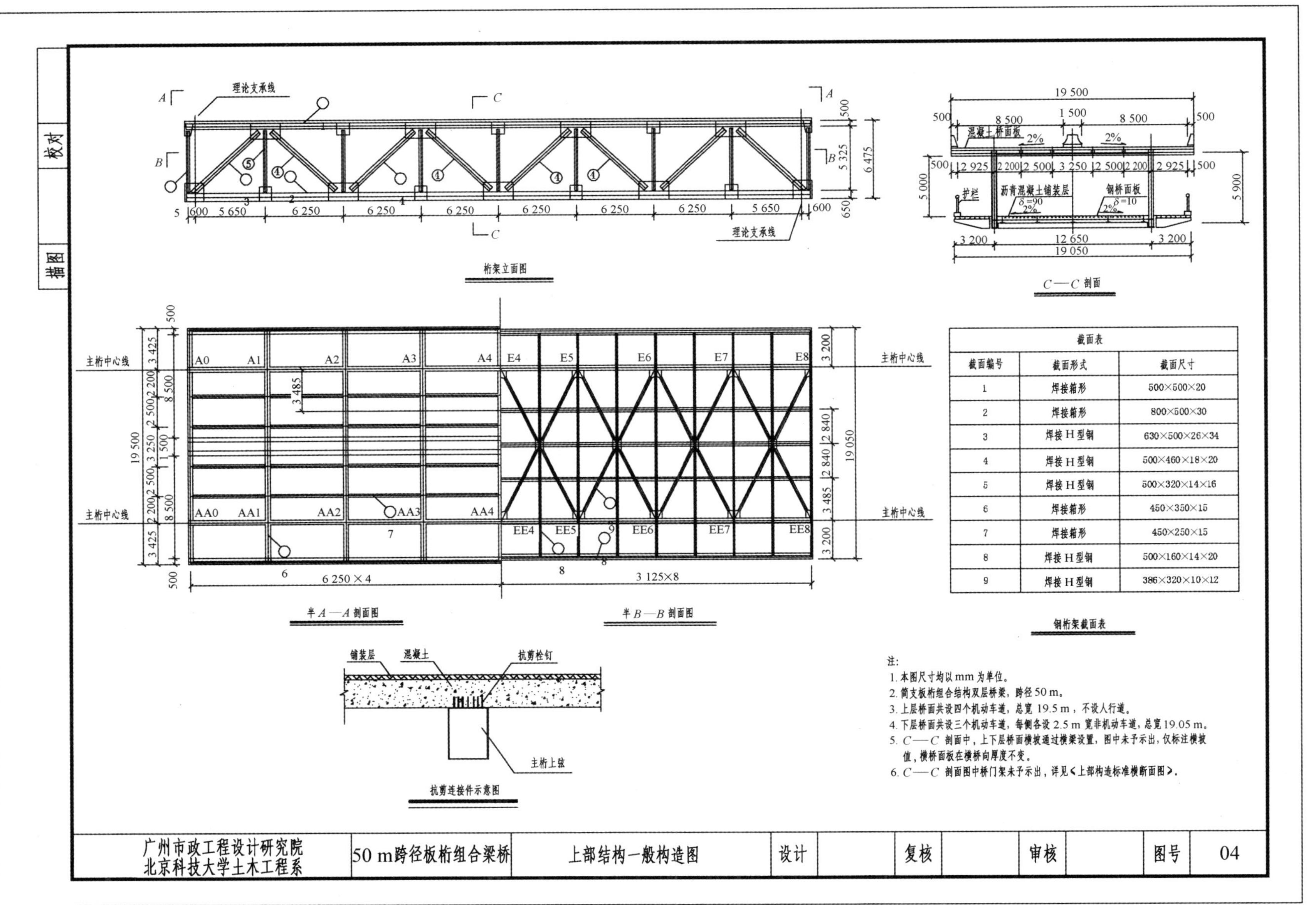

截面表

截面编号	截面形式	截面尺寸
1	焊接箱形	500×500×20
2	焊接箱形	800×500×30
3	焊接 H 型钢	630×500×26×34
4	焊接 H 型钢	500×460×18×20
5	焊接 H 型钢	500×320×14×16
6	焊接箱形	450×350×15
7	焊接箱形	450×250×15
8	焊接 H 型钢	500×160×14×20
9	焊接 H 型钢	386×320×10×12

钢桁架截面表

注：
1. 本图尺寸均以 mm 为单位。
2. 简支板桁组合结构双层桥梁，跨径 50 m。
3. 上层桥面共设四个机动车道，总宽 19.5 m，不设人行道。
4. 下层桥面共设三个机动车道，每侧各设 2.5 m 宽非机动车道，总宽 19.05 m。
5. C—C 剖面中，上下层桥面横坡通过横梁设置，图中未予示出，仅标注横坡值，横桥面板在横桥向厚度不变。
6. C—C 剖面图中桥门架未予示出，详见<上部构造标准横断面图>。

广州市政工程设计研究院 北京科技大学土木工程系	50 m跨径板桁组合梁桥	上部结构一般构造图	设计		复核		审核		图号	04

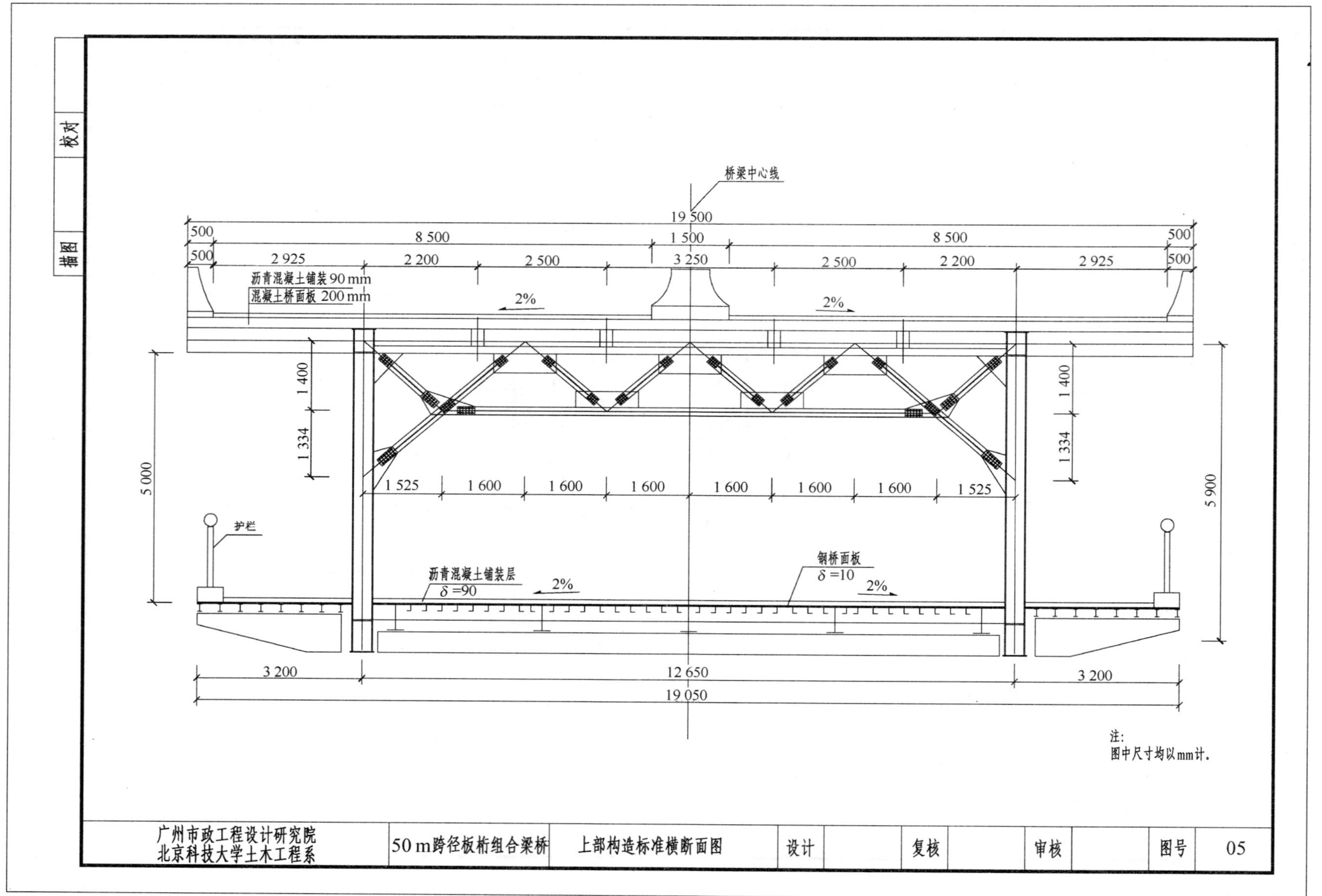
桥梁中心线
19 500
500
8 500
1 500
8 500
500
500
2 925
2 200
2 500
3 250
2 500
2 200
2 925
500
沥青混凝土铺装90 mm
混凝土桥面板200 mm
2%
2%
1 400
1 334
1 400
1 334
5 000
5 900
1 525
1 600
1 600
1 600
1 600
1 600
1 600
1 525
护栏
沥青混凝土铺装层
δ=90
2%
钢桥面板
δ=10
2%
3 200
12 650
3 200
19 050
注:
图中尺寸均以mm计.
广州市政工程设计研究院
北京科技大学土木工程系
50 m跨径板桁组合梁桥
上部构造标准横断面图
设计
复核
审核
图号
05
校对
描图

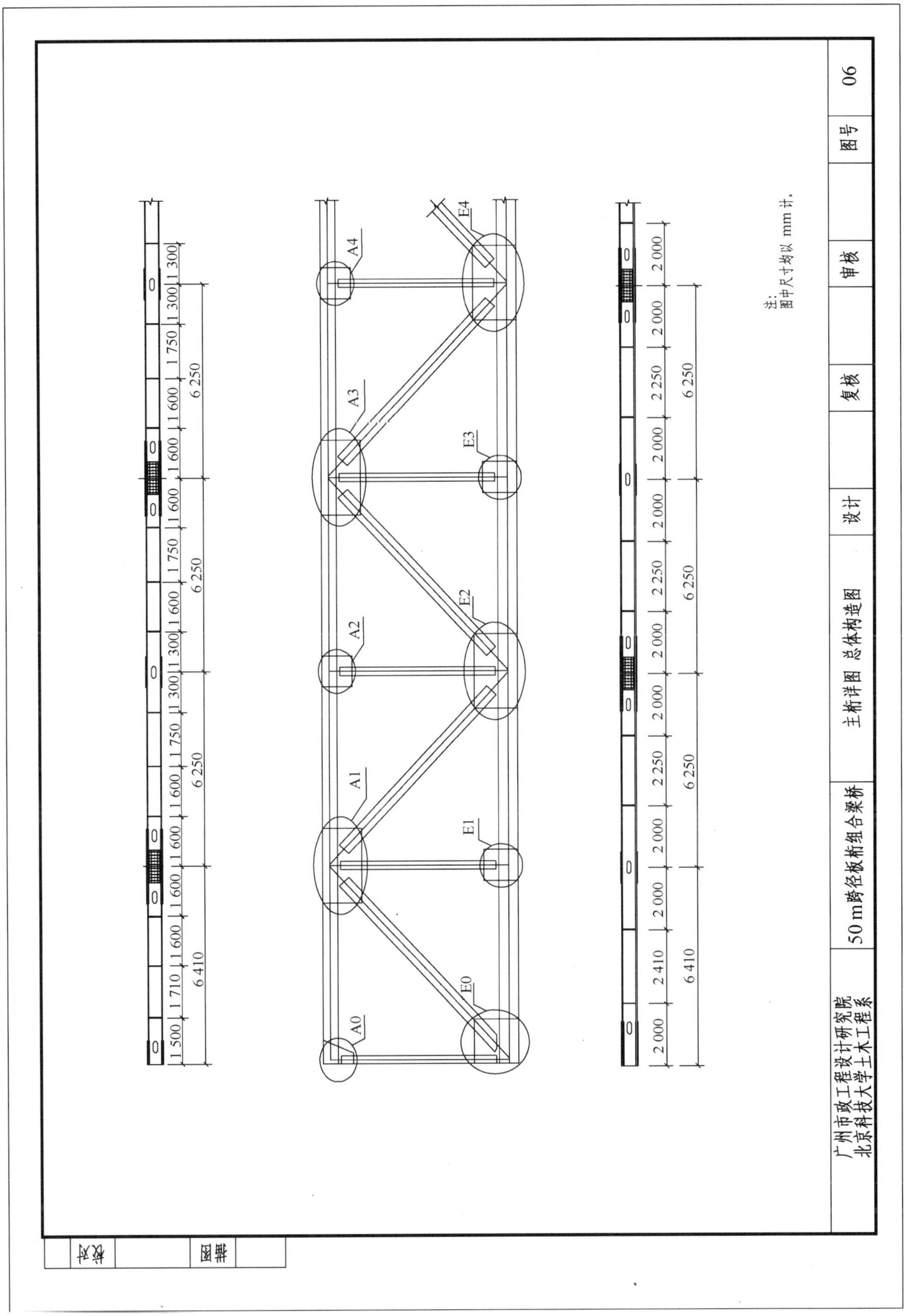

1 500　1 710　1 600　1 600　1 600　1 600　1 750　1 300　1 300　1 600　1 750　1 600　1 600　1 600　1 750　1 300　1 300

6 410　6 250　6 250　6 250

A0　A1　A2　A3　A4

E0　E1　E2　E3　E4

2 000　2 410　2 000　2 000　2 250　2 000　2 000　2 250　2 000　2 000　2 250　2 000　2 000

6 410　6 250　6 250　6 250

注：
图中尺寸均以 mm 计。

广州市政工程设计研究院 北京科技大学土木工程系	50 m跨径板桁组合梁桥	主桁详图 总体构造图	设计		复核		审核		图号	06

校对		描图	

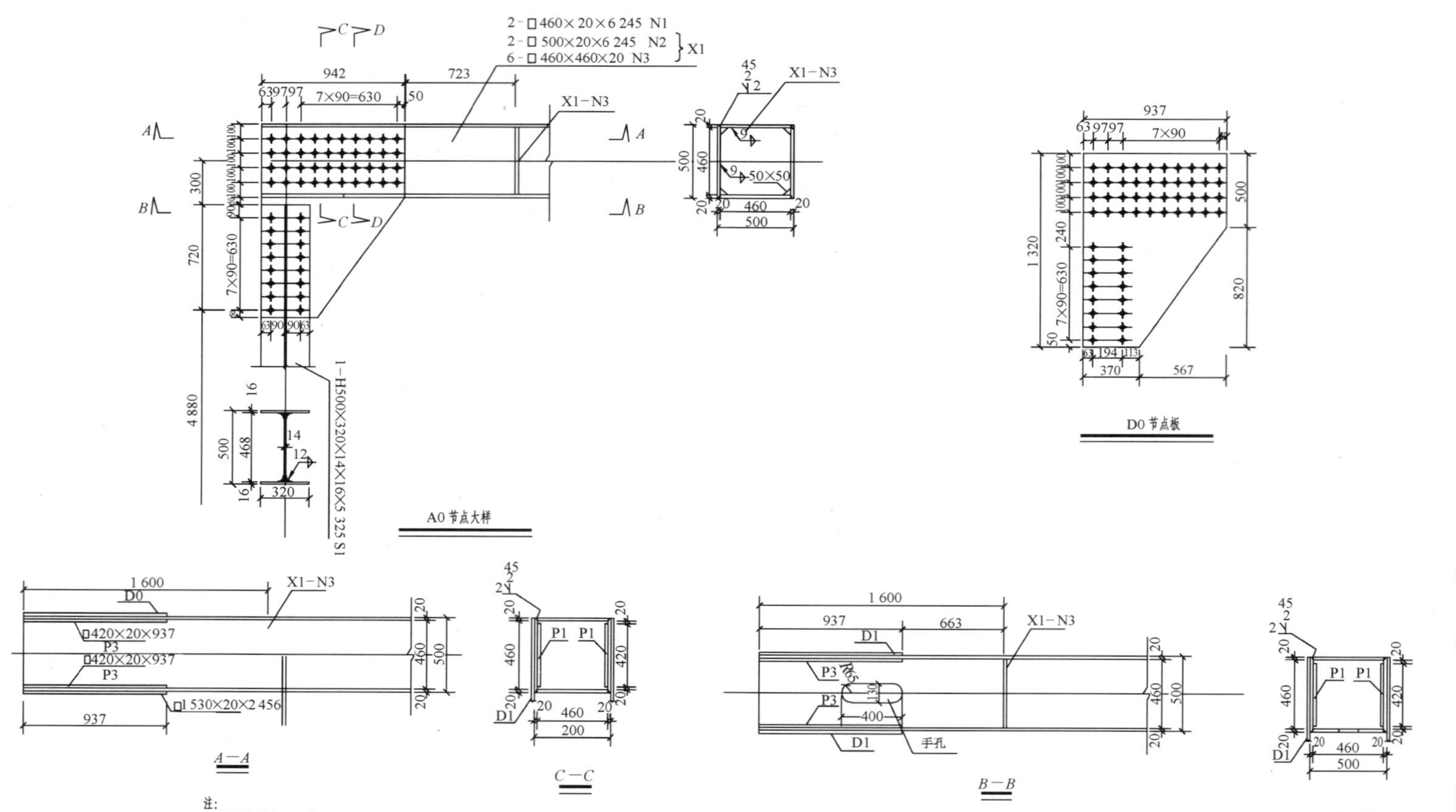

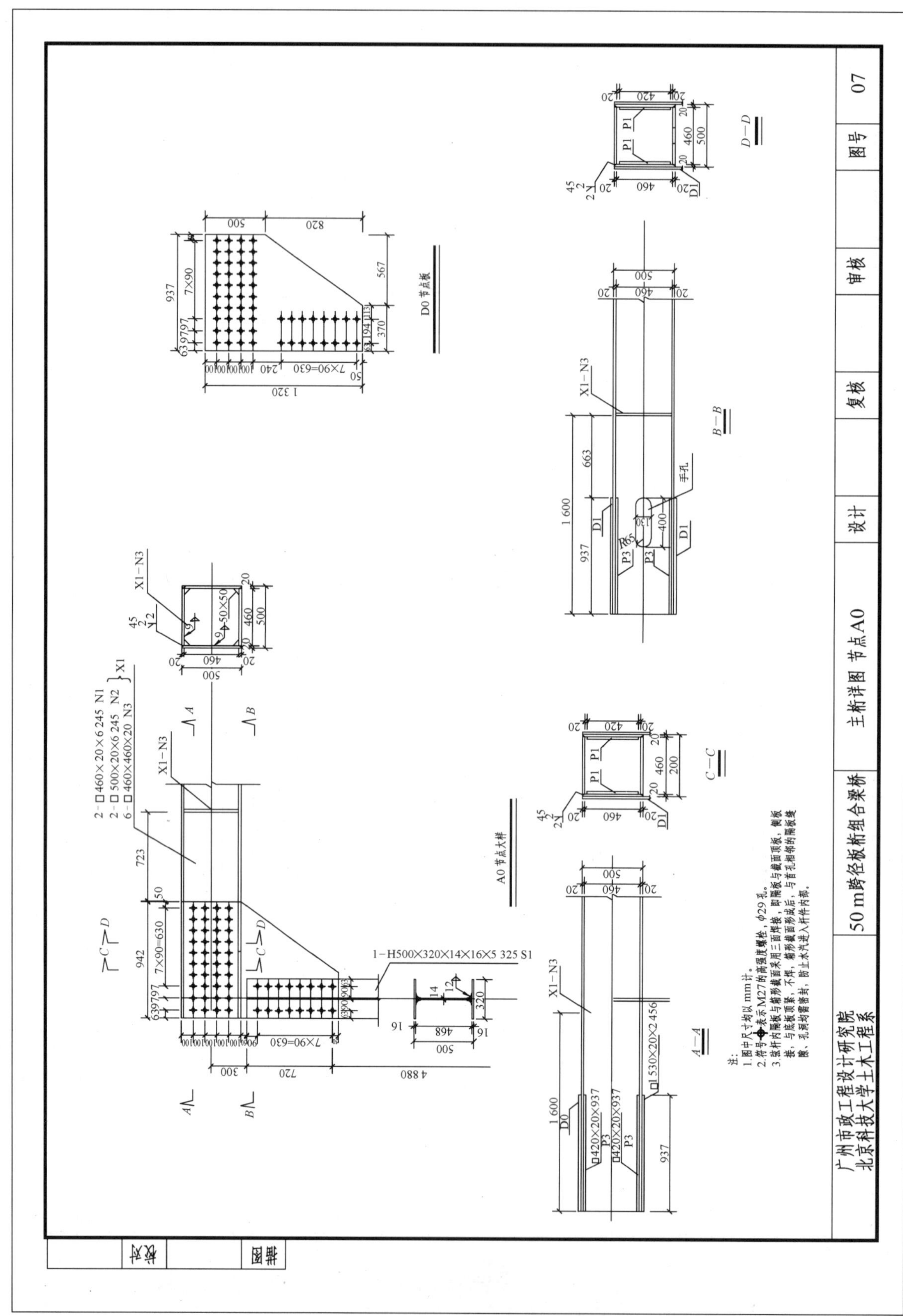

注：
1.图中尺寸均以mm计。
2.符号◆表示M27的高强度螺栓，ϕ29孔。
3.弦杆内隔板与箱形截面采用三面焊接，即隔板与截面顶板，侧板接，与底板顶紧，不焊，箱形截面形成后，与首孔相邻的隔板缝隙、孔洞均需密封，防止水汽进入杆件内部。

广州市政工程设计研究院 北京科技大学土木工程系	50 m跨径板桁组合梁桥	主桁详图 节点A0	设计		复核		审核	图号	07

描图	校对

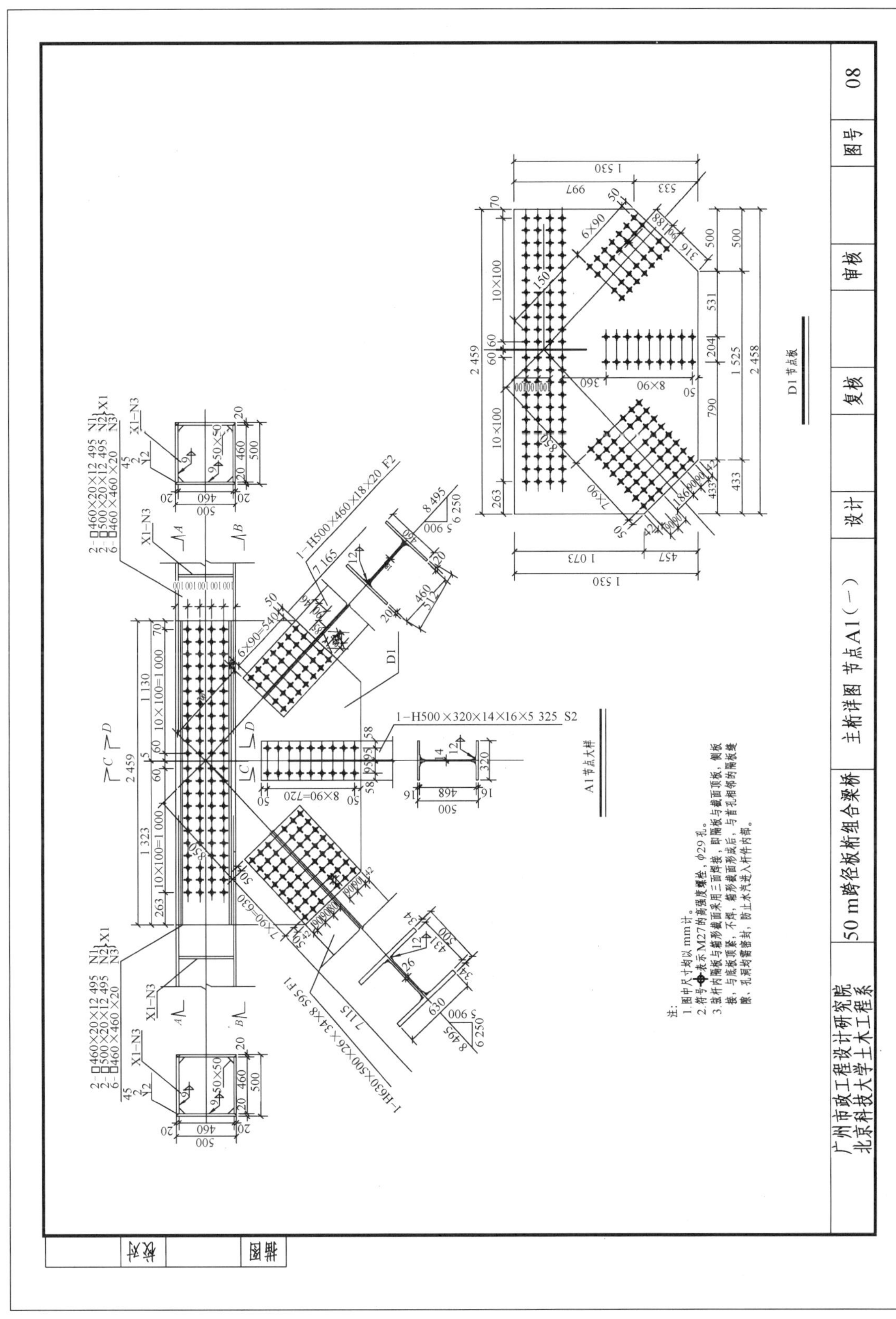

校对

描图

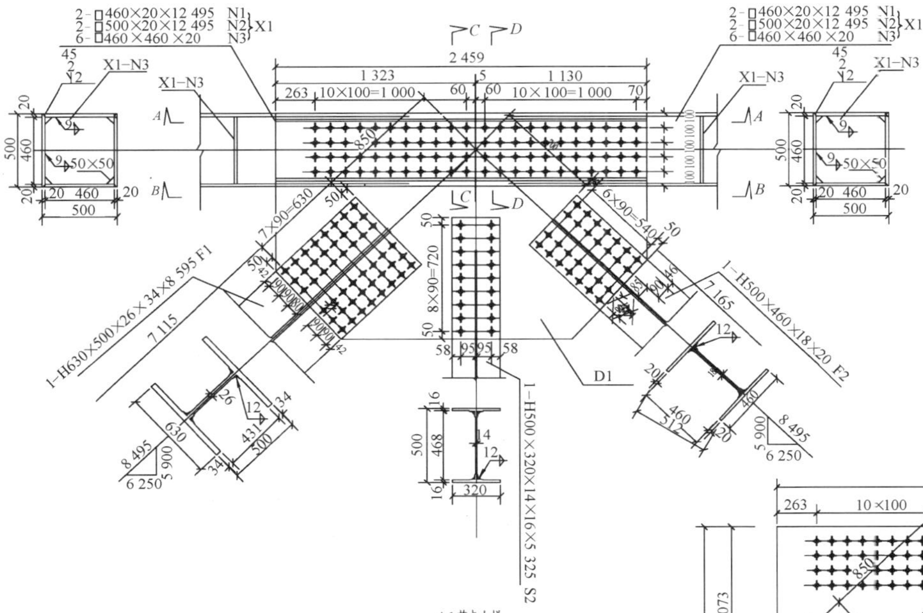

A1 节点大样

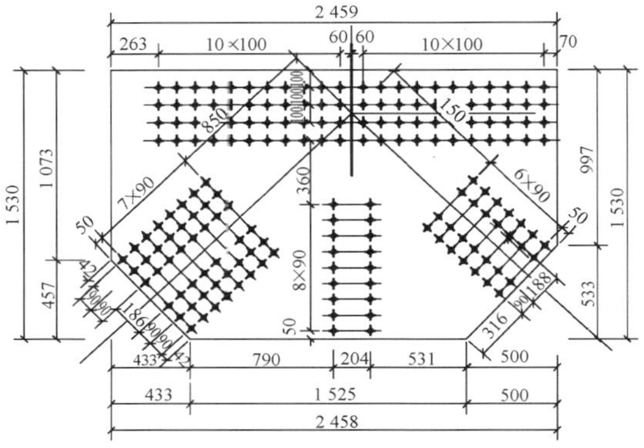

D1 节点板

注:

1. 图中尺寸均以 mm 计。
2. 符号◆表示M27的高强度螺栓，ϕ29 孔。
3. 弦杆内隔板与箱形截面采用三面焊接，即隔板与截面顶板，侧板接，与底板顶紧，不焊，箱形截面形成后，与首孔相邻的隔板缝隙、孔洞均需密封，防止水汽进入杆件内部。

广州市政工程设计研究院 北京科技大学土木工程系	50 m跨径板桁组合梁桥	主桁详图 节点A1（一）	设计		复核		审核		图号	08

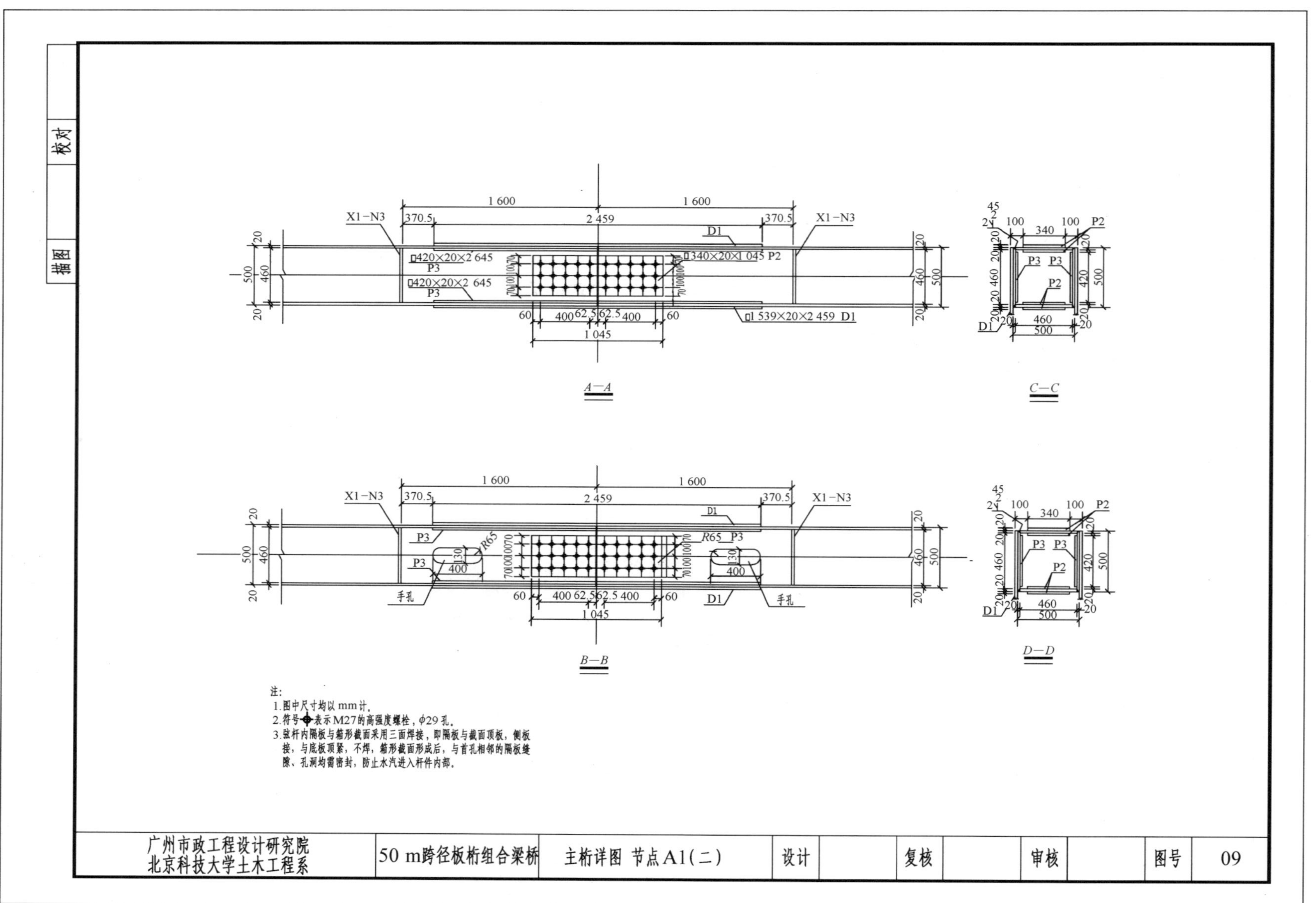
A—A
B—B
C—C
D—D
X1-N3
D1
P2
P3
手孔
□420×20×2 645
□340×20×1 045
□1 539×20×2 459
注：
1.图中尺寸均以mm计。
2.符号◆表示M27的高强度螺栓，φ29孔。
3.弦杆内隔板与箱形截面采用三面焊接，即隔板与截面顶板，侧板接，与底板顶紧，不焊，箱形截面形成后，与首孔相邻的隔板缝隙、孔洞均需密封，防止水汽进入杆件内部。
广州市政工程设计研究院
北京科技大学土木工程系
50 m跨径板桁组合梁桥
主桁详图 节点A1(二)
设计
复核
审核
图号
09
描图
校对

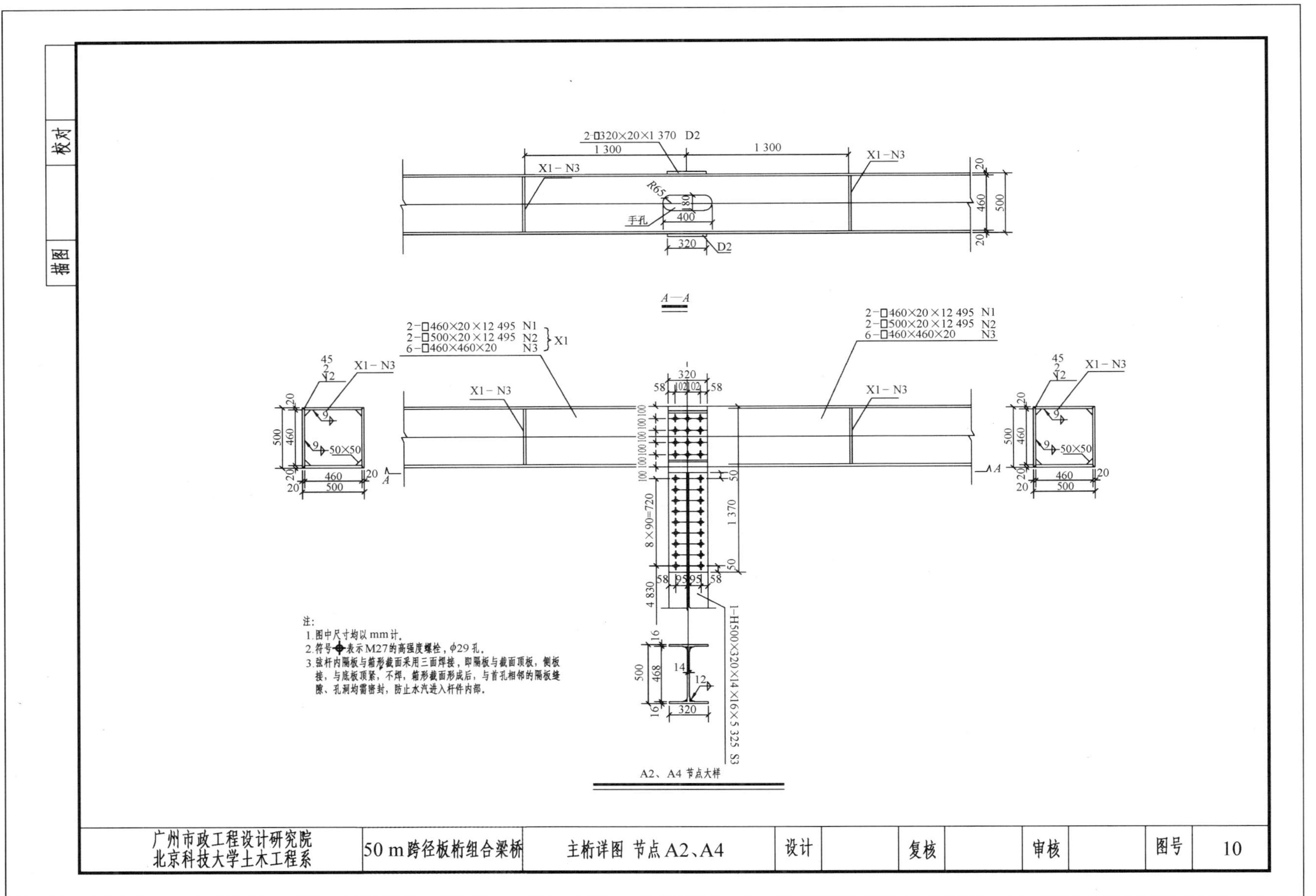
2-□320×20×1 370 D2
1 300
1 300
X1-N3
X1-N3
R65
80
400
手孔
320
D2
500
460
20
20
A—A
2-□460×20×12 495 N1
2-□500×20×12 495 N2
6-□460×460×20 N3
X1
2-□460×20×12 495 N1
2-□500×20×12 495 N2
6-□460×460×20 N3
X1-N3
X1-N3
X1-N3
X1-N3
50×50
50×50
320
58
58
8×90=720
1 370
4 830
1-H500×320×14×16×5 325 S3
500
468
320
注:
1.图中尺寸均以mm计。
2.符号◆表示M27的高强度螺栓，φ29孔。
3.弦杆内隔板与箱形截面采用三面焊接，即隔板与截面顶板，侧板接，与底板顶紧，不焊，箱形截面形成后，与首孔相邻的隔板缝隙、孔洞均需密封，防止水汽进入杆件内部。
A2、A4 节点大样
广州市政工程设计研究院
北京科技大学土木工程系
50 m跨径板桁组合梁桥
主桁详图 节点A2、A4
设计
复核
审核
图号
10
校对
描图

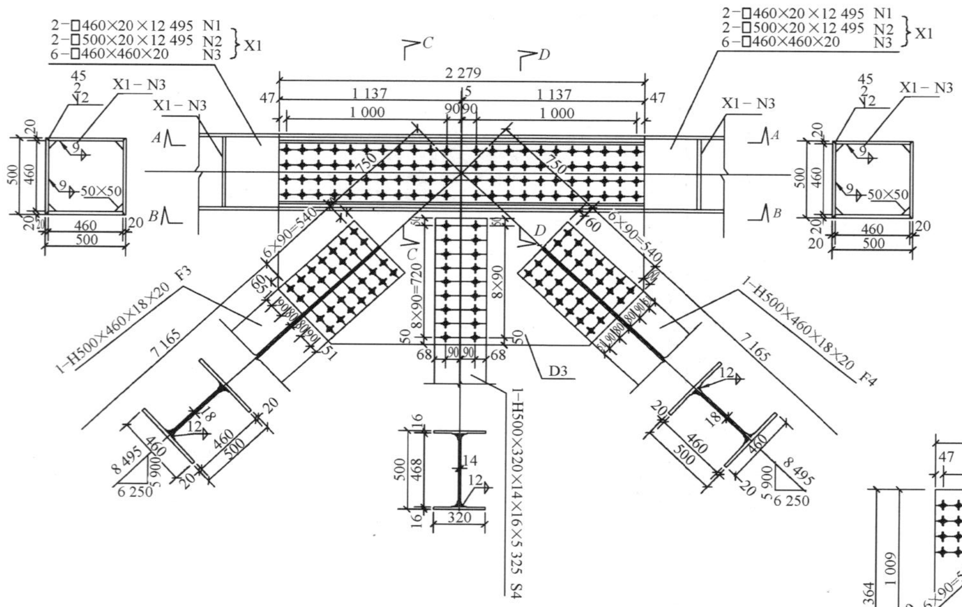
2-□460×20×12 495 N1
2-□500×20×12 495 N2
6-□460×460×20 N3
X1
X1-N3
2 279
1 137
1 000
9090
47
750
6×90=540
8×90=720
8×90
1-H500×460×18×20 F3
1-H500×460×18×20 F4
1-H500×320×14×16×5 325 S4
D3
7 165
8 495
6 250
5 900
460
500
320
468
50×50
A3 节点大样

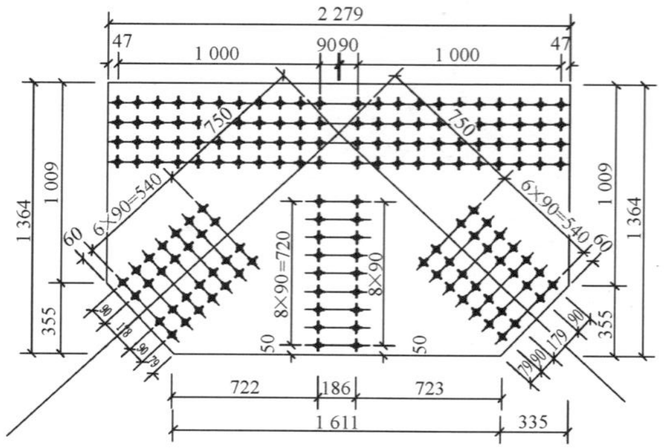
2 279
47
1 000
9090
1 364
1 009
355
750
6×90=540
8×90=720
8×90
722
186
723
1 611
335
D3节点板

注:
1. 图中尺寸均以mm计。
2. 符号◆表示M27的高强度螺栓，ϕ29孔。
3. 弦杆内隔板与箱形截面采用三面焊接，即隔板与截面顶板，侧板接，与底板顶紧，不焊，箱形截面形成后，与首孔相邻的隔板缝隙、孔洞均需密封，防止水汽进入杆件内部。

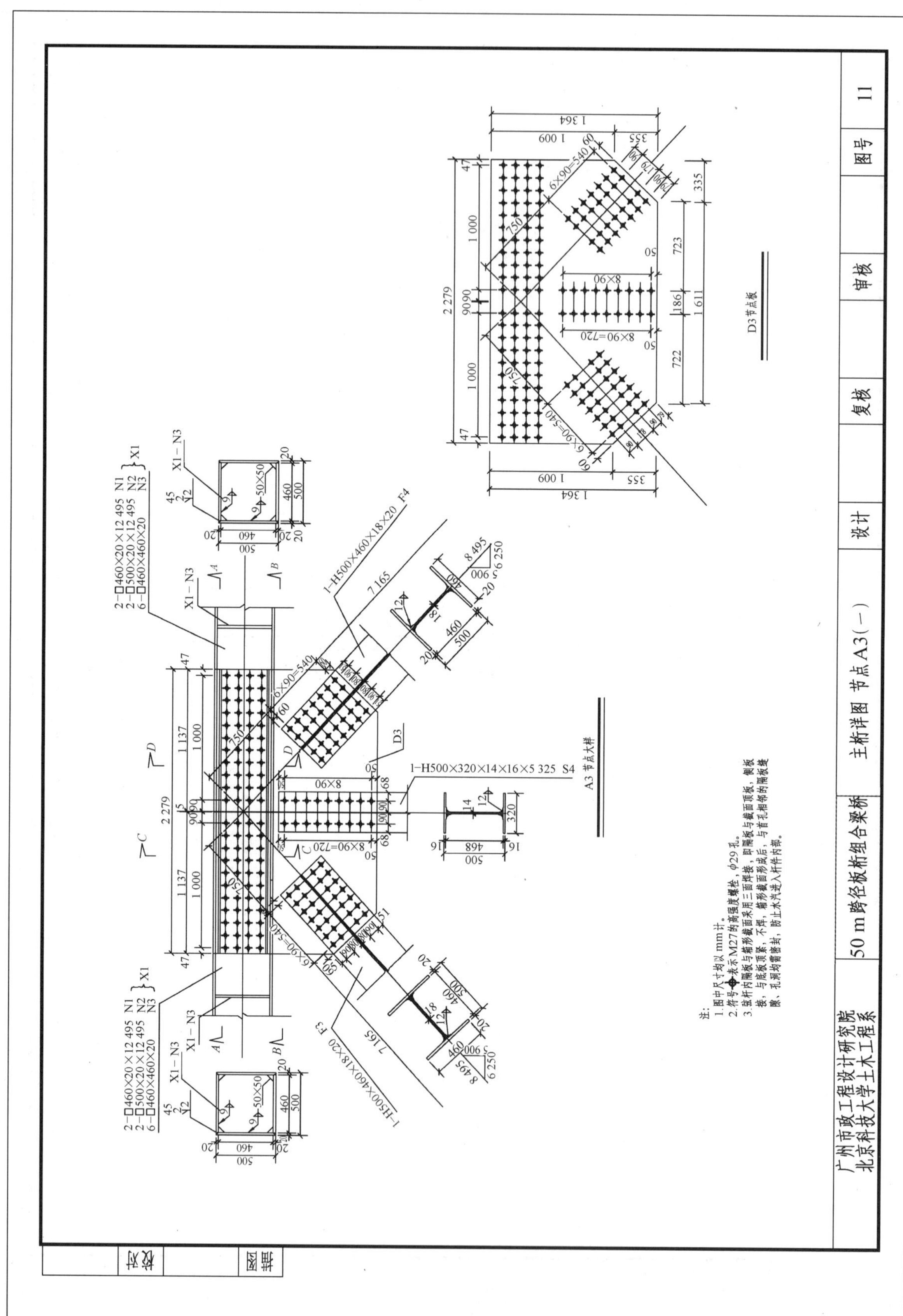

广州市政工程设计研究院 北京科技大学土木工程系	50 m跨径板桁组合梁桥	主桁详图 节点A3(一)	设计		复核		审核		图号	11

校对	描图

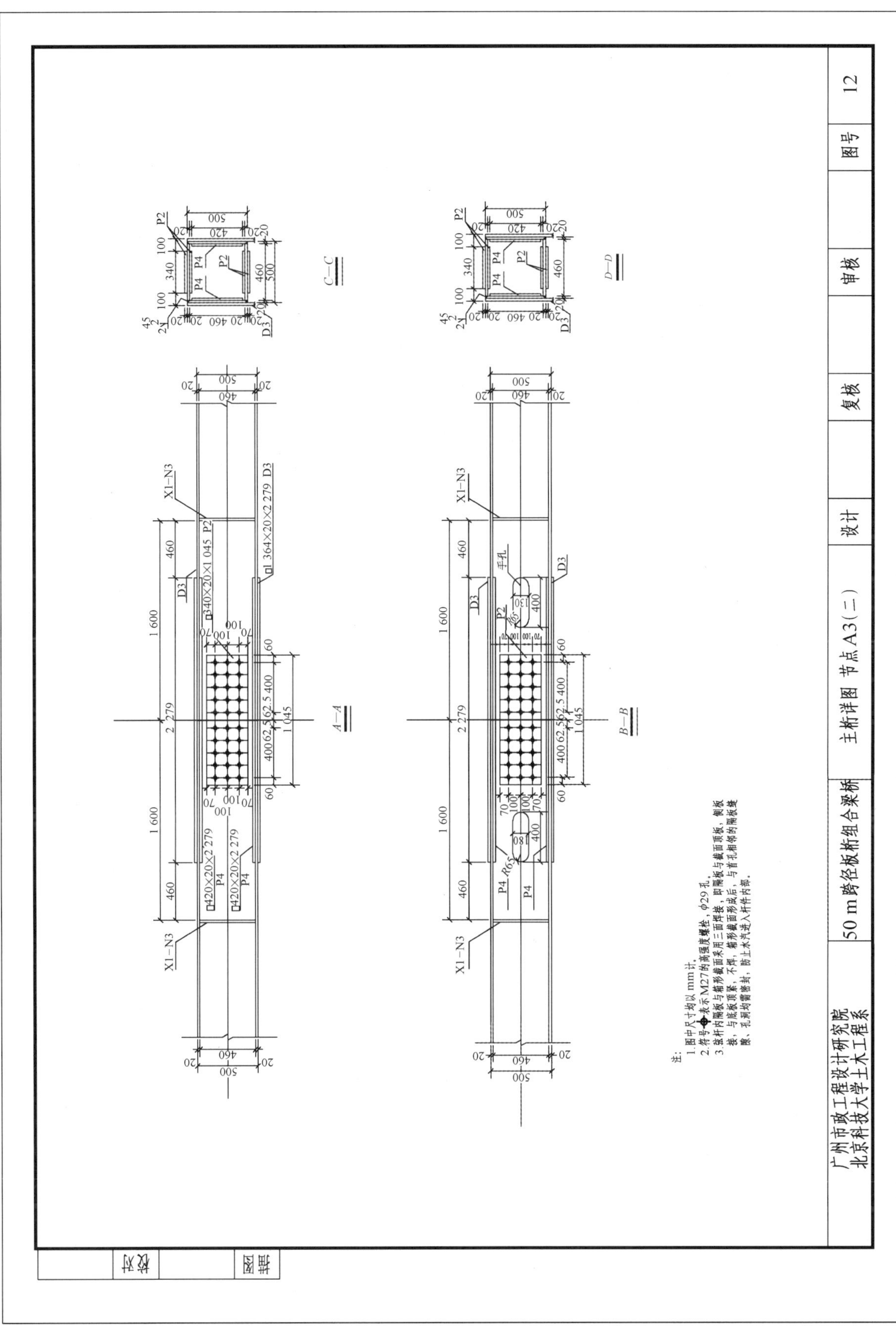

描图	校对

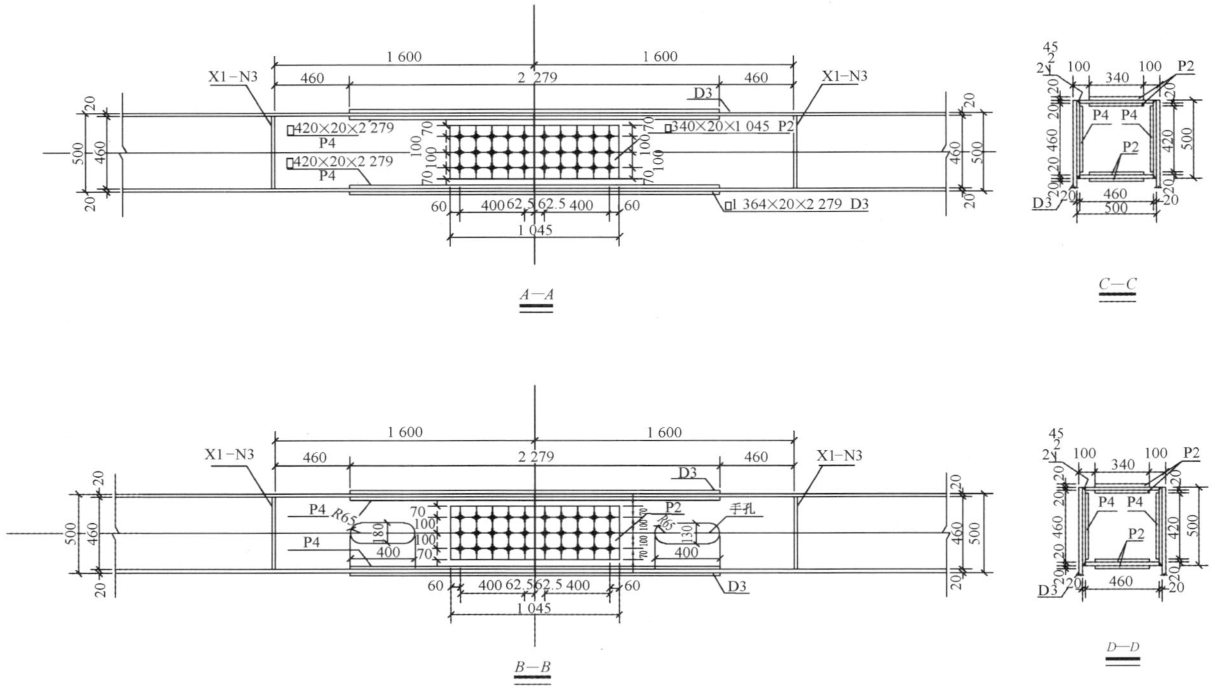

注：
1. 图中尺寸均以mm计。
2. 符号◆表示M27的高强度螺栓，φ29孔。
3. 弦杆内隔板与箱形截面采用三面焊接，即隔板与截面顶板，侧板接，与底板顶紧，不焊，箱形截面形成后，与首孔相邻的隔板缝隙、孔洞均需密封，防止水汽进入杆件内部。

广州市政工程设计研究院 北京科技大学土木工程系	50 m跨径板桁组合梁桥	主桁详图 节点A3(二)	设计		复核		审核		图号	12

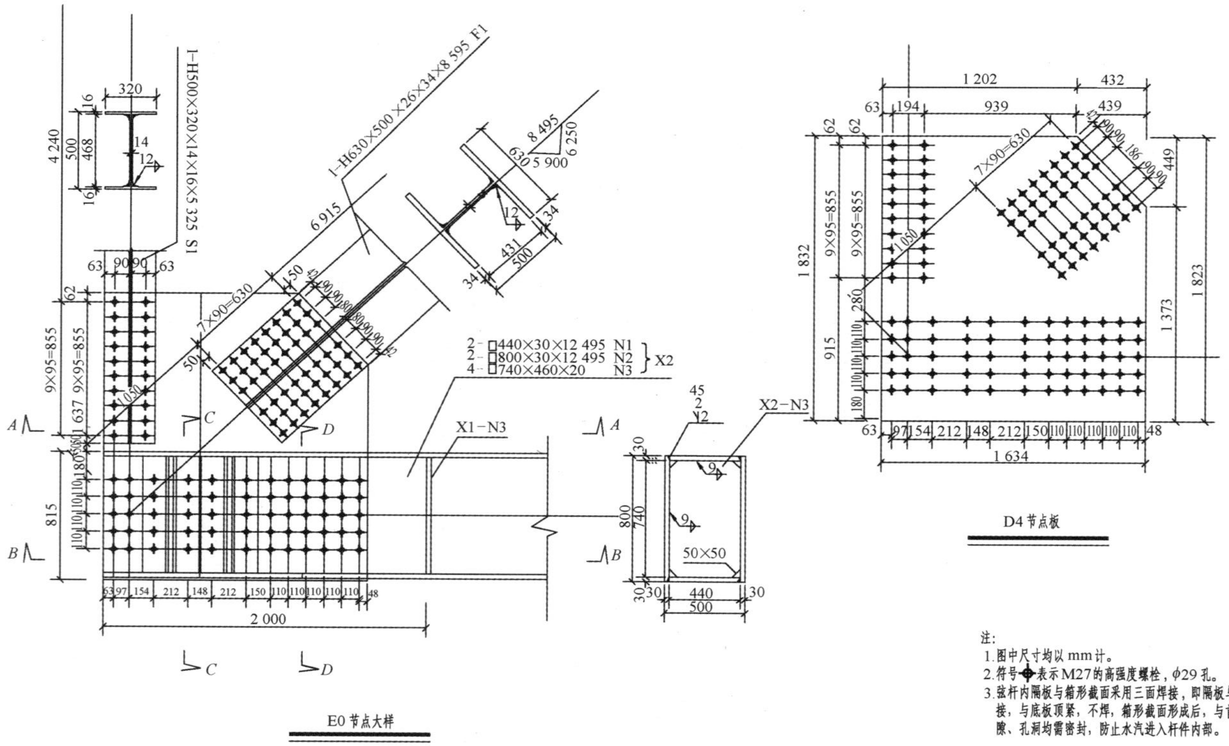

E0 节点大样

D4 节点板

注:
1. 图中尺寸均以 mm 计。
2. 符号◆表示 M27 的高强度螺栓，ϕ29 孔。
3. 弦杆内隔板与箱形截面采用三面焊接，即隔板与截面顶板，侧板接，与底板顶紧，不焊，箱形截面形成后，与首孔相邻的隔板缝隙、孔洞均需密封，防止水汽进入杆件内部。

广州市政工程设计研究院 北京科技大学土木工程系	50 m跨径板桁组合梁桥	主桁详图 节点E0(一)	设计		复核		审核		图号	13

描图 | 校对

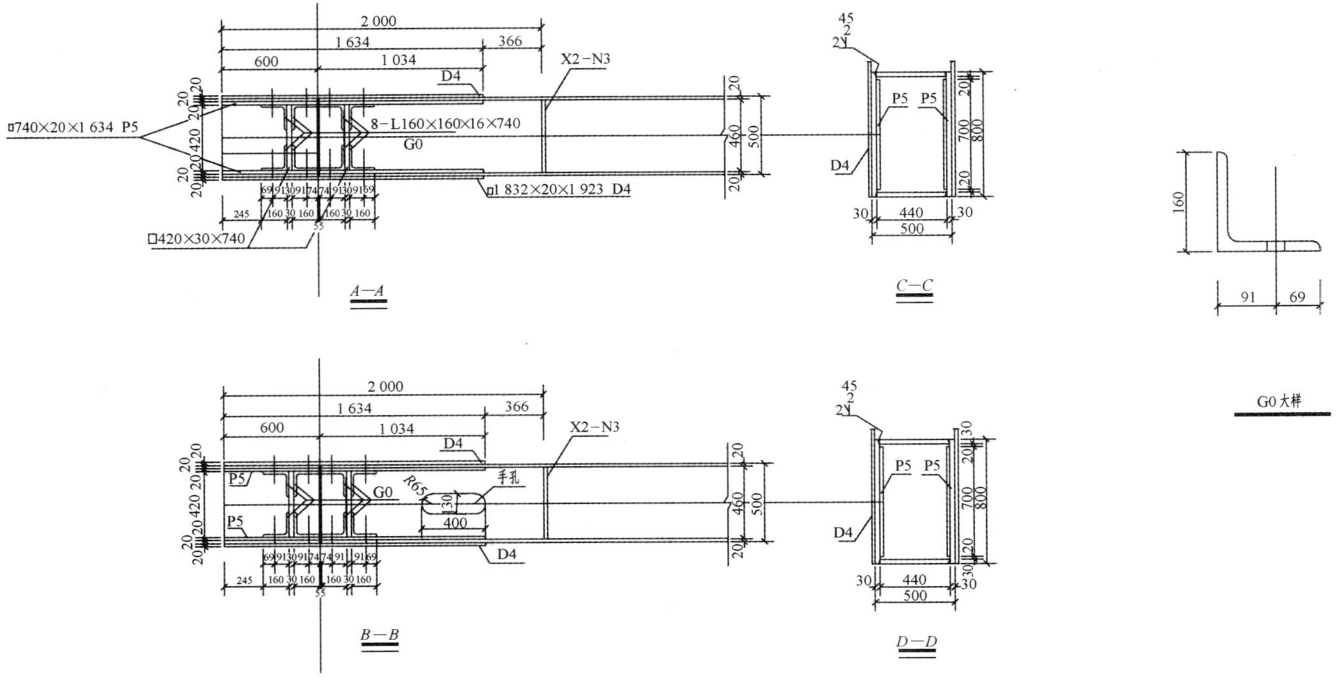

注:
1.图中尺寸均以mm计。
2.符号◆表示M27的高强度螺栓，ϕ29孔。
3.弦杆内隔板与箱形截面采用三面焊接，即隔板与截面顶板，侧板接，与底板顶紧，不焊，箱形截面形成后，与首孔相邻的隔板缝隙、孔洞均需密封，防止水汽进入杆件内部。

广州市政工程设计研究院 北京科技大学土木工程系	50 m跨径板桁组合梁桥	主桁详图 节点E0(二)	设计		复核		审核		图号	14

校对	
描图	

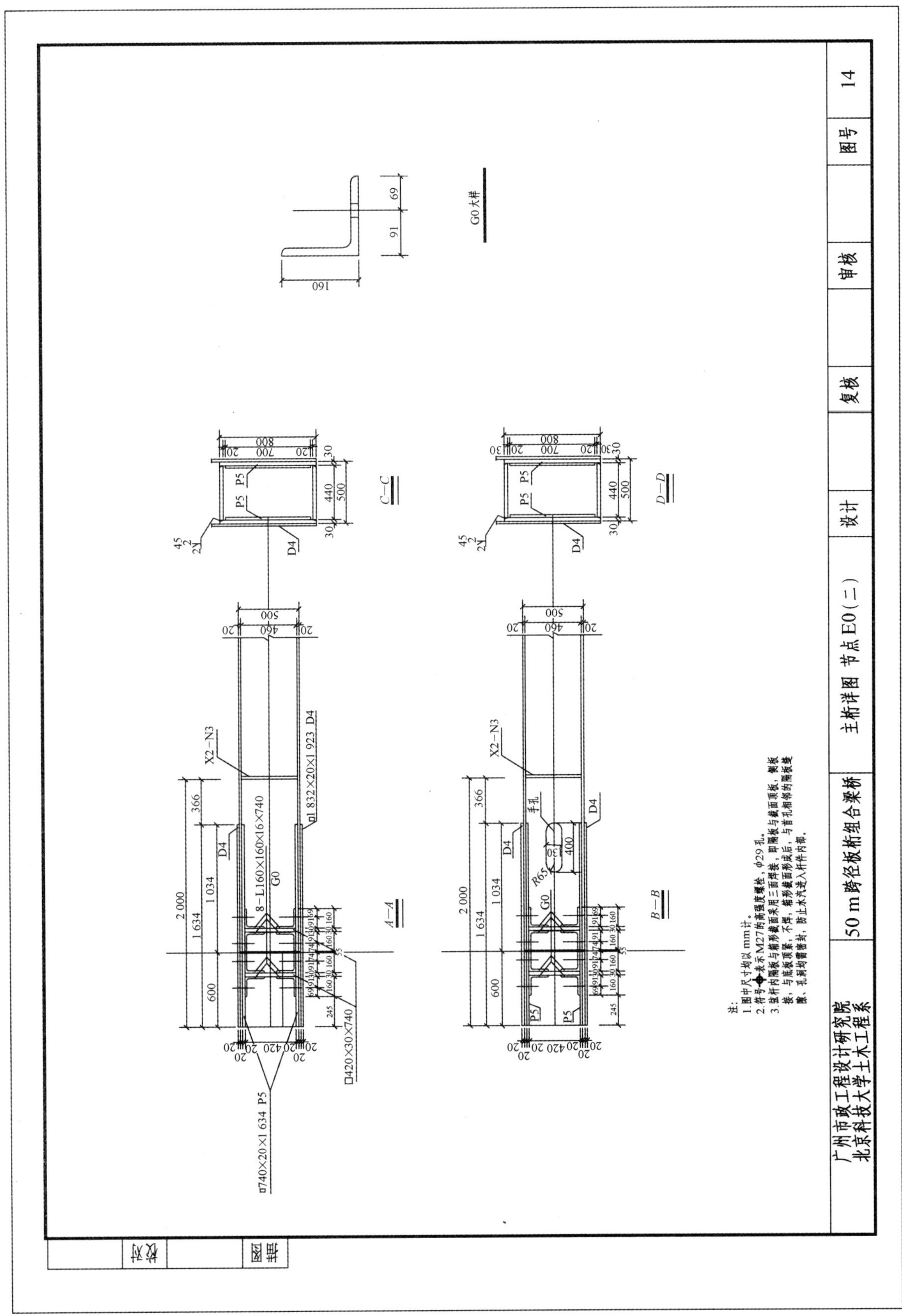

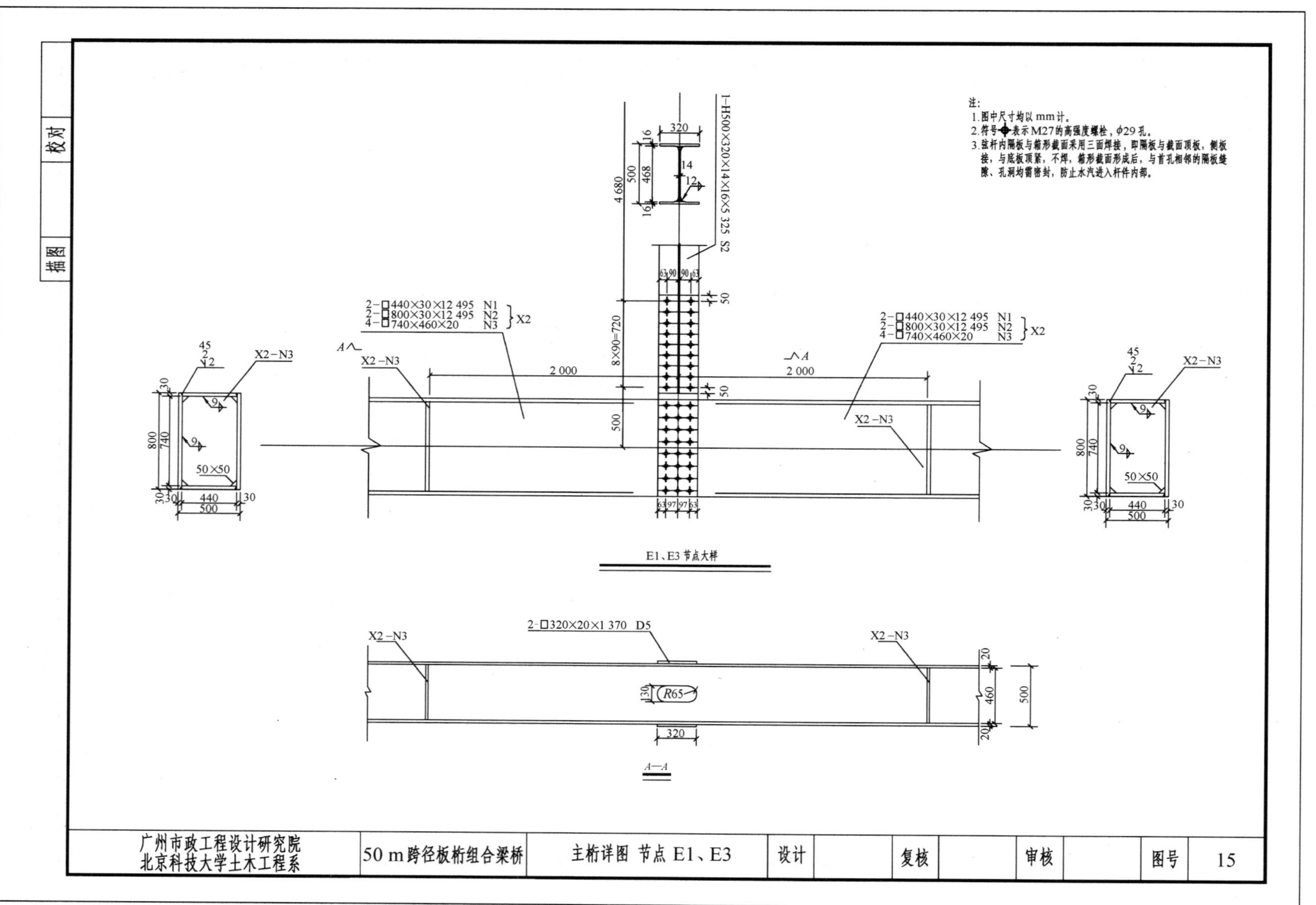
注：
1.图中尺寸均以mm计。
2.符号◆表示M27的高强度螺栓，φ29孔。
3.弦杆内隔板与箱形截面采用三面焊接，即隔板与截面顶板、侧板接，与底板顶紧，不焊，箱形截面形成后，与首孔相邻的隔板缝隙、孔洞均需密封，防止水汽进入杆件内部。
1-H500×320×14×16×5 325 S2
2-□440×30×12 495 N1
2-□800×30×12 495 N2
4-□740×460×20 N3
X2
X2-N3
8×90=720
4 680
2 000
50×50
E1、E3节点大样
2-□320×20×1 370 D5
R65
A—A
广州市政工程设计研究院
北京科技大学土木工程系
50 m跨径板桁组合梁桥
主桁详图 节点E1、E3
设计
复核
审核
图号
15
校对
描图

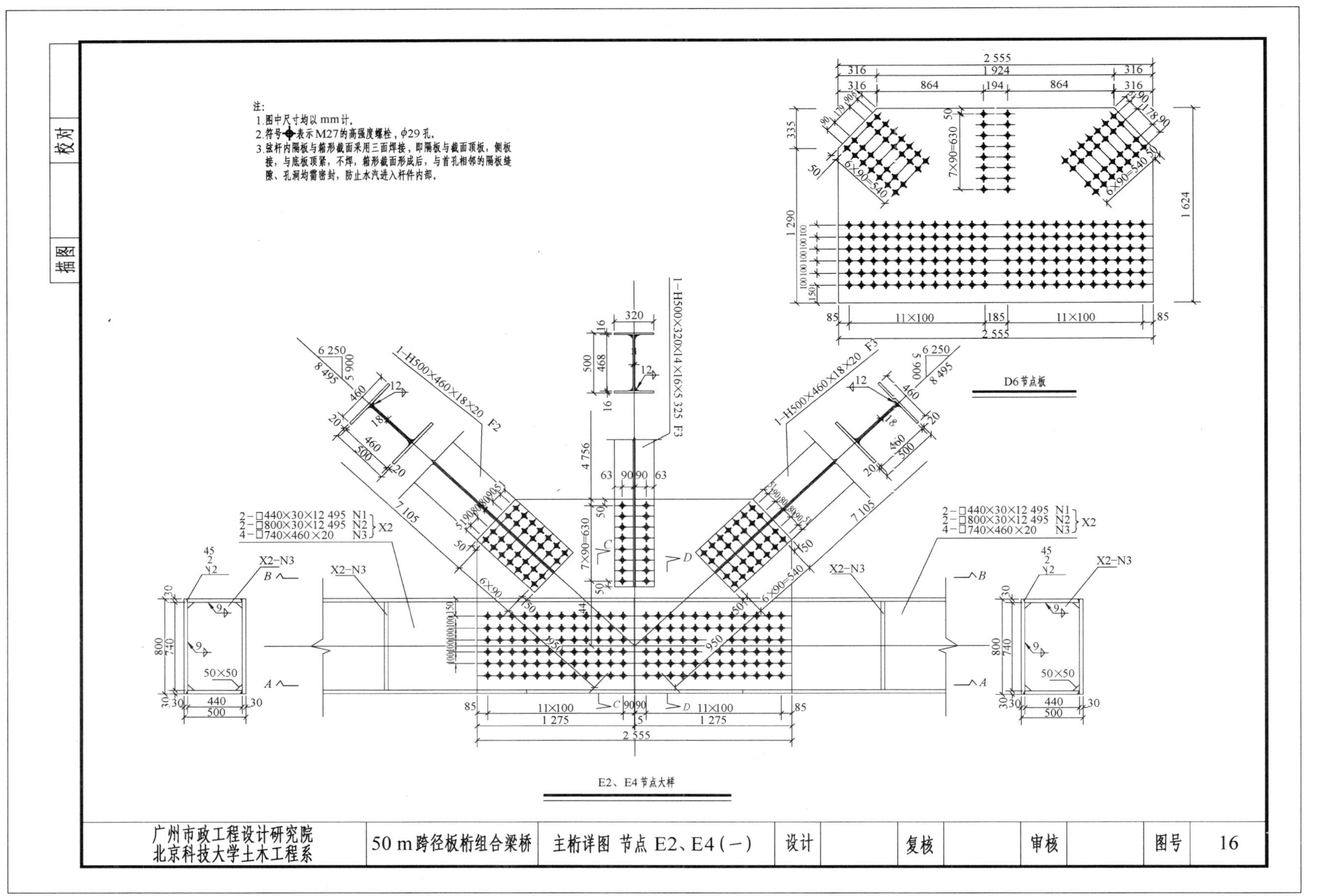
注:
1.图中尺寸均以mm计。
2.符号◆表示M27的高强度螺栓，φ29孔。
3.弦杆内隔板与箱形截面采用三面焊接，即隔板与截面顶板，侧板接，与底板顶紧，不焊，箱形截面形成后，与首孔相邻的隔板缝隙、孔洞均需密封，防止水汽进入杆件内部。
D6节点板
E2、E4节点大样
1-H500×460×18×20 F2
1-H500×320×14×16×5 325 F3
1-H500×460×18×20 F3
2-□440×30×12 495 N1
2-□800×30×12 495 N2
4-□740×460×20 N3
X2
X2-N3
广州市政工程设计研究院
北京科技大学土木工程系
50 m跨径板桁组合梁桥
主桁详图 节点E2、E4(一)
设计
复核
审核
图号
16
校对
描图

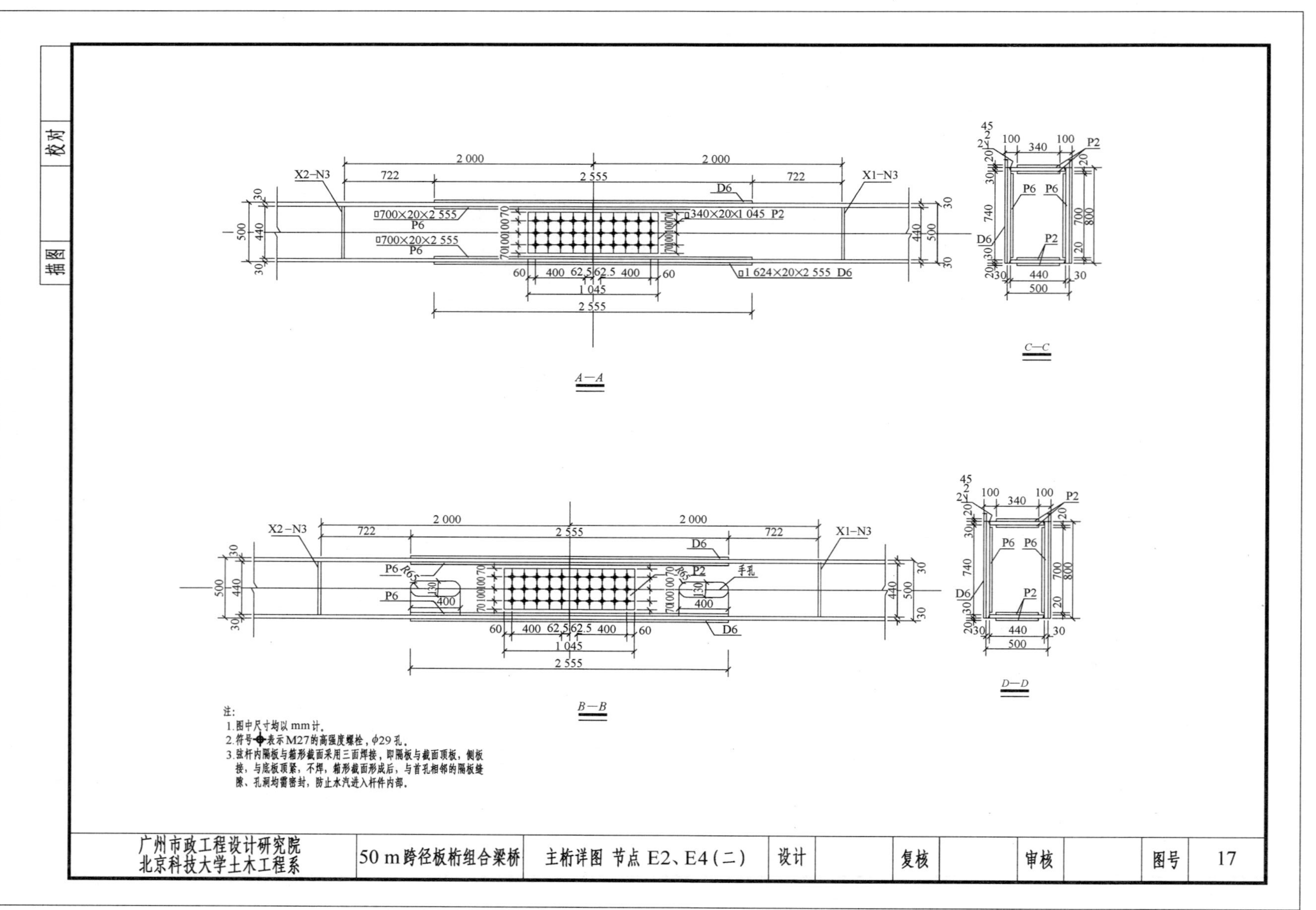

A—A
B—B
C—C
D—D
X1–N3
X2–N3
D6
P2
P6
手孔
□340×20×1 045 P2
□1 624×20×2 555 D6
□700×20×2 555
□700×20×2 555 P6
注:
1.图中尺寸均以mm计。
2.符号⊕表示M27的高强度螺栓，ϕ29孔。
3.弦杆内隔板与箱形截面采用三面焊接，即隔板与截面顶板，侧板接，与底板顶紧，不焊，箱形截面形成后，与首孔相邻的隔板缝隙、孔洞均需密封，防止水汽进入杆件内部。
广州市政工程设计研究院
北京科技大学土木工程系
50 m跨径板桁组合梁桥
主桁详图 节点E2、E4(二)
设计
复核
审核
图号
17
校对
描图

校对	描图

设计说明

1. 设计标准

(1)桥梁跨径:70.0 m,计算跨径 68.8 m

(2)上桥面宽度:19.55 m

下桥面宽度:19.05 m

(3)汽车荷载:城 A 级

2. 设计依据、规范

(1)《公路桥涵通用设计规范》(DTG D60—2004)

(2)《公路桥涵钢结构和木结构设计规范》(J T J 025—86)

(3)《城市桥梁设计荷载标准》(CJJ 77—98)

(4)《桥梁用结构钢》(GB/T 714—2000)

(5)《焊缝符号表示法》(GB 324—88)

3. 材料

(1)钢结构板材

主桁、上下平纵联、横梁和桥面系等焊接部件的钢板均采用 Q345qC 级低合金高强度结构钢,其材质和规格应满足《桥梁用结构钢》(GB/T 714—2000)。

(2)钢结构型材

H 型钢、角钢等型钢采用 Q345qC 级低合金高强度结构钢,其材质和规格应满足《桥梁用结构钢》(GB/T 714—2000)。

(3)混凝土

桥梁上桥面板采用高强混凝土 C50。

(4)焊接材料

焊接材料采用与母材相匹配的焊丝、焊剂和手工焊条,且应符合相应的国际要求,通过焊接工艺评定由建设方、设计方和监理方共同确认。

(5)高强度螺栓

高强度连接副由一个 10.9S 级大六角头高强度螺栓、一个 10H 高强度大六角头螺母、两个 RC35～45 高强度垫圈组成。大六角头高强度螺栓可用 20MnTiB 制造,螺母及垫圈可采用满足GB 699—88 要求的 45 号钢或 15MnVB 钢。高强度螺栓、螺母和垫圈的型式尺寸、技术条件和标记应符合 GB/T 1228～1231—91 的规定,热处理后材料的机械性能应符合 GB/T 1231—91 的规定,20MnTiB 和 15MnVB 尚应符合冷镦生产工艺要求。

(6)剪力连接件

剪力连接件采用 ML 钢 ϕ22 圆头焊钉,焊钉长度为 115 mm,栓钉的单钉静载承载力设计值为 50 kN(C50 混凝土中,容许应力法),疲劳承载力设计值为 25 kN。其材质性能应符合国家《圆柱头焊钉》(GB 10433—89)的规定。

4. 主桥上部结构

主桥上部结构为 50 简支板桁组合结构梁桥,主桁采用带竖杆的华伦式三角形腹杆体系,节间长度 5 m,主桁高度 5.9 m,高跨比为 1/11.86。两片主桁中心距采用 12.7 m,宽跨比为 1/2.14。上桥面全宽 19.55 m。下桥面宽度 19.05,其中桁架外侧人行横道宽 3.2 m。

主桁上、下弦杆均采用箱形截面,上弦杆截面宽度 600 mm,高度 600 mm,板厚均为 22 mm,下弦杆截面宽度 600 mm,高度 950 mm,厚度为 36 mm,工厂焊接,在工地通过高强螺栓在节点内拼接。为了施工方便。其余竖杆均采用焊接 H 型钢,型号为 H600×300×14×18。端斜杆采用焊接 H 型钢,型号为 H650×600×34×38,其余斜杆均采用 H600×560×26×28。

上桥面采用纵横梁结构体系,上面现浇厚度为 200 mm 的 C50 的混凝土板,混凝土板与桁架上弦纵横梁采用栓钉连接,上桥面纵横梁为便于焊接栓钉,均采用箱形截面,横梁的截面尺寸为 450×350×15,纵梁的截面尺寸为 450×250×15,在横梁处断开与横梁焊接。

上桥面混凝土板与桁架上弦纵横梁采用栓钉可靠连接,栓钉在结点部位钉距纵向 125 mm,横向 90 mm,节间均匀布置,钉距纵向 250 mm,横向分别为 90 mm 和 180 mm。上桥面纵梁上剪力钉成束布置,束中距 750 mm,每束外纵梁 4 颗钉,内纵梁 6 颗钉,上桥面横梁上剪力钉均匀布置,间距沿桥横向为 250 mm。

下桥面系由下部的纵横梁和上部的钢桥面板以及纵横向加劲肋组成。横梁采用焊接 H 型钢,型号为 H500×160×14×20,与主桁在节点上通过高强螺栓连接。纵梁采用焊接 H 型钢,型号为 H500×160×14×20,在横梁处断开与横梁焊接。

下平面纵向联结系均采用米字形,与弦杆在节点处相连,以抵抗横向风力及弦杆变形产生的内力。端部横撑采用箱形截面,中部横撑采用工形截面,斜撑均采用焊接 H 型钢,型号为 H250×250×9×14。

5. 主桥钢桁梁制造

(1)钢梁制造

本桥钢结构制造工艺处另有规定外,均应符合《铁路钢桥制造规范》(TB 10212—98)的要求。

制造厂应对设计图进行工艺性审查,当需要修改设计时必须征得设计单位的同意,并签署设计变更文件。

杆件的作样和号料应根据施工图和工艺要求进行并按要求预留余量。主桁杆件、纵、横梁杆件下料时,其主要受力方向应与钢板轧制方向一致。钢料不平直、锈蚀、有油漆等污物影响号料或切割质量时,应矫正、清理后再号料,号料尺寸允许偏差为±1 mm。

主要部位的杆件应采用精密切割下料,零件尺寸允许偏差为:剪切、手工切割仅适用于次要杆件、工艺特定的杆件及切割后仍需进行机加工的零部件,切割允许偏差为±2 mm。

零件矫正宜采用冷矫,矫正后的钢材表面不应有明显的凹痕或损伤。采用热矫时,加热温度应控制在 600 ℃～800 ℃,温度降至室温前,不得锤击钢材。

主要受力零件冷作弯曲时,内侧弯曲半径不得小于板厚的 15 倍,小于者热弯。热弯温度控制在 900 ℃～1 000 ℃,弯曲后零件边缘不得产生裂纹。对在焊前需进行预施反变形的零件进行预弯时,预弯温度不得低于 5 ℃。顶紧传力面的粗糙度 Ra 不得大于 12.5 μm;顶紧加工面与板面垂直度的偏差应小于板厚的 1%,且不得大于 3 mm。零件应磨去边缘的飞刺、挂渣,使断面光滑匀顺。

工地螺栓孔一律采用钻孔,不得采用冲孔。螺栓孔应成正圆柱形,孔壁表面粗糙度 Ra 不得大于 25 μm,孔缘无损伤不平,无刺屑。应优先采用数控钻床钻孔。首件钻孔必须专检,确认合格后,方能继续钻孔。

埋弧自动焊、半自动焊焊接部位应焊出引弧板及引出板,引板的材质、坡口要与正式零件相同,引板的长度在 80 mm 以上。

采用埋弧焊、半自动焊、CO_2 气体(混合气体)保护焊及低氢型焊条焊接的部位,组装前必须彻底清除待焊区域的铁锈、氧化铁皮、油污、水分等有害物。使其表面显露出金属光泽。

主要部件宜采用胎型进行组装,次要杆件可采用划线按线组装。试装时杆件应处于自由状态,保证板层密贴,试装长度不小于半跨。最好全跨试装,螺栓不得少于螺栓孔总数的 20%,每个螺栓至少放一个垫圈。试装时,必须用试孔器检查所有螺栓孔,主桁的螺栓孔应 100%自由通过较设计孔径小 0.75 mm 的试孔器,桥面系和联结系的螺栓孔应 100%自由通过较设计孔径小 1.0 mm 的试孔器。磨光顶紧处应有 75%以上的面积密贴,用 0.2 mm 塞尺检查,其塞入面积不得超过 25%。

零件作样、矫正、加工、螺栓孔径、孔距及杆件矫正、试装、组装的尺寸允许偏差应满足《铁路钢桥制造规范》(TB 10212—98)的要求。

制作好的节段,须妥善存放、搬运,注意防锈及避免杆件的早期附加应力。

广州市政工程设计研究院 北京科技大学土木工程系	70 m跨径板桁组合梁桥	设计说明（一）	设计		复核		审核		图号	18

(2)高强度螺栓连接

高强度螺栓的连接应按《铁路钢桥高强度螺栓连接施工规定》(TBJ 214－92)和《公路桥涵施工技术规范》(JTJ 041－2000)的要求施工。

制造厂在发送构件时，必须提供随梁的抗滑移系数试件和栓接板面抗滑移系数试验数据，出厂时栓接板面抗滑移系数(摩擦系数)的最小值不得小于0.5。抗滑移系数试件和钢梁应为同一材质、同批制造、同一摩擦面处理工艺，并在相同条件下运输、存放。抗滑移系数试件以钢梁制造做批为单位，每两片梁为一批，每批三组试件。栓接板面抗滑移系数试验根据连接面的板面处理及涂料按《铁路钢桥栓接面抗滑移系数试验方法》进行。

采用高强度螺栓拼接前必须进行抗滑移系数试验，每批试件的抗滑移系数的最小值不得小于0.4，设计预紧力为190 kN。

在构件吊装、运输、存放过程中，应防止栓接板面磨损、沾染脏物和油污。构件拼接前，应除去毛刺、飞边、焊接飞溅物，并用细钢丝刷、干净棉丝除去栓接板面和栓孔内的脏物。栓接板面必须干燥，不应在雨中作业。对翘曲板面应进行整平。当拼接出现摩擦面间隙时，应按《铁路钢桥高强度螺栓连接施工规定》的要求处理。

高强度螺栓连接副的安装应在结构构件位置调整准确按规定插入一定数量的冲钉后方可进行，严禁强行穿入或扩孔后穿入。安装前，高强度螺栓、螺母、垫圈必须按生产厂家提供的批号清理配套，不得改变其出厂状态。组装时，螺栓头一侧及螺母一侧应各置一个垫圈，垫圈有内倒角的一侧应朝向螺栓头、螺母支承面。

高强度螺栓终拧后，按工艺规程规定进行认真严密地检查后，方可进行腻缝、涂装。钢梁节点区的涂装应按《铁路钢桥保护涂装》处理。

(3)焊接

所有钢结构(除了钢桥面板)的主要焊接工序应在制造工厂进行。

在焊接前工厂要做焊接工艺试验，根据评定报告编制焊接工艺，施焊时要严格执行。

焊接工作宜在室内进行，环境湿度应不小于80%，温度不应低于5 ℃。主要杆件应在组装后24 h内焊接，如超时应根据不同情况在焊接部位进行清理或去湿处理后方可施焊。

焊接材料应通过焊接工艺评定确定，焊剂、焊条必须按产品说明书烘干使用，焊剂中的脏物、焊丝上的油锈等必须清除干净。气体保护焊气体纯度应大于99.5%，使用前须经倒置防水处理。

厚度24 mm以上钢板焊接前要预热。预热温度应通过焊接性试验和焊接工艺评定确定，预热范围一般为焊缝每侧100 mm以上，距焊缝30～50 mm范围内测温。

焊接前必须彻底清除待焊区域内的有害物，焊接时严禁在母材的非焊接部位引弧，焊接后应及时清理焊缝表面的熔渣及两侧的飞溅物。

定位焊不得有裂纹、夹渣、焊瘤、焊偏、未填满的弧坑等缺陷，并彻底清理熔渣。定位焊缝长视钢板厚度可为60～100 mm，间距400～600 mm，焊脚尺寸不得大于设计焊脚尺寸的一半。定位焊缝距构件端部应在30 mm以上。

对接焊缝正面焊完后背面用碳弧气刨清根，并将熔渣清除干净。多道焊接时，应将前道熔渣清除干净，经确认无裂纹等缺陷后再继续施焊。

埋弧自动焊必须在距设计焊缝端部80 mm以上的引板上起、息弧，在焊接过程中不宜断弧，如有断弧则必须将停弧处刨成1∶5斜坡，并搭接50 mm再引弧施焊，焊后搭接处应修磨匀顺。

为防止坡口焊缝的焊偏并保证熔深，焊接应认真检查轨道与焊缝的位置和焊丝对准位置，施焊中及时核对调整。

受拉下弦杆对接焊缝应尽量避免。主桁杆件各板件的对接位置应错开布置，相邻焊缝间距应在200 mm以上。在节点范围内主桁杆件应避免出现对接焊缝。

杆件焊接后，梁端的引板或产品试板必须用气割切掉，并磨平切口，不得损伤杆件。垂直应力方向的对接焊缝必须除去余高，并顺应力方向磨平。焊脚尺寸、焊拔或余高等超出《铁路钢桥制造规范》规定的上限值及小于1 mm且超差的咬边必须修磨匀顺。

焊好的焊接接头，包括焊缝与热影响区应符合下列标准：垂直于受力方向的对接焊缝，冲击韧性－20 ℃时，Akv不低于41 J；平行于受力方向的T型角接焊缝与棱角焊缝的低温冲击韧性在－20 ℃时，Akv不低于34 J。焊接接头的其他力学性能均不应低于母材的标准。

所有焊缝必须在全长范围内进行外观检验，不得有裂纹、未熔合、未填满弧坑和焊瘤等缺陷，并应符合《铁路钢桥制造规范》对焊缝外观的要求。

经外观检查合格后，所有焊缝均应进行超声波探伤检验，探伤检验应在焊接24 h后进行。主要杆件受拉横向对接焊缝的超声波探伤内部质量等级应达到Ⅰ级，主要杆件受压横向对接焊缝、纵向对接焊缝和主要角焊缝的超声波探伤内部质量等级应达到Ⅱ级。超声波探伤方法和检验等级应符合《铁路钢桥制造规范》和《钢焊缝手工超声波探伤方法和探伤结果分级》的规定。

当对焊缝进行超声波检查有疑问时，应进行射线检查。主要杆件受拉横向对接焊缝应按结构数量的10%(不少于一个焊接接头)进行射线探伤。射线探伤应符合现行国家标准《钢熔化焊对接接头照相和质量分级》的规定，射线照相质量等级为B级，焊缝内部质量为Ⅱ级。

进行局部超声波探伤的焊缝，当发现裂纹或较多其它缺陷时，应扩大该条焊缝的探伤范围，必要时可延至全长；进行射线探伤的焊缝，当发现超标缺陷时应加倍检验。

用射线和超声波两种方法检验的焊缝，必须达到各自的质量要求，该焊缝方可认为合格。

返修焊缝应按原焊缝质量要求检验。同一部位的返修焊缝不宜超过两次。

(4)抗剪连接件

抗剪连接件是保证钢梁和混凝土组合作用的关键构件，本结构采用了栓钉作为钢桁架与混凝土桥面板之间的抗剪连接件，栓钉布置应符合下列要求。

①栓钉连接件钉头下表面应高出上桥面板底部钢筋顶面30 mm；

②栓钉的位置的平面误差控制在±3 mm。

(5)防腐涂装

①钢结构外表面

钢结构外表面是指在使用状态下与空气接触的钢构件面积，包括箱形杆件内位于端隔板以外的面积

钢结构外表面的涂装推荐采用铁路第7涂装体系进行，包括喷砂除锈＋底漆＋中间漆＋面漆，防腐设计寿命在20年以上。

表面处理：涂装前需对工件进行表面处理，喷砂除锈等级达到Sa2.5级，涂装前钢表面粗糙度达到40～80 μm。涂装前工件表面应干燥、无灰尘、无油污、无氧化皮、无锈迹。

底漆：特制环氧富锌底漆2道，干膜厚度2×40 μm，电弧喷漆。

中间漆：云铁环氧中间漆2道，干膜厚度2×40 μm，无气喷漆。

面漆：氟碳涂料面漆2道，干膜厚度2×35 μm，电弧喷漆。

除最后一道面漆外，所有钢结构的主要涂装工序应在制造工厂进行。

②主桁箱形杆件内表面

主桁箱形杆件(包括上平纵联的端横撑)内端隔板以内部分喷砂除锈，箱梁截面形成后，对端隔板以内部分立即采用封闭式措施，端隔板所有缝隙、孔洞使用HM106密封剂封堵严密，防止水汽进入引起钢板锈蚀。

箱形杆件端隔板外侧未密封部位腻封前，需对密封部位除锈。密封后，密封表面按与钢结构外表面相同的工艺涂装。密封施工时，环境温度应在5 ℃～35 ℃之间，相对湿度不大于80%，下雨不能施工，表面有水不能施工。

③高强度螺栓摩擦面

表面处理：喷砂除锈等级达到Ra3级，表面粗糙度40～80 μm。

高强度螺栓连接部分摩擦面涂装采用电弧喷涂铝，涂层厚度为150 μm±50 μm，工厂涂层的抗滑移系数不小于0.5，工地安装时抗滑移系数不小于0.4。

栓接点外露的铝表面与涂料涂层搭接处应涂装特制环氧富锌防锈底漆。钢梁组装后，栓接点外露的铝涂层用环氧类封孔剂进行封孔，封孔层厚度无要求，涂覆的封孔剂至不被吸收为止。封孔后应加涂相应的配套涂料。栓接点螺栓、螺栓头处涂装特制环氧富锌防锈底漆，涂装前螺栓应除油，螺母和垫片应水洗清除皂化膜。

广州市政工程设计研究院 北京科技大学土木工程系	70 m跨径板桁组合梁桥	设计说明（二）	设计		复核		审核		图号	19

校对		描图	

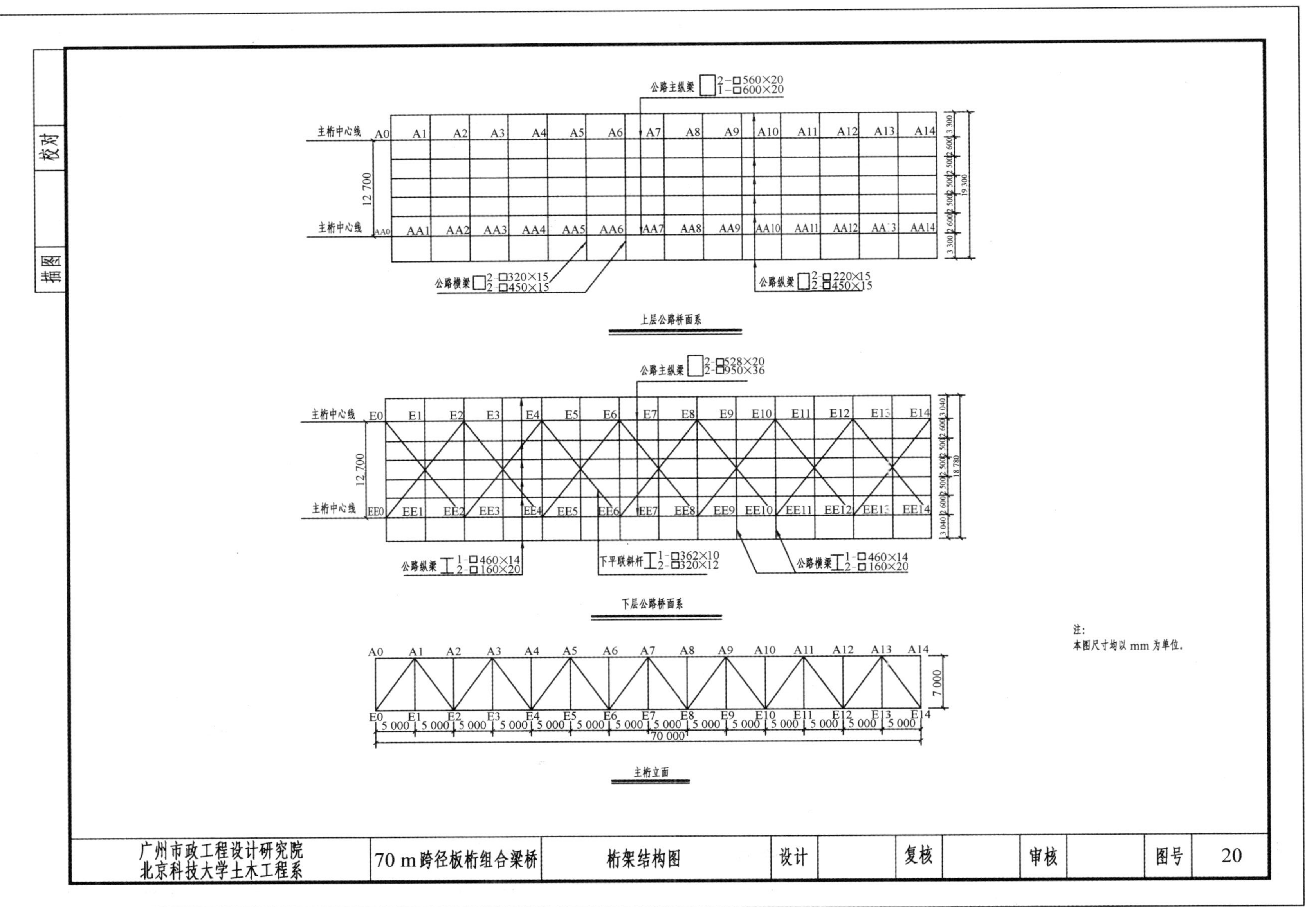
公路主纵梁 2-□560×20 1-□600×20
主桁中心线
12 700
19 300
公路横梁 2-□320×15 2-□450×15
公路纵梁 2-□220×15 2-□450×15
上层公路桥面系
公路主纵梁 2-□528×20 2-□950×36
18 780
公路纵梁 1-□460×14 2-□160×20
下平联斜杆 1-□362×10 2-□320×12
公路横梁 1-□460×14 2-□160×20
下层公路桥面系
7 000
70 000
主桁立面
注：
本图尺寸均以mm为单位。
广州市政工程设计研究院
北京科技大学土木工程系
70 m跨径板桁组合梁桥
桁架结构图
设计
复核
审核
图号
20
校对
描图

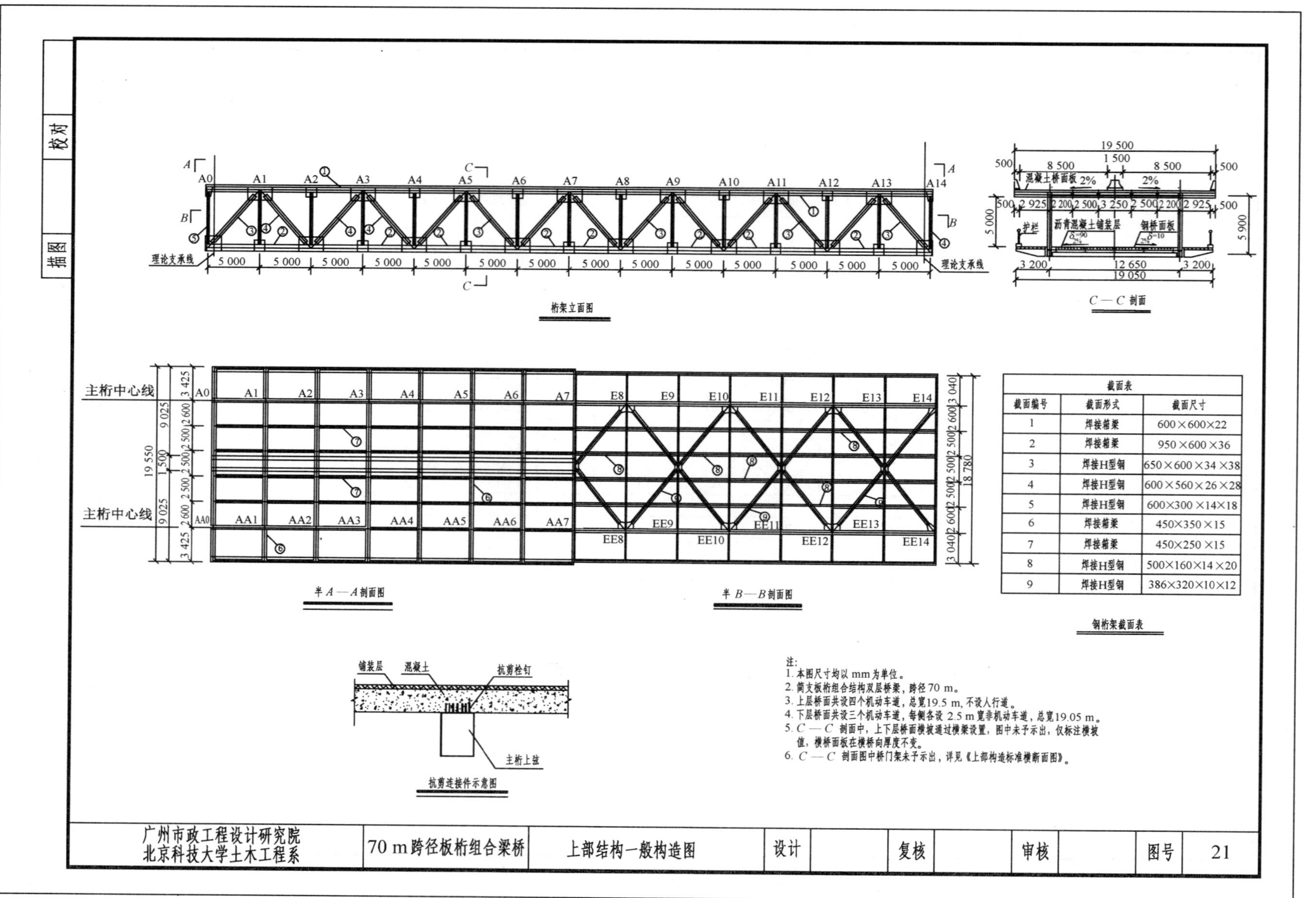

桁架立面图
理论支承线
C—C 剖面
混凝土桥面板
沥青混凝土铺装层
钢桥面板
护栏
主桁中心线
半 A—A 剖面图
半 B—B 剖面图
截面表
截面编号	截面形式	截面尺寸
1	焊接箱梁	600×600×22
2	焊接箱梁	950×600×36
3	焊接H型钢	650×600×34×38
4	焊接H型钢	600×560×26×28
5	焊接H型钢	600×300×14×18
6	焊接箱梁	450×350×15
7	焊接箱梁	450×250×15
8	焊接H型钢	500×160×14×20
9	焊接H型钢	386×320×10×12
钢桁架截面表
铺装层
混凝土
抗剪栓钉
主桁上弦
抗剪连接件示意图
注:
1. 本图尺寸均以 mm 为单位。
2. 简支板桁组合结构双层桥梁，跨径 70 m。
3. 上层桥面共设四个机动车道，总宽19.5 m, 不设人行道。
4. 下层桥面共设三个机动车道，每侧各设 2.5 m 宽非机动车道，总宽19.05 m。
5. C—C 剖面中，上下层桥面横坡通过横梁设置，图中未予示出，仅标注横坡值，横桥面板在横桥向厚度不变。
6. C—C 剖面图中桥门架未予示出，详见《上部构造标准横断面图》。
广州市政工程设计研究院
北京科技大学土木工程系
70 m跨径板桁组合梁桥
上部结构一般构造图
设计
复核
审核
图号
21
校对
描图

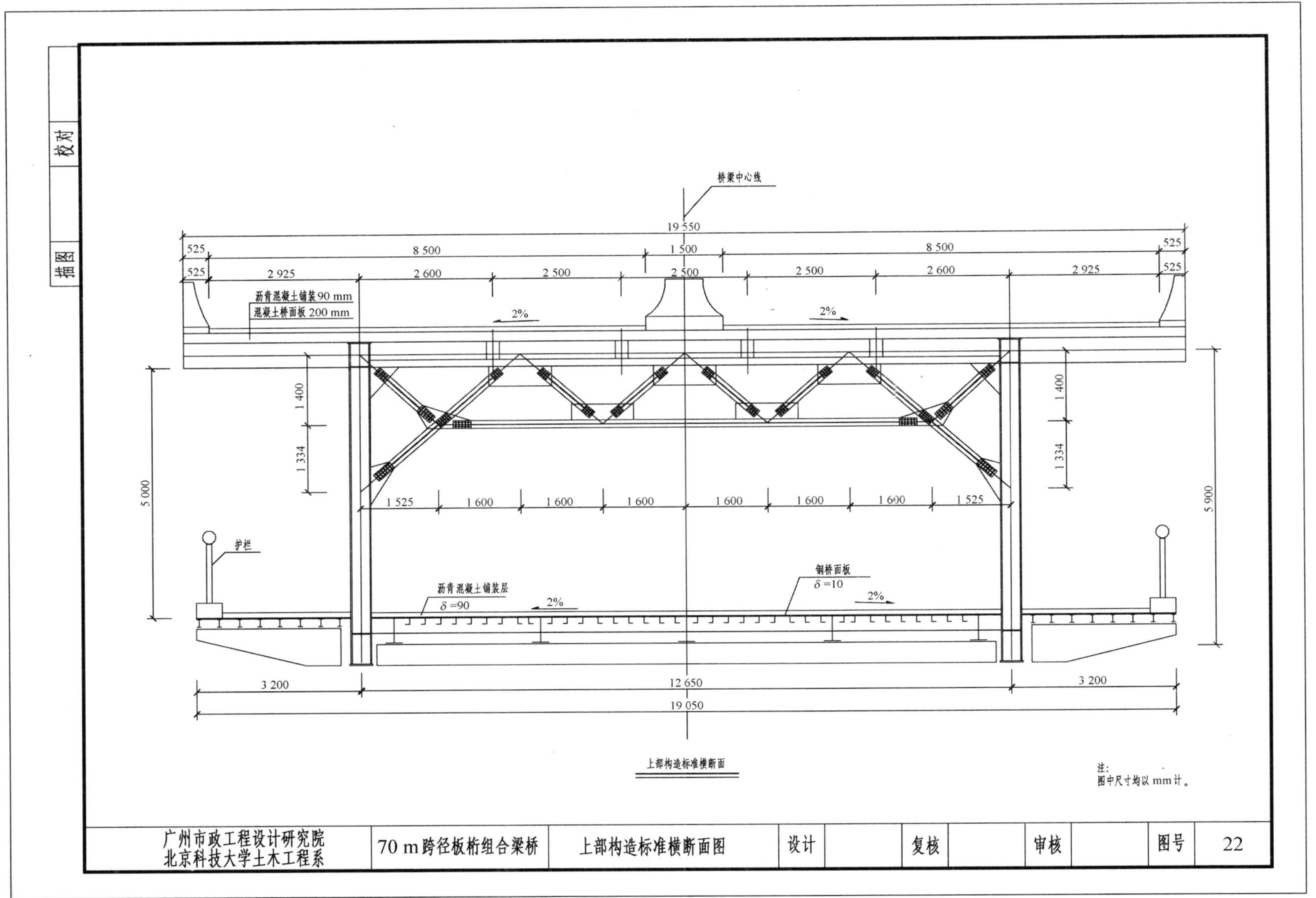
校对
描图
桥梁中心线
19 550
525
8 500
1 500
8 500
525
525
2 925
2 600
2 500
2 500
2 500
2 600
2 925
525
沥青混凝土铺装90 mm
混凝土桥面板 200 mm
2%
2%
1 400
1 334
5 000
1 400
1 334
5 900
1 525
1 600
1 600
1 600
1 600
1 600
1 600
1 525
护栏
沥青混凝土铺装层
δ =90
2%
钢桥面板
δ =10
2%
3 200
12 650
3 200
19 050
上部构造标准横断面
注：
图中尺寸均以 mm 计。
广州市政工程设计研究院
北京科技大学土木工程系
70 m跨径板桁组合梁桥
上部构造标准横断面图
设计
复核
审核
图号
22

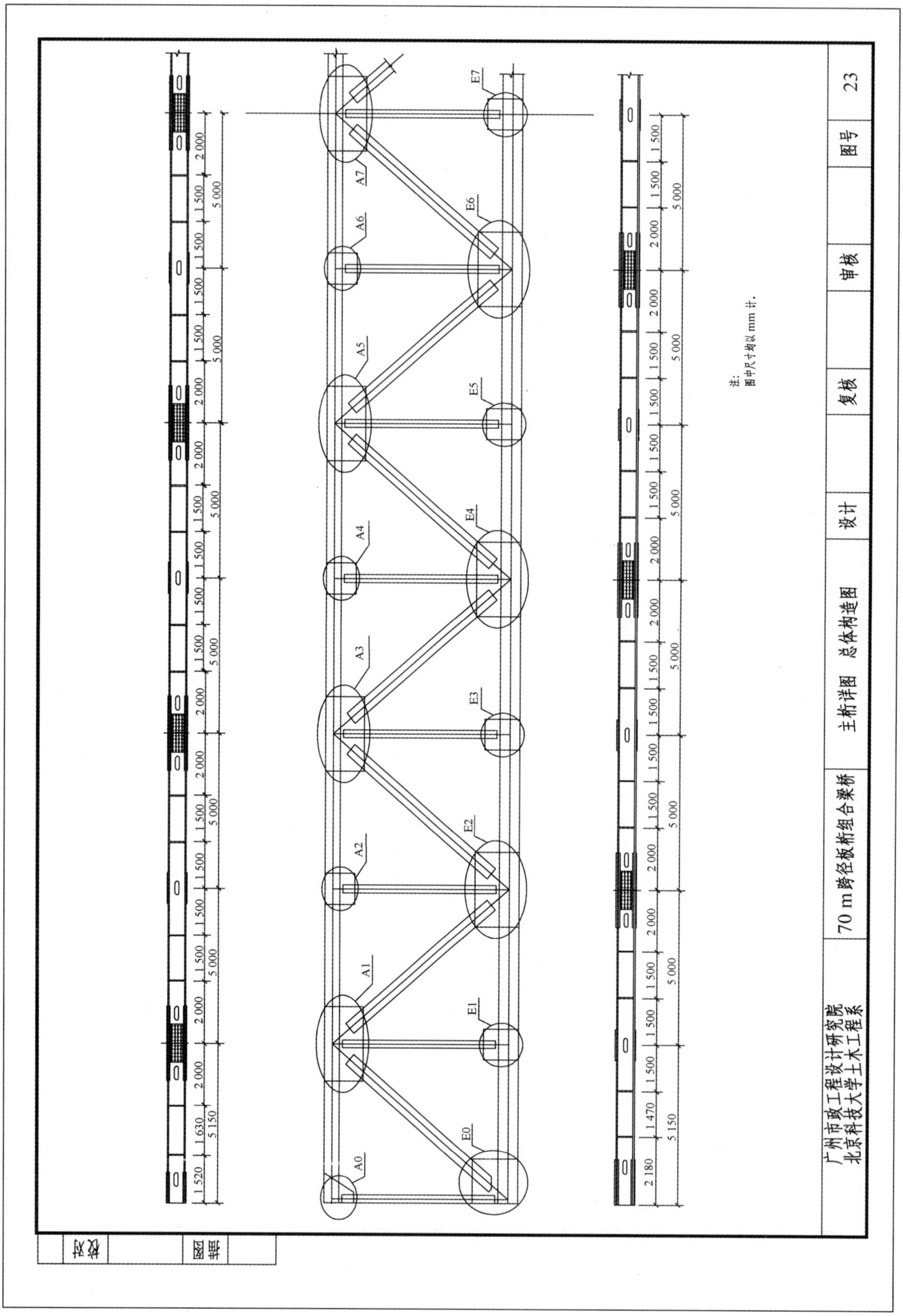

校对	描图

1 520　1 630　2 000　2 000　1 500　1 500　1 500　1 500　2 000　2 000　1 500　1 500　1 500　1 500　2 000　2 000　1 500　1 500　1 500　1 500　2 000

5 150　5 000　5 000　5 000　5 000　5 000　5 000

A0　A1　A2　A3　A4　A5　A6　A7

E0　E1　E2　E3　E4　E5　E6　E7

2 180　1 470　1 500　1 500　1 500　2 000　2 000　1 500　1 500　1 500　1 500　2 000　2 000　1 500　1 500　1 500　1 500　2 000　2 000　1 500　1 500

5 150　5 000　5 000　5 000　5 000　5 000　5 000

注：
图中尺寸均以mm计。

广州市政工程设计研究院 北京科技大学土木工程系	70 m跨径板桁组合梁桥	主桁详图　总体构造图	设计		复核		审核		图号	23

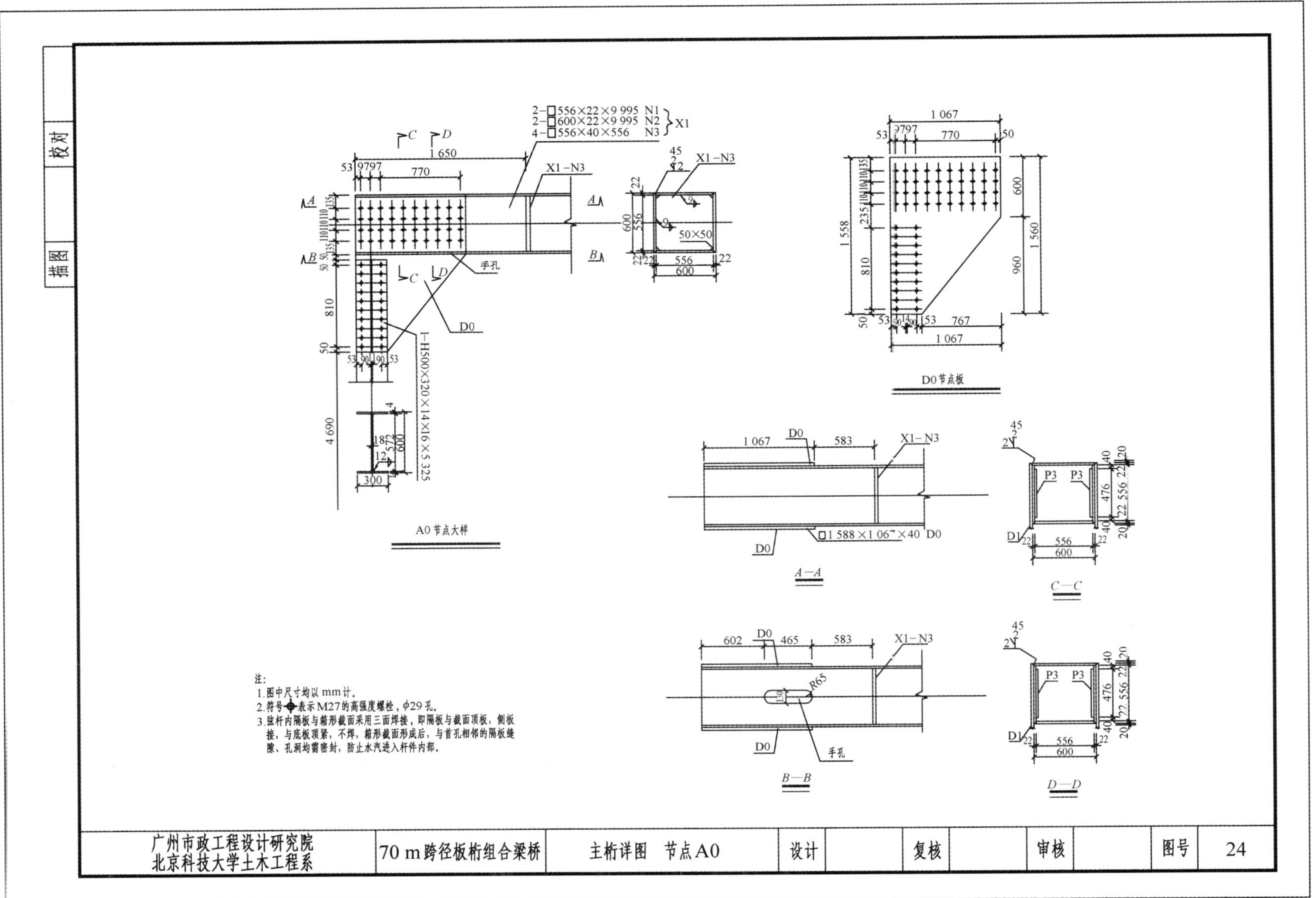
2-□556×22×9 995 N1
2-□600×22×9 995 N2
4-□556×40×556 N3
X1
X1-N3
手孔
D0
1-H500×320×14×16×5 325
A0 节点大样
D0 节点板
□1 588×1 067×40 D0
A—A
B—B
C—C
D—D
P3
D1
R65
50×50
注：
1.图中尺寸均以mm计。
2.符号◆表示M27的高强度螺栓，φ29孔。
3.弦杆内隔板与箱形截面采用三面焊接，即隔板与截面顶板，侧板接，与底板顶紧，不焊，箱形截面形成后，与首孔相邻的隔板缝隙、孔洞均需密封，防止水汽进入杆件内部。
广州市政工程设计研究院
北京科技大学土木工程系
70 m跨径板桁组合梁桥
主桁详图　节点A0
设计
复核
审核
图号
24
校对
描图

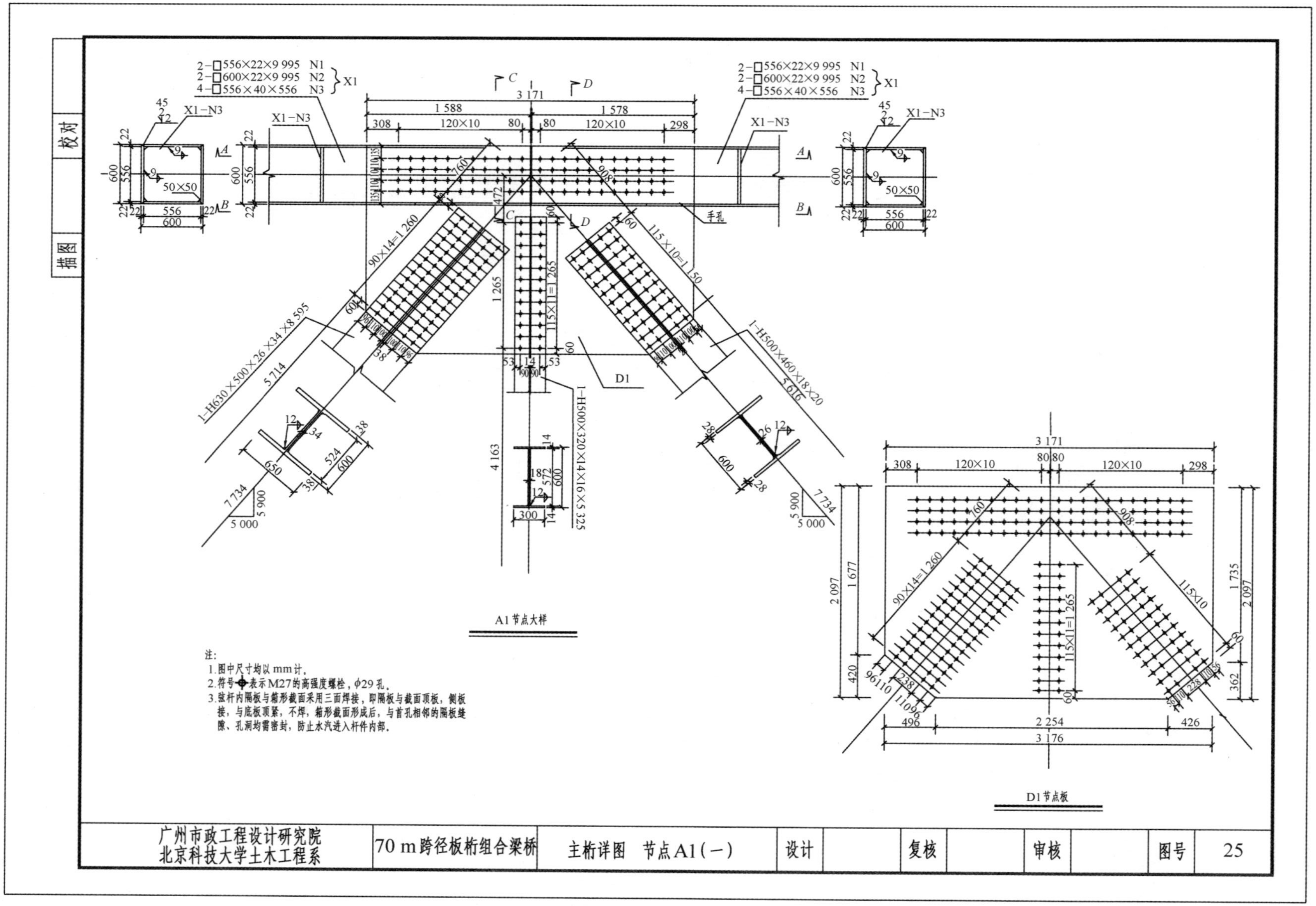

2-□556×22×9 995 N1
2-□600×22×9 995 N2
4-□556×40×556 N3
X1
X1-N3
50×50
手孔
D1
1-H630×500×26×34×8 595
1-H500×460×18×20
1-H500×320×14×16×5 325
90×14=1 260
115×10=1 150
115×11=1 265
120×10
A1 节点大样
D1 节点板
注:
1.图中尺寸均以mm计。
2.符号⊕表示M27的高强度螺栓，ϕ29孔。
3.弦杆内隔板与箱形截面采用三面焊接，即隔板与截面顶板，侧板接，与底板顶紧，不焊，箱形截面形成后，与首孔相邻的隔板缝隙、孔洞均需密封，防止水汽进入杆件内部。
广州市政工程设计研究院
北京科技大学土木工程系
70 m跨径板桁组合梁桥
主桁详图 节点A1(一)
设计
复核
审核
图号
25
校对
描图

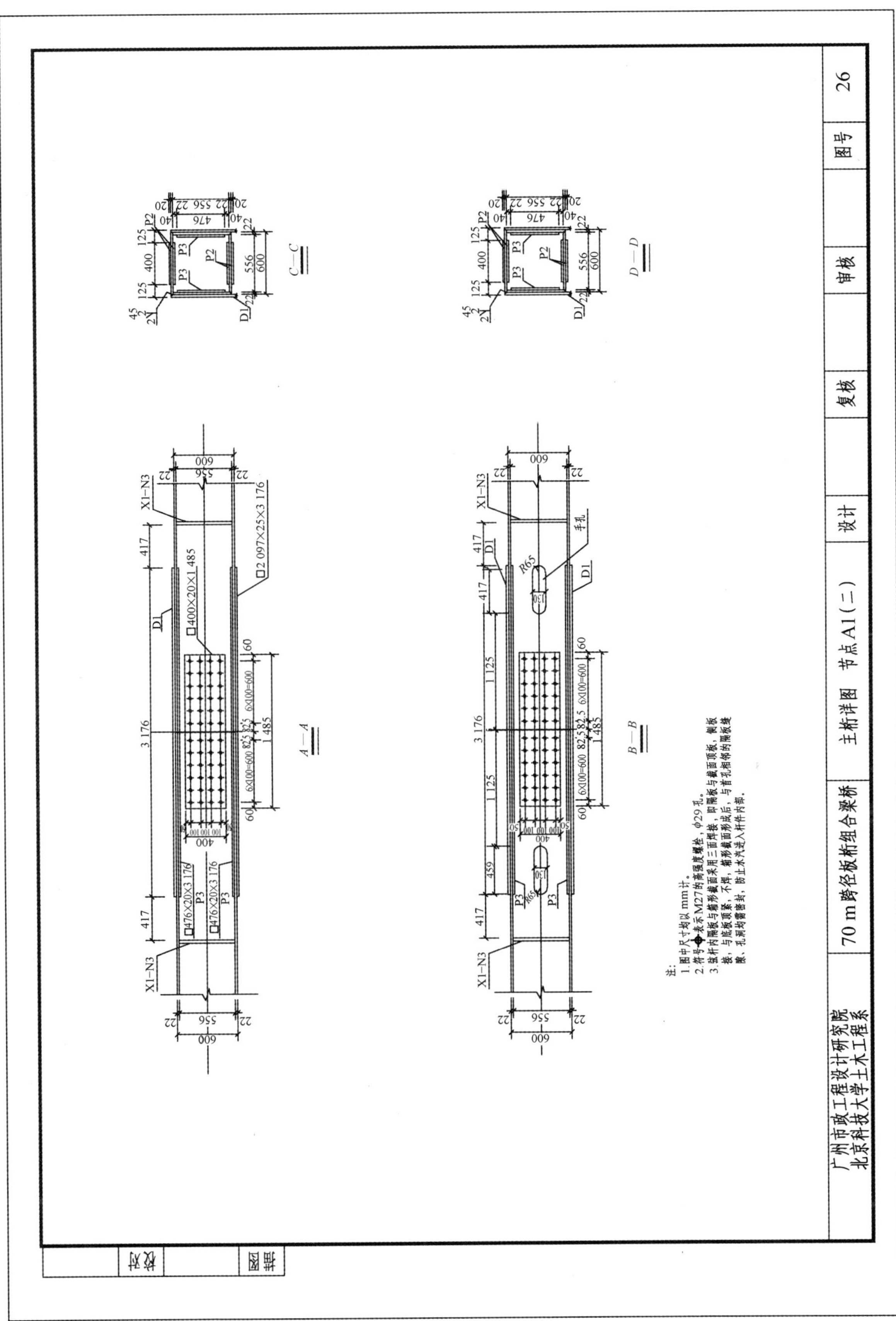

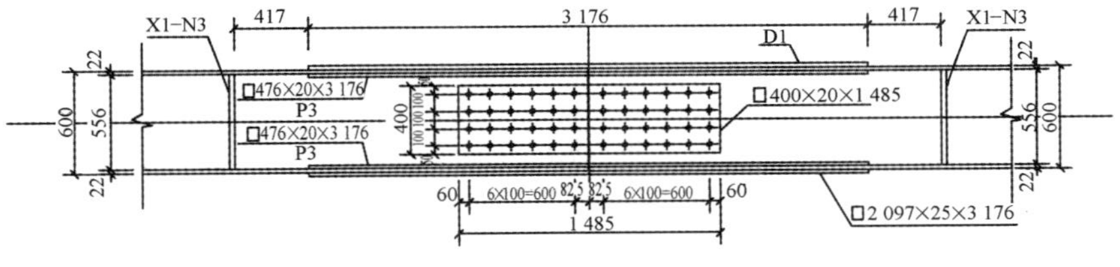
X1–N3
417
3 176
417
X1–N3
D1
□476×20×3 176
P3
□476×20×3 176
P3
□400×20×1 485
600
556
22
400
60
6×100=600
82.5
82.5
6×100=600
60
1 485
□2 097×25×3 176

A—A

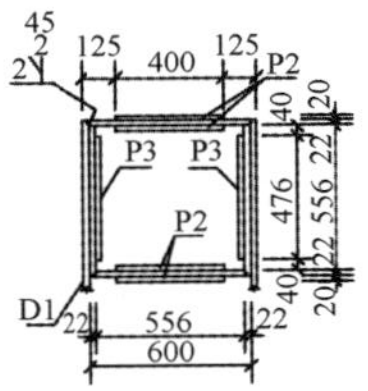
45
2
125
400
125
P2
P3
P3
P2
D1
40
20
476
556
22
22
556
600

C—C

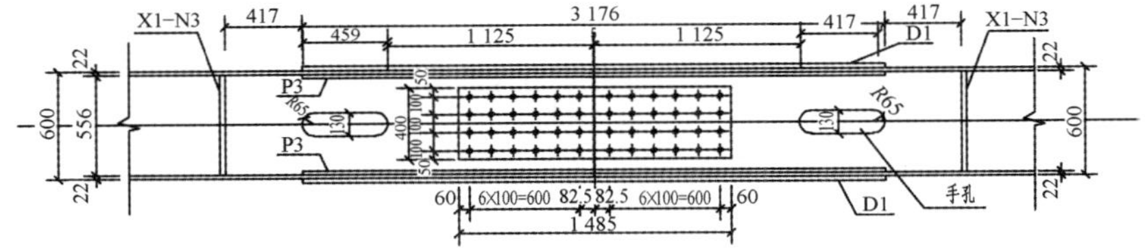
X1–N3
417
3 176
417
417
X1–N3
459
1 125
1 125
D1
P3
R65
130
P3
R65
130
600
556
22
400
60
6×100=600
82.5
82.5
6×100=600
60
1 485
D1
手孔

B—B

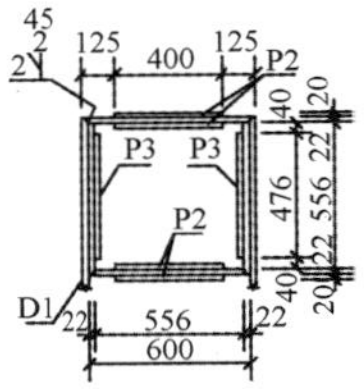
45
2
125
400
125
P2
P3
P3
P2
D1
40
20
476
556
22
22
556
600

D—D

注:
1. 图中尺寸均以mm计。
2. 符号◆表示M27的高强度螺栓，φ29孔。
3. 弦杆内隔板与箱形截面采用三面焊接，即隔板与截面顶板，侧板接，与底板顶紧，不焊，箱形截面形成后，与首孔相邻的隔板缝隙、孔洞均需密封，防止水汽进入杆件内部。

广州市政工程设计研究院 北京科技大学土木工程系	70 m跨径板桁组合梁桥	主桁详图　节点A1(二)	设计		复核		审核		图号	26

校对	
描图	

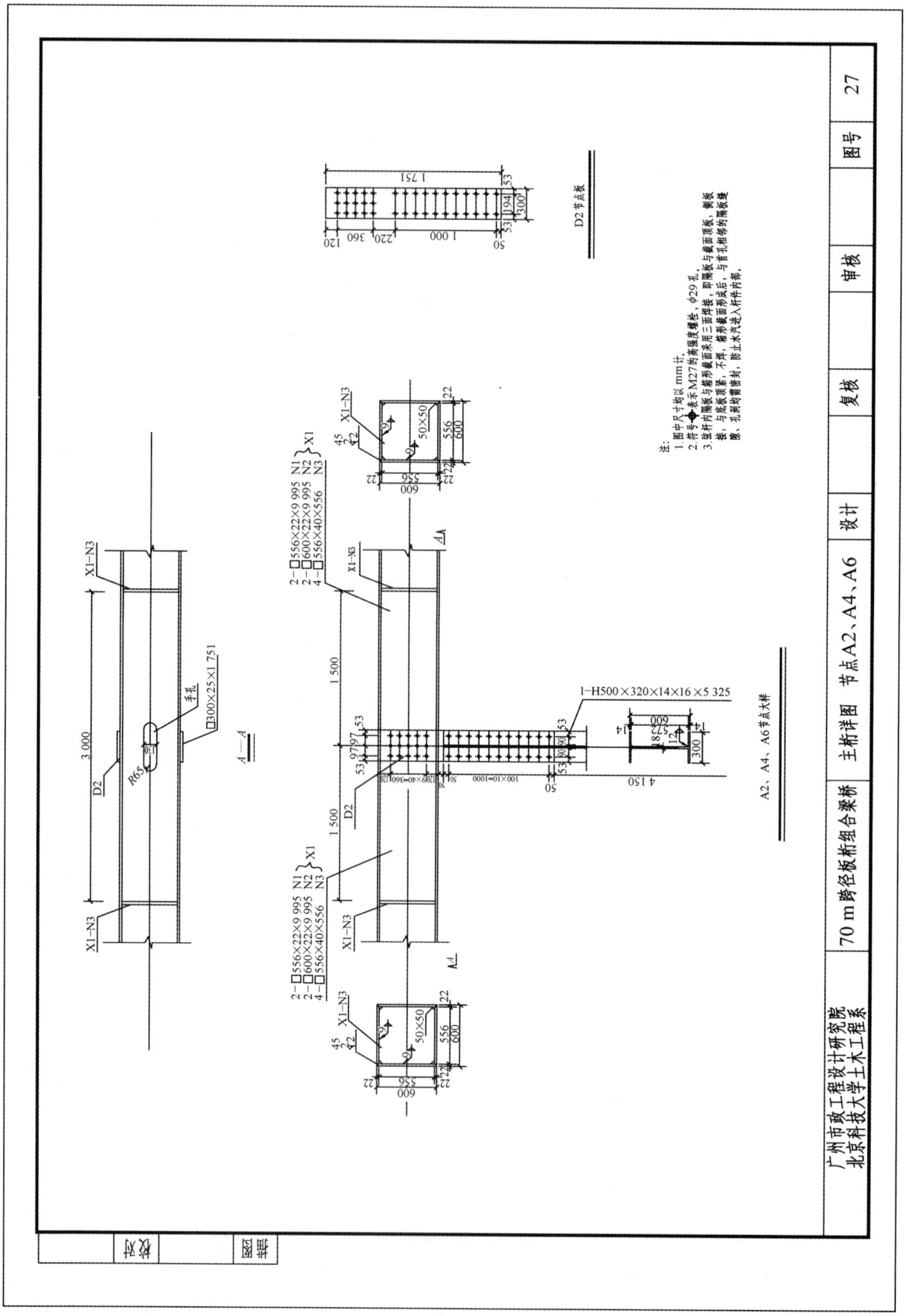

X1-N3　3 000　X1-N3
D2
R65
130
手孔
□300×25×1 751

A—A

2-□556×22×9 995 N1
2-□600×22×9 995 N2 } X1
4-□556×40×556 N3

45 2 X1-N3
50×50
22 556 600 22

1 500　1 500
X1-N3　D2　53 97 97 53
100×10=1000
53 90 90 53
1-H500×320×14×16×5 325
4 150
14 600 18 572 12 300

A2、A4、A6节点大样

120 360 220 1 000 50
1 751
53 194 53
300

D2节点板

注：
1.图中尺寸均以mm计。
2.符号◆表示M27的高强度螺栓，ϕ29孔。
3.弦杆内隔板与箱形截面采用三面焊接，即隔板与截面顶板，侧板接，与底板顶紧，不焊，箱形截面形成后，与首孔相邻的隔板缝隙、孔洞均需密封，防止水汽进入杆件内部。

广州市政工程设计研究院 北京科技大学土木工程系	70 m跨径板桁组合梁桥	主桁详图　节点A2、A4、A6	设计		复核		审核		图号	27

校对　描图

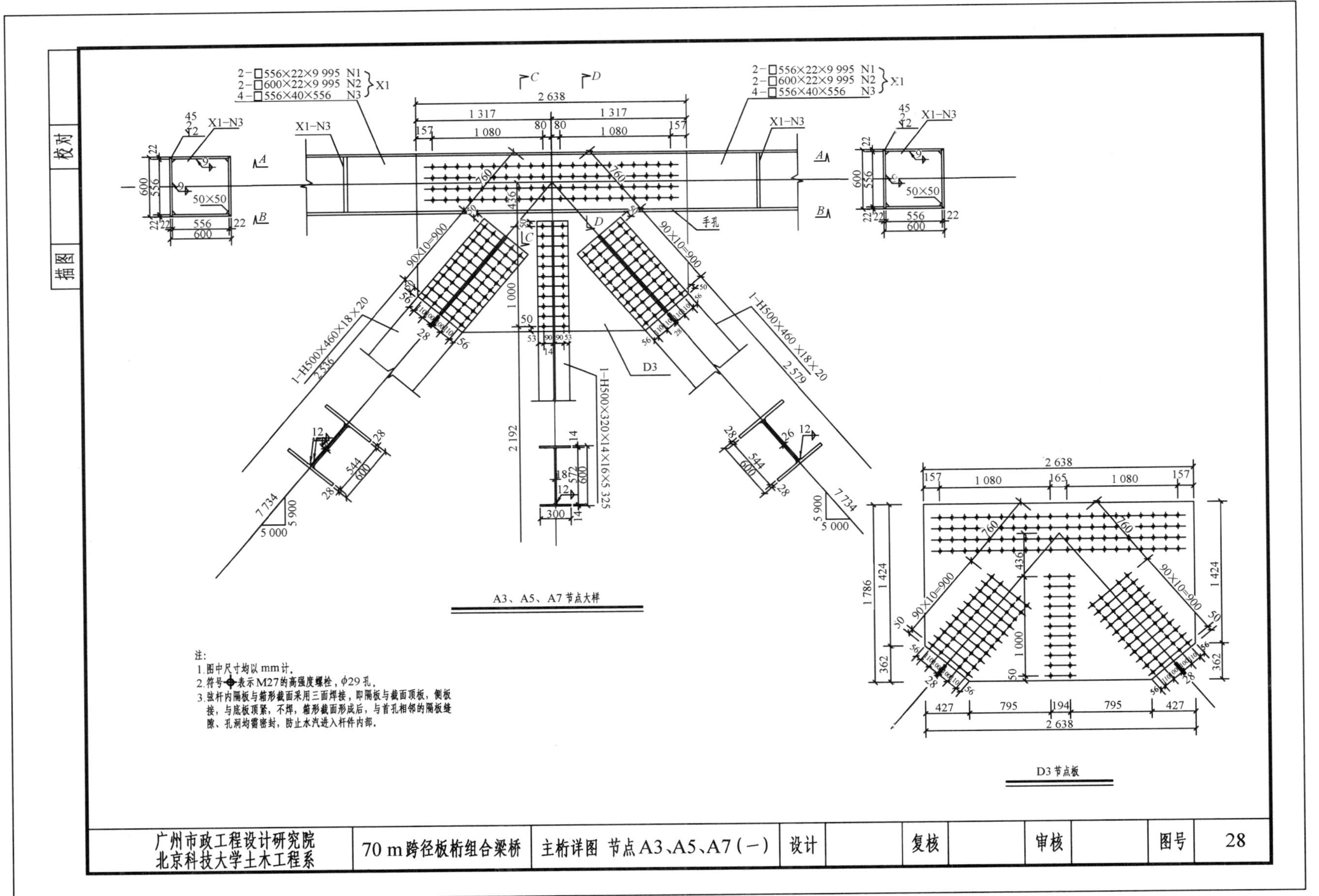
2-□556×22×9 995 N1
2-□600×22×9 995 N2
4-□556×40×556 N3
X1
X1-N3
手孔
1-H500×460×18×20
1-H500×320×14×16×5 325
D3
A3、A5、A7 节点大样
注:
1.图中尺寸均以mm计。
2.符号◆表示M27的高强度螺栓，φ29孔。
3.弦杆内隔板与箱形截面采用三面焊接，即隔板与截面顶板，侧板接，与底板顶紧，不焊，箱形截面形成后，与首孔相邻的隔板缝隙、孔洞均需密封，防止水汽进入杆件内部。
D3 节点板
校对
描图
广州市政工程设计研究院
北京科技大学土木工程系
70 m跨径板桁组合梁桥
主桁详图 节点A3、A5、A7(一)
设计
复核
审核
图号
28

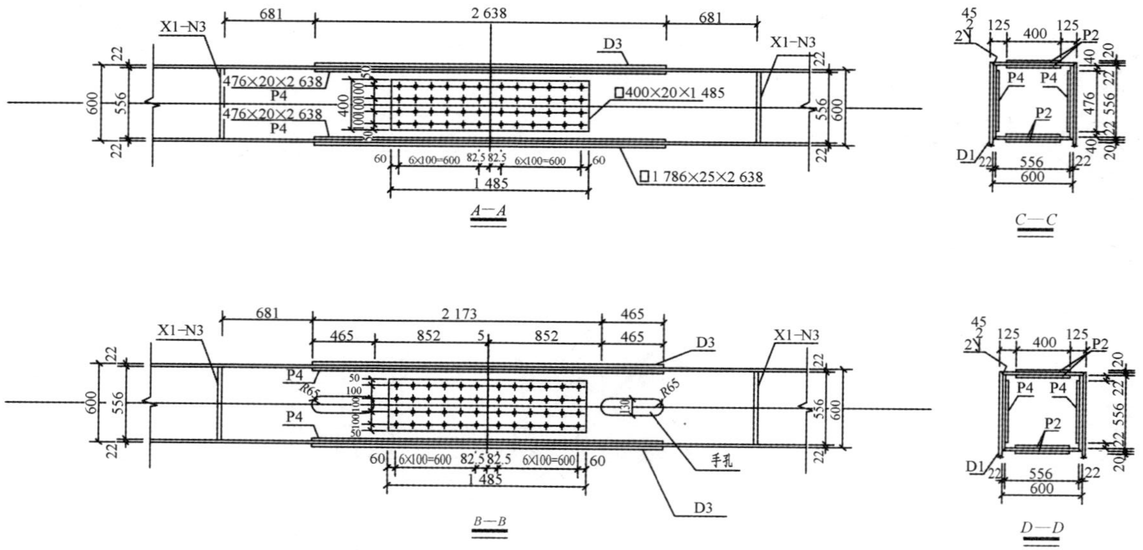

A—A

B—B

C—C

D—D

注:

1. 图中尺寸均以 mm 计。
2. 符号⊕表示M27的高强度螺栓，ϕ29 孔。
3. 弦杆内隔板与箱形截面采用三面焊接，即隔板与截面顶板，侧板接，与底板顶紧，不焊，箱形截面形成后，与首孔相邻的隔板缝隙、孔洞均需密封，防止水汽进入杆件内部。

广州市政工程设计研究院 北京科技大学土木工程系	70 m跨径板桁组合梁桥	主桁详图 节点A3、A5、A7(二)	设计		复核		审核		图号	29

描图		校对	

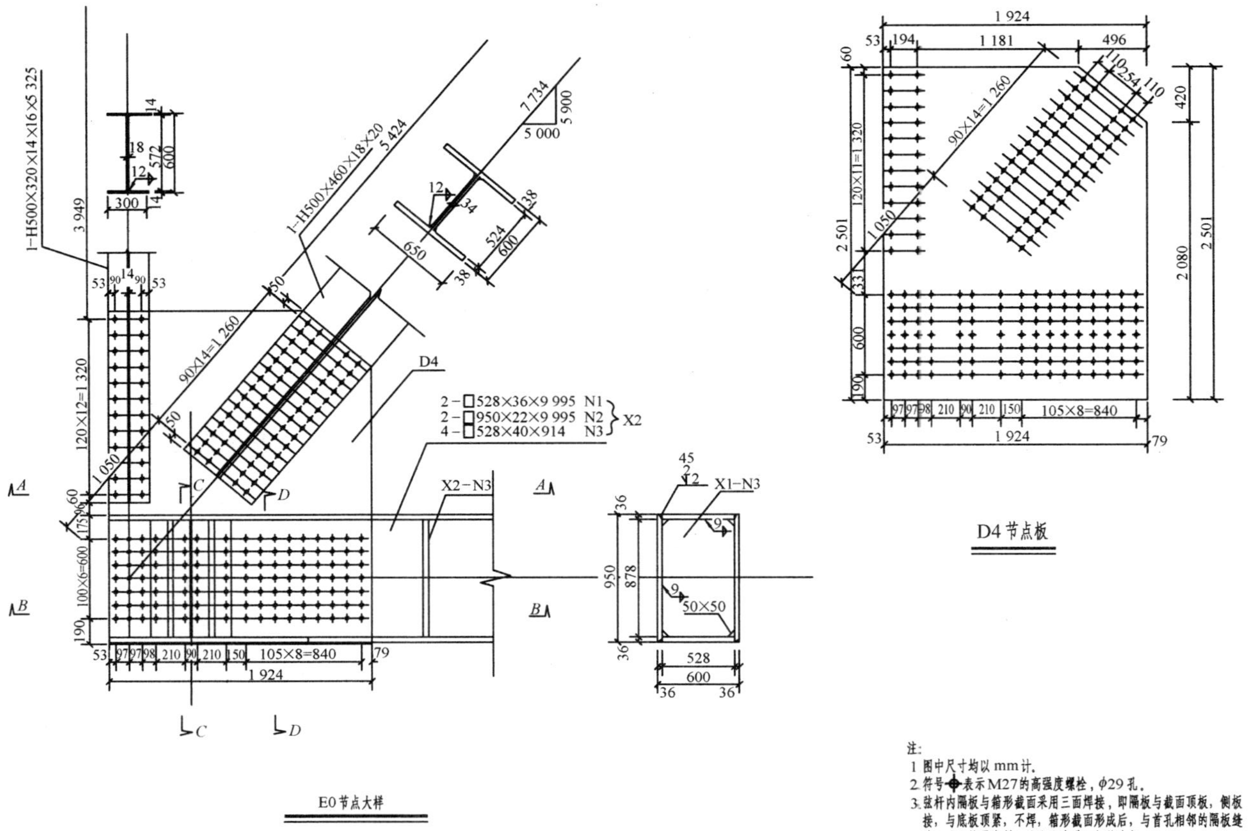

2－□528×36×9 995 N1
2－□950×22×9 995 N2
4－□528×40×914 N3
X2

1-H500×460×18×20

1-H500×320×14×16×5 325

E0节点大样

D4节点板

注：
1 图中尺寸均以mm计。
2 符号◆表示M27的高强度螺栓，ϕ29孔。
3 弦杆内隔板与箱形截面采用三面焊接，即隔板与截面顶板、侧板接，与底板顶紧，不焊，箱形截面形成后，与首孔相邻的隔板缝隙、孔洞均需密封，防止水汽进入杆件内部。

广州市政工程设计研究院 北京科技大学土木工程系	70 m跨径板桁组合梁桥	主桁详图 节点E0（一）	设计		复核		审核		图号	30

校对
描图

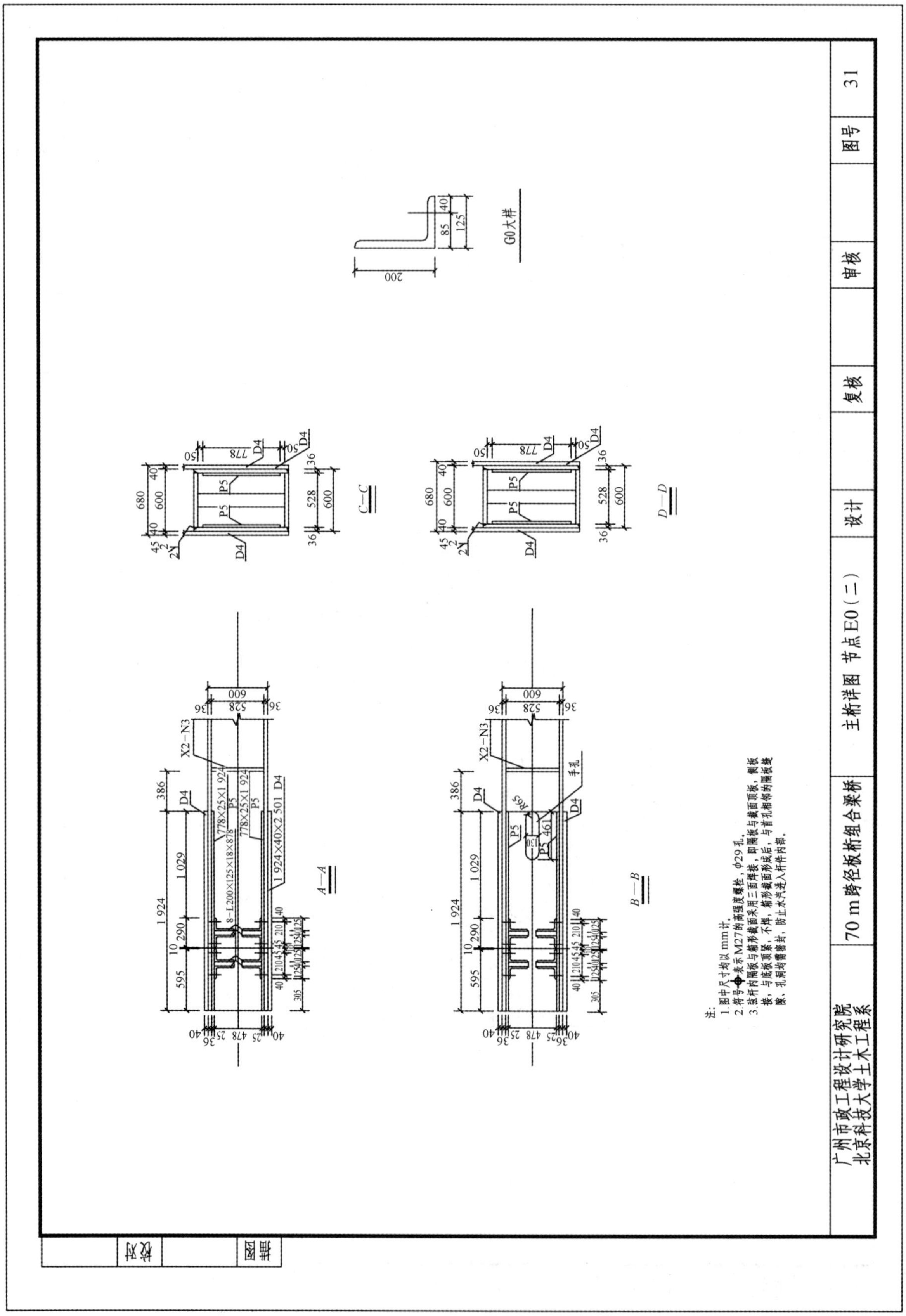

A—A

B—B

C—C

D—D

G0大样

注:
1. 图中尺寸均以mm计。
2. 符号⌖表示M27的高强度螺栓，ϕ29孔。
3. 弦杆内隔板与箱形截面采用三面焊接，即隔板与截面顶板，侧板接，与底板顶紧，不焊，箱形截面形成后，与首孔相邻的隔板缝隙、孔洞均需密封，防止水汽进入杆件内部。

广州市政工程设计研究院 北京科技大学土木工程系	70 m跨径板桁组合梁桥	主桁详图 节点E0（二）	设计		复核		审核		图号	31

描图		校对	

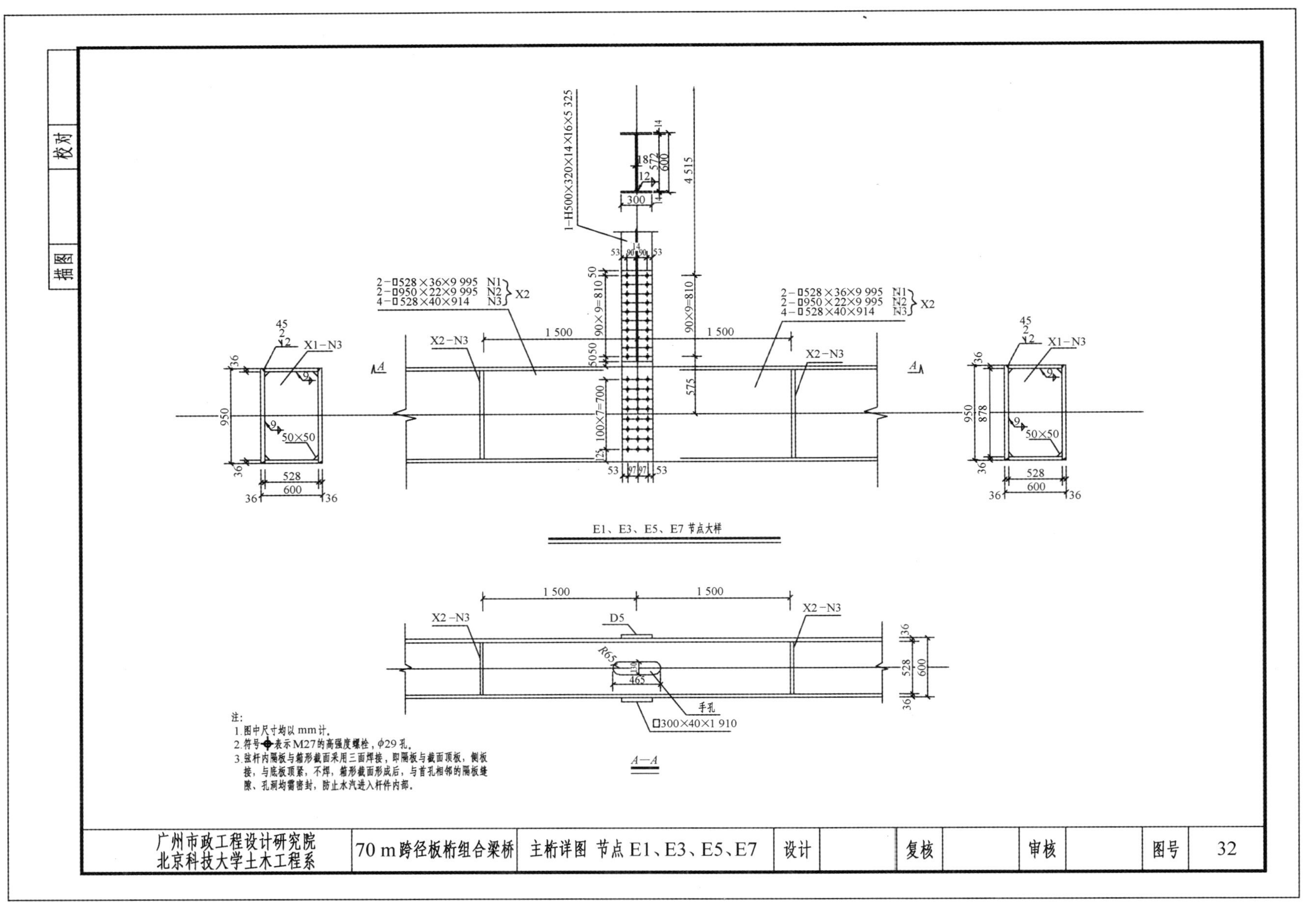

1-H500×320×14×16×5 325
2-□528×36×9 995 N1
2-□950×22×9 995 N2
4-□528×40×914 N3
X2
X1-N3
X2-N3
50×50
4 515
90×9=810
100×7=700
1 500
575
E1、E3、E5、E7 节点大样
D5
R65
手孔
□300×40×1 910
A—A
注:
1.图中尺寸均以mm计。
2.符号◆表示M27的高强度螺栓，φ29孔。
3.弦杆内隔板与箱形截面采用三面焊接，即隔板与截面顶板，侧板接，与底板顶紧，不焊，箱形截面形成后，与首孔相邻的隔板缝隙、孔洞均需密封，防止水汽进入杆件内部。
广州市政工程设计研究院
北京科技大学土木工程系
70 m跨径板桁组合梁桥
主桁详图 节点E1、E3、E5、E7
设计
复核
审核
图号
32
描图
校对

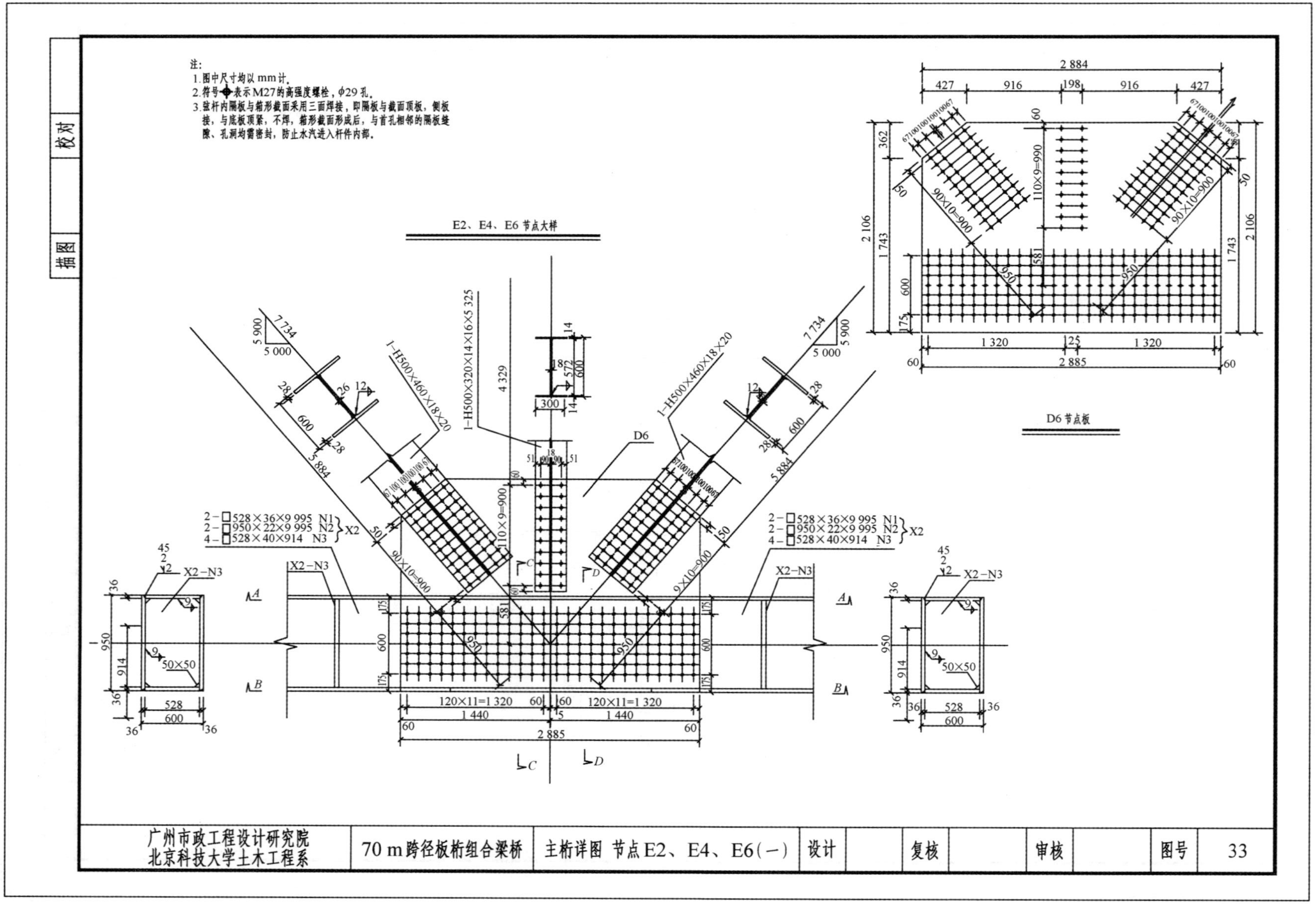
注:
1.图中尺寸均以 mm 计。
2.符号◆表示M27的高强度螺栓，φ29 孔。
3.弦杆内隔板与箱形截面采用三面焊接，即隔板与截面顶板，侧板
接，与底板顶紧，不焊，箱形截面形成后，与首孔相邻的隔板缝
隙、孔洞均需密封，防止水汽进入杆件内部。
E2、E4、E6 节点大样
D6 节点板
D6
1-H500×460×18×20
1-H500×320×14×16×5 325
2-□528×36×9 995 N1
2-□950×22×9 995 N2
4-□528×40×914 N3
X2
X2-N3
50×50
90×10=900
110×9=900
110×9=990
120×11=1 320
2 885
2 884
2 106
1 743
5 884
7 734
5 900
5 000
4 329
校对
描图
广州市政工程设计研究院
北京科技大学土木工程系
70 m跨径板桁组合梁桥
主桁详图 节点E2、E4、E6(一)
设计
复核
审核
图号
33

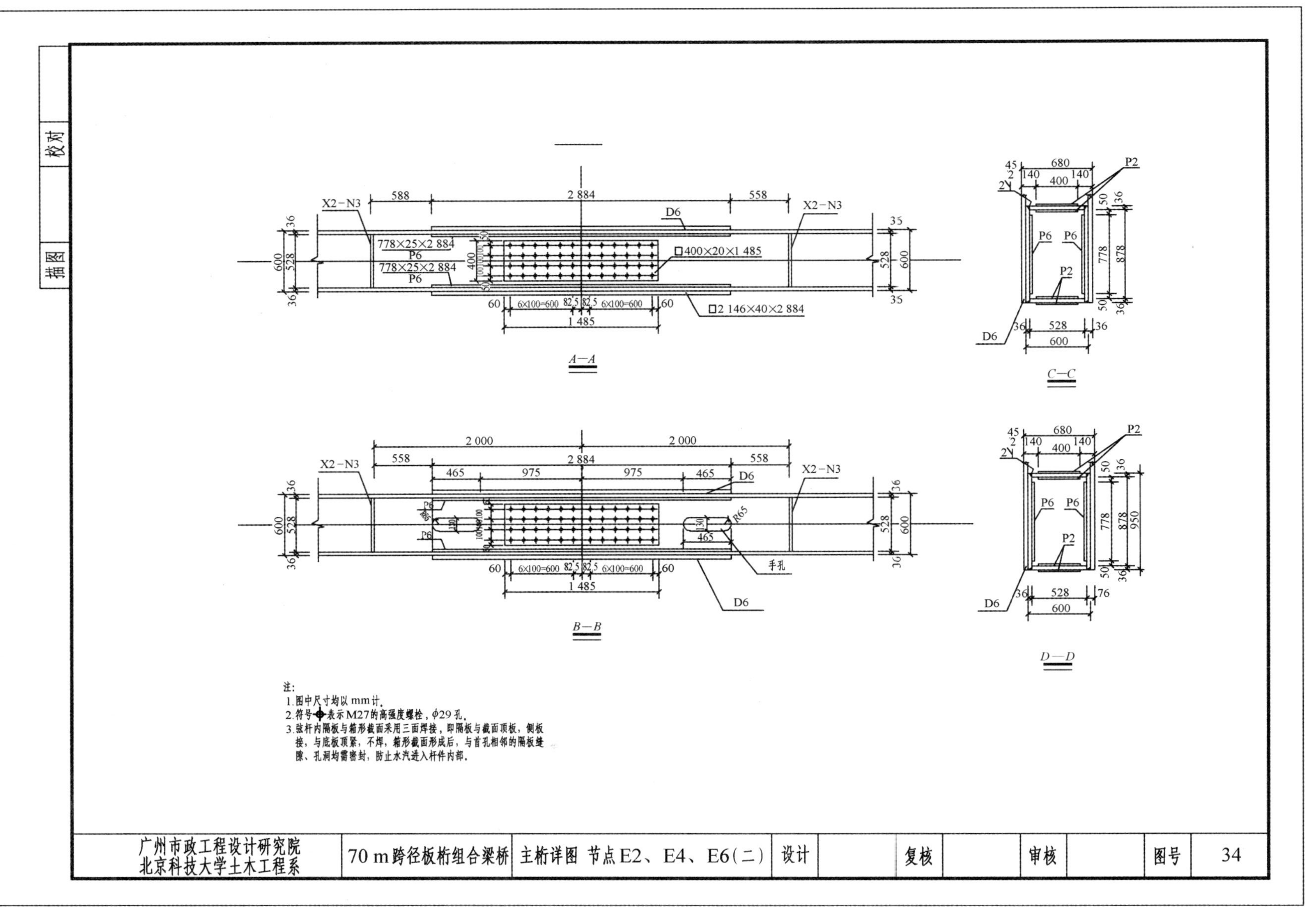

注：
1.图中尺寸均以mm计。
2.符号◆表示M27的高强度螺栓，φ29孔。
3.弦杆内隔板与箱形截面采用三面焊接，即隔板与截面顶板，侧板接，与底板顶紧，不焊，箱形截面形成后，与首孔相邻的隔板缝隙、孔洞均需密封，防止水汽进入杆件内部。

广州市政工程设计研究院 北京科技大学土木工程系	70 m跨径板桁组合梁桥	主桁详图　节点E2、E4、E6(二)	设计		复核		审核		图号	34

附录B　地下工程防水图集

地下工程防水图集图纸目录

序号	图名	图表编号	序号	图名	图表编号
1	地下防水工程设计总说明	01	31	地下室工程变形缝渗漏预防（一）	31
2	变形缝设计说明	02	32	地下室工程变形缝渗漏预防（二）	32
3	变形缝基本形式	03	33	地下室工程变形缝渗漏预防（三）	33
4	变形缝构造设计简单形式（一）	04	34	变形缝防水施工图　（一）	34
5	变形缝构造设计简单形式（二）	05	35	变形缝防水施工图　（二）	35
6	变形缝构造设计简单形式（三）	06	36	遇水膨胀止水条截面及敷设	36
7	变形缝构造设计简单形式（四）	07	37	沉降缝防水做法及构造	37
8	变形缝构造设计简单形式（五）		38	施工缝设计说明	38
9	变形缝构造设计简单形式（六）	09	39	施工缝接缝形式	39
10	变形缝构造设计简单形式（七）	10	40	防水混凝土常用施工缝（一）	40
11	可卸式止水带排水连接构造和安装结构处理	11	41	防水混凝土常用施工缝（二）	41
12	可排水止水带固定工艺及下部连接构造		42	施工缝防水基本构造	42
13	止水带专用配件	13	43	防水混凝土墙体施工缝防水详图（一）	43
14	外贴式止水带专用配件	14	44	防水混凝土墙体施工缝防水详图（二）	44
15	常用橡胶塑料止水带的形状规格	15	45	两种新型施工缝防水设计	45
16	金属中埋式外贴式止水带变形缝	16	46	混凝土施工缝处理	46
17	外贴式止水带与中埋式止水带复合使用变形缝	17	47	施工缝防水构造形式（一）	47
18	嵌缝式止水带与可卸式 中埋式止水带复合使用变形缝(一)	18	48	施工缝防水构造形式（二）	48
19	嵌缝式止水带与可卸式 中埋式止水带复合使用变形缝(二)	19	49	施工缝防水构造形式（三）	49
20	嵌缝式止水带与可卸式中埋式止水带复合使用变形缝(三)	20	50	施工缝防水构造形式（四）	50
21	嵌缝式止水带与遇水膨胀条、中埋式止水带复合使用变形缝	21	51	环向施工缝防水构造及下部排水构造	51
22	嵌缝式止水带与中埋式止水带复合使用变形缝（一）	22	52	施工缝后浇带两侧施工缝预埋注浆管图	52
23	嵌缝式止水带与中埋式止水带复合使用变形缝（二）	23	53	后浇带防水一般构造简图（一）	53
24	嵌缝式止水带与中埋式止水带复合使用变形缝（三）	24	54	后浇带防水一般构造简图（二）	54
25	粘贴式、可卸式与中埋式止水带复合使用变形缝	25	55	超前止水后浇带、膨胀带详图	55
26	两相邻地下室变形缝防水构造图（一）	26	56	后浇带构造简图（一）	56
27	两相邻地下室变形缝防水构造图（二）	27	57	后浇带构造简图（二）	57
28	两相邻地下室变形缝防水构造图（三）	28	58	地下工程后浇带类型图	58
29	变形缝防水处理	29	59	后浇缝结构构造图	59
30	地下工程变形缝防水设计图	30	60	后浇缝防水处理	60

广州市政工程设计研究院	地下工程防水图集	图纸目录	比例尺: 日　期:	图　号	北京科技大学土木工程系

设计　复核　一审　二审　三审

地下防水工程设计总说明

1. 地下工程的类型

地下工程可根据建造环境和建造方式和用途的不同，分为隧道工程、地下建筑物、地下构筑物等类型。隧道工程主要是指铁路隧道、公路隧道、地下铁道、越江隧道、海底隧道以及水工、热力、电缆隧道等。地下建筑物主要是指建筑物的地下室、地下厂房、地下仓库、地下车库、地铁车站、城市铁道、地下商业街等。地下构筑物主要是指军事、人防工程、城市公用沟、水工构筑物、蓄水池、游泳池等。

2. 地下工程防水适用范围

地下防水工程是指对全埋或半埋地下或水下的地下室、隧道以及蓄水池等建筑物、构筑物进行防水设计、防水施工和维护管理等技术工作的工程实体。是依据建筑物、构筑物防水设防部位进行分类而得出的一个防水工程类别。

3. 设计依据及规范

(1)《地下工程防水技术规范》(GB 50158—2001)

(2)《铁路隧道施工规范》(TB 10204—2002)

(3)《铁路隧道设计规范》(TB 10003—2005)

(4)《地铁设计规范》(GB 50157—2003)

(5)《地下铁道工程施工及验收规范》(GB 50299—1999)(2003年版)

(6)《公路隧道施工技术规范》(JTJ 042—94)

4. 防水材料

地下防水工程按材料分为：卷材防水、涂膜防水、密封材料防水、混凝土和水泥砂浆防水、塑料板防水、金属防水等。

5. 地下防水工程设计要点

(1)地下工程必须进行防水设计，防水设计应定级准确、方案可靠、施工简便、经济合理。

(2)地下工程必须从工程规划、建筑结构设计、材料选择、施工工艺等全面系统的做好地下工程防排水。

(3)地下工程的防水设计，应考虑的地表水、地下水、毛细管水等的作用，以及由于认为等因素引起的附近水文地质改变的影响。单建式的地下工程，应采用全封闭，部分封闭防排水设计；附建式的全地下或半地下工程的防水设防高度，应高出室外地坪高程 500 mm 以上。

(4)地下工程的钢筋混凝土结构，应采用防水混凝土，并根据防水等级要求采用其他的防水措施。

(5)地下工程的变形缝、施工缝、诱导缝、后浇带、穿墙管(盒)、预埋件、预留通道接头、桩头等细部构造，应加强防水措施。

(6)地下工程排水管沟、地漏、出入口、窗井、风井等，应有防倒灌措施，寒冷及严寒地区的排水沟应有防冻措施。

(7)地下工程防水设计，应根据工程特点和需要搜集的相关资料。

①最高地下水位的高程、出现的年代、近几年的实际水位高程以及随季节变化情况。

②地下水类型、补给来源、水质、流量、流向、压力。

③工程地质构造，包括岩层走向、倾角、节理及裂隙，含水底层的特性、分布情况盒渗透稀疏，溶洞及陷穴，填土区、湿陷性土和膨胀土层等情况。

④历年气候变化情况、降水量、地层冻结深度。

⑤区域地形、地貌、天然水流、水库、废弃坑井以及地表水、洪水和给排水系统资料。

⑥工程所在区域的地震烈度、地热，含瓦斯等有害物质的资料。

⑦施工技术水平和材料来源。

⑧地下工程防水设计的内容应包括：

a. 地下工程的防水等级和设防要求。

b. 地下工程混凝土结构自防水所选用防水混凝土的抗渗等级和其他技术指标，质量保证措施。

c. 其他防水层选用的防水材料及其技术指标、质量保证措施。

d. 防水工程细部构造的防水措施，选用的材料及其技术指标，质量保证措施。

e. 工程的防排水系统，地面挡水、截水系统及工程各种洞口的防倒灌措施。

6. 地下工程的防水等级划分

防水等级	标　准
一级	不允许渗水，结构表面无湿渍
二级	不允许漏水，结构表面可有少量湿渍 工业与民用建筑：总湿渍面积不应大于总防水面积(包括顶板、墙面、地面)的 1/1 000；任意 100 m^2 防水面积上的湿渍不超过 1处，单个湿渍的最大面积不大于 0.1 m^2 其他地下工程：总湿渍面积不应大于总防水面积的 6/1 000；任意100 m^2防水面积上的湿渍不超过4处，单个湿渍的最大面积不大于 0.2 m^2
三级	有少量漏水点，不得有线流和漏泥沙 任意 100 m^2防水面积上的漏水点不超过 7 处，单个漏水点的最大漏水量不大于2.5 L/d，单个湿渍的最大面积不大于 0.3 m^2
四级	有漏水点，不得有线流和漏泥沙 整个工程平均漏水量不大于 2 L/(m^2·d)；任意 100 m^2 防水面积的平均漏水量不大于4 L/(m^2·d)

广州市政工程设计研究院	地下工程防水图集	地下防水工程设计总说明	比例尺： 日　期：	图　号 01	北京科技大学土木工程系

审三	审二	审一	复核	设计

变形缝设计说明

1. 设计规范和依据

(1)《地下工程防水技术规范》(GB 50158—2001)

(2)《公路隧道设计规范》(JTG D70—2004)

(3)《铁路隧道设计规范》(TB 10003—2005)

(4)《地铁设计规范》(GB 50157—2003)

2. 设计注意事项

变形缝是沉降缝与伸缩缝的总称。变形缝是地下防水的薄弱环节，防水处理比较复杂、最易发生渗漏，如处理不好则会直接影响到地下工程正常使用和使用寿命。这是由于缝的构造复杂且处在变形和位移的位置所决定的。

当水压及变形量较大时，防水混凝土墙体及底板应设置变形缝，设置变形缝应尽量避免地下室通过变形缝或使缝的位置避开不宜处理的部件。

3. 材料要求

变形缝所采用的防水材料应满足密封防水、适应变形、施工方便、检查容易等要求。在选用材料时，应考虑到变形缝处的沉降、伸缩的可变性，并且还应适应其在变化中的密封性。

橡胶止水带外观质量、尺寸偏差、物理性能应符合 GB 18173.2—2000 的规定。

遇水膨胀橡胶条的性能指标应符合 GB 18173.3—2000 的规定。

嵌缝材料的最大拉伸强度不应小于 0.2 MPa，最长伸长率应大于 300%，拉伸-压缩循环性能的级别不应该小于 8020。

4. 变形缝设计要点

(1)变形缝的构造形式及所选用的材料应满足密封防水，适应低级或结构变形情况及水压、水质情况，并达到施工方便、检修容易等要求。

(2)用于伸缩的变形缝宜不设或者少设，可根据不用的工程结构类别及工程地质情况采用诱导缝、加强带、后浇带等替代措施。

(3)变形缝处的混凝土结构的厚度不应小于 300 mm。

(4)用于沉降的变形缝其最大允许沉降差值不应大于 30 mm。当计算沉降差大于 30 mm，应在设计时采取措施。

(5)用于沉降的变形缝的宽度宜采用 20～30 mm，用于伸缩缝的变形缝的宽度宜小于此值。

(6)不受水压的地下结构变形缝，可采用防腐沥青麻丝、软质板材等填密严密。墙体的变形缝应根据施工进度逐段进行，每 300～500 mm 高填缝一次，缝宽不宜小于 30 mm。对于不受水压的卷材防水层，在变形缝处应加铺两层抗拉强度高的卷材，以加强变形缝处的抗拉、抗裂性能。

(7)在首水压的地下工程放水中，当温度经常处于 50 ℃以下时并不受强氧化作用时，结构的变形缝宜采用橡胶或塑料止水带。当有油类侵蚀时，应选用耐油橡胶或塑料止水带。

(8)在受高温和水压的防水工程中，结构的变形缝宜采用 1～2 mm厚的钢板或不锈钢板制成的金属止水带。金属止水带是整条的，如需接长时，接缝应焊接，焊缝应严密平整，并经验收合格后方可安装。

广州市政工程设计研究院	地下工程防水图集	变形缝设计说明	比例尺:	图　号	北京科技大学土木工程系
			日　期:	02	

设计	复核	审一	审二	审三

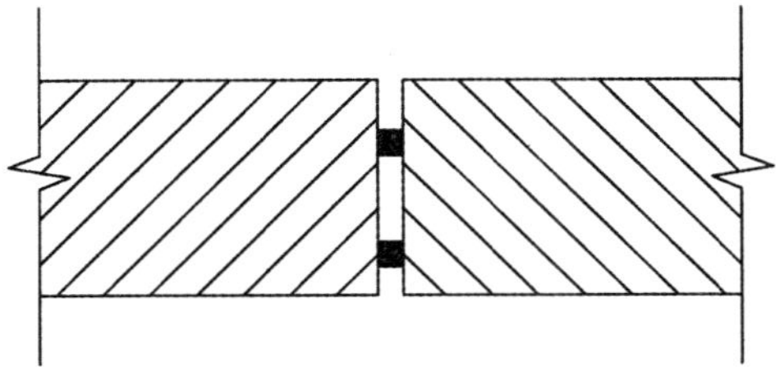

(a) 平缝

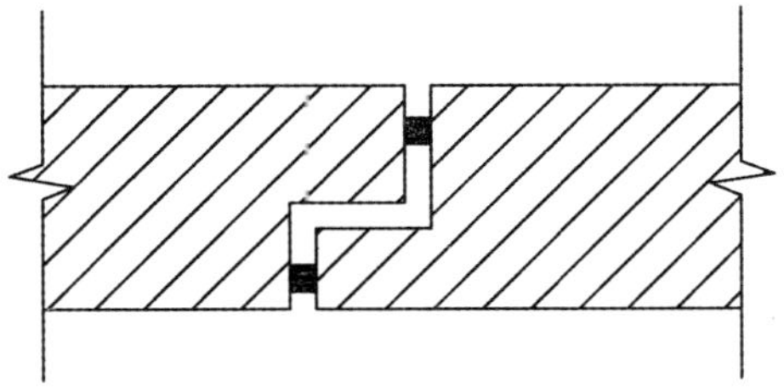

(b) 错缝

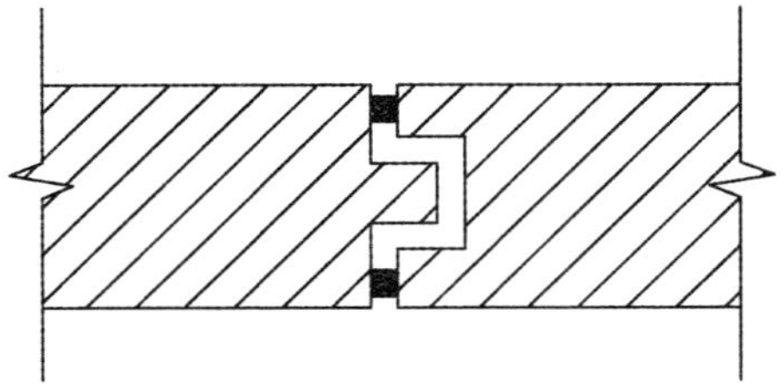

(c) 企口缝

注：
1. 变形缝的构造要点：将建筑构件全部断开，以保证缝两侧自由变形。砖混结构变形处，可采用单墙或双墙承重方案，框架结构可采用悬挑方案。变形缝应力求隐蔽，如设置在平面形状有变化处，还应在结构上采取措施，防止风雨对室内的侵袭。
2. 变形缝的形式因墙厚不同处理方式可以有所不同。

变形缝基本形式

广州市政工程设计研究院	地下工程防水图集	变形缝基本形式	比例尺：	图 号	北京科技大学土木工程系
			日 期：	03	

设计		复核		一审		二审		三审	

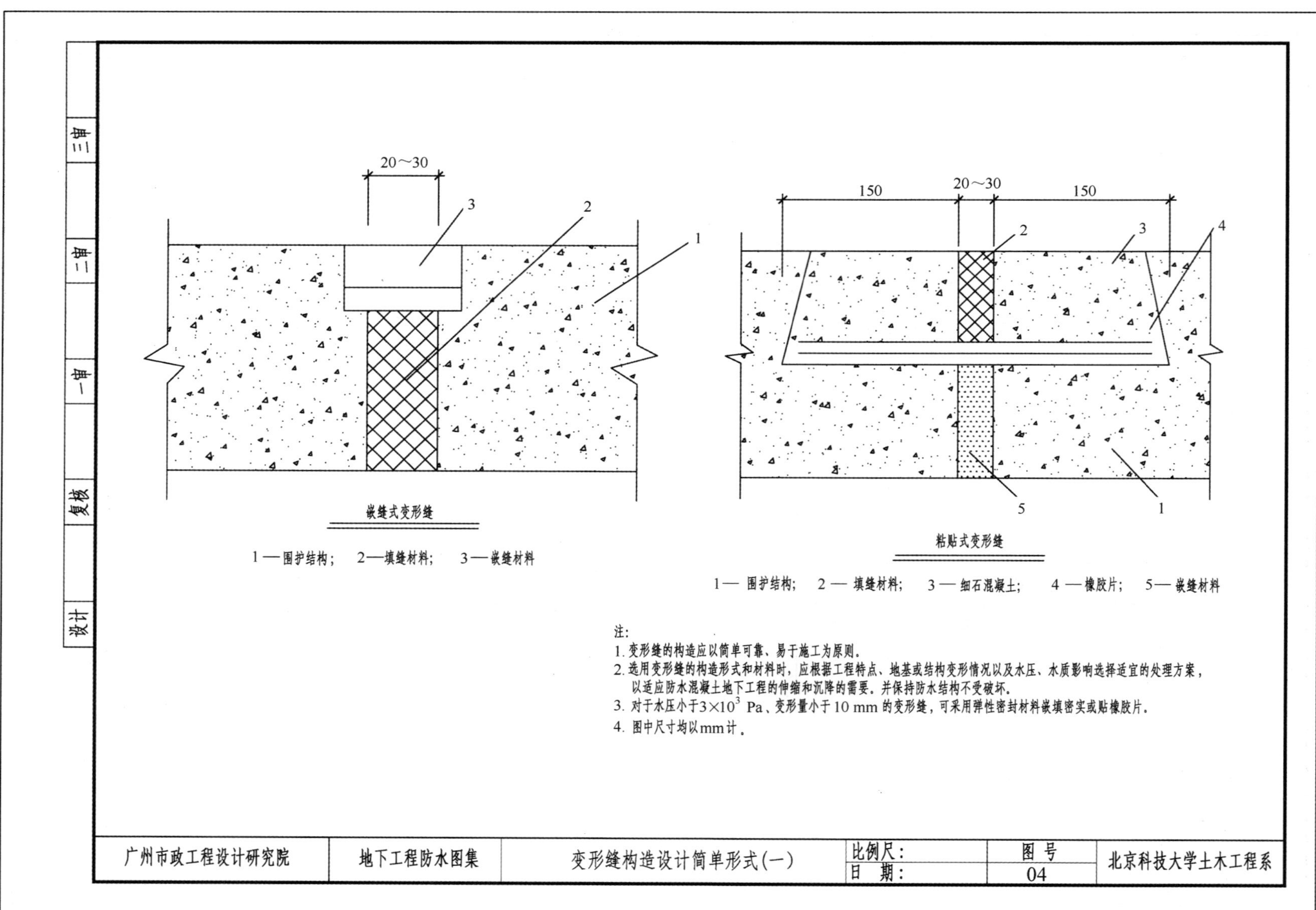
20～30
3
2
1
嵌缝式变形缝
1—围护结构； 2—填缝材料； 3—嵌缝材料
150
20～30
150
2
3
4
5
1
粘贴式变形缝
1— 围护结构； 2 — 填缝材料； 3 — 细石混凝土； 4 —橡胶片； 5— 嵌缝材料
注：
1. 变形缝的构造应以简单可靠、易于施工为原则。
2. 选用变形缝的构造形式和材料时，应根据工程特点、地基或结构变形情况以及水压、水质影响选择适宜的处理方案，以适应防水混凝土地下工程的伸缩和沉降的需要，并保持防水结构不受破坏。
3. 对于水压小于3×10³ Pa、变形量小于10 mm 的变形缝，可采用弹性密封材料嵌填密实或贴橡胶片。
4. 图中尺寸均以mm计。
广州市政工程设计研究院
地下工程防水图集
变形缝构造设计简单形式(一)
比例尺：
日 期：
图 号
04
北京科技大学土木工程系
设计
复核
审一
审二
审三

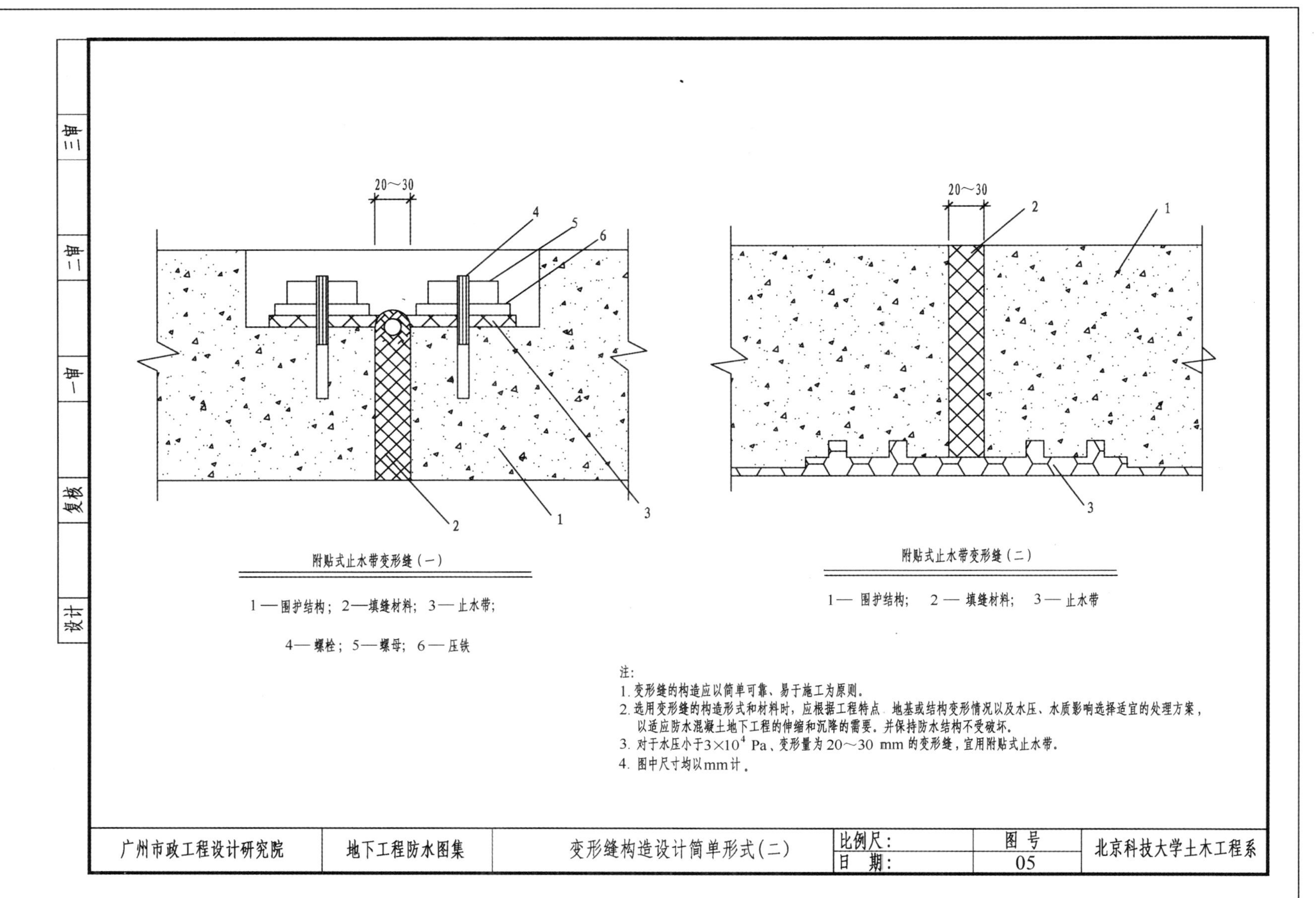
20～30
4
5
6
2
1
3
附贴式止水带变形缝（一）
1—围护结构；2—填缝材料；3—止水带；
4—螺栓；5—螺母；6—压铁
20～30
2
1
3
附贴式止水带变形缝（二）
1— 围护结构； 2 — 填缝材料； 3 — 止水带
注：
1. 变形缝的构造应以简单可靠、易于施工为原则。
2. 选用变形缝的构造形式和材料时，应根据工程特点、地基或结构变形情况以及水压、水质影响选择适宜的处理方案，以适应防水混凝土地下工程的伸缩和沉降的需要，并保持防水结构不受破坏。
3. 对于水压小于3×10⁴ Pa、变形量为20～30 mm 的变形缝，宜用附贴式止水带。
4. 图中尺寸均以mm计。
广州市政工程设计研究院
地下工程防水图集
变形缝构造设计简单形式(二)
比例尺：
日 期：
图 号
05
北京科技大学土木工程系
设计
复核
审一
审二
审三

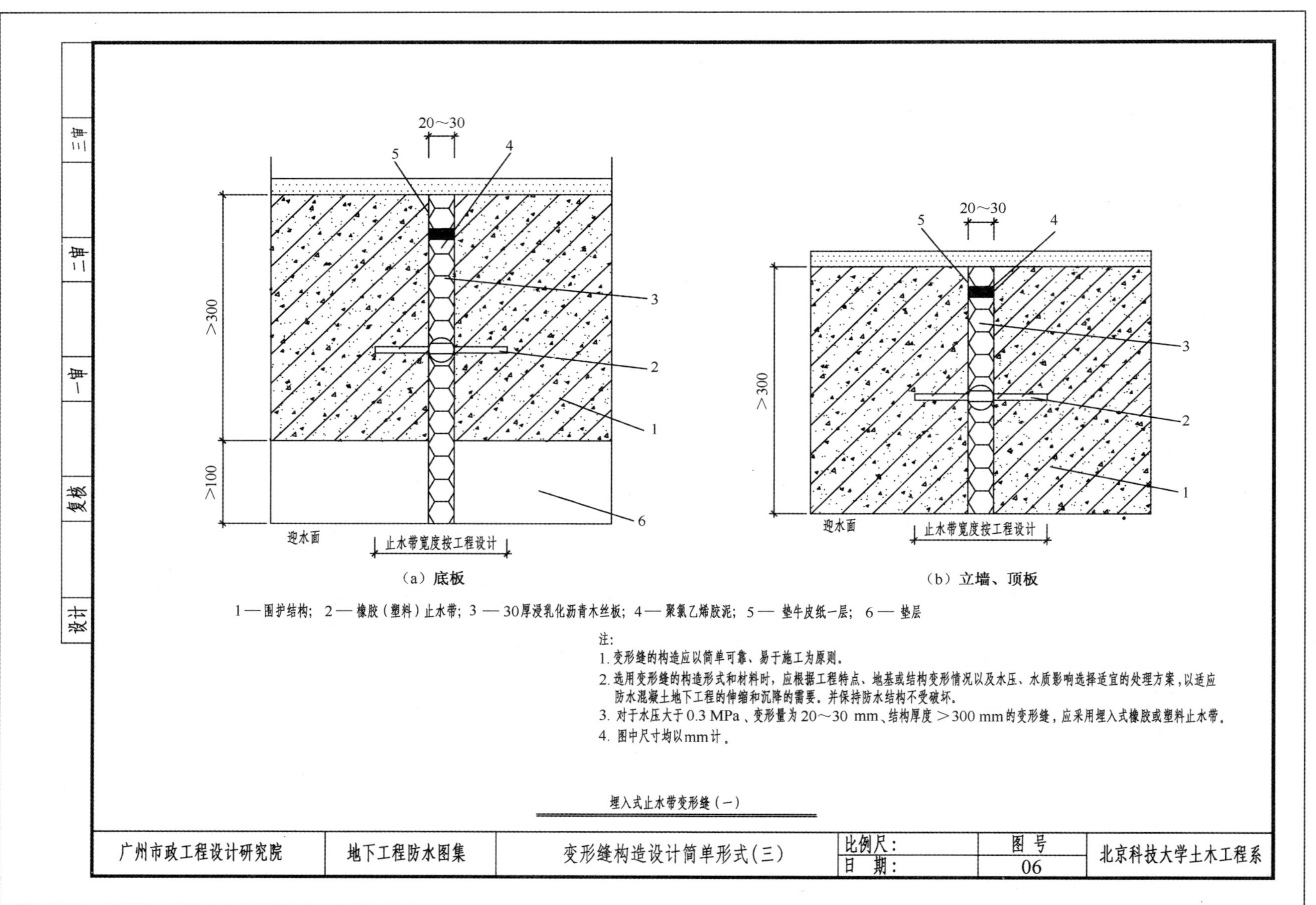
20～30
5
4
3
2
1
>300
>100
6
迎水面
止水带宽度按工程设计
（a）底板
（b）立墙、顶板
1 — 围护结构；2 — 橡胶（塑料）止水带；3 — 30厚浸乳化沥青木丝板；4 — 聚氯乙烯胶泥；5 — 垫牛皮纸一层；6 — 垫层
注：
1. 变形缝的构造应以简单可靠、易于施工为原则。
2. 选用变形缝的构造形式和材料时，应根据工程特点、地基或结构变形情况以及水压、水质影响选择适宜的处理方案，以适应防水混凝土地下工程的伸缩和沉降的需要，并保持防水结构不受破坏。
3. 对于水压大于0.3 MPa、变形量为20～30 mm、结构厚度＞300 mm的变形缝，应采用埋入式橡胶或塑料止水带。
4. 图中尺寸均以mm计。
埋入式止水带变形缝（一）
广州市政工程设计研究院
地下工程防水图集
变形缝构造设计简单形式(三)
比例尺：
日 期：
图 号
06
北京科技大学土木工程系
设计
复核
一审
二审
三审

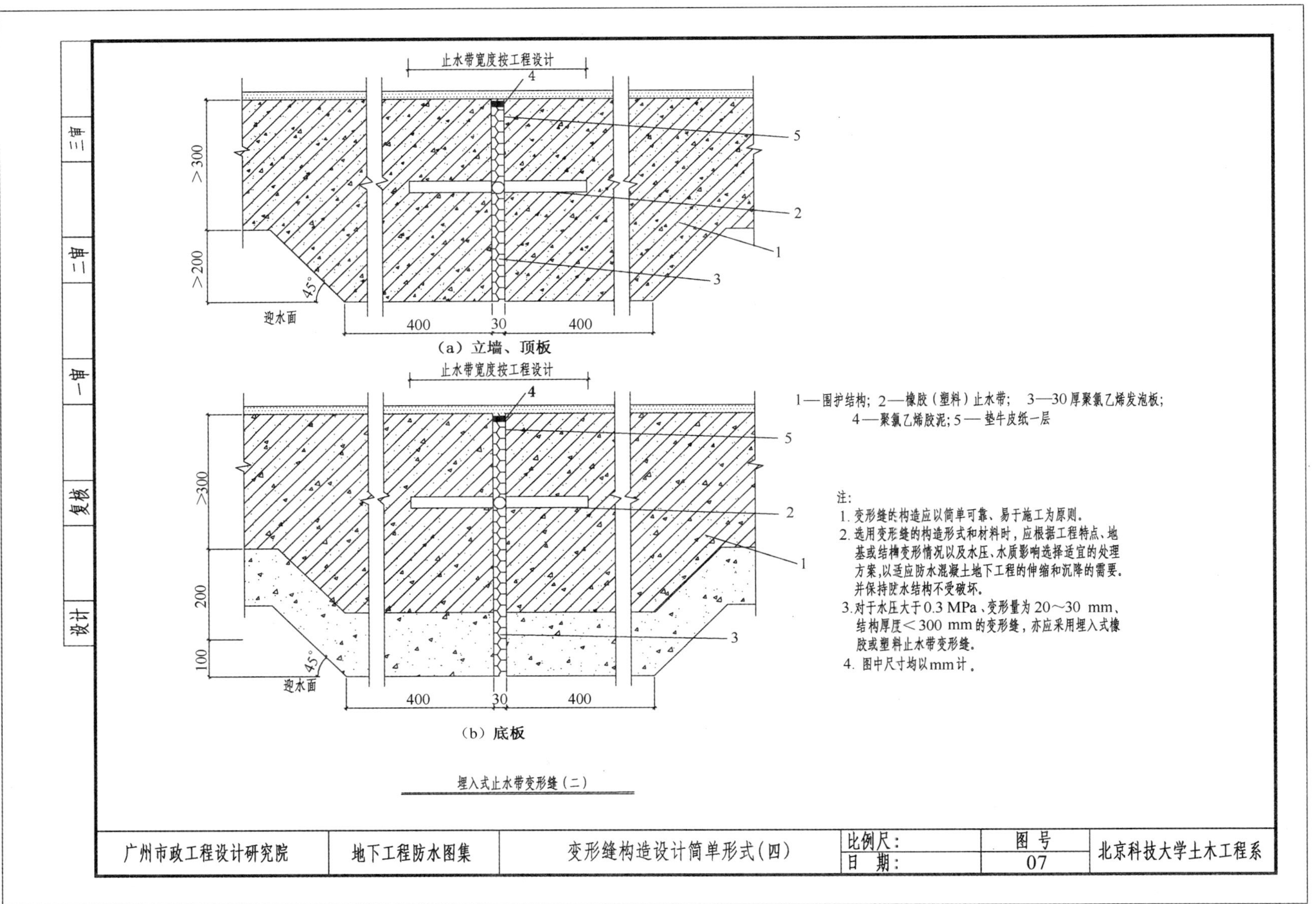

止水带宽度按工程设计
4
5
2
1
3
≥300
≥200
45°
迎水面
400
30
400
(a) 立墙、顶板
止水带宽度按工程设计
4
5
2
1
3
≥300
200
100
45°
迎水面
400
30
400
(b) 底板
埋入式止水带变形缝(二)
1—围护结构；2—橡胶（塑料）止水带；3—30厚聚氯乙烯发泡板；
4—聚氯乙烯胶泥；5—垫牛皮纸一层
注：
1.变形缝的构造应以简单可靠、易于施工为原则。
2.选用变形缝的构造形式和材料时，应根据工程特点、地基或结构变形情况以及水压、水质影响选择适宜的处理方案，以适应防水混凝土地下工程的伸缩和沉降的需要，并保持防水结构不受破坏。
3.对于水压大于0.3 MPa、变形量为20～30 mm、结构厚度<300 mm的变形缝，亦应采用埋入式橡胶或塑料止水带变形缝。
4.图中尺寸均以mm计。
三审
二审
一审
复核
设计
广州市政工程设计研究院
地下工程防水图集
变形缝构造设计简单形式(四)
比例尺：
日　期：
图号
07
北京科技大学土木工程系

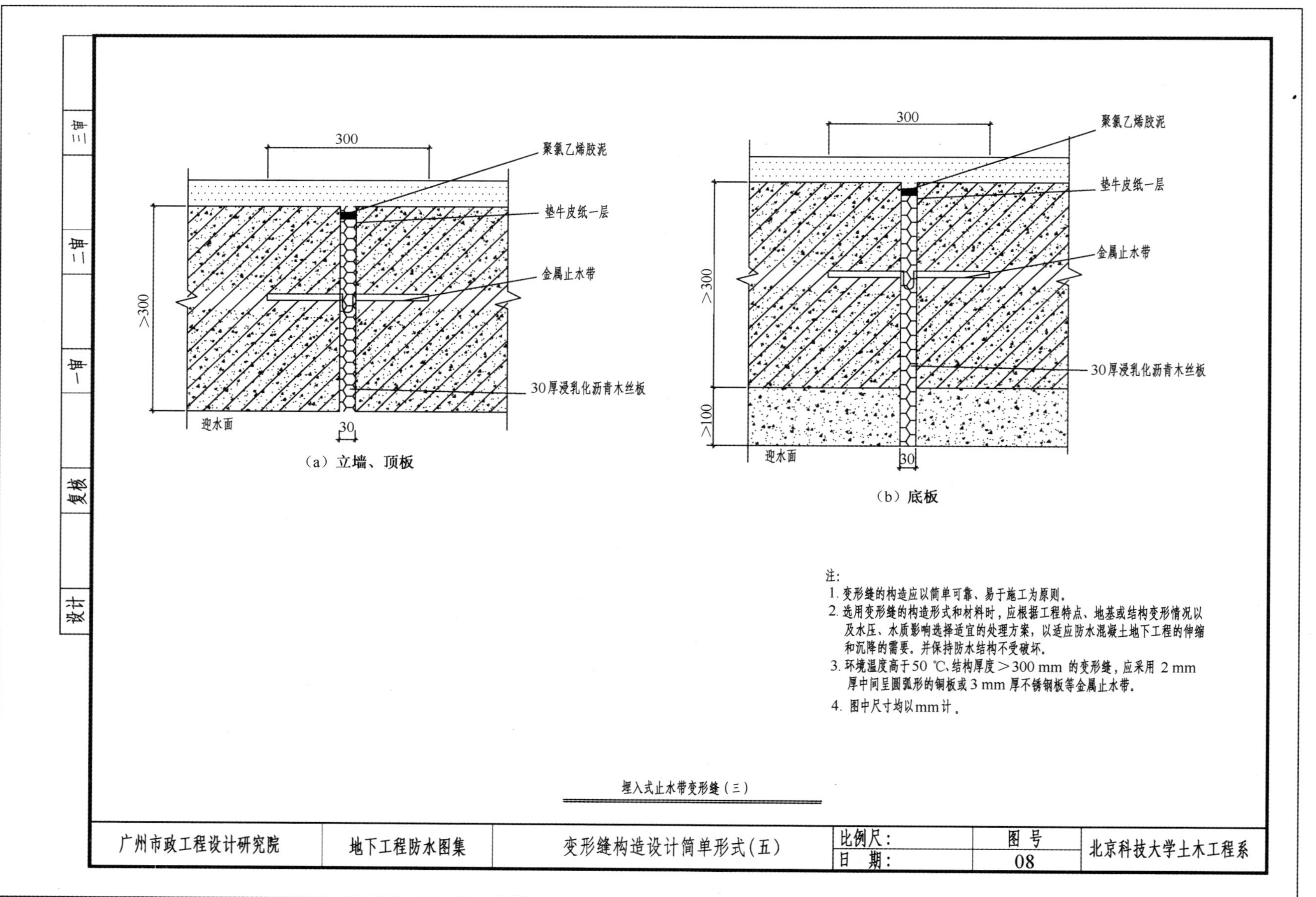
300
聚氯乙烯胶泥
垫牛皮纸一层
金属止水带
30厚浸乳化沥青木丝板
>300
迎水面
30
(a) 立墙、顶板
300
聚氯乙烯胶泥
垫牛皮纸一层
金属止水带
30厚浸乳化沥青木丝板
>300
>100
迎水面
30
(b) 底板
注:
1. 变形缝的构造应以简单可靠、易于施工为原则。
2. 选用变形缝的构造形式和材料时，应根据工程特点、地基或结构变形情况以及水压、水质影响选择适宜的处理方案，以适应防水混凝土地下工程的伸缩和沉降的需要，并保持防水结构不受破坏。
3. 环境温度高于50 ℃、结构厚度>300 mm 的变形缝，应采用 2 mm 厚中间呈圆弧形的铜板或3 mm 厚不锈钢板等金属止水带。
4. 图中尺寸均以mm计。
埋入式止水带变形缝(三)
广州市政工程设计研究院
地下工程防水图集
变形缝构造设计简单形式(五)
比例尺:
日　期:
图　号
08
北京科技大学土木工程系
审三
审二
审一
复核
设计

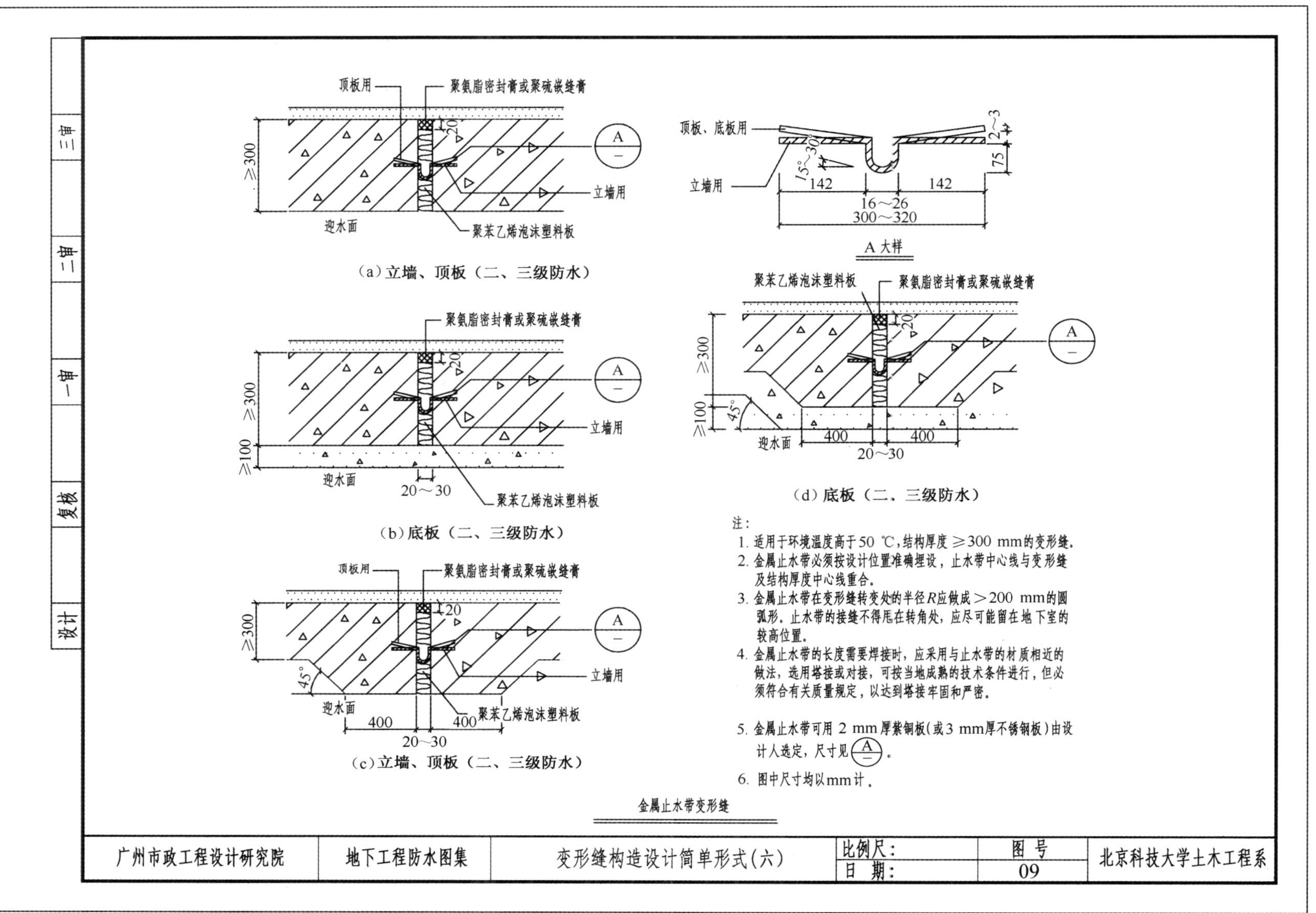

顶板用
聚氨酯密封膏或聚硫嵌缝膏
≥300
20
A
立墙用
迎水面
聚苯乙烯泡沫塑料板
(a)立墙、顶板（二、三级防水）
≥100
20~30
(b)底板（二、三级防水）
45°
400
(c)立墙、顶板（二、三级防水）
顶板、底板用
2~3
15°~30°
75
142
16~26
300~320
A大样
(d)底板（二、三级防水）
注：
1. 适用于环境温度高于50 ℃，结构厚度≥300 mm的变形缝。
2. 金属止水带必须按设计位置准确埋设，止水带中心线与变形缝及结构厚度中心线重合。
3. 金属止水带在变形缝转变处的半径R应做成>200 mm的圆弧形。止水带的接缝不得甩在转角处，应尽可能留在地下室的较高位置。
4. 金属止水带的长度需要焊接时，应采用与止水带的材质相近的做法，选用搭接或对接，可按当地成熟的技术条件进行，但必须符合有关质量规定，以达到搭接牢固和严密。
5. 金属止水带可用2 mm厚紫铜板(或3 mm厚不锈钢板)由设计人选定，尺寸见A。
6. 图中尺寸均以mm计。
金属止水带变形缝
广州市政工程设计研究院
地下工程防水图集
变形缝构造设计简单形式(六)
比例尺：
日期：
图号
09
北京科技大学土木工程系
三审
二审
一审
复核
设计

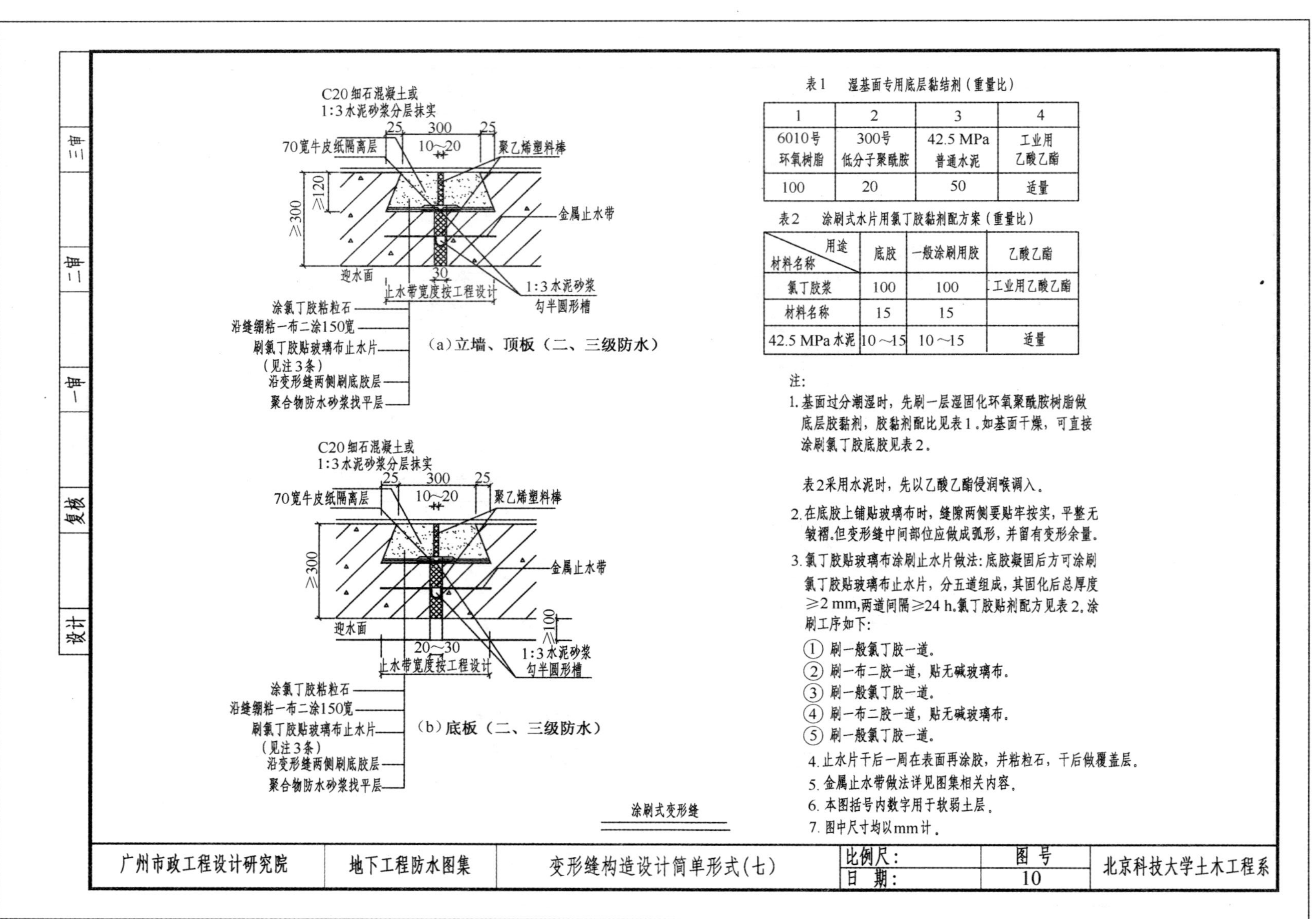

表1　湿基面专用底层黏结剂(重量比)

1	2	3	4
6010号 环氧树脂	300号 低分子聚酰胺	42.5 MPa 普通水泥	工业用 乙酸乙酯
100	20	50	适量

表2　涂刷式水片用氯丁胶黏剂配方案(重量比)

材料名称＼用途	底胶	一般涂刷用胶	乙酸乙酯
氯丁胶浆	100	100	工业用乙酸乙酯
材料名称	15	15	
42.5 MPa水泥	10~15	10~15	适量

注:

1. 基面过分潮湿时,先刷一层湿固化环氧聚酰胺树脂做底层胶黏剂,胶黏剂配比见表1。如基面干燥,可直接涂刷氯丁胶底胶见表2。

   表2采用水泥时,先以乙酸乙酯侵润喉调入。

2. 在底胶上铺贴玻璃布时,缝隙两侧要贴牢按实,平整无皱褶。但变形缝中间部位应做成弧形,并留有变形余量。
3. 氯丁胶贴玻璃布涂刷止水片做法:底胶凝固后方可涂刷氯丁胶贴玻璃布止水片,分五道组成,其固化后总厚度≥2 mm,两道间隔≥24 h。氯丁胶贴剂配方见表2。涂刷工序如下:

   ① 刷一般氯丁胶一道。
   ② 刷一布二胶一道,贴无碱玻璃布。
   ③ 刷一般氯丁胶一道。
   ④ 刷一布二胶一道,贴无碱玻璃布。
   ⑤ 刷一般氯丁胶一道。

4. 止水片干后一周在表面再涂胶,并粘粒石,干后做覆盖层。
5. 金属止水带做法详见图集相关内容。
6. 本图括号内数字用于软弱土层。
7. 图中尺寸均以mm计。

广州市政工程设计研究院	地下工程防水图集	变形缝构造设计简单形式(七)	比例尺: 日　期:	图号 10	北京科技大学土木工程系

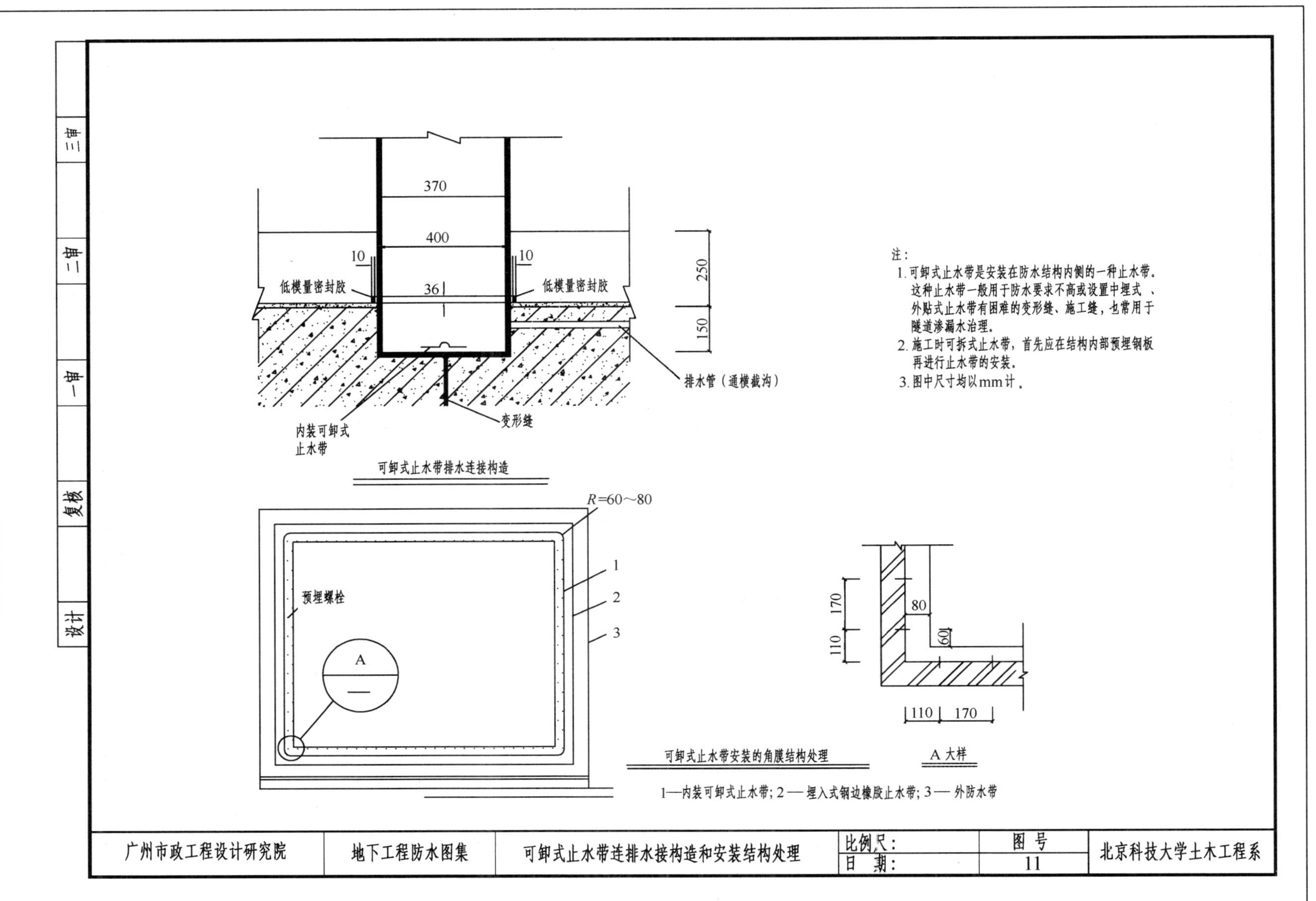
370
400
36
10
10
低模量密封胶
低模量密封胶
250
150
排水管（通横截沟）
内装可卸式止水带
变形缝
可卸式止水带排水连接构造
R=60～80
1
2
3
预埋螺栓
A
可卸式止水带安装的角膜结构处理
1—内装可卸式止水带；2—埋入式钢边橡胶止水带；3—外防水带
170
110
80
60
110
170
A 大样
注：
1. 可卸式止水带是安装在防水结构内侧的一种止水带。这种止水带一般用于防水要求不高或设置中埋式、外贴式止水带有困难的变形缝、施工缝，也常用于隧道渗漏水治理。
2. 施工时可拆式止水带，首先应在结构内部预埋钢板再进行止水带的安装。
3. 图中尺寸均以mm计。
广州市政工程设计研究院
地下工程防水图集
可卸式止水带连排水接构造和安装结构处理
比例尺：
日 期：
图 号
11
北京科技大学土木工程系
设计
复核
审一
审二
审三

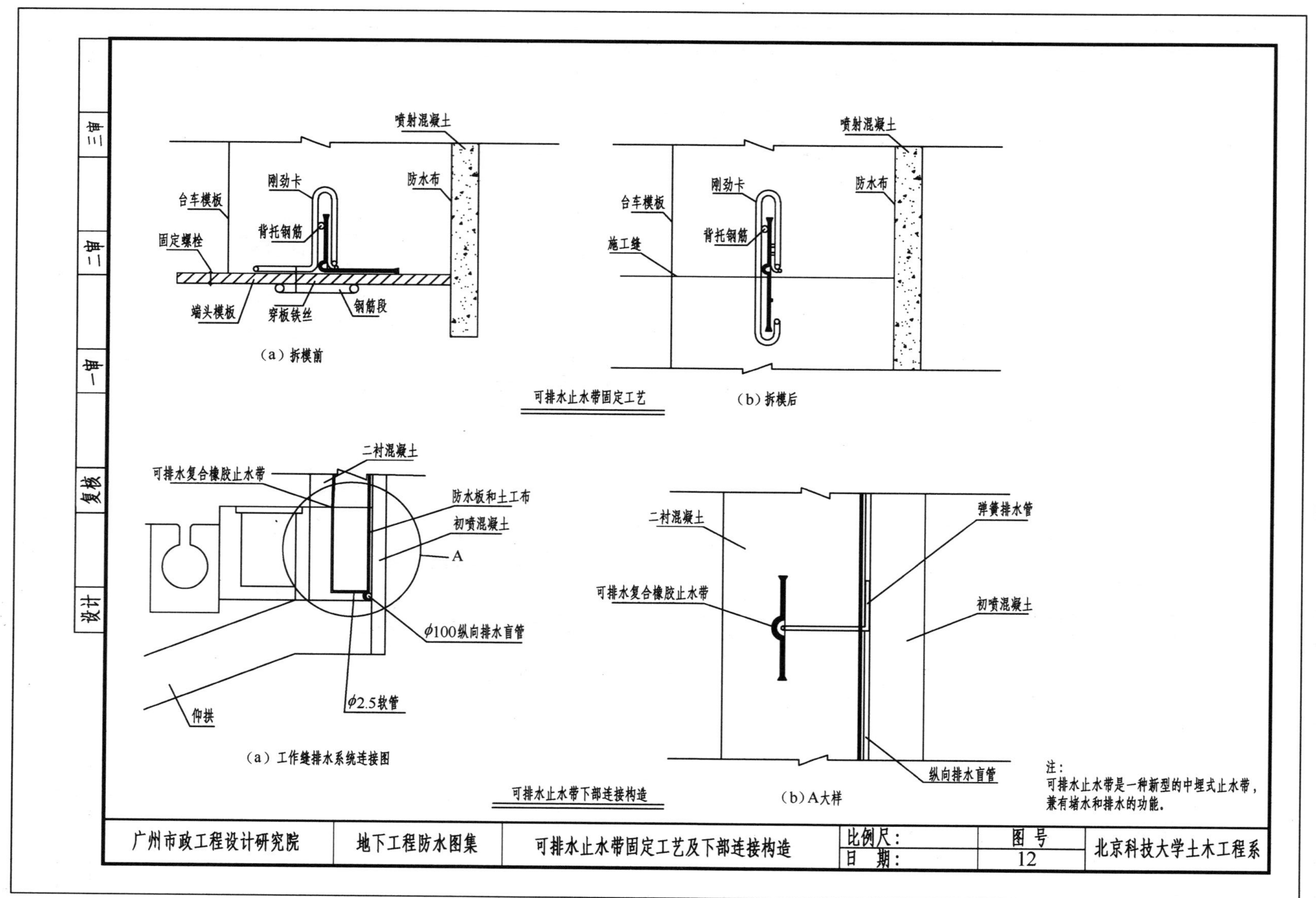
喷射混凝土
台车模板
刚劲卡
防水布
背托钢筋
固定螺栓
端头模板
穿板铁丝
钢筋段
（a）拆模前
施工缝
（b）拆模后
可排水止水带固定工艺
二衬混凝土
可排水复合橡胶止水带
防水板和土工布
初喷混凝土
A
φ100纵向排水盲管
φ2.5软管
仰拱
（a）工作缝排水系统连接图
弹簧排水管
纵向排水盲管
（b）A大样
可排水止水带下部连接构造
注：
可排水止水带是一种新型的中埋式止水带，
兼有堵水和排水的功能。
广州市政工程设计研究院
地下工程防水图集
可排水止水带固定工艺及下部连接构造
比例尺：
日　期：
图号
12
北京科技大学土木工程系
审三
审二
审一
复核
设计

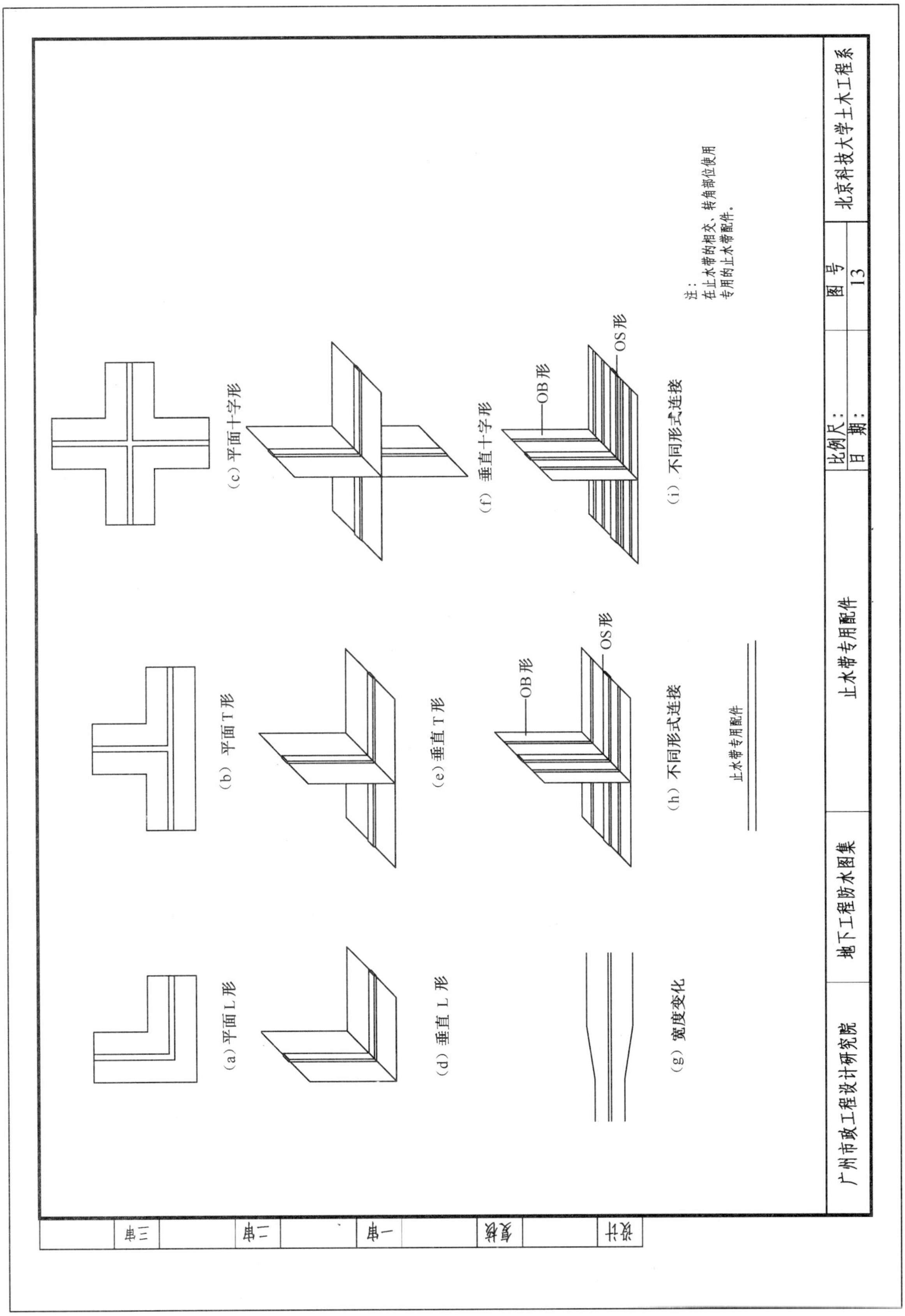

设计		复核		审一		审二		审三	

(a) 平面L形

(b) 平面T形

(c) 平面十字形

(d) 垂直 L 形

(e) 垂直T形

(f) 垂直十字形

(g) 宽度变化

OB形

OS形

(h) 不同形式连接

OB形

OS形

(i) 不同形式连接

止水带专用配件

注：
在止水带的相交、转角部位使用专用的止水带配件。

广州市政工程设计研究院	地下工程防水图集	止水带专用配件	比例尺：	图号	北京科技大学土木工程系
			日 期：	13	

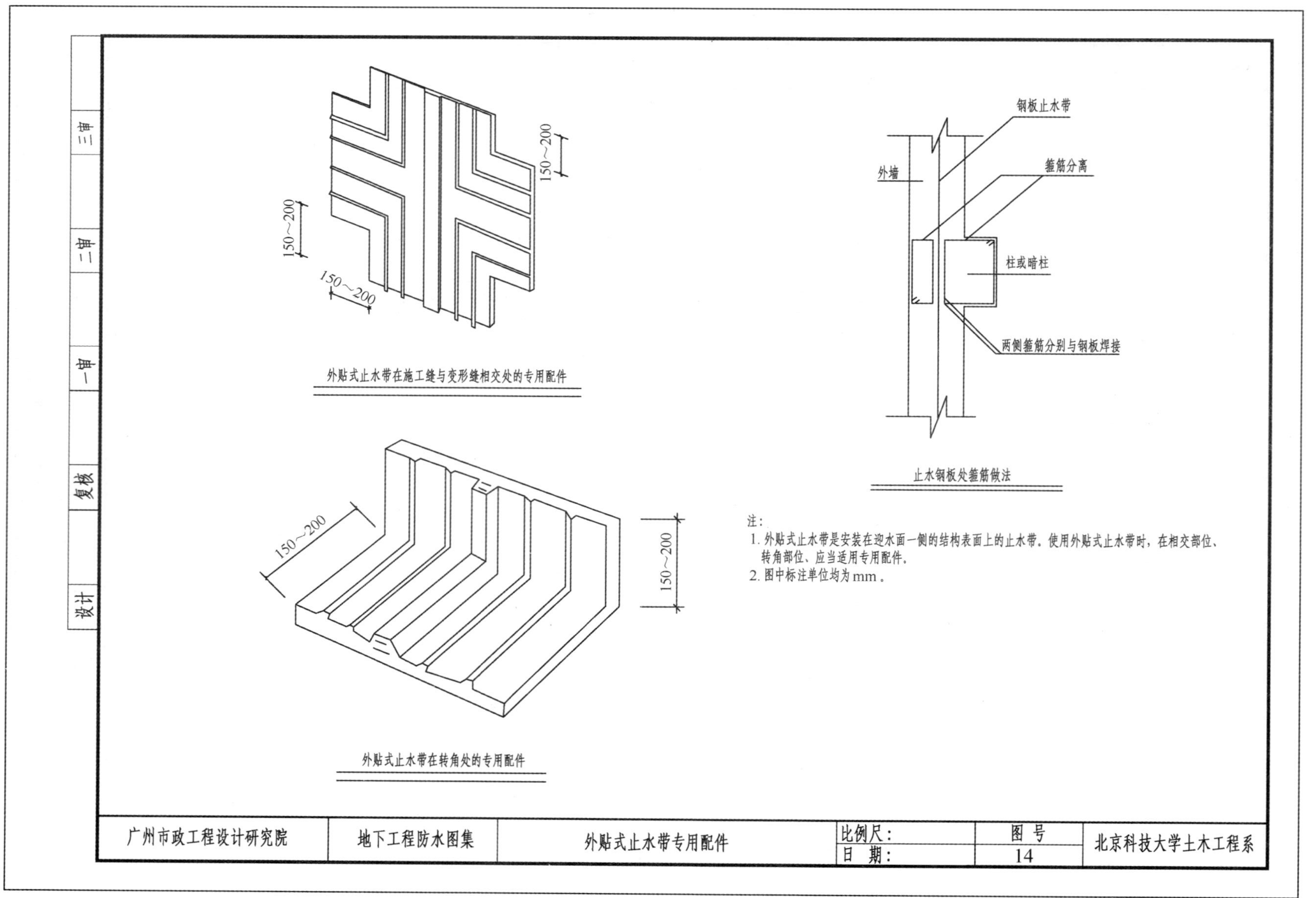
150～200
150～200
150～200
外贴式止水带在施工缝与变形缝相交处的专用配件
150～200
150～200
外贴式止水带在转角处的专用配件
钢板止水带
外墙
箍筋分离
柱或暗柱
两侧箍筋分别与钢板焊接
止水钢板处箍筋做法
注：
1. 外贴式止水带是安装在迎水面一侧的结构表面上的止水带。使用外贴式止水带时，在相交部位、
转角部位、应当适用专用配件。
2. 图中标注单位均为mm。
广州市政工程设计研究院
地下工程防水图集
外贴式止水带专用配件
比例尺：
日　期：
图　号
14
北京科技大学土木工程系
审三
审二
审一
复核
设计

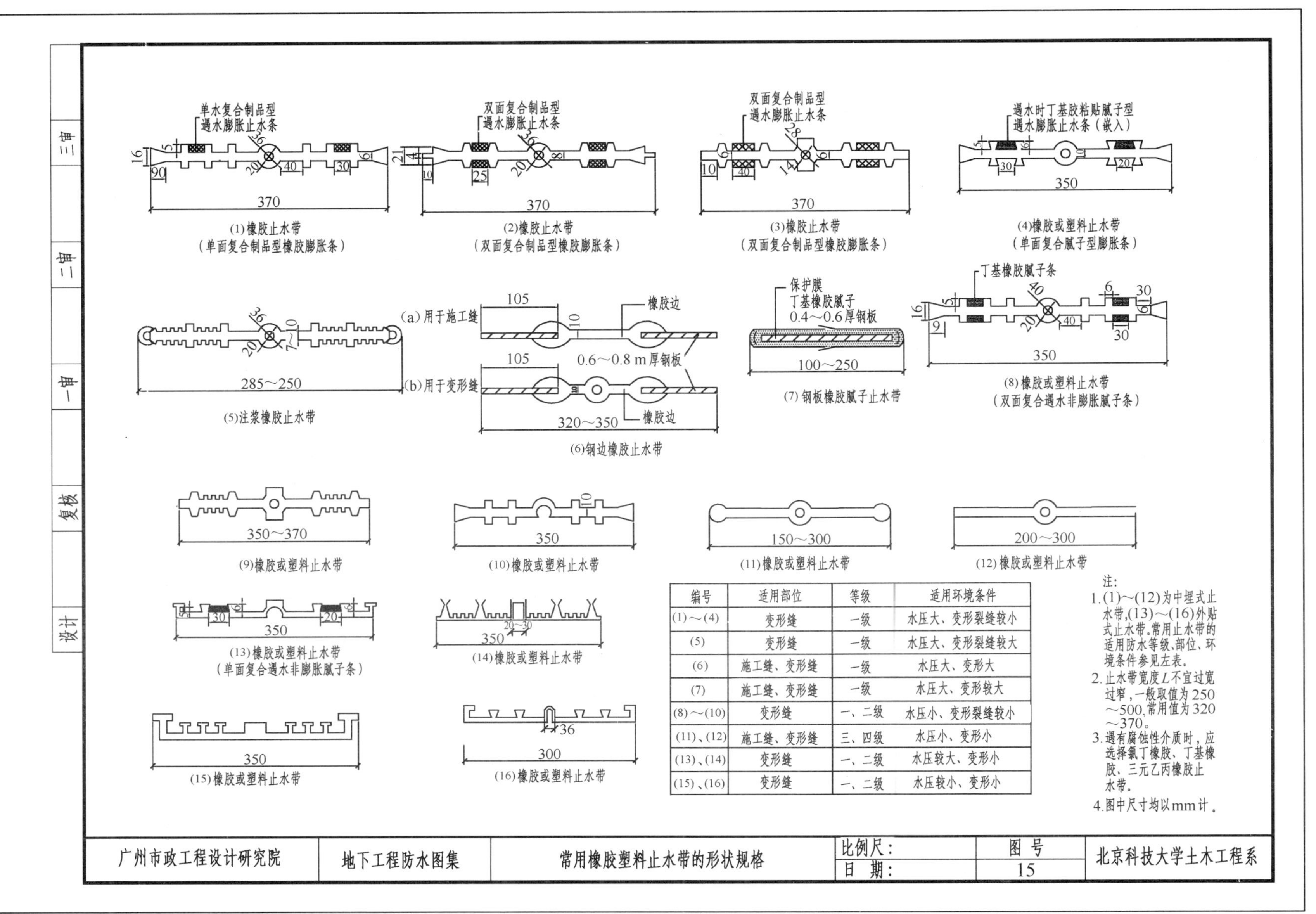

编号	适用部位	等级	适用环境条件
(1)～(4)	变形缝	一级	水压大、变形裂缝较小
(5)	变形缝	一级	水压大、变形裂缝较大
(6)	施工缝、变形缝	一级	水压大、变形大
(7)	施工缝、变形缝	一级	水压大、变形较大
(8)～(10)	变形缝	一、二级	水压小、变形裂缝较小
(11)、(12)	施工缝、变形缝	三、四级	水压小、变形小
(13)、(14)	变形缝	一、二级	水压较大、变形小
(15)、(16)	变形缝	一、二级	水压较小、变形小

注：
1. (1)～(12)为中埋式止水带，(13)～(16)外贴式止水带。常用止水带的适用防水等级、部位、环境条件参见左表。
2. 止水带宽度L不宜过宽过窄，一般取值为250～500，常用值为320～370。
3. 遇有腐蚀性介质时，应选择氯丁橡胶、丁基橡胶、三元乙丙橡胶止水带。
4. 图中尺寸均以mm计。

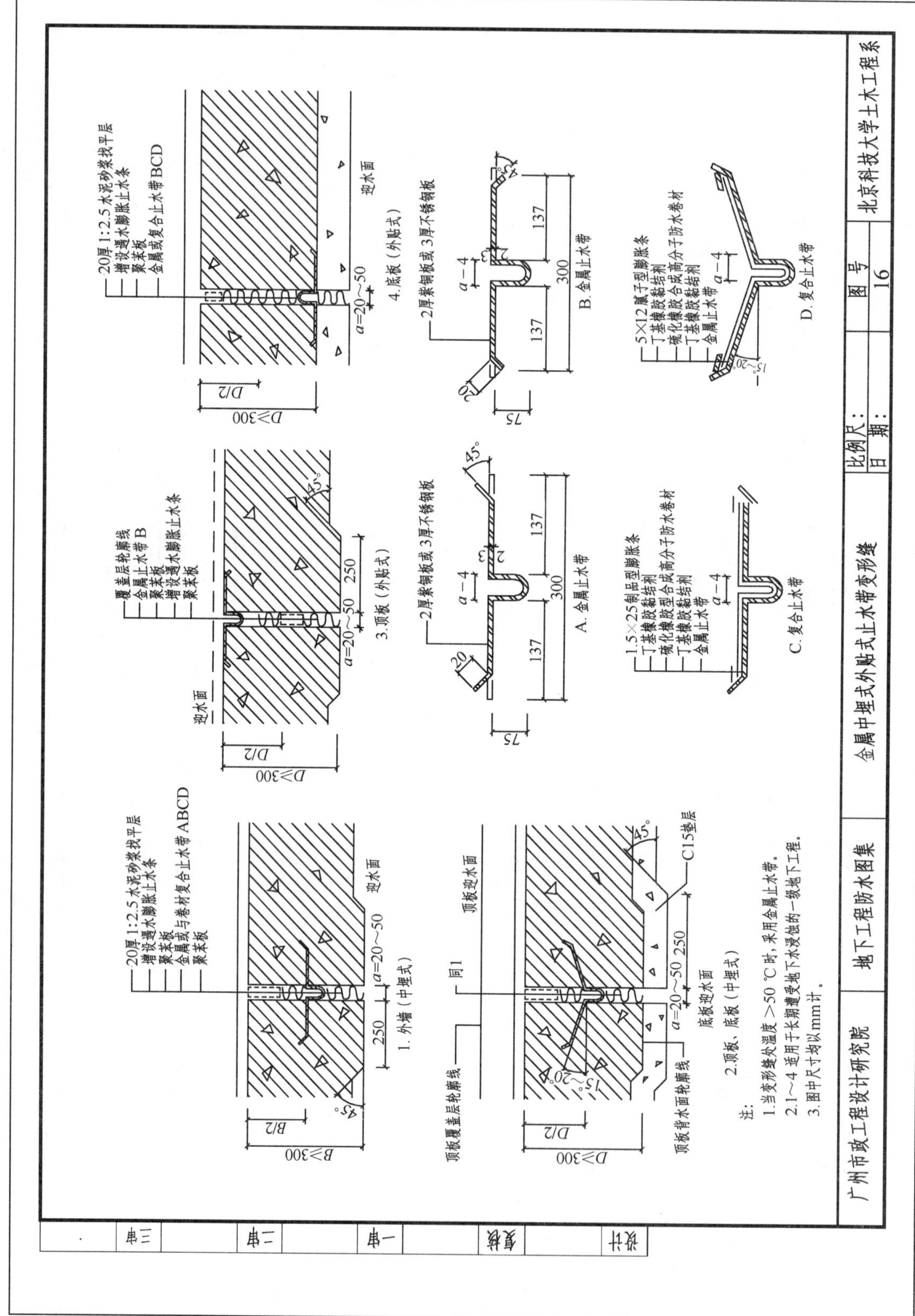

1. 外墙（中埋式）
2. 顶板、底板（中埋式）
3. 顶板（外贴式）
4. 底板（外贴式）
A. 金属止水带
B. 金属止水带
C. 复合止水带
D. 复合止水带
注：
1. 当变形缝处温度＞50 ℃时，采用金属止水带。
2. 1～4 适用于长期遭受地下水浸蚀的一级地下工程。
3. 图中尺寸均以mm计。
广州市政工程设计研究院
地下工程防水图集
金属中埋式外贴式止水带变形缝
比例尺：
日　期：
图号
16
北京科技大学土木工程系

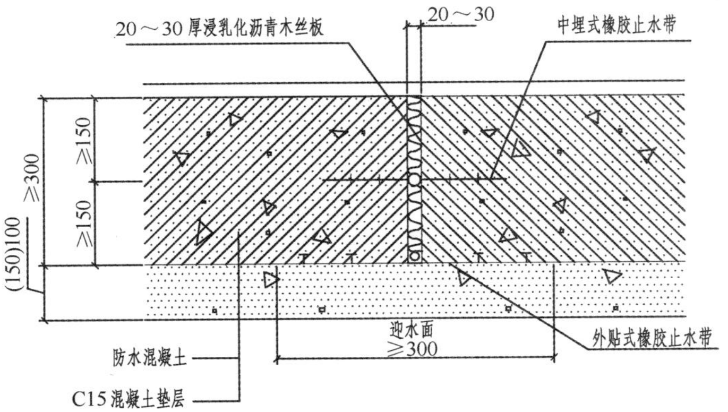

(a)底板（括号内数字用于软土层）

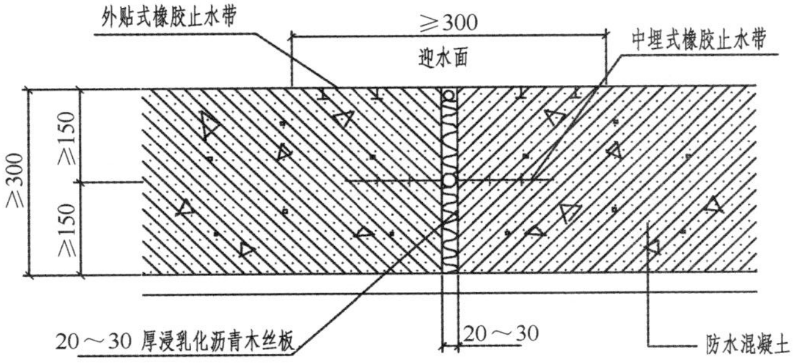

(b)顶板、立墙

注:
1. 本图适用于水压≥0.03 MPa，变形量为20～30 mm的变形缝。
2. 橡胶止水带须准确埋设，其中间空心圆环应与变形缝及结构厚度中心线重合。
3. 橡胶止水带一般在环境温度为−40 ℃～40 ℃的范围内使用。受强烈的氧化作用或有机溶剂侵蚀的条件下，不得使用。
4. 变形缝的止水带在转角半径应做成$R \geq 200$ mm的圆弧形。
5. 止水带的接茬不得甩在转角处，且应留在较高部位。
6. 止水带的浇筑混凝土前，须采用专用钢筋套或扁钢固定。用钢筋套固定时，应在止水带的边缘处用镀锌钢丝与钢筋套绑牢，用扁钢固定。
7. 选用止水带的空心圆环直径>30 mm时，变形缝宽度应调整，防水措施应加强。
8. 变形缝与施工缝均用外贴式止水带时，其相交部位宜采用专用配件。
9. 橡胶止水带型号、规格详见单体设计。
10. 图中尺寸均以mm计。

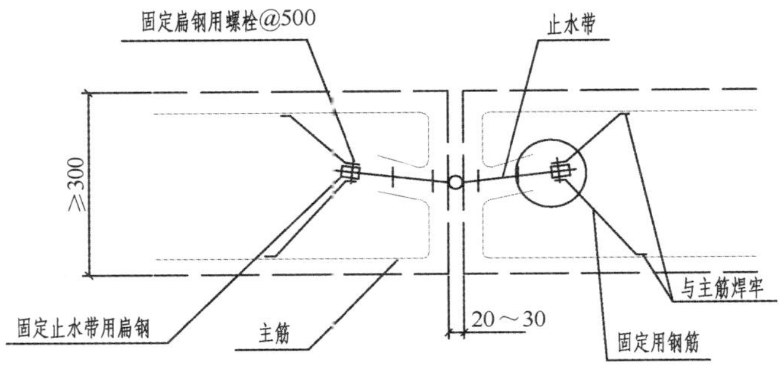

广州市政工程设计研究院	地下工程防水图集	外贴式止水带与中埋式止水带复合使用变形缝	比例尺：	图号	北京科技大学土木工程系
			日　期：	17	

设计		复核		审一		审二		审三	

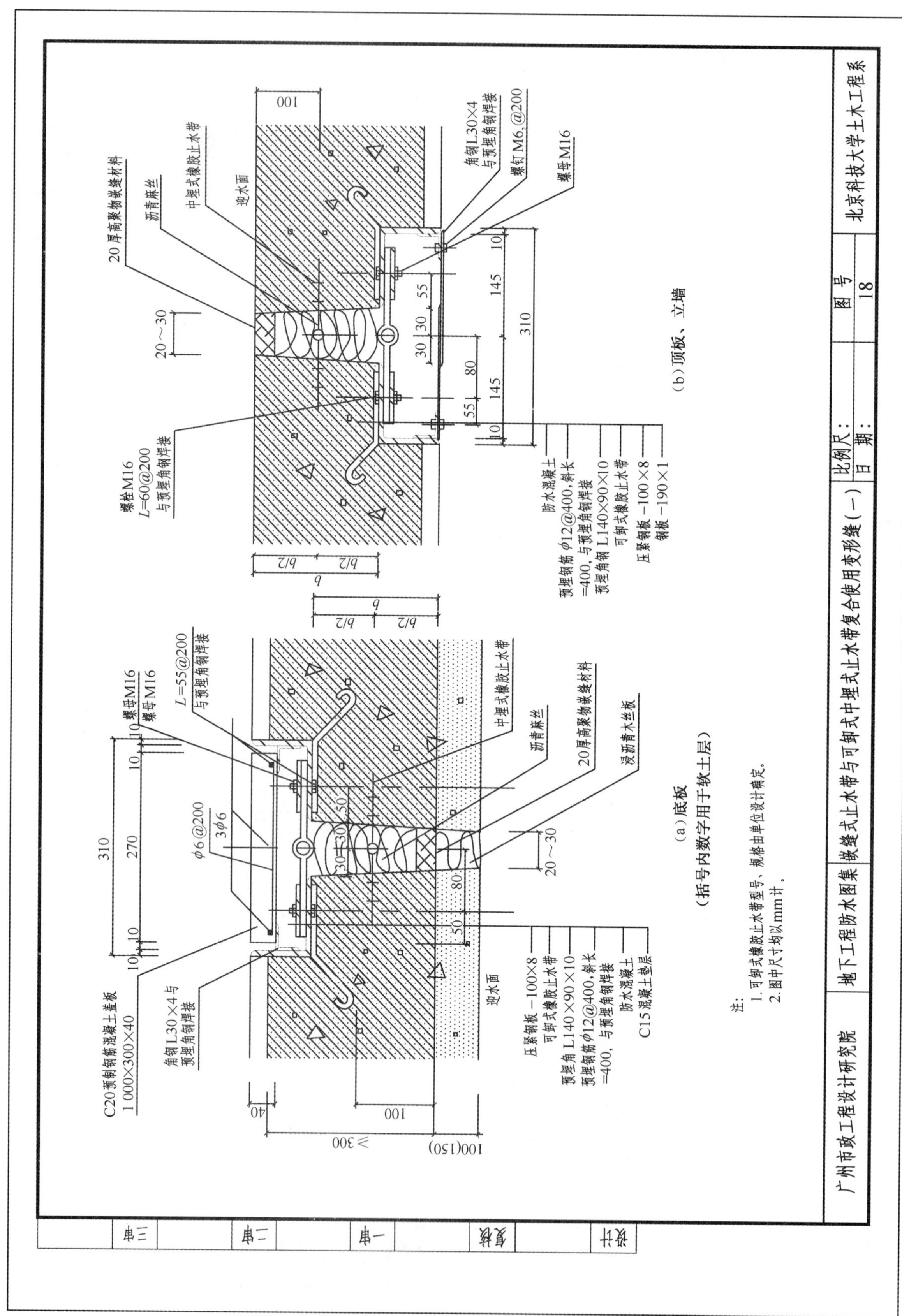

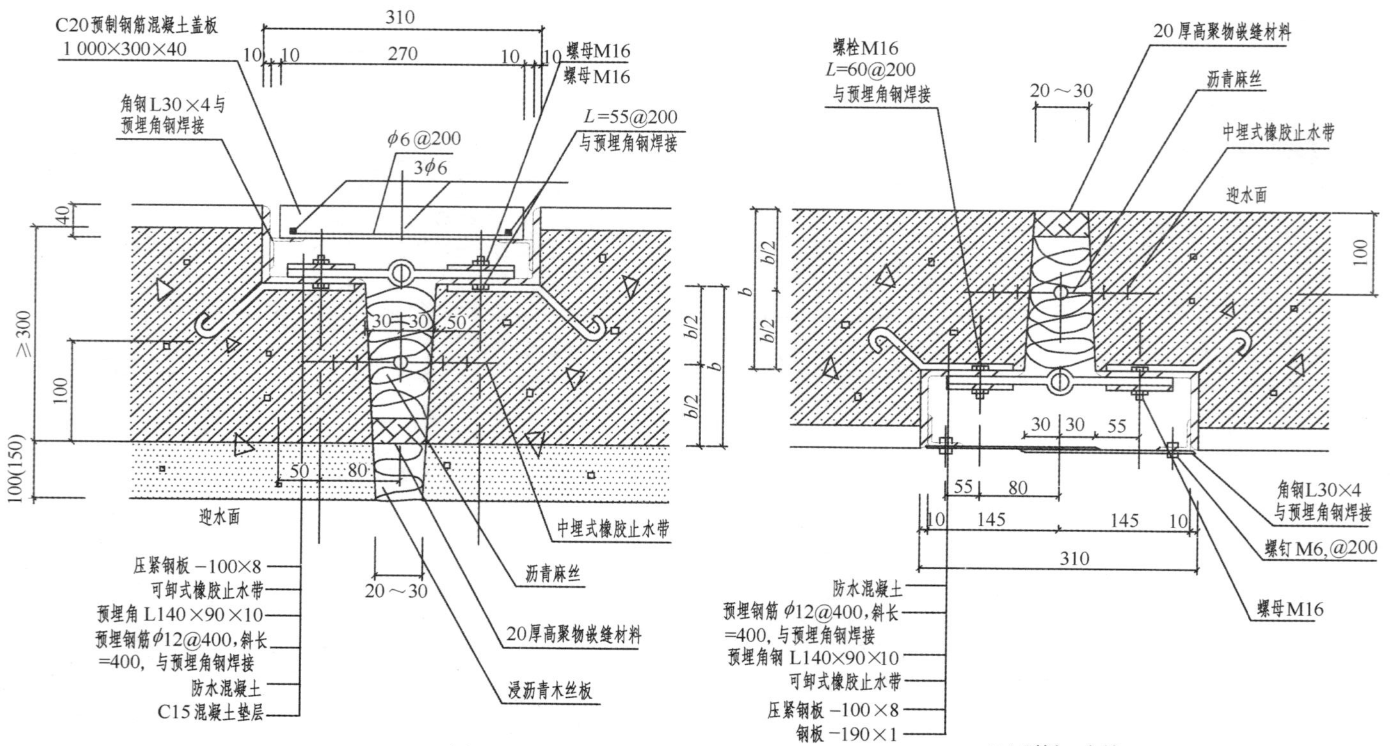
C20预制钢筋混凝土盖板
1 000×300×40
310
10
10
270
10
10
螺母M16
螺母M16
角钢L30×4与
预埋角钢焊接
ϕ6@200
3ϕ6
L=55@200
与预埋角钢焊接
40
≥300
100
100(150)
30
30
50
50
80
迎水面
压紧钢板 −100×8
可卸式橡胶止水带
预埋角 L140×90×10
预埋钢筋ϕ12@400，斜长
=400，与预埋角钢焊接
防水混凝土
C15混凝土垫层
中埋式橡胶止水带
沥青麻丝
20～30
20厚高聚物嵌缝材料
浸沥青木丝板
b/2
b/2
b
螺栓M16
L=60@200
与预埋角钢焊接
20～30
20厚高聚物嵌缝材料
沥青麻丝
中埋式橡胶止水带
迎水面
100
30
30
55
55
80
10
145
145
10
310
角钢L30×4
与预埋角钢焊接
螺钉M6,@200
螺母M16
防水混凝土
预埋钢筋 ϕ12@400，斜长
=400，与预埋角钢焊接
预埋角钢 L140×90×10
可卸式橡胶止水带
压紧钢板 −100×8
钢板 −190×1

(a)底板

（括号内数字用于软土层）

(b)顶板、立墙

注：
1. 可卸式橡胶止水带型号、规格由单位设计确定。
2. 图中尺寸均以mm计。

广州市政工程设计研究院	地下工程防水图集	嵌缝式止水带与可卸式中埋式止水带复合使用变形缝（一）	比例尺： 日　期：	图　号 18	北京科技大学土木工程系

审三 | 审二 | 审一 | 复核 | 设计

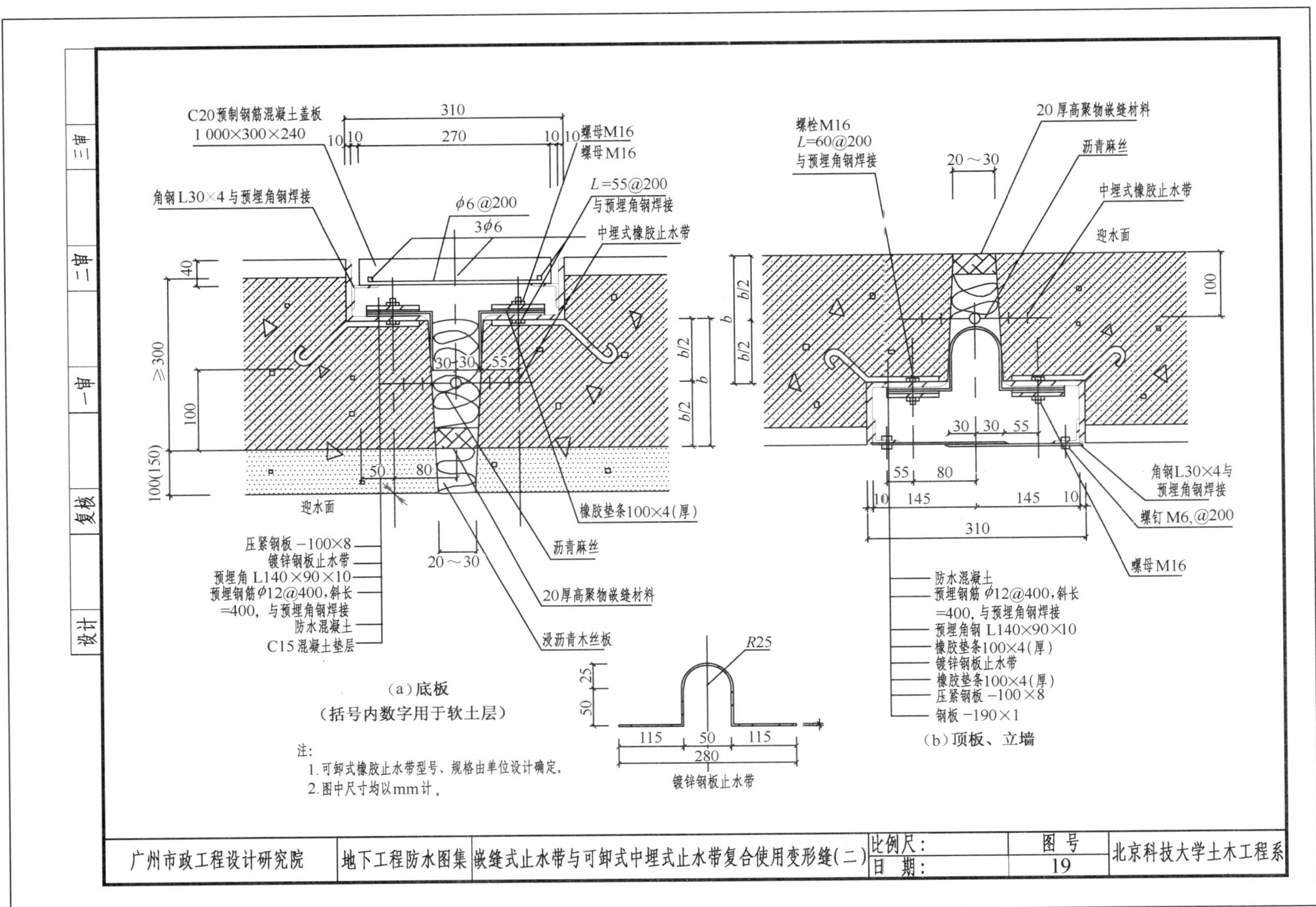
C20预制钢筋混凝土盖板
1 000×300×240
螺母M16
螺母M16
角钢L30×4与预埋角钢焊接
φ6@200
3φ6
L=55@200
与预埋角钢焊接
中埋式橡胶止水带
迎水面
橡胶垫条100×4(厚)
沥青麻丝
20厚高聚物嵌缝材料
浸沥青木丝板
压紧钢板 −100×8
镀锌钢板止水带
预埋角 L140×90×10
预埋钢筋φ12@400,斜长
=400,与预埋角钢焊接
防水混凝土
C15混凝土垫层
(a)底板
(括号内数字用于软土层)
注:
1.可卸式橡胶止水带型号、规格由单位设计确定。
2.图中尺寸均以mm计。
R25
镀锌钢板止水带
螺栓M16
L=60@200
与预埋角钢焊接
20厚高聚物嵌缝材料
沥青麻丝
中埋式橡胶止水带
迎水面
角钢L30×4与
预埋角钢焊接
螺钉M6,@200
螺母M16
防水混凝土
预埋钢筋φ12@400,斜长
=400,与预埋角钢焊接
预埋角钢 L140×90×10
橡胶垫条100×4(厚)
镀锌钢板止水带
橡胶垫条100×4(厚)
压紧钢板 −100×8
钢板 −190×1
(b)顶板、立墙
广州市政工程设计研究院
地下工程防水图集
嵌缝式止水带与可卸式中埋式止水带复合使用变形缝(二)
比例尺:
日 期:
图 号
19
北京科技大学土木工程系
设计
复核
审一
审二
审三

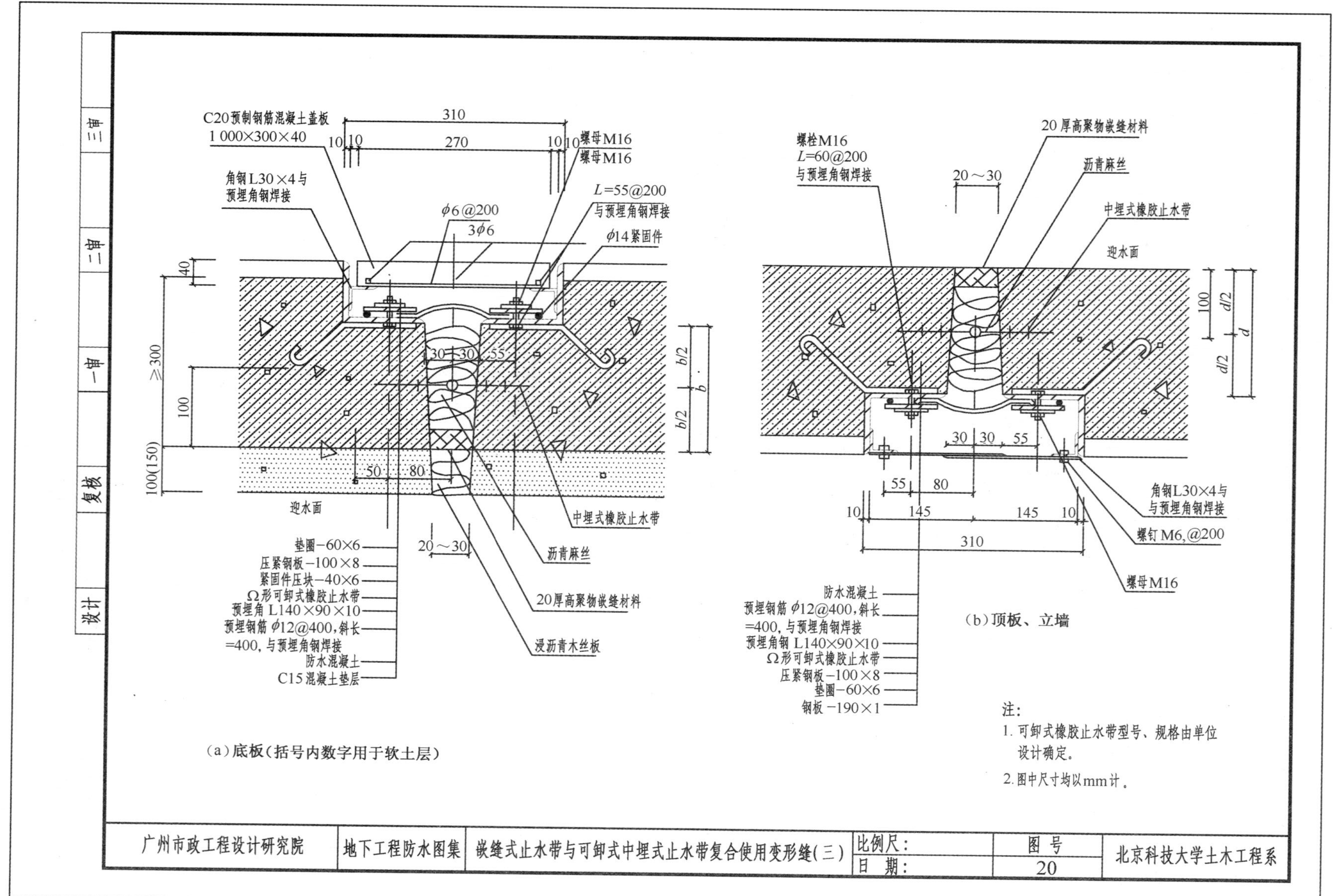
C20预制钢筋混凝土盖板
1 000×300×40
角钢L30×4与
预埋角钢焊接
螺母M16
螺母M16
L=55@200
与预埋角钢焊接
φ6@200
3φ6
φ14紧固件
迎水面
垫圈−60×6
压紧钢板−100×8
紧固件压块−40×6
Ω形可卸式橡胶止水带
预埋角L140×90×10
预埋钢筋φ12@400，斜长
=400，与预埋角钢焊接
防水混凝土
C15混凝土垫层
中埋式橡胶止水带
沥青麻丝
20厚高聚物嵌缝材料
浸沥青木丝板
(a)底板（括号内数字用于软土层）
螺栓M16
L=60@200
与预埋角钢焊接
20厚高聚物嵌缝材料
沥青麻丝
中埋式橡胶止水带
迎水面
角钢L30×4与
预埋角钢焊接
螺钉M6，@200
螺母M16
防水混凝土
预埋钢筋φ12@400，斜长
=400，与预埋角钢焊接
预埋角钢L140×90×10
Ω形可卸式橡胶止水带
压紧钢板−100×8
垫圈−60×6
钢板−190×1
(b)顶板、立墙
注：
1. 可卸式橡胶止水带型号、规格由单位设计确定。
2. 图中尺寸均以mm计。
广州市政工程设计研究院
地下工程防水图集
嵌缝式止水带与可卸式中埋式止水带复合使用变形缝（三）
比例尺：
日　期：
图　号
20
北京科技大学土木工程系
审三
审二
审一
复核
设计

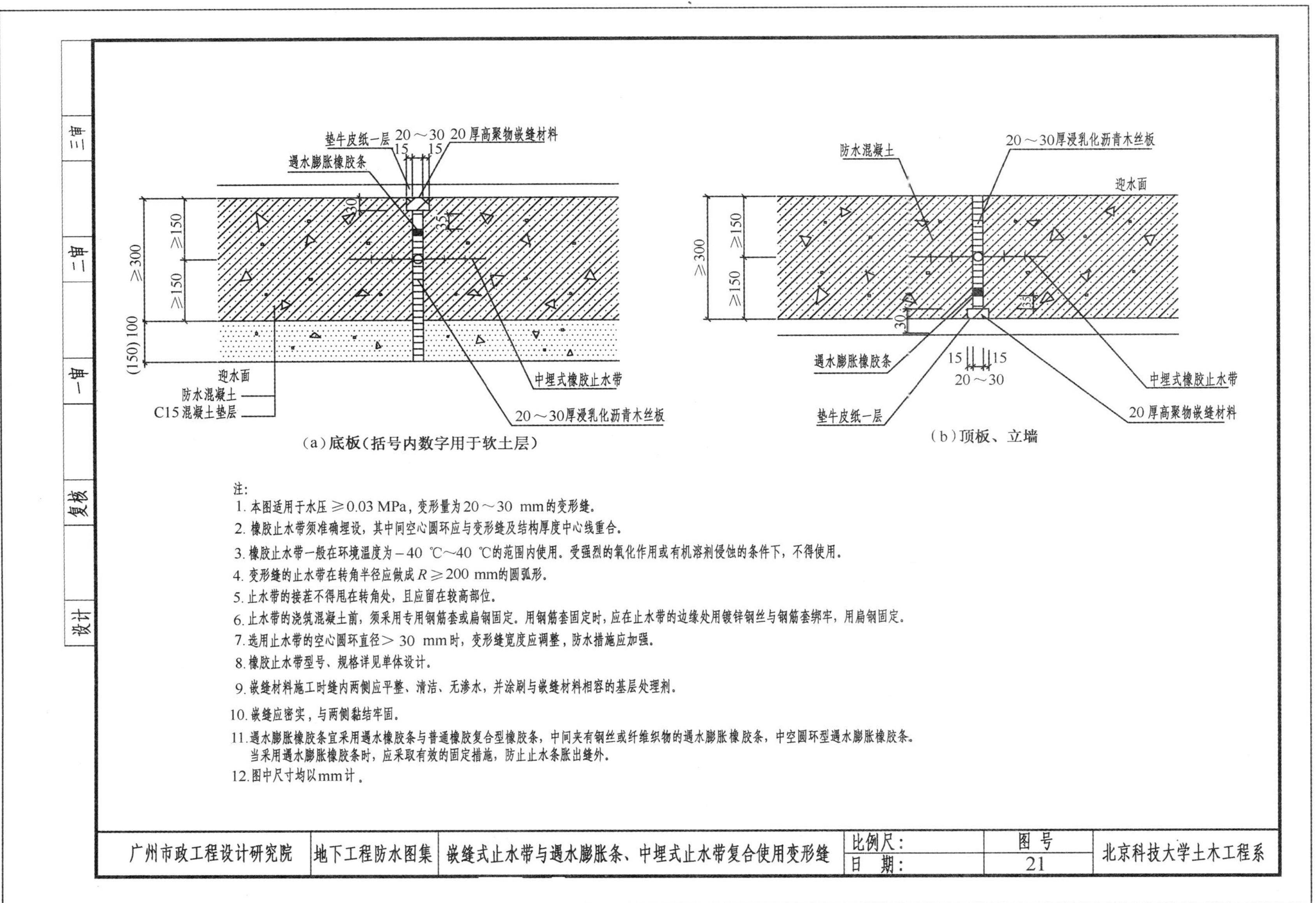

(a)底板(括号内数字用于软土层)

(b)顶板、立墙

注：
1. 本图适用于水压≥0.03 MPa，变形量为20～30 mm的变形缝。
2. 橡胶止水带须准确埋设，其中间空心圆环应与变形缝及结构厚度中心线重合。
3. 橡胶止水带一般在环境温度为－40 ℃～40 ℃的范围内使用。受强烈的氧化作用或有机溶剂侵蚀的条件下，不得使用。
4. 变形缝的止水带在转角半径应做成$R \geqslant 200$ mm的圆弧形。
5. 止水带的接茬不得甩在转角处，且应留在较高部位。
6. 止水带的浇筑混凝土前，须采用专用钢筋套或扁钢固定。用钢筋套固定时，应在止水带的边缘处用镀锌钢丝与钢筋套绑牢，用扁钢固定。
7. 选用止水带的空心圆环直径＞30 mm时，变形缝宽度应调整，防水措施应加强。
8. 橡胶止水带型号、规格详见单体设计。
9. 嵌缝材料施工时缝内两侧应平整、清洁、无渗水，并涂刷与嵌缝材料相容的基层处理剂。
10. 嵌缝应密实，与两侧黏结牢固。
11. 遇水膨胀橡胶条宜采用遇水橡胶条与普通橡胶复合型橡胶条，中间夹有钢丝或纤维织物的遇水膨胀橡胶条，中空圆环型遇水膨胀橡胶条。当采用遇水膨胀橡胶条时，应采取有效的固定措施，防止止水条胀出缝外。
12. 图中尺寸均以mm计。

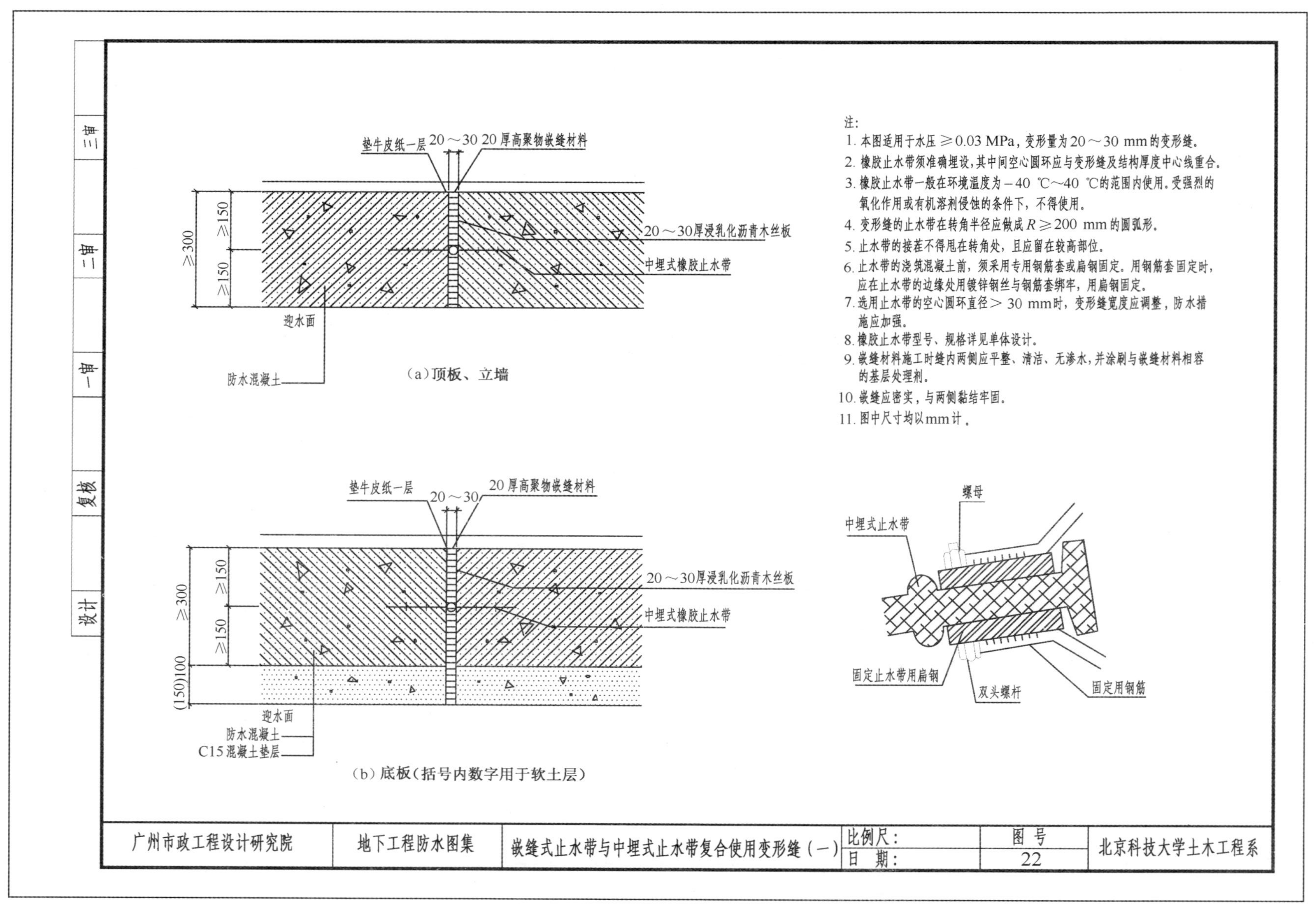
垫牛皮纸一层
20～30
20厚高聚物嵌缝材料
20～30厚浸乳化沥青木丝板
中埋式橡胶止水带
≥300
≥150
≥150
迎水面
防水混凝土
(a)顶板、立墙
垫牛皮纸一层
20～30
20厚高聚物嵌缝材料
20～30厚浸乳化沥青木丝板
中埋式橡胶止水带
≥300
≥150
≥150
(150)100
迎水面
防水混凝土
C15混凝土垫层
(b)底板(括号内数字用于软土层)
注:
1. 本图适用于水压≥0.03 MPa，变形量为20～30 mm的变形缝。
2. 橡胶止水带须准确埋设，其中间空心圆环应与变形缝及结构厚度中心线重合。
3. 橡胶止水带一般在环境温度为−40 ℃～40 ℃的范围内使用。受强烈的氧化作用或有机溶剂侵蚀的条件下，不得使用。
4. 变形缝的止水带在转角半径应做成R≥200 mm的圆弧形。
5. 止水带的接茬不得甩在转角处，且应留在较高部位。
6. 止水带的浇筑混凝土前，须采用专用钢筋套或扁钢固定。用钢筋套固定时，应在止水带的边缘处用镀锌钢丝与钢筋套绑牢，用扁钢固定。
7. 选用止水带的空心圆环直径＞30 mm时，变形缝宽度应调整，防水措施应加强。
8. 橡胶止水带型号、规格详见单体设计。
9. 嵌缝材料施工时缝内两侧应平整、清洁、无渗水，并涂刷与嵌缝材料相容的基层处理剂。
10. 嵌缝应密实，与两侧黏结牢固。
11. 图中尺寸均以mm计。
螺母
中埋式止水带
固定止水带用扁钢
双头螺杆
固定用钢筋
设计
复核
审一
审二
审三
广州市政工程设计研究院
地下工程防水图集
嵌缝式止水带与中埋式止水带复合使用变形缝(一)
比例尺:
日　期:
图号
22
北京科技大学土木工程系

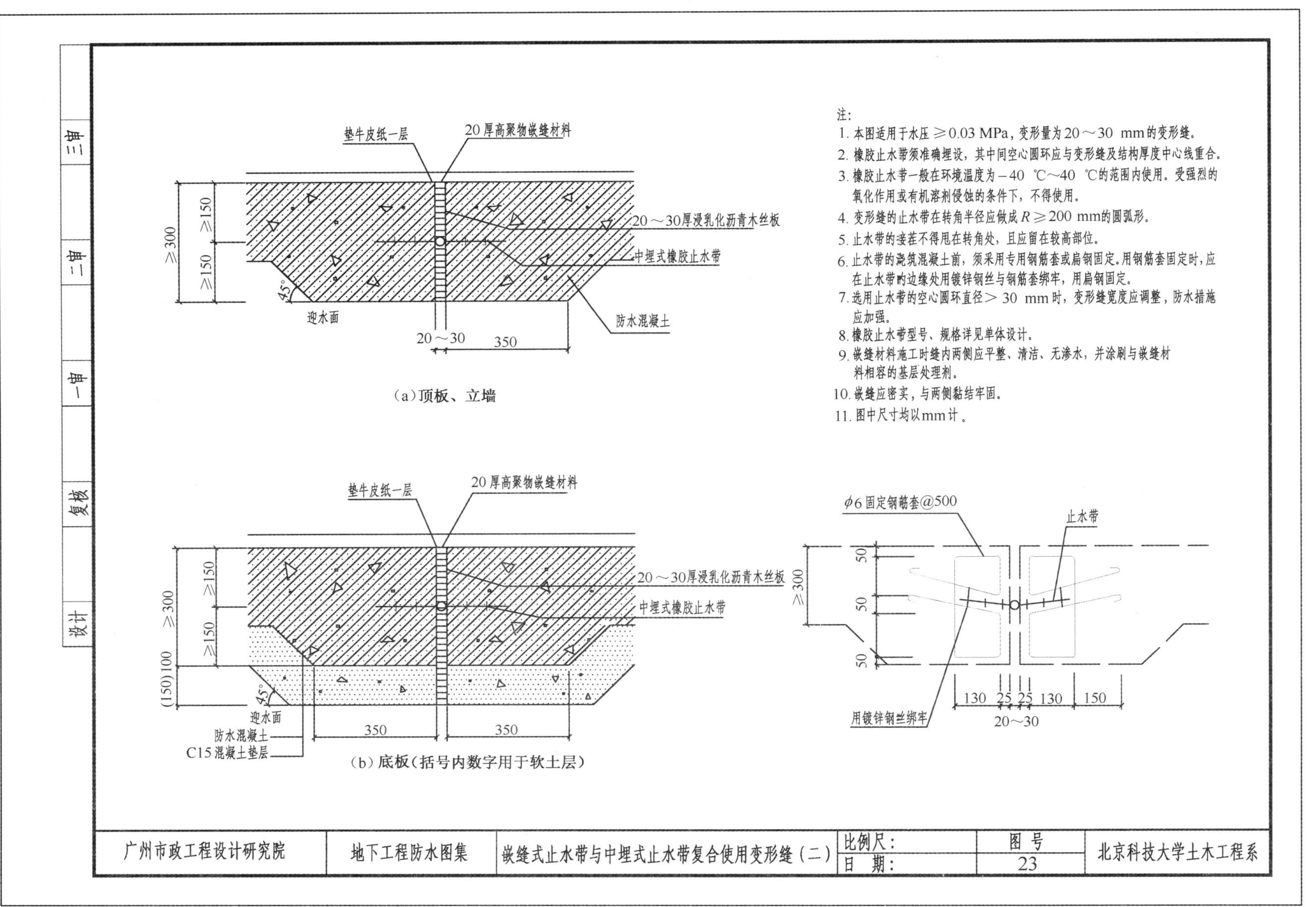
垫牛皮纸一层
20厚高聚物嵌缝材料
20～30厚浸乳化沥青木丝板
中埋式橡胶止水带
防水混凝土
迎水面
45°
≥300
≥150
≥150
20～30
350
(a)顶板、立墙
注:
1. 本图适用于水压≥0.03 MPa，变形量为20～30 mm的变形缝。
2. 橡胶止水带须准确埋设，其中间空心圆环应与变形缝及结构厚度中心线重合。
3. 橡胶止水带一般在环境温度为－40 ℃～40 ℃的范围内使用。受强烈的氧化作用或有机溶剂侵蚀的条件下，不得使用。
4. 变形缝的止水带在转角半径应做成R≥200 mm的圆弧形。
5. 止水带的接茬不得甩在转角处，且应留在较高部位。
6. 止水带的浇筑混凝土前，须采用专用钢筋套或扁钢固定。用钢筋套固定时，应在止水带的边缘处用镀锌钢丝与钢筋套绑牢，用扁钢固定。
7. 选用止水带的空心圆环直径＞30 mm时，变形缝宽度应调整，防水措施应加强。
8. 橡胶止水带型号、规格详见单体设计。
9. 嵌缝材料施工时缝内两侧应平整、清洁、无渗水，并涂刷与嵌缝材料相容的基层处理剂。
10. 嵌缝应密实，与两侧黏结牢固。
11. 图中尺寸均以mm计。
垫牛皮纸一层
20厚高聚物嵌缝材料
20～30厚浸乳化沥青木丝板
中埋式橡胶止水带
≥300
≥150
≥150
(150)100
45°
迎水面
防水混凝土
C15混凝土垫层
350
350
(b)底板(括号内数字用于软土层)
φ6固定钢筋套@500
止水带
≥300
50
50
50
130
25
25
130
150
20～30
用镀锌钢丝绑牢
广州市政工程设计研究院
地下工程防水图集
嵌缝式止水带与中埋式止水带复合使用变形缝(二)
比例尺:
日　期:
图　号
23
北京科技大学土木工程系
三审
二审
一审
复核
设计

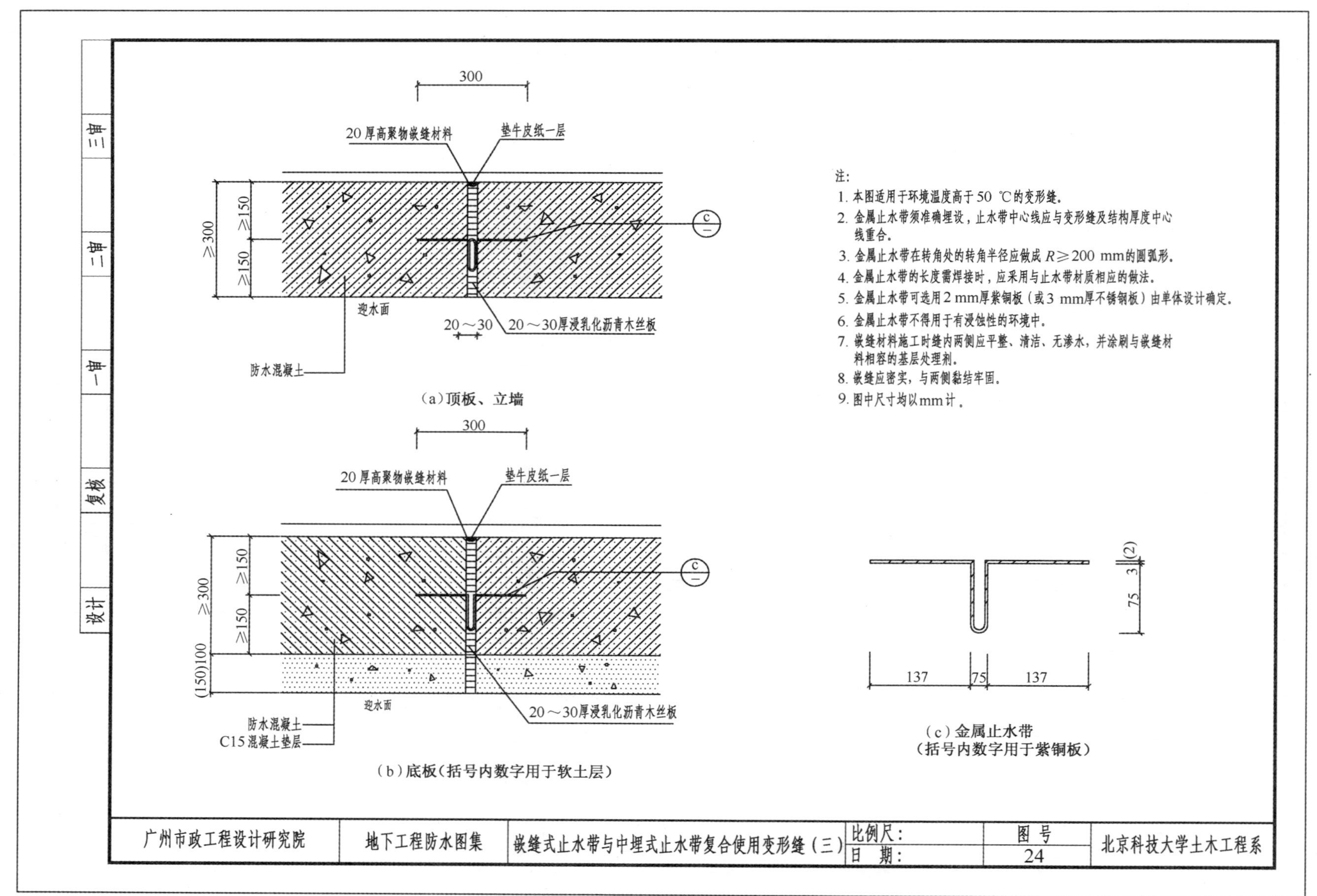
300
20 厚高聚物嵌缝材料
垫牛皮纸一层
≥300
≥150
≥150
迎水面
20～30
20～30厚浸乳化沥青木丝板
防水混凝土
c
(a)顶板、立墙
300
20 厚高聚物嵌缝材料
垫牛皮纸一层
≥300
≥150
≥150
(150)100
迎水面
20～30厚浸乳化沥青木丝板
防水混凝土
C15 混凝土垫层
c
(b)底板(括号内数字用于软土层)
注:
1. 本图适用于环境温度高于 50 ℃的变形缝。
2. 金属止水带须准确埋设，止水带中心线应与变形缝及结构厚度中心线重合。
3. 金属止水带在转角处的转角半径应做成 R≥200 mm的圆弧形。
4. 金属止水带的长度需焊接时，应采用与止水带材质相应的做法。
5. 金属止水带可选用 2 mm厚紫铜板（或 3 mm厚不锈钢板）由单体设计确定。
6. 金属止水带不得用于有浸蚀性的环境中。
7. 嵌缝材料施工时缝内两侧应平整、清洁、无渗水，并涂刷与嵌缝材料相容的基层处理剂。
8. 嵌缝应密实，与两侧黏结牢固。
9. 图中尺寸均以mm计。
3(2)
75
137
75
137
(c)金属止水带
(括号内数字用于紫铜板)
广州市政工程设计研究院
地下工程防水图集
嵌缝式止水带与中埋式止水带复合使用变形缝(三)
比例尺:
日　期:
图　号
24
北京科技大学土木工程系
审三
审二
审一
复核
设计

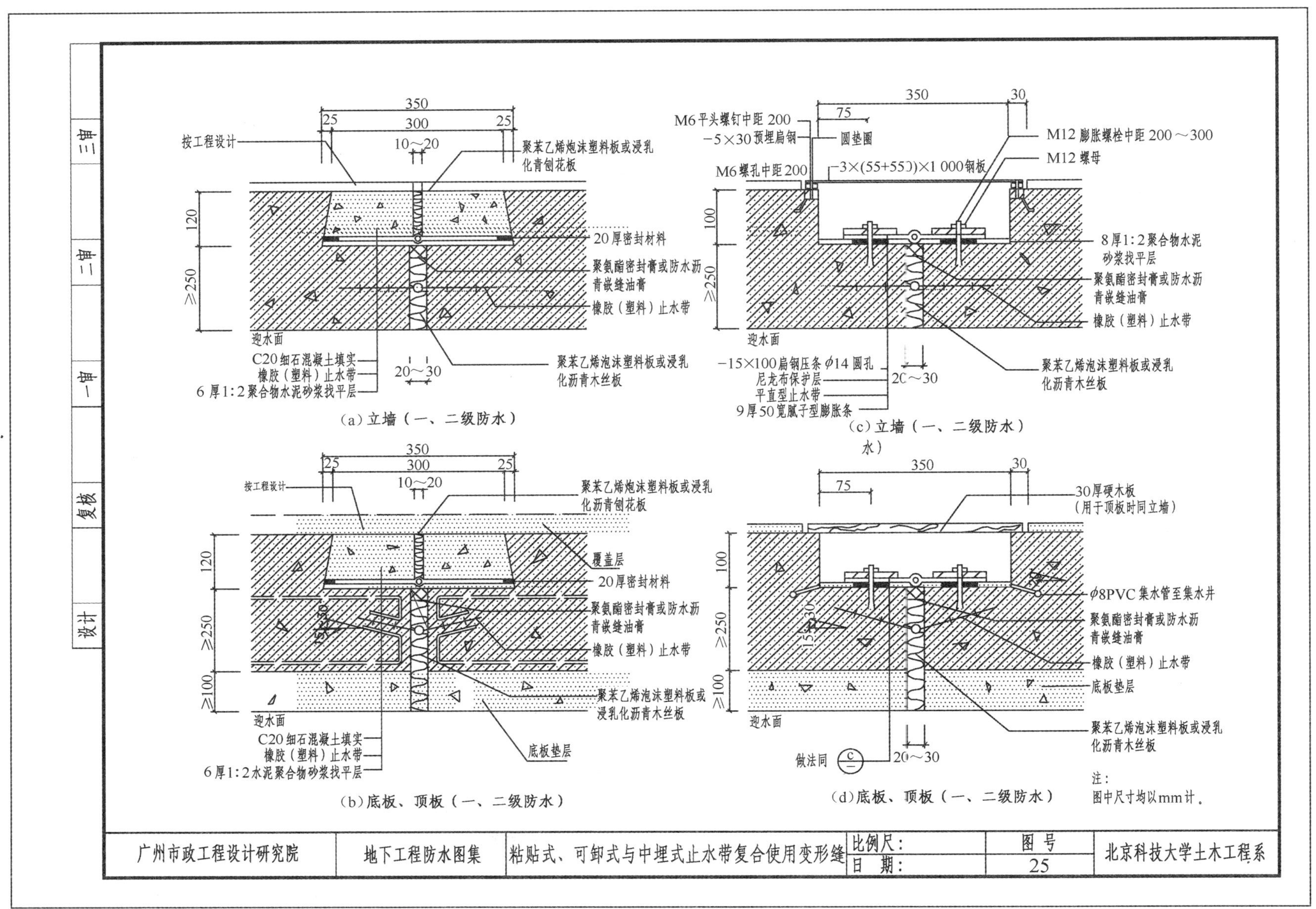
按工程设计
聚苯乙烯泡沫塑料板或浸乳化青刨花板
20厚密封材料
聚氨酯密封膏或防水沥青嵌缝油膏
橡胶（塑料）止水带
迎水面
C20细石混凝土填实
橡胶（塑料）止水带
6厚1:2聚合物水泥砂浆找平层
聚苯乙烯泡沫塑料板或浸乳化沥青木丝板
(a) 立墙（一、二级防水）
M6平头螺钉中距200
−5×30预埋扁钢
圆垫圈
M6螺孔中距200
−3×(55+55)×1 000钢板
M12膨胀螺栓中距200～300
M12螺母
8厚1:2聚合物水泥砂浆找平层
−15×100扁钢压条ϕ14圆孔
尼龙布保护层
平直型止水带
9厚50宽腻子型膨胀条
(c) 立墙（一、二级防水）
覆盖层
底板垫层
6厚1:2水泥聚合物砂浆找平层
(b) 底板、顶板（一、二级防水）
30厚硬木板
（用于顶板时同立墙）
ϕ8PVC集水管至集水井
做法同 c
(d) 底板、顶板（一、二级防水）
注：
图中尺寸均以mm计。
广州市政工程设计研究院
地下工程防水图集
粘贴式、可卸式与中埋式止水带复合使用变形缝
比例尺：
日　期：
图号
25
北京科技大学土木工程系
设计
复核
审一
审二
审三

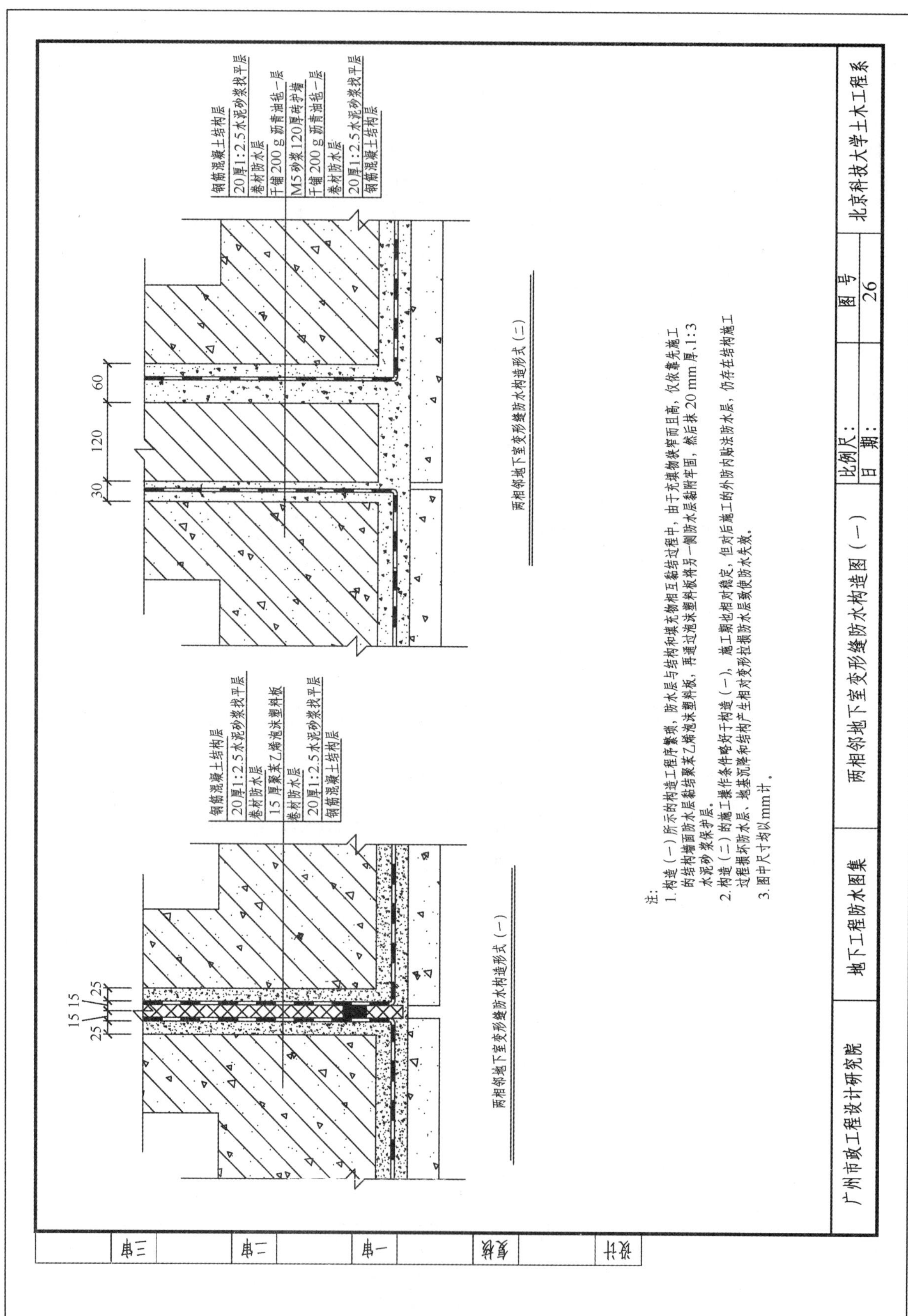
钢筋混凝土结构层
20厚1:2.5水泥砂浆找平层
卷材防水层
15厚聚苯乙烯泡沫塑料板
卷材防水层
20厚1:2.5水泥砂浆找平层
钢筋混凝土结构层
25
15 15
25
两相邻地下室变形缝防水构造形式（一）
钢筋混凝土结构层
20厚1:2.5水泥砂浆找平层
卷材防水层
干铺200 g沥青油毡一层
M5砂浆120厚砖护墙
干铺200 g沥青油毡一层
卷材防水层
20厚1:2.5水泥砂浆找平层
钢筋混凝土结构层
30
120
60
两相邻地下室变形缝防水构造形式（二）
注：
1. 构造（一）所示的构造工程常繁琐，防水层与结构和填充物相互黏结过程中，由于充填物体窄而且高，仅依靠先施工的结构墙面防水层黏结聚苯乙烯泡沫塑料板，再通过泡沫塑料板将另一侧防水层黏附牢固，然后抹20 mm厚，1:3水泥砂浆保护层。
2. 构造（二）的施工操作条件略好于构造（一），施工期也相对稳定，但对后施工的外防内贴法防水层，仍存在结构施工过程损坏防水层、地基沉降和结构产生相对变形拉损防水层致使防水失效。
3. 图中尺寸均以mm计。
广州市政工程设计研究院
地下工程防水图集
两相邻地下室变形缝防水构造图（一）
比例尺：
日 期：
图 号
26
北京科技大学土木工程系
设计
复核
审一
审二
审三

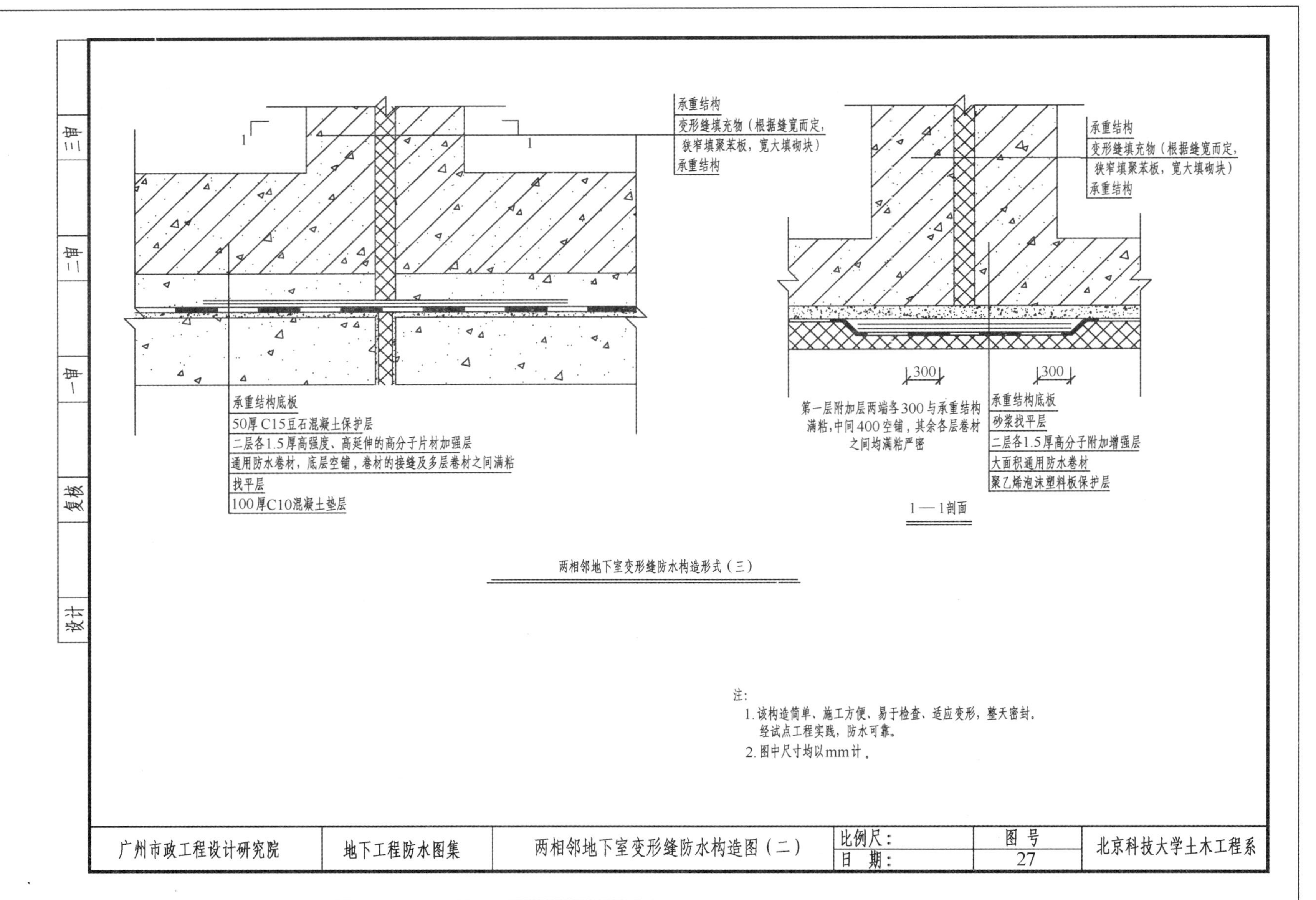
承重结构
变形缝填充物（根据缝宽而定，狭窄填聚苯板，宽大填砌块）
承重结构
承重结构底板
50厚C15豆石混凝土保护层
二层各1.5厚高强度、高延伸的高分子片材加强层
通用防水卷材，底层空铺，卷材的接缝及多层卷材之间满粘
找平层
100厚C10混凝土垫层
承重结构
变形缝填充物（根据缝宽而定，狭窄填聚苯板，宽大填砌块）
承重结构
300
300
第一层附加层两端各300与承重结构满粘，中间400空铺，其余各层卷材之间均满粘严密
承重结构底板
砂浆找平层
二层各1.5厚高分子附加增强层
大面积通用防水卷材
聚乙烯泡沫塑料板保护层
1—1剖面
两相邻地下室变形缝防水构造形式（三）
注：
1.该构造简单、施工方便、易于检查、适应变形，整天密封。经试点工程实践，防水可靠。
2.图中尺寸均以mm计。
审三
审二
审一
复核
设计
广州市政工程设计研究院
地下工程防水图集
两相邻地下室变形缝防水构造图（二）
比例尺：
日期：
图号
27
北京科技大学土木工程系

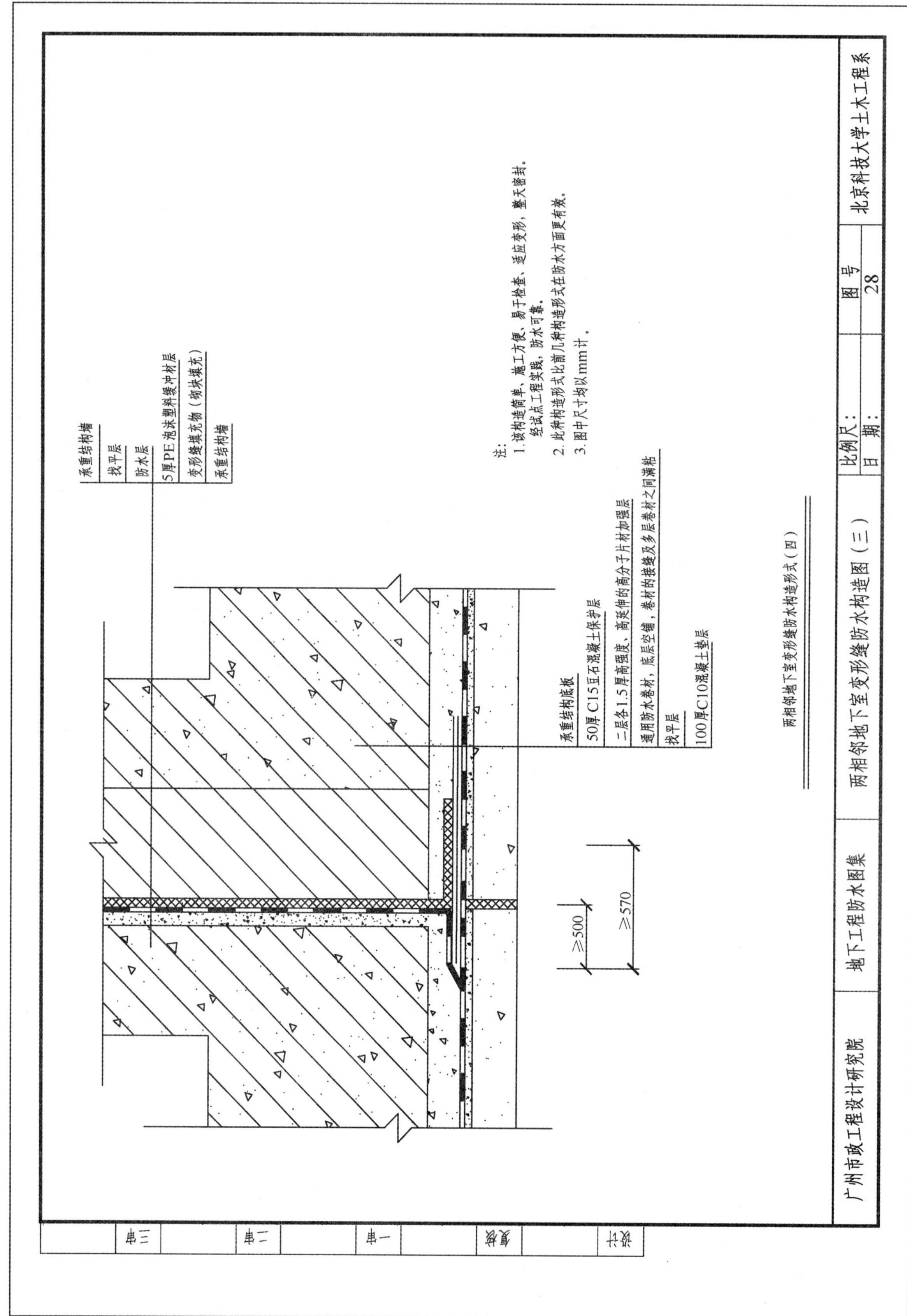

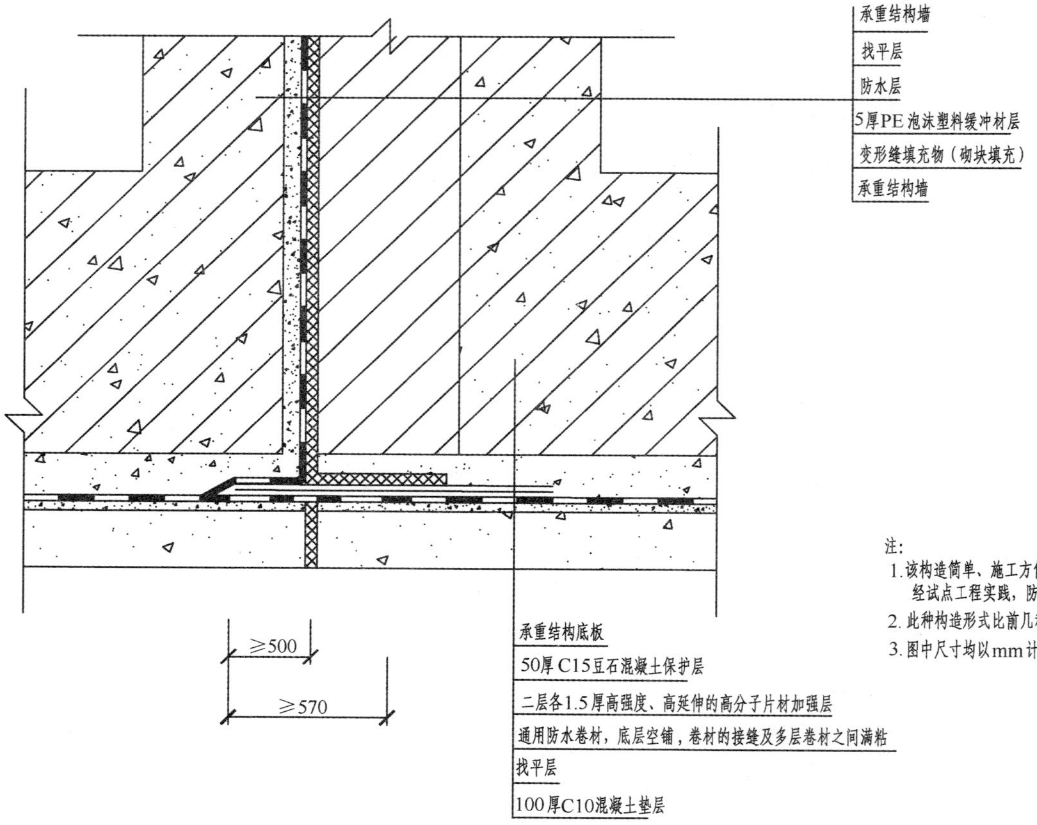
承重结构墙
找平层
防水层
5厚PE泡沫塑料缓冲材层
变形缝填充物（砌块填充）
承重结构墙
≥500
≥570
承重结构底板
50厚C15豆石混凝土保护层
二层各1.5厚高强度、高延伸的高分子片材加强层
通用防水卷材，底层空铺，卷材的接缝及多层卷材之间满粘
找平层
100厚C10混凝土垫层

注：
1. 该构造简单、施工方便、易于检查、适应变形，整天密封。经试点工程实践，防水可靠。
2. 此种构造形式比前几种构造形式在防水方面更有效。
3. 图中尺寸均以mm计。

两相邻地下室变形缝防水构造形式（四）

广州市政工程设计研究院	地下工程防水图集	两相邻地下室变形缝防水构造图（三）	比例尺： 日　期：	图 号 28	北京科技大学土木工程系

审三	审二	审一	复核	设计

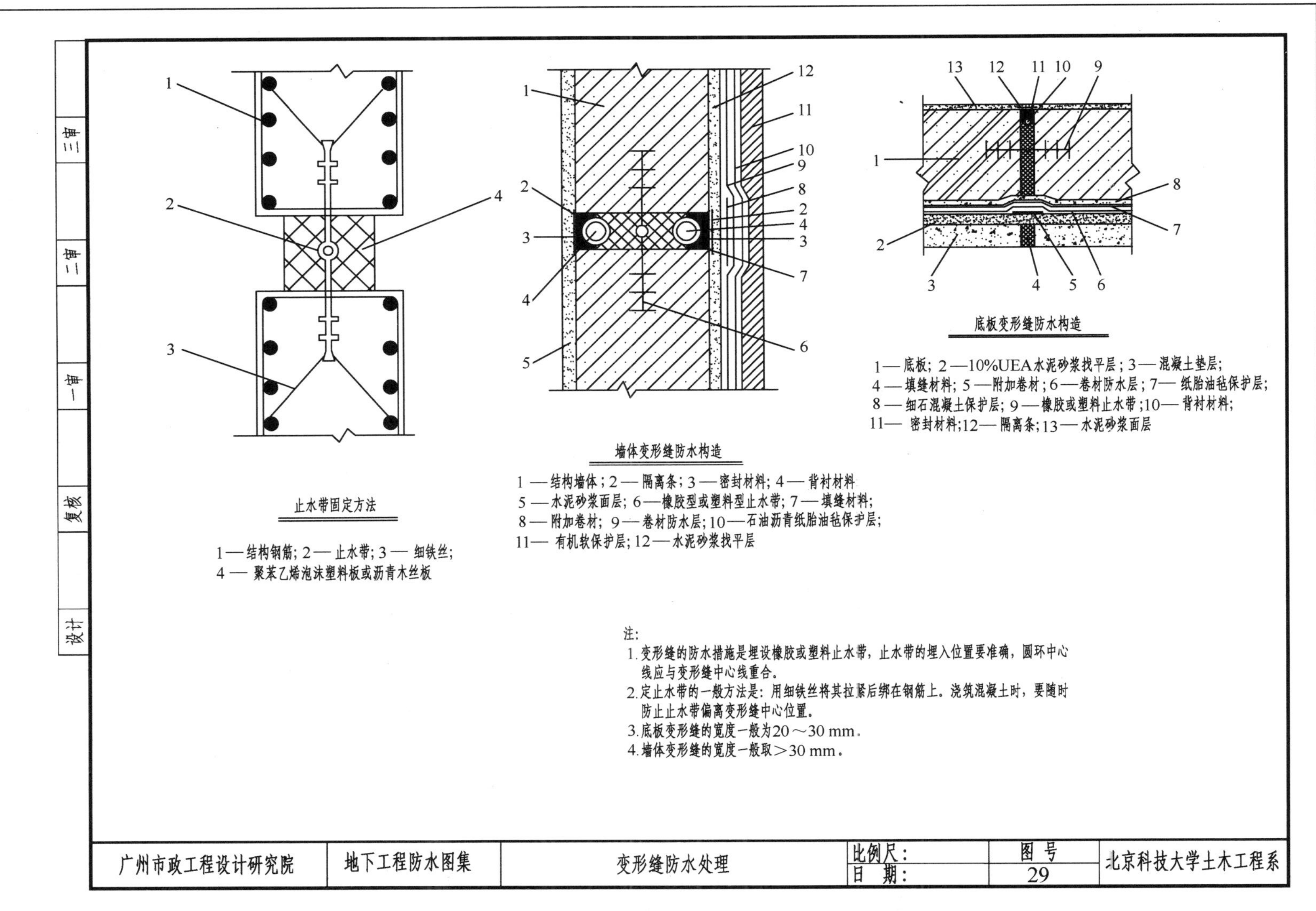

止水带固定方法
1—结构钢筋；2—止水带；3—细铁丝；
4—聚苯乙烯泡沫塑料板或沥青木丝板
墙体变形缝防水构造
1—结构墙体；2—隔离条；3—密封材料；4—背衬材料
5—水泥砂浆面层；6—橡胶型或塑料型止水带；7—填缝材料；
8—附加卷材；9—卷材防水层；10—石油沥青纸胎油毡保护层；
11—有机软保护层；12—水泥砂浆找平层
底板变形缝防水构造
1—底板；2—10%UEA水泥砂浆找平层；3—混凝土垫层；
4—填缝材料；5—附加卷材；6—卷材防水层；7—纸胎油毡保护层；
8—细石混凝土保护层；9—橡胶或塑料止水带；10—背衬材料；
11—密封材料；12—隔离条；13—水泥砂浆面层
注：
1. 变形缝的防水措施是埋设橡胶或塑料止水带，止水带的埋入位置要准确，圆环中心线应与变形缝中心线重合。
2. 定止水带的一般方法是：用细铁丝将其拉紧后绑在钢筋上。浇筑混凝土时，要随时防止止水带偏离变形缝中心位置。
3. 底板变形缝的宽度一般为20～30 mm。
4. 墙体变形缝的宽度一般取>30 mm。
广州市政工程设计研究院
地下工程防水图集
变形缝防水处理
比例尺：
日 期：
图 号
29
北京科技大学土木工程系
设计
复校
审一
审二
审三

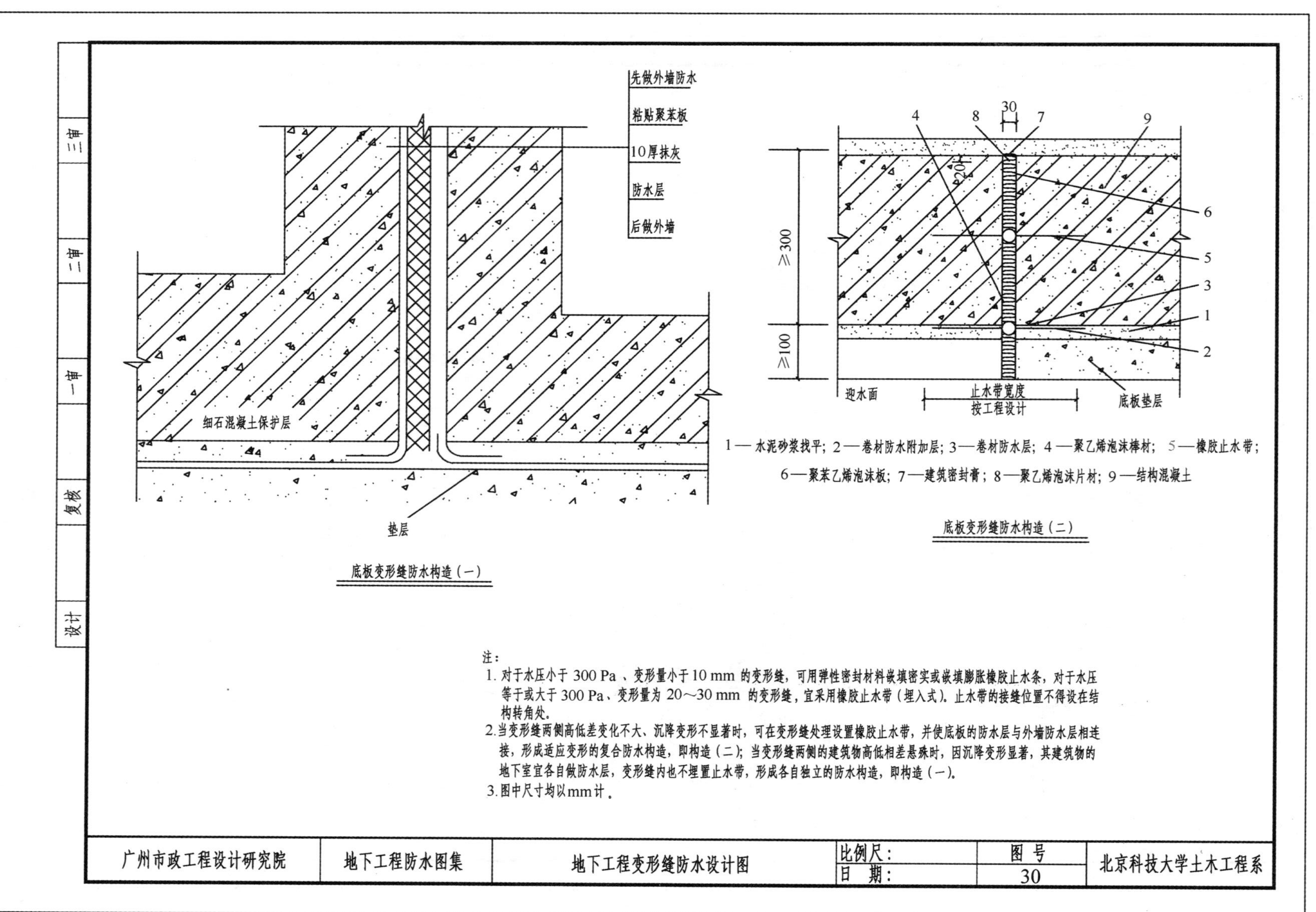

先做外墙防水
粘贴聚苯板
10厚抹灰
防水层
后做外墙
细石混凝土保护层
垫层
底板变形缝防水构造（一）
30
20
≥300
≥100
4
8
7
9
6
5
3
1
2
迎水面
止水带宽度
按工程设计
底板垫层
1—水泥砂浆找平；2—卷材防水附加层；3—卷材防水层；4—聚乙烯泡沫棒材；5—橡胶止水带；
6—聚苯乙烯泡沫板；7—建筑密封膏；8—聚乙烯泡沫片材；9—结构混凝土
底板变形缝防水构造（二）
注：
1. 对于水压小于 300 Pa 、变形量小于 10 mm 的变形缝，可用弹性密封材料嵌填密实或嵌填膨胀橡胶止水条，对于水压等于或大于 300 Pa、变形量为 20～30 mm 的变形缝，宜采用橡胶止水带（埋入式）。止水带的接缝位置不得设在结构转角处。
2. 当变形缝两侧高低差变化不大、沉降变形不显著时，可在变形缝处理设置橡胶止水带，并使底板的防水层与外墙防水层相连接，形成适应变形的复合防水构造，即构造（二）；当变形缝两侧的建筑物高低相差悬殊时，因沉降变形显著，其建筑物的地下室宜各自做防水层，变形缝内也不埋置止水带，形成各自独立的防水构造，即构造（一）。
3. 图中尺寸均以mm计。
广州市政工程设计研究院
地下工程防水图集
地下工程变形缝防水设计图
比例尺：
日　期：
图　号
30
北京科技大学土木工程系
审三
审二
审一
复核
设计

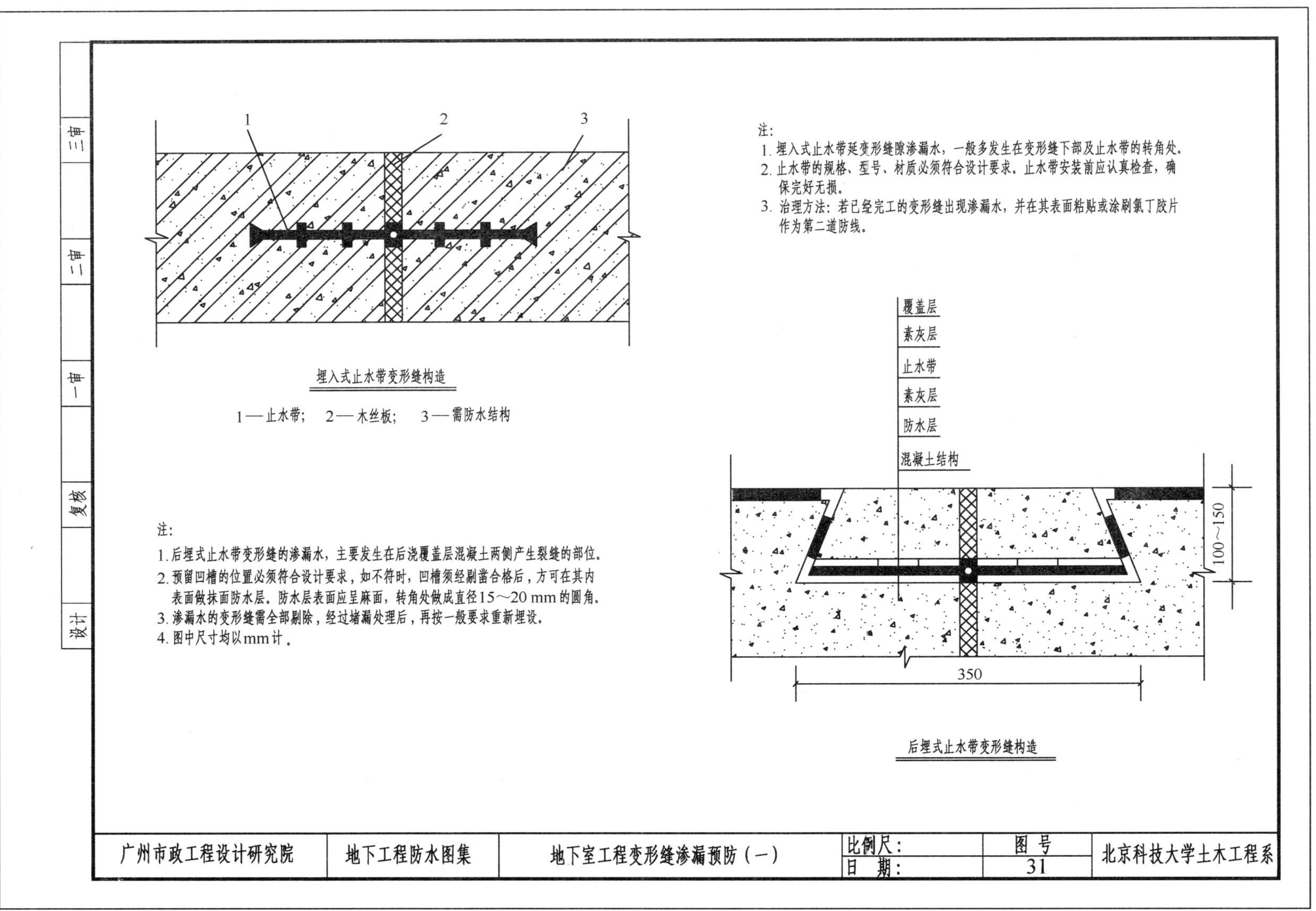
1
2
3
埋入式止水带变形缝构造
1—止水带；　2—木丝板；　3—需防水结构
注：
1. 埋入式止水带延变形缝隙渗漏水，一般多发生在变形缝下部及止水带的转角处。
2. 止水带的规格、型号、材质必须符合设计要求。止水带安装前应认真检查，确保完好无损。
3. 治理方法：若已经完工的变形缝出现渗漏水，并在其表面粘贴或涂刷氯丁胶片作为第二道防线。
覆盖层
素灰层
止水带
素灰层
防水层
混凝土结构
100～150
350
后埋式止水带变形缝构造
注：
1. 后埋式止水带变形缝的渗漏水，主要发生在后浇覆盖层混凝土两侧产生裂缝的部位。
2. 预留凹槽的位置必须符合设计要求，如不符时，凹槽须经剔凿合格后，方可在其内表面做抹面防水层。防水层表面应呈麻面，转角处做成直径15～20 mm的圆角。
3. 渗漏水的变形缝需全部剔除，经过堵漏处理后，再按一般要求重新埋设。
4. 图中尺寸均以mm计。
广州市政工程设计研究院
地下工程防水图集
地下室工程变形缝渗漏预防（一）
比例尺：
日　期：
图　号
31
北京科技大学土木工程系
设计
复核
一审
二审
三审

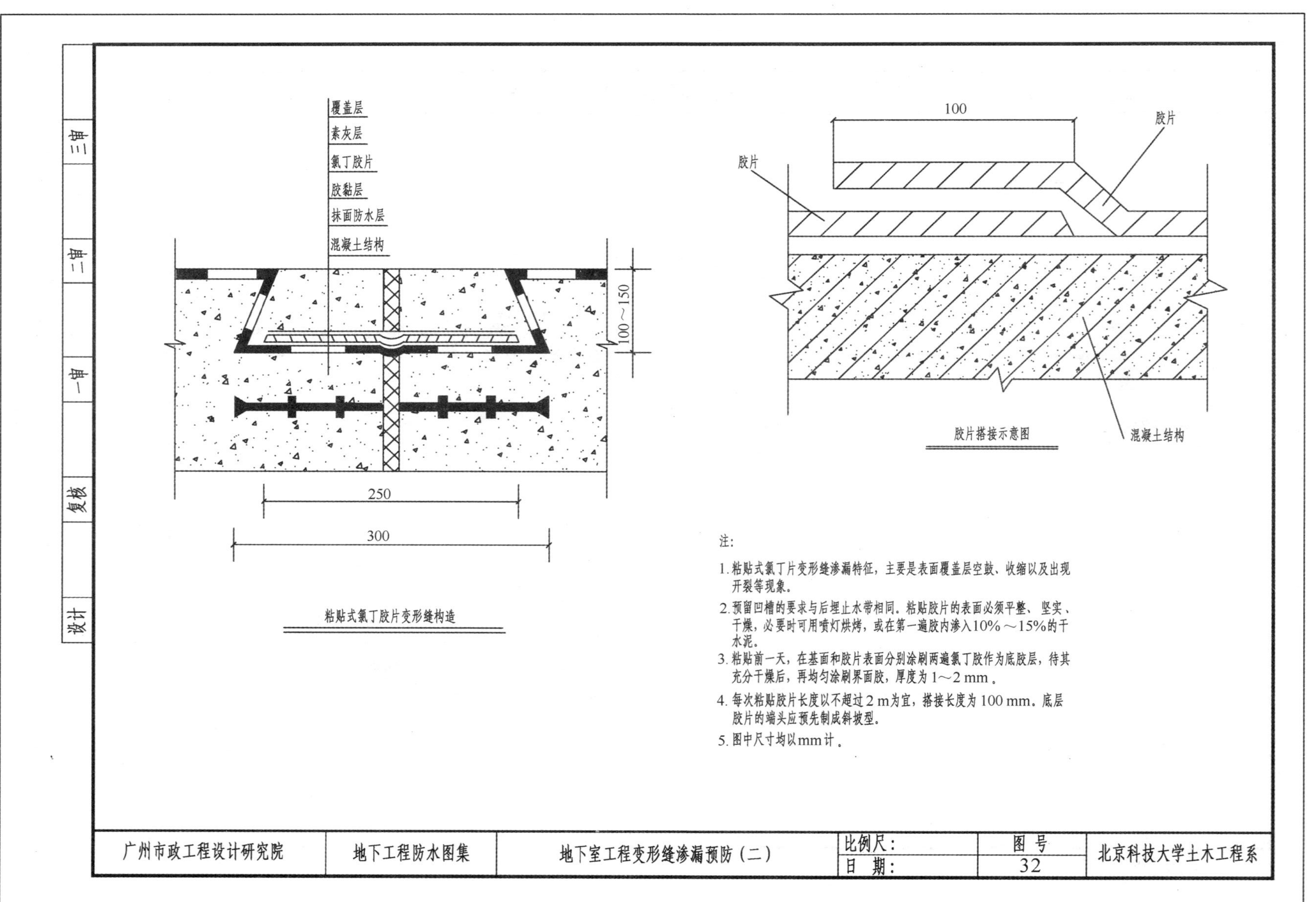
覆盖层
素灰层
氯丁胶片
胶黏层
抹面防水层
混凝土结构
100～150
250
300
粘贴式氯丁胶片变形缝构造
100
胶片
胶片
混凝土结构
胶片搭接示意图
注:
1. 粘贴式氯丁片变形缝渗漏特征，主要是表面覆盖层空鼓、收缩以及出现开裂等现象。
2. 预留凹槽的要求与后埋止水带相同。粘贴胶片的表面必须平整、坚实、干燥，必要时可用喷灯烘烤，或在第一遍胶内渗入10%～15%的干水泥。
3. 粘贴前一天，在基面和胶片表面分别涂刷两遍氯丁胶作为底胶层，待其充分干燥后，再均匀涂刷界面胶，厚度为1～2 mm。
4. 每次粘贴胶片长度以不超过2 m为宜，搭接长度为100 mm。底层胶片的端头应预先制成斜坡型。
5. 图中尺寸均以mm计。
广州市政工程设计研究院
地下工程防水图集
地下室工程变形缝渗漏预防（二）
比例尺:
日　期:
图　号
32
北京科技大学土木工程系
审三
审二
审一
复核
设计

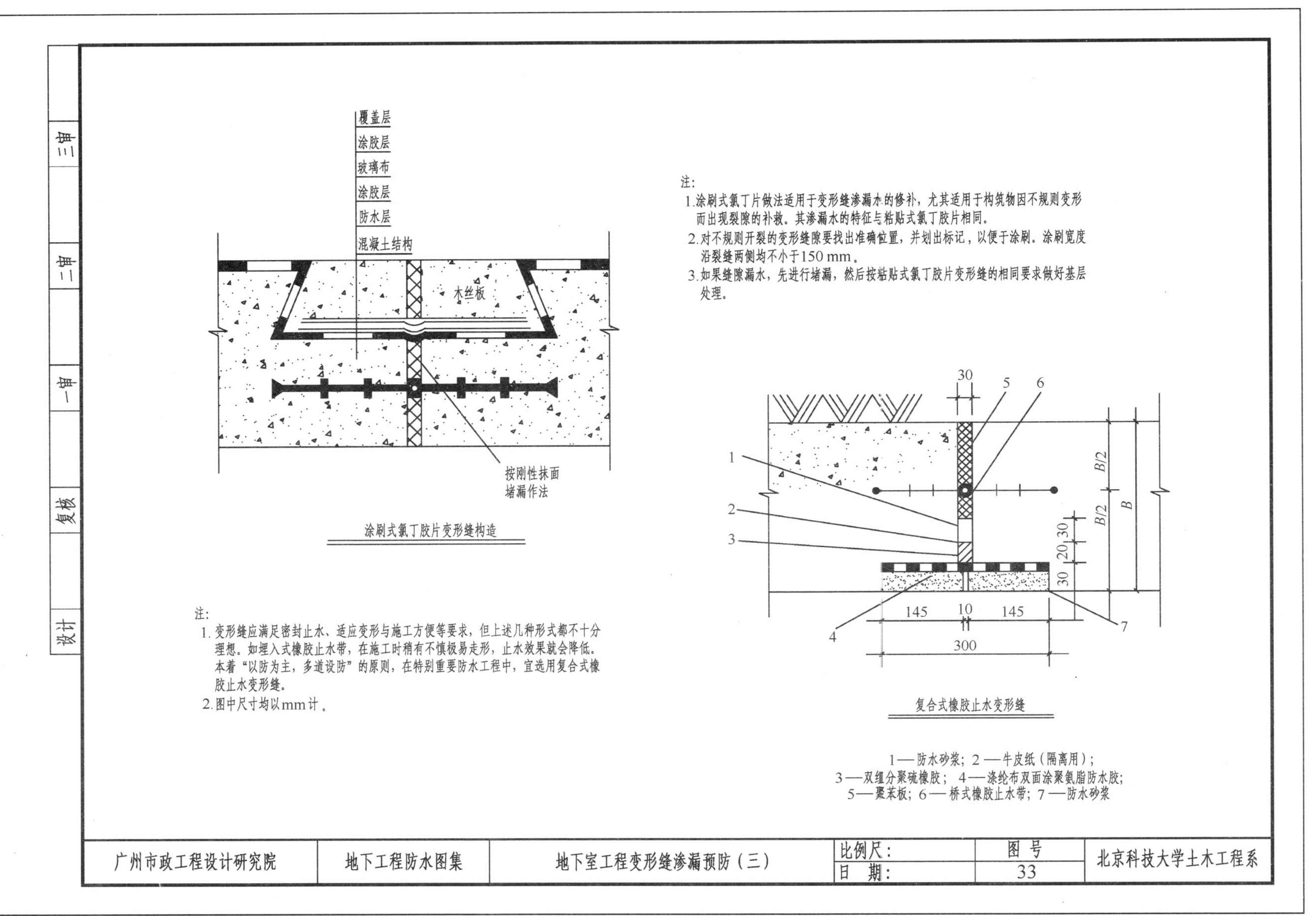

覆盖层
涂胶层
玻璃布
涂胶层
防水层
混凝土结构
木丝板
按刚性抹面
堵漏作法
涂刷式氯丁胶片变形缝构造
注:
1. 变形缝应满足密封止水、适应变形与施工方便等要求，但上述几种形式都不十分理想。如埋入式橡胶止水带，在施工时稍有不慎极易走形，止水效果就会降低。本着“以防为主，多道设防”的原则，在特别重要防水工程中，宜选用复合式橡胶止水变形缝。
2. 图中尺寸均以mm计。
注:
1. 涂刷式氯丁片做法适用于变形缝渗漏水的修补，尤其适用于构筑物因不规则变形而出现裂隙的补救。其渗漏水的特征与粘贴式氯丁胶片相同。
2. 对不规则开裂的变形缝隙要找出准确位置，并划出标记，以便于涂刷。涂刷宽度沿裂缝两侧均不小于150 mm。
3. 如果缝隙漏水，先进行堵漏，然后按粘贴式氯丁胶片变形缝的相同要求做好基层处理。
30
5
6
1
2
3
4
7
B/2
B/2
B
30
20
30
145
10
145
300
复合式橡胶止水变形缝
1—防水砂浆；2—牛皮纸（隔离用）；
3—双组分聚硫橡胶；4—涤纶布双面涂聚氨脂防水胶；
5—聚苯板；6—桥式橡胶止水带；7—防水砂浆
广州市政工程设计研究院
地下工程防水图集
地下室工程变形缝渗漏预防（三）
比例尺：
日 期：
图 号
33
北京科技大学土木工程系
审三
审二
审一
复核
设计

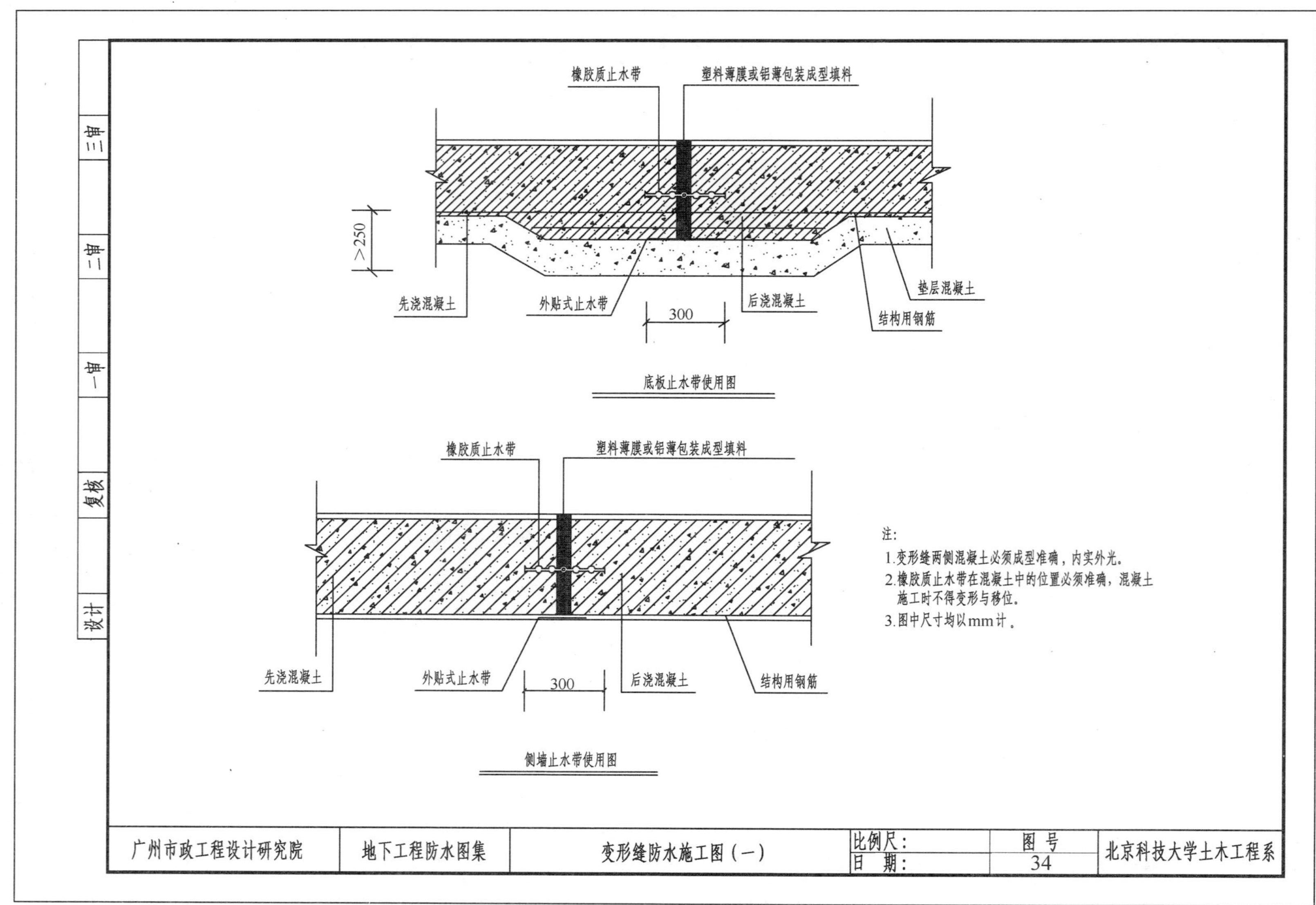
橡胶质止水带
塑料薄膜或铝薄包装成型填料
≥250
先浇混凝土
外贴式止水带
300
后浇混凝土
垫层混凝土
结构用钢筋
底板止水带使用图
橡胶质止水带
塑料薄膜或铝薄包装成型填料
先浇混凝土
外贴式止水带
300
后浇混凝土
结构用钢筋
侧墙止水带使用图
注：
1.变形缝两侧混凝土必须成型准确，内实外光。
2.橡胶质止水带在混凝土中的位置必须准确，混凝土施工时不得变形与移位。
3.图中尺寸均以mm计。
审三
审二
审一
复核
设计
广州市政工程设计研究院
地下工程防水图集
变形缝防水施工图（一）
比例尺：
日　期：
图　号
34
北京科技大学土木工程系

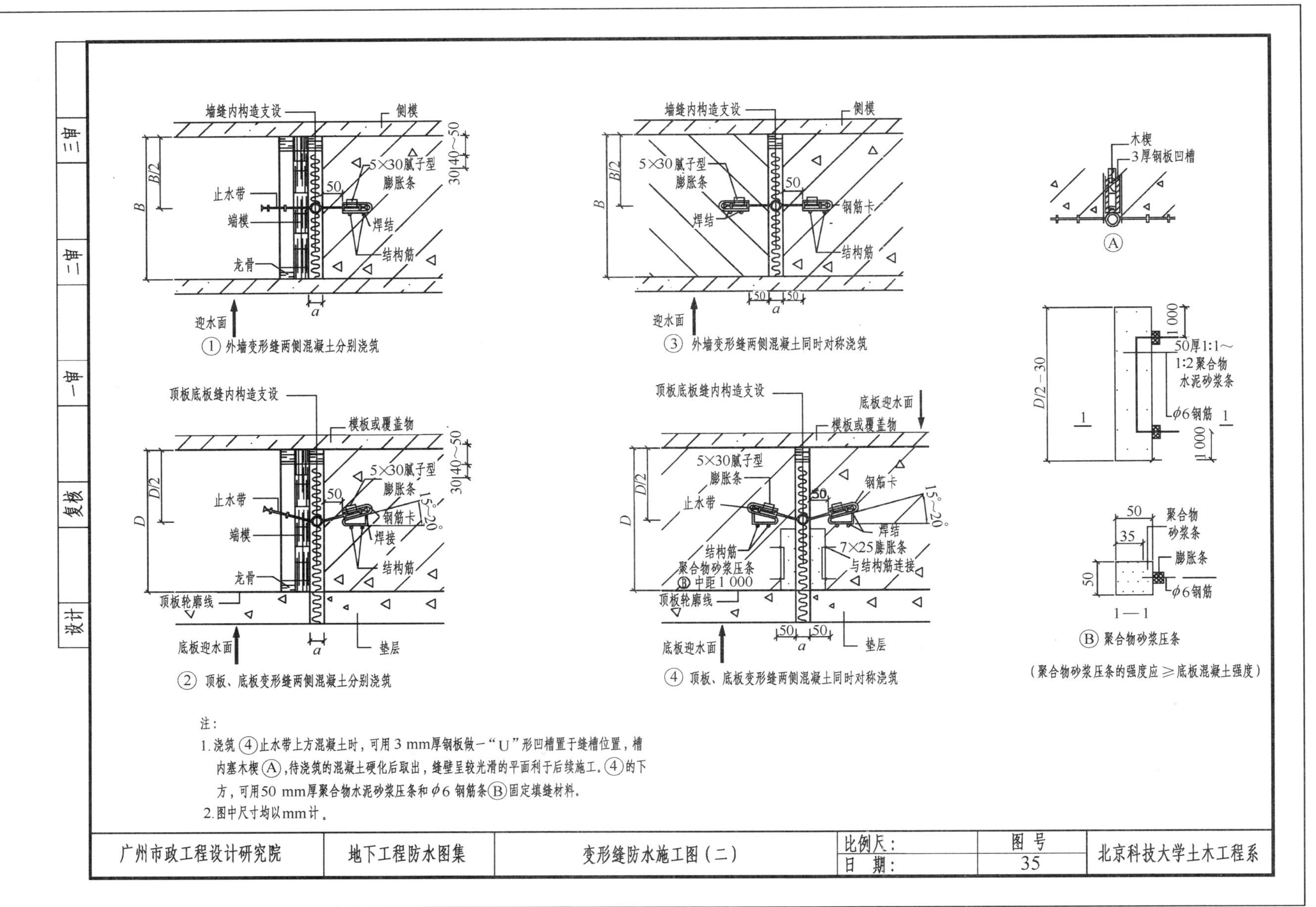
墙缝内构造支设
侧模
5×30腻子型膨胀条
止水带
端模
焊结
龙骨
结构筋
迎水面
① 外墙变形缝两侧混凝土分别浇筑
钢筋卡
③ 外墙变形缝两侧混凝土同时对称浇筑
木楔
3厚钢板凹槽
Ⓐ
50厚1:1～1:2聚合物水泥砂浆条
φ6钢筋
顶板底板缝内构造支设
模板或覆盖物
焊接
顶板轮廓线
底板迎水面
垫层
② 顶板、底板变形缝两侧混凝土分别浇筑
7×25膨胀条与结构筋连接
聚合物砂浆压条Ⓑ中距1 000
④ 顶板、底板变形缝两侧混凝土同时对称浇筑
聚合物砂浆条
膨胀条
1—1
Ⓑ 聚合物砂浆压条
（聚合物砂浆压条的强度应≥底板混凝土强度）
注：
1.浇筑④止水带上方混凝土时，可用3 mm厚钢板做一"U"形凹槽置于缝槽位置，槽内塞木楔Ⓐ，待浇筑的混凝土硬化后取出，缝壁呈较光滑的平面利于后续施工。④的下方，可用50 mm厚聚合物水泥砂浆压条和φ6 钢筋条Ⓑ固定填缝材料。
2.图中尺寸均以mm计。
广州市政工程设计研究院
地下工程防水图集
变形缝防水施工图（二）
比例尺：
日 期：
图号
35
北京科技大学土木工程系
设计
复核
一审
二审
三审

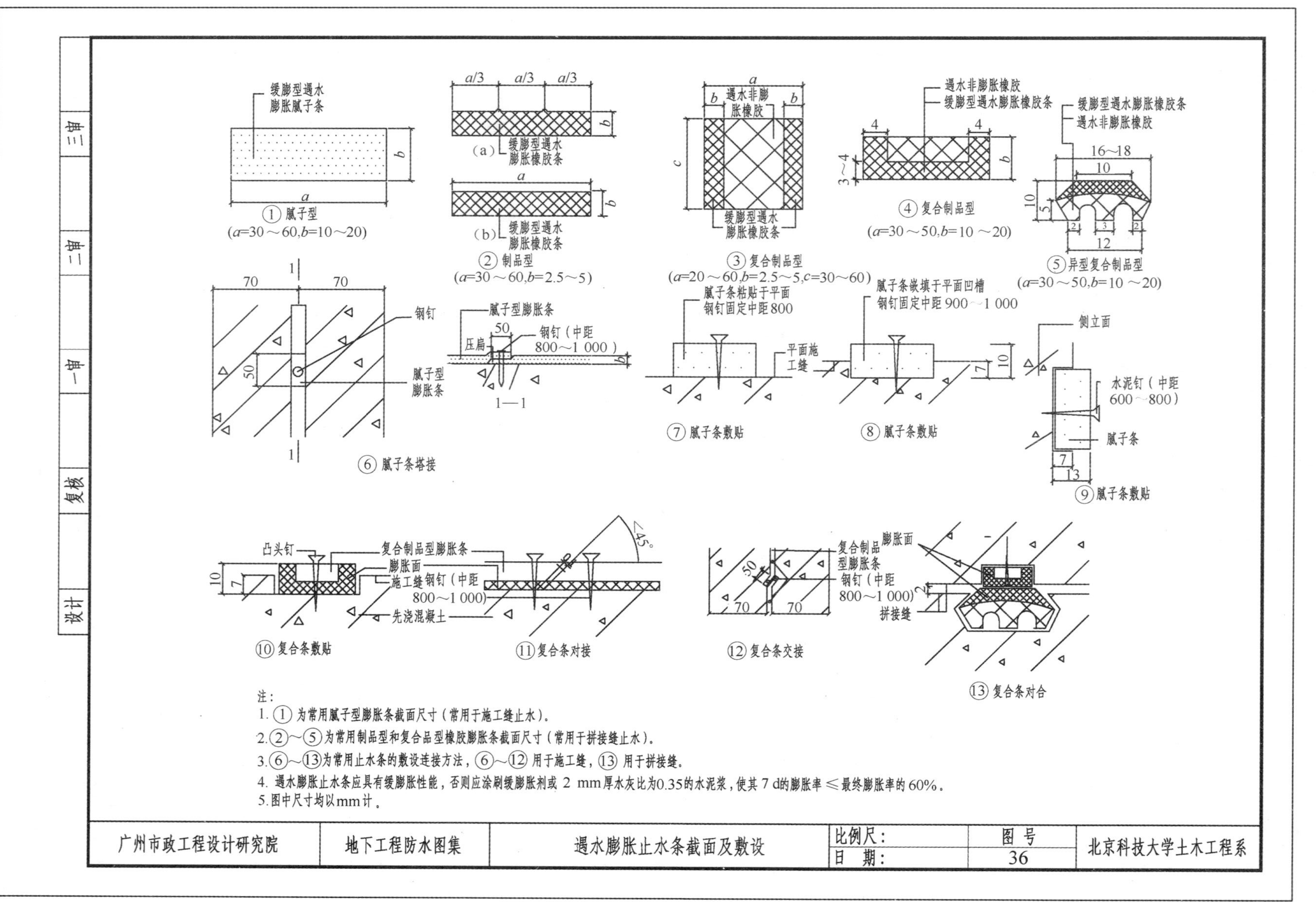

注：
1. ① 为常用腻子型膨胀条截面尺寸（常用于施工缝止水）。
2. ②～⑤ 为常用制品型和复合品型橡胶膨胀条截面尺寸（常用于拼接缝止水）。
3. ⑥～⑬ 为常用止水条的敷设连接方法，⑥～⑫ 用于施工缝，⑬ 用于拼接缝。
4. 遇水膨胀止水条应具有缓膨胀性能，否则应涂刷缓膨胀剂或 2 mm厚水灰比为0.35的水泥浆，使其 7 d的膨胀率 ≤ 最终膨胀率的60%。
5. 图中尺寸均以mm计。

广州市政工程设计研究院	地下工程防水图集	遇水膨胀止水条截面及敷设	比例尺： 日　期：	图　号 36	北京科技大学土木工程系

设计	复核	审一	审二	审三

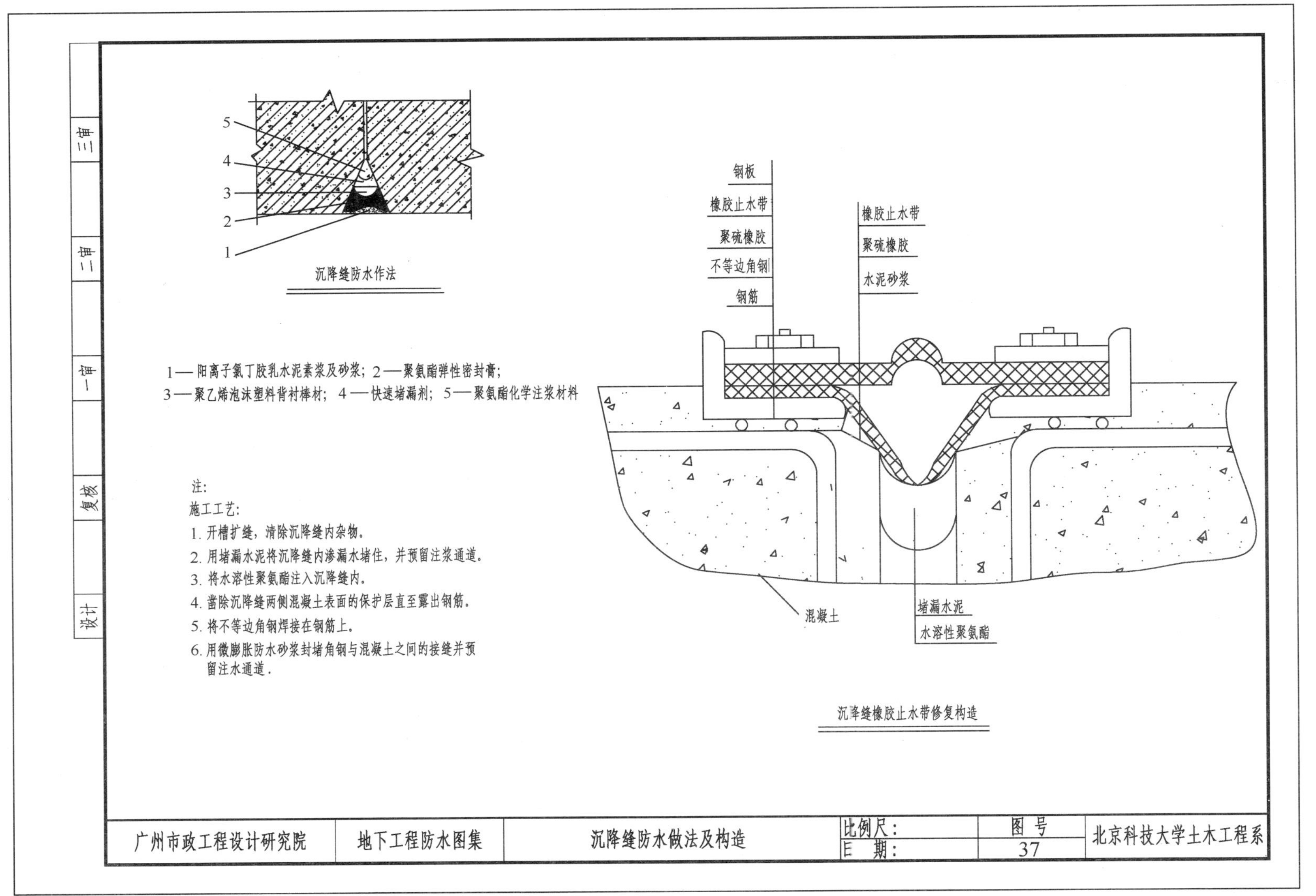
5
4
3
2
1
沉降缝防水作法
1—阳离子氯丁胶乳水泥素浆及砂浆；2—聚氨酯弹性密封膏；
3—聚乙烯泡沫塑料背衬棒材；4—快速堵漏剂；5—聚氨酯化学注浆材料
注：
施工工艺：
1. 开槽扩缝，清除沉降缝内杂物.
2. 用堵漏水泥将沉降缝内渗漏水堵住，并预留注浆通道.
3. 将水溶性聚氨酯注入沉降缝内.
4. 凿除沉降缝两侧混凝土表面的保护层直至露出钢筋.
5. 将不等边角钢焊接在钢筋上.
6. 用微膨胀防水砂浆封堵角钢与混凝土之间的接缝并预留注水通道.
钢板
橡胶止水带
聚硫橡胶
不等边角钢
钢筋
橡胶止水带
聚硫橡胶
水泥砂浆
混凝土
堵漏水泥
水溶性聚氨酯
沉降缝橡胶止水带修复构造
审三
审二
审一
复核
设计
广州市政工程设计研究院
地下工程防水图集
沉降缝防水做法及构造
比例尺：
日 期：
图 号
37
北京科技大学土木工程系

施工缝设计说明

1. 设计规范和依据

(1)《地下工程防水技术规范》(GB 50158—2001)

(2)《铁路隧道施工规范》(GB 10204—2002)

(3)《地下铁道工程施工及验收规范》(GB 50299—1999)(2003年版)

(4)《公路隧道施工技术规范》(JTJ 042—94)

2. 设计注意事项

施工缝是防水工程的薄弱环节之一，应尽可能不留或少留。如因条件限制不能连续进行的，则可按变形缝划分浇筑段。每浇筑段应争取一次浇筑完毕，如确实有困难，则底板必须连续浇筑，侧墙可留设水平施工缝，但不得留设垂直施工缝。水平施工缝的位置应避开剪力和弯矩最大处或底板与墙板的交接处，而应留设在距底板表面 200 mm 以上，且应离墙孔洞边缘不少于 300 mm。

3. 施工缝分类

常用的施工缝包括企口缝、止水钢板缝以及膨胀止水条三种。

(1)企口缝：在施工处继续浇筑混凝土前，应将施工缝处的混凝土凿毛，清除浮渣和杂物，用水冲净，保持湿润，在铺上一层 20～25 mm 厚的水泥砂浆(1∶2 或 1∶0.5)，然后立即浇筑上层混凝土。施工时，待先浇的混凝土达到一定强度后(1.2 MPa)，再续浇其余混凝土。

(2)止水钢板缝：止水钢板缝适用于混凝土结构壁较薄、防水要求高的工程。止水钢板厚为 2～4 mm，高 300～400 mm，上下各半，施工时先将下一半预埋在先浇的混凝土中。止水钢板缝抗渗效果好，但要耗费钢材。

(3)膨胀止水条：混凝土施工缝也可以用 BW 膨胀橡胶止水条，此时混凝土留平缝即可。施工时先将浇筑的混凝土表面清理干净，然后将膨胀止水条的隔离纸撕掉，粘贴在墙体混凝土表面中心位置，必要时应用水泥钉固定，即可续浇混凝土。止水条搭板不小于 50 mm，止水条规格为：宽×高×长＝3 cm×4 cm×5 cm。这种止水条遇水膨胀率为 100%～500%，起止水作用。

4. 设计要求

(1)墙体水平施工缝不应留在剪力与弯矩最大处或底板与侧墙的交接处，应留在高出底板表面不小于 300 mm 的墙体上，拱板墙结合的水平施工缝宜留在拱板墙接缝线以下 150～300 mm 处，墙体有预留孔洞时，施工缝距孔洞边缘不应小于 300 mm。

(2)墙体垂直方向如需流施工缝，应避开地下水和裂隙水较多的地段，应尽量与变形缝相结合，并按变形缝构造处理。

(3)施工缝是地下防水工程的薄弱环节。对受水压较大的重要工程，施工缝处理宜采用多道防线。常用做法是：

①在施工缝的迎水面抹 20 mm 厚聚合物防水砂浆，并在其表面粘贴 3～4 mm厚高聚物改性沥青卷材或涂刷 2 mm 厚聚氨酯防水材料。

②在施工缝的断面中部，嵌贴遇水膨胀橡胶条。

设计		复核		审一		审二		审三	

广州市政工程设计研究院	地下工程防水图集	施工缝设计说明	比例尺:	图　号	北京科技大学土木工程系
			日　期:	38	

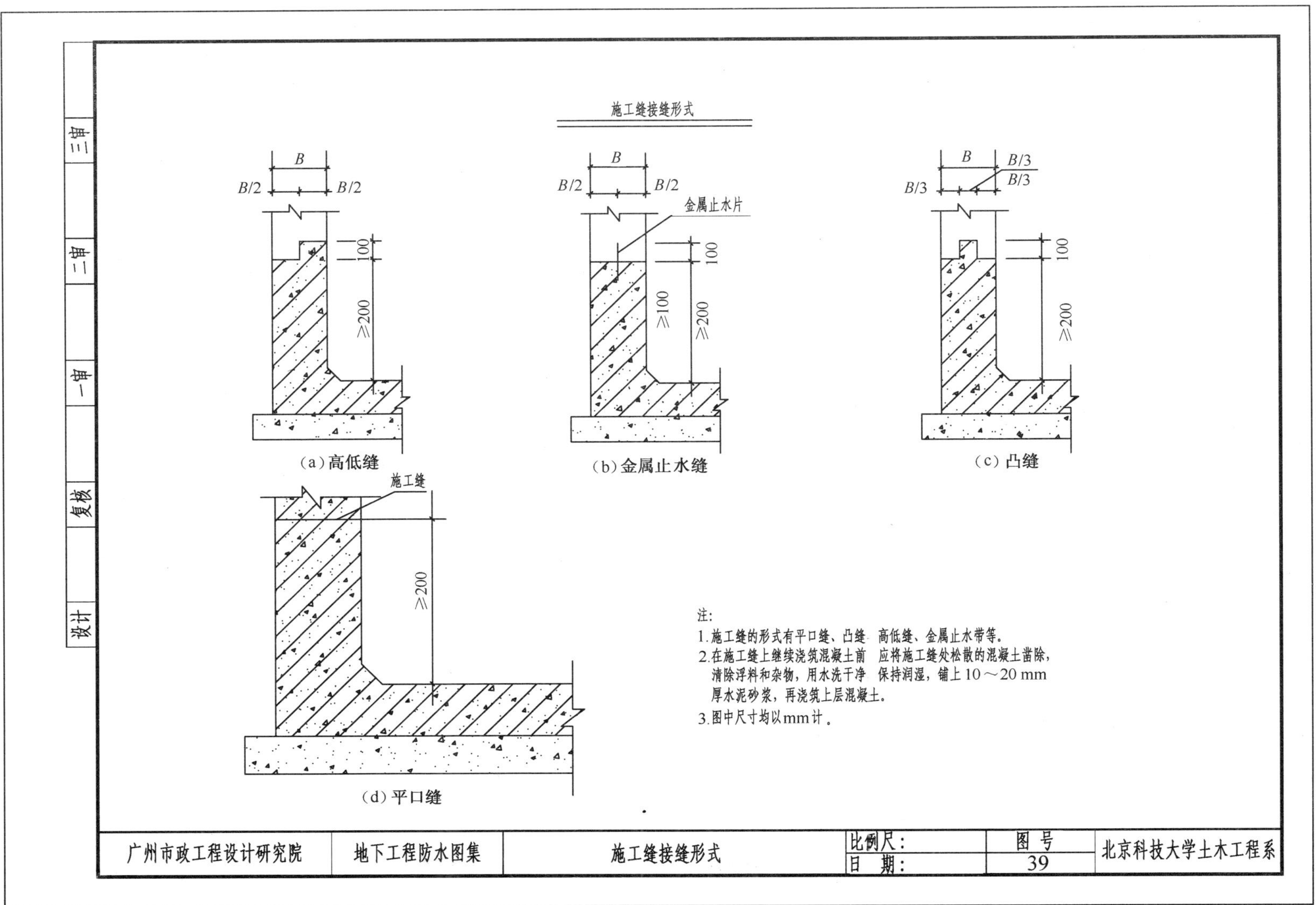
施工缝接缝形式
B
B/2
B/2
100
≥200
(a)高低缝
B
B/2
B/2
金属止水片
100
≥100
≥200
(b)金属止水缝
B
B/3
B/3
B/3
100
≥200
(c)凸缝
施工缝
≥200
(d)平口缝
注：
1.施工缝的形式有平口缝、凸缝 高低缝、金属止水带等。
2.在施工缝上继续浇筑混凝土前 应将施工缝处松散的混凝土凿除，
清除浮料和杂物，用水洗干净 保持润湿，铺上10～20 mm
厚水泥砂浆，再浇筑上层混凝土。
3.图中尺寸均以mm计。
广州市政工程设计研究院
地下工程防水图集
施工缝接缝形式
比例尺：
日 期：
图 号
39
北京科技大学土木工程系
设计
复核
一审
二审
三审

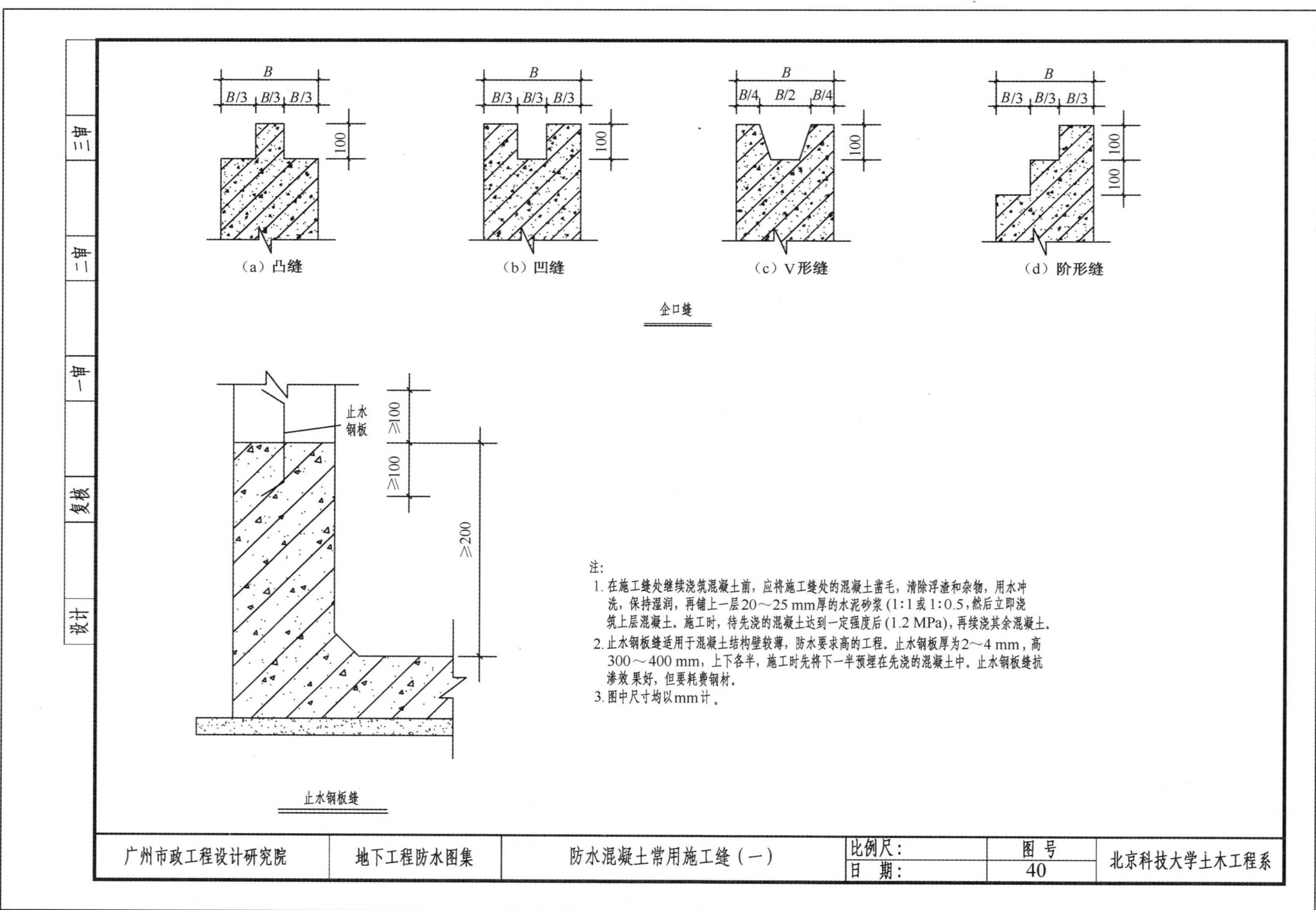
B
B/3 B/3 B/3
100
（a）凸缝
B
B/3 B/3 B/3
100
（b）凹缝
B
B/4 B/2 B/4
100
（c）V形缝
B
B/3 B/3 B/3
100
100
（d）阶形缝
企口缝
止水
钢板
≥100
≥100
≥200
止水钢板缝
注:
1. 在施工缝处继续浇筑混凝土前，应将施工缝处的混凝土凿毛，清除浮渣和杂物，用水冲洗，保持湿润，再铺上一层20～25 mm厚的水泥砂浆（1:1或1:0.5，然后立即浇筑上层混凝土。施工时，待先浇的混凝土达到一定强度后（1.2 MPa），再续浇其余混凝土。
2. 止水钢板缝适用于混凝土结构壁较薄，防水要求高的工程。止水钢板厚为2～4 mm，高300～400 mm，上下各半，施工时先将下一半预埋在先浇的混凝土中。止水钢板缝抗渗效果好，但要耗费钢材。
3. 图中尺寸均以mm计。
广州市政工程设计研究院
地下工程防水图集
防水混凝土常用施工缝（一）
比例尺：
日 期：
图 号
40
北京科技大学土木工程系
设计
复核
审一
审二
审三

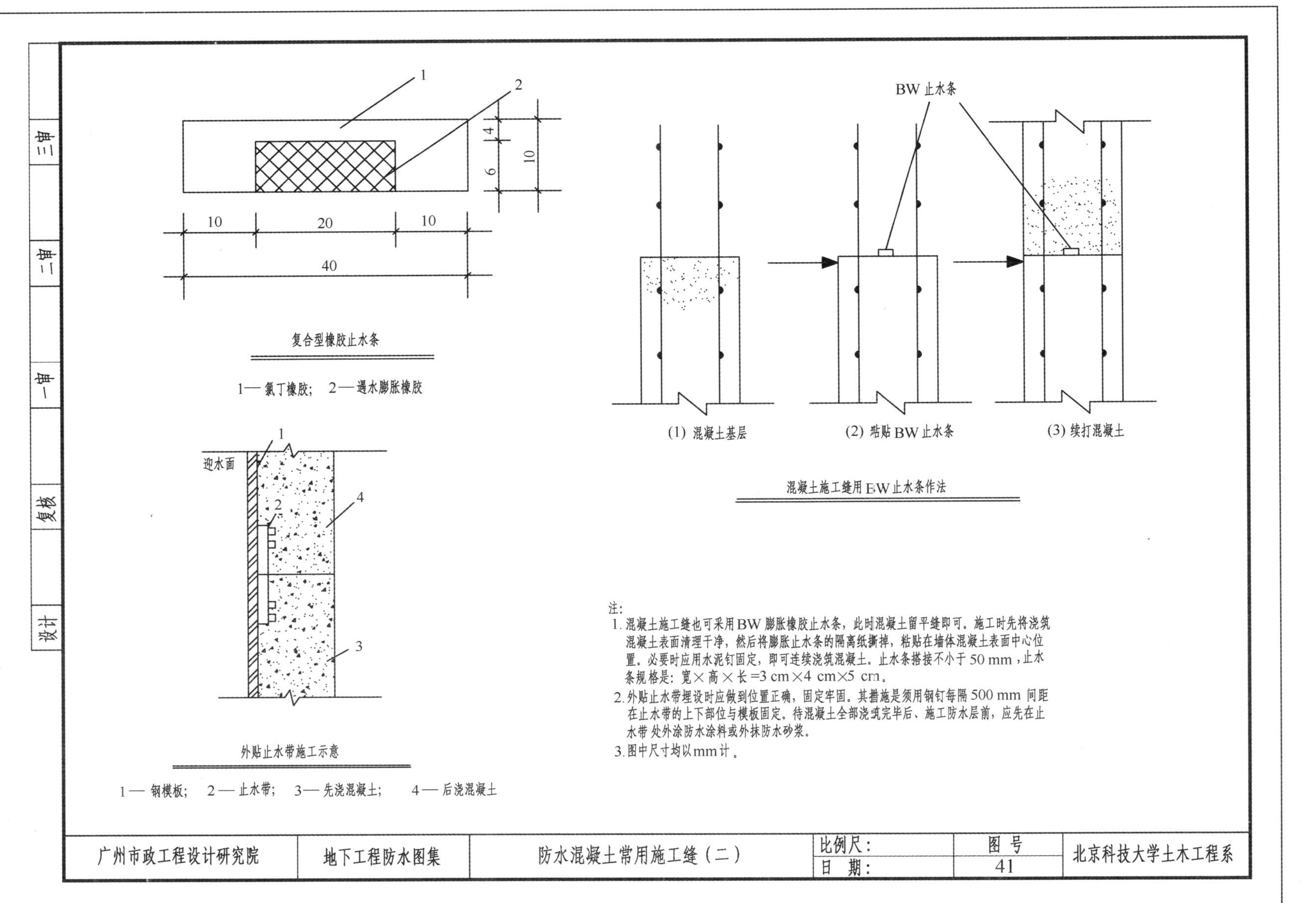
1
2
4
6
10
10
20
10
40
复合型橡胶止水条
1— 氯丁橡胶； 2— 遇水膨胀橡胶
迎水面
1
2
3
4
外贴止水带施工示意
1— 钢模板； 2— 止水带； 3— 先浇混凝土； 4— 后浇混凝土
BW 止水条
(1) 混凝土基层
(2) 粘贴 BW 止水条
(3) 续打混凝土
混凝土施工缝用 BW 止水条作法
注：
1. 混凝土施工缝也可采用BW膨胀橡胶止水条，此时混凝土留平缝即可。施工时先将浇筑混凝土表面清理干净，然后将膨胀止水条的隔离纸撕掉，粘贴在墙体混凝土表面中心位置。必要时应用水泥钉固定，即可连续浇筑混凝土。止水条搭接不小于50 mm，止水条规格是：宽×高×长=3 cm×4 cm×5 cm。
2. 外贴止水带埋设时应做到位置正确，固定牢固。其措施是须用钢钉每隔500 mm 间距在止水带的上下部位与模板固定。待混凝土全部浇筑完毕后、施工防水层前，应先在止水带处外涂防水涂料或外抹防水砂浆。
3. 图中尺寸均以mm计。
广州市政工程设计研究院
地下工程防水图集
防水混凝土常用施工缝（二）
比例尺：
日 期：
图 号
41
北京科技大学土木工程系
设计
复核
一审
二审
三审

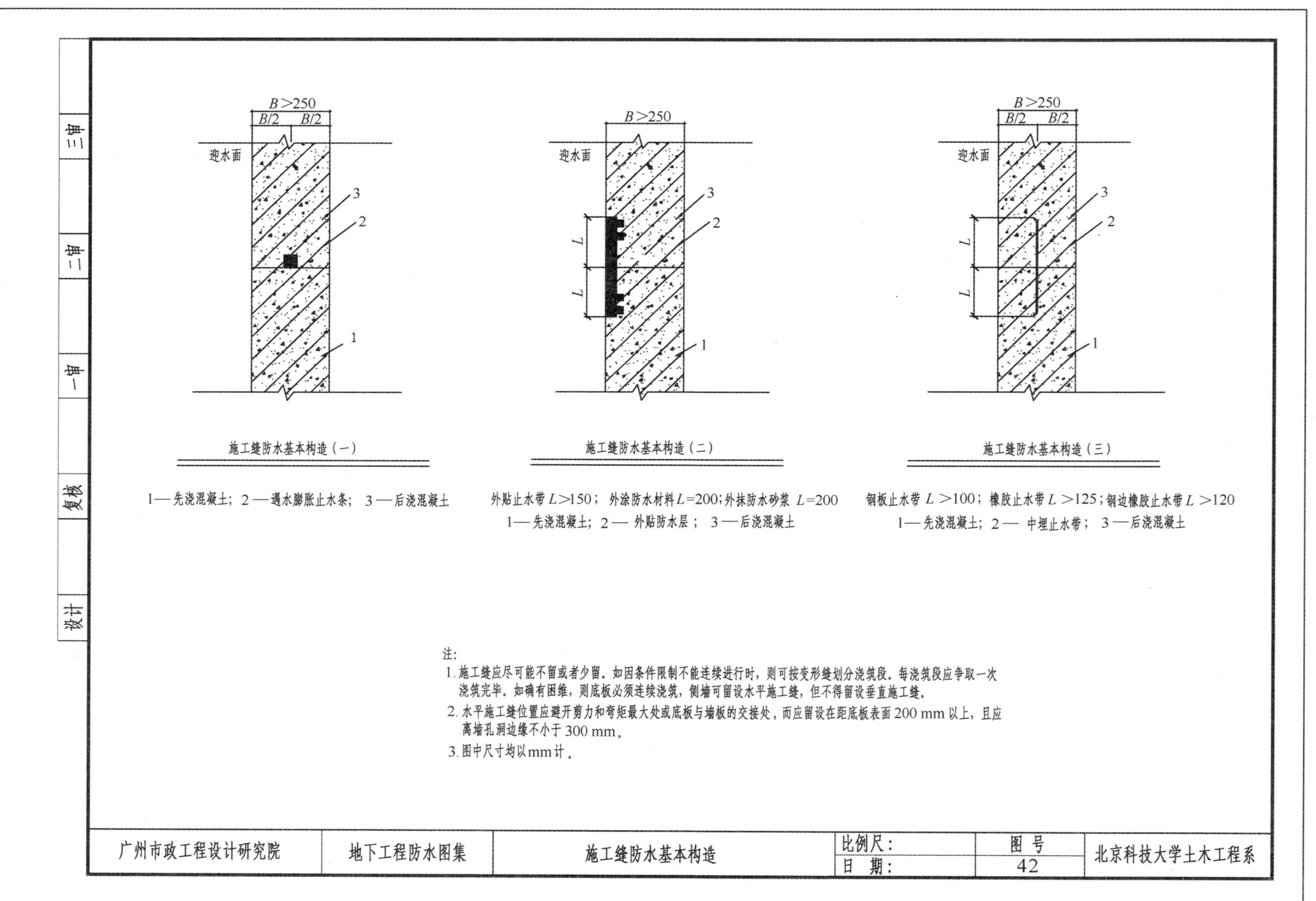
B>250
B/2
B/2
迎水面
3
2
1
B>250
迎水面
L
L
3
2
1
B>250
B/2
B/2
迎水面
L
L
3
2
1
施工缝防水基本构造（一）
1—先浇混凝土；2—遇水膨胀止水条；3—后浇混凝土
施工缝防水基本构造（二）
外贴止水带 L>150；外涂防水材料 L=200；外抹防水砂浆 L=200
1—先浇混凝土；2—外贴防水层；3—后浇混凝土
施工缝防水基本构造（三）
钢板止水带 L>100；橡胶止水带 L>125；钢边橡胶止水带 L>120
1—先浇混凝土；2—中埋止水带；3—后浇混凝土
注：
1. 施工缝应尽可能不留或者少留。如因条件限制不能连续进行时，则可按变形缝划分浇筑段。每浇筑段应争取一次浇筑完毕。如确有困难，则底板必须连续浇筑，侧墙可留设水平施工缝，但不得留设垂直施工缝。
2. 水平施工缝位置应避开剪力和弯矩最大处或底板与墙板的交接处，而应留设在距底板表面 200 mm 以上，且应离墙孔洞边缘不小于 300 mm。
3. 图中尺寸均以mm计。
广州市政工程设计研究院
地下工程防水图集
施工缝防水基本构造
比例尺：
日期：
图号
42
北京科技大学土木工程系
三审
二审
一审
复核
设计

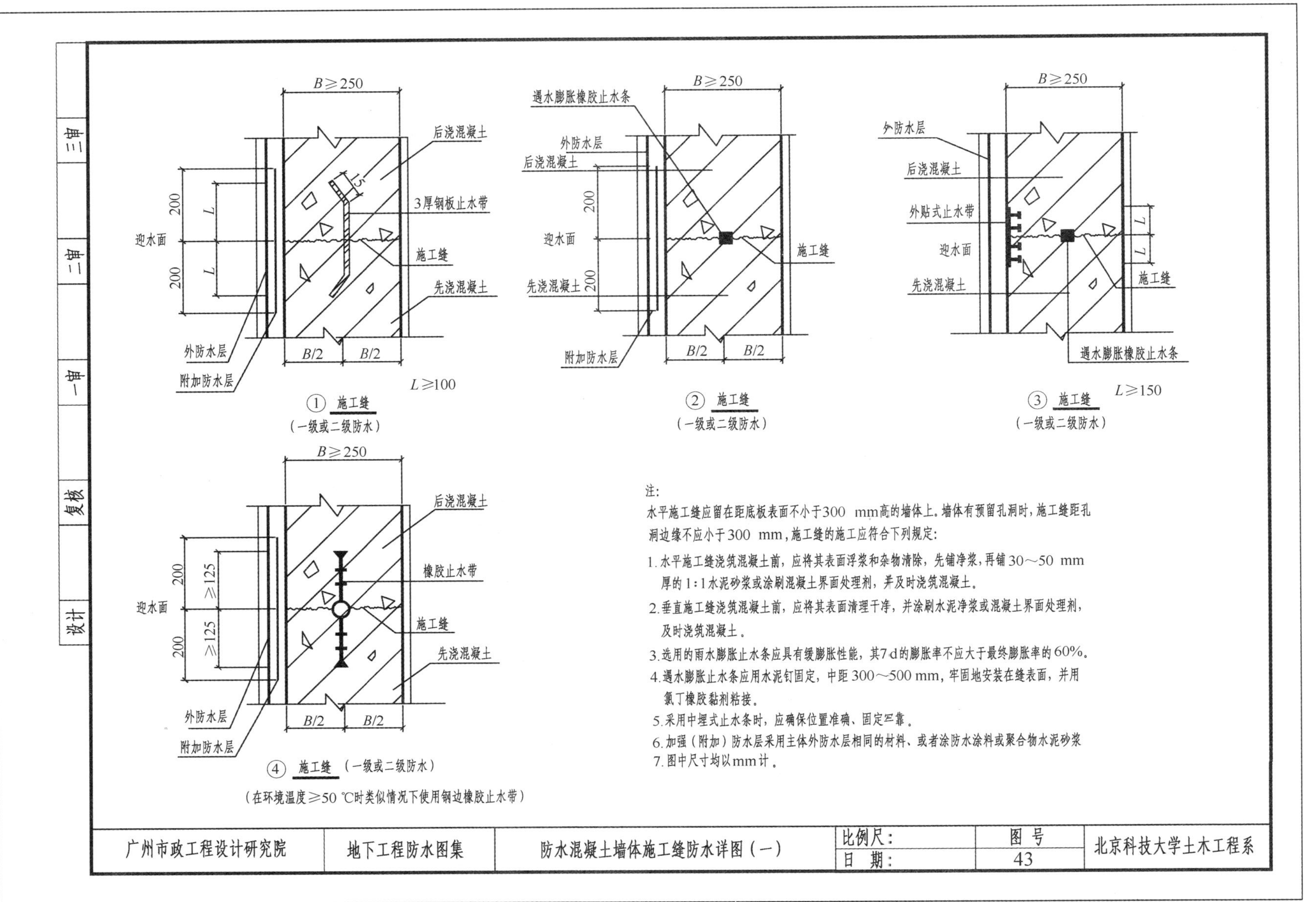

B≥250
后浇混凝土
3厚钢板止水带
迎水面
200
200
L
L
15
施工缝
先浇混凝土
外防水层
附加防水层
B/2
B/2
L≥100
① 施工缝
（一级或二级防水）
遇水膨胀橡胶止水条
外防水层
后浇混凝土
迎水面
先浇混凝土
附加防水层
施工缝
② 施工缝
（一级或二级防水）
外防水层
后浇混凝土
外贴式止水带
迎水面
先浇混凝土
施工缝
遇水膨胀橡胶止水条
L≥150
③ 施工缝
（一级或二级防水）
橡胶止水带
≥125
≥125
④ 施工缝（一级或二级防水）
（在环境温度≥50 ℃时类似情况下使用钢边橡胶止水带）
注:
水平施工缝应留在距底板表面不小于300 mm高的墙体上。墙体有预留孔洞时，施工缝距孔洞边缘不应小于300 mm，施工缝的施工应符合下列规定:
1. 水平施工缝浇筑混凝土前，应将其表面浮浆和杂物清除，先铺净浆，再铺30～50 mm厚的1:1水泥砂浆或涂刷混凝土界面处理剂，并及时浇筑混凝土。
2. 垂直施工缝浇筑混凝土前，应将其表面清理干净，并涂刷水泥净浆或混凝土界面处理剂，及时浇筑混凝土。
3. 选用的雨水膨胀止水条应具有缓膨胀性能，其7 d的膨胀率不应大于最终膨胀率的60%。
4. 遇水膨胀止水条应用水泥钉固定，中距300～500 mm，牢固地安装在缝表面，并用氯丁橡胶黏剂粘接。
5. 采用中埋式止水条时，应确保位置准确、固定牢靠。
6. 加强（附加）防水层采用主体外防水层相同的材料、或者涂防水涂料或聚合物水泥砂浆
7. 图中尺寸均以mm计。
广州市政工程设计研究院
地下工程防水图集
防水混凝土墙体施工缝防水详图（一）
比例尺:
日　期:
图　号
43
北京科技大学土木工程系
设计
复核
审一
审二
审三

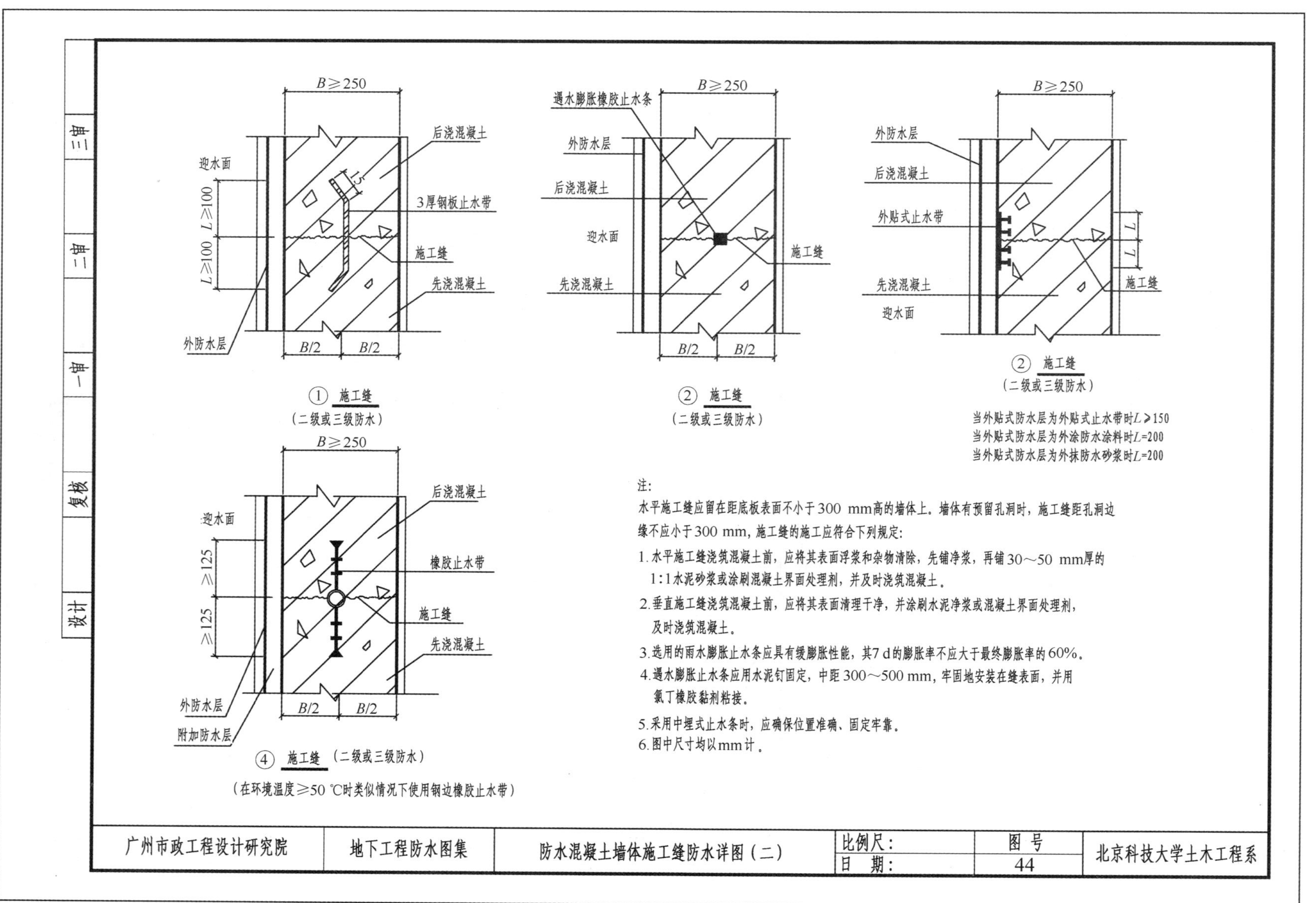

B≥250
后浇混凝土
迎水面
15
3厚钢板止水带
L≥100
L≥100
施工缝
先浇混凝土
外防水层
B/2
B/2
① 施工缝
（二级或三级防水）
遇水膨胀橡胶止水条
外防水层
后浇混凝土
迎水面
先浇混凝土
施工缝
② 施工缝
（二级或三级防水）
外防水层
后浇混凝土
外贴式止水带
L
L
先浇混凝土
施工缝
迎水面
② 施工缝
（二级或三级防水）
当外贴式防水层为外贴式止水带时L≥150
当外贴式防水层为外涂防水涂料时L=200
当外贴式防水层为外抹防水砂浆时L=200
后浇混凝土
迎水面
≥125
≥125
橡胶止水带
施工缝
先浇混凝土
外防水层
附加防水层
④ 施工缝 （二级或三级防水）
（在环境温度≥50 ℃时类似情况下使用钢边橡胶止水带）
注:
水平施工缝应留在距底板表面不小于300 mm高的墙体上。墙体有预留孔洞时，施工缝距孔洞边缘不应小于300 mm，施工缝的施工应符合下列规定:
1. 水平施工缝浇筑混凝土前，应将其表面浮浆和杂物清除，先铺净浆，再铺30～50 mm厚的1∶1水泥砂浆或涂刷混凝土界面处理剂，并及时浇筑混凝土。
2. 垂直施工缝浇筑混凝土前，应将其表面清理干净，并涂刷水泥净浆或混凝土界面处理剂，及时浇筑混凝土。
3. 选用的雨水膨胀止水条应具有缓膨胀性能，其7 d的膨胀率不应大于最终膨胀率的60%。
4. 遇水膨胀止水条应用水泥钉固定，中距300～500 mm，牢固地安装在缝表面，并用氯丁橡胶黏剂粘接。
5. 采用中埋式止水条时，应确保位置准确、固定牢靠。
6. 图中尺寸均以mm计。
广州市政工程设计研究院
地下工程防水图集
防水混凝土墙体施工缝防水详图（二）
比例尺:
日　期:
图　号
44
北京科技大学土木工程系
审三
审二
审一
复核
设计

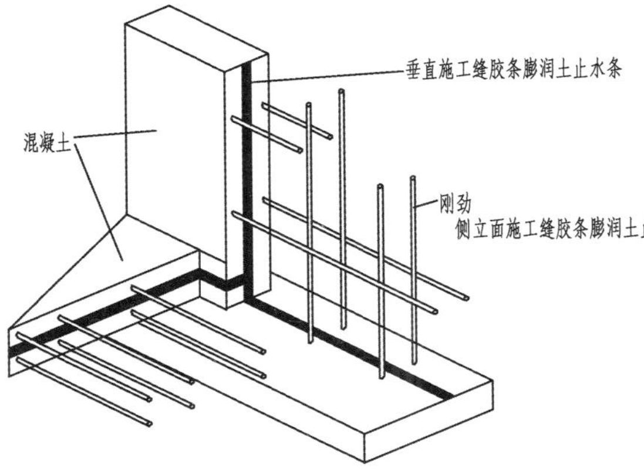
垂直施工缝胶条膨润土止水条
混凝土
刚劲

(a) 不同部位安装示意图

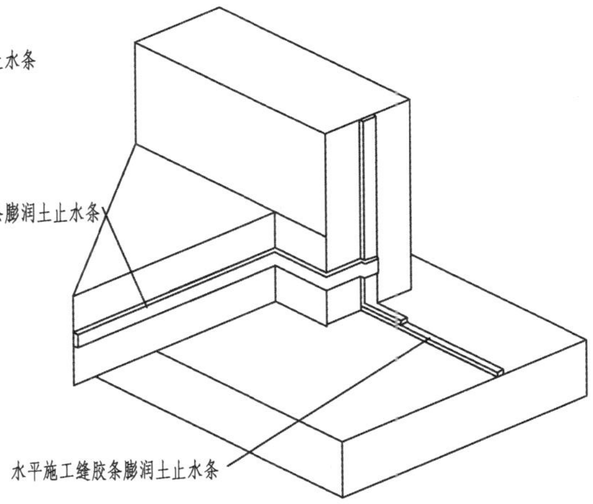
侧立面施工缝胶条膨润土止水条
水平施工缝胶条膨润土止水条

(b) 搭接方法示意图

注：
图中标注单位均为 mm。

SPJ 型膨胀橡胶止水条安装方法

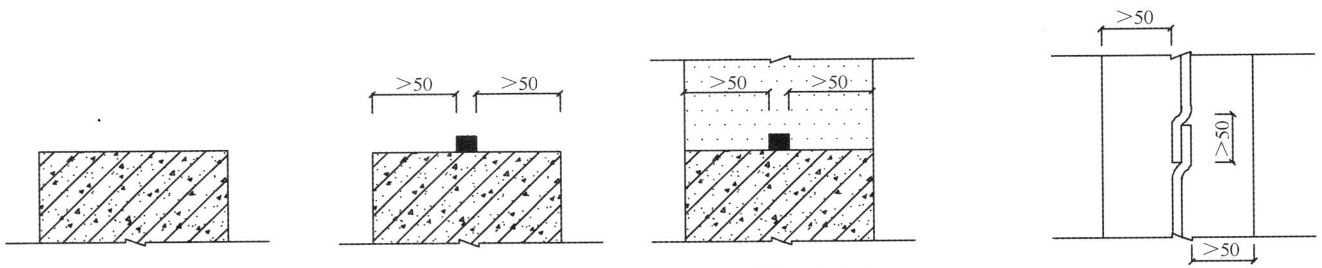
>50
>50
>50
>50
>50
>50
>50

(a) 基层　(b) 贴止水条　(c) 混凝土覆盖宽度　(d) 拼接方法

BW 膨胀橡胶止水带安装示意图

广州市政工程设计研究院	地下工程防水图集	两种新型施工缝防水设计	比例尺：	图 号	北京科技大学土木工程系
			日 期：	45	

设计		复核		审一		审二		审三	

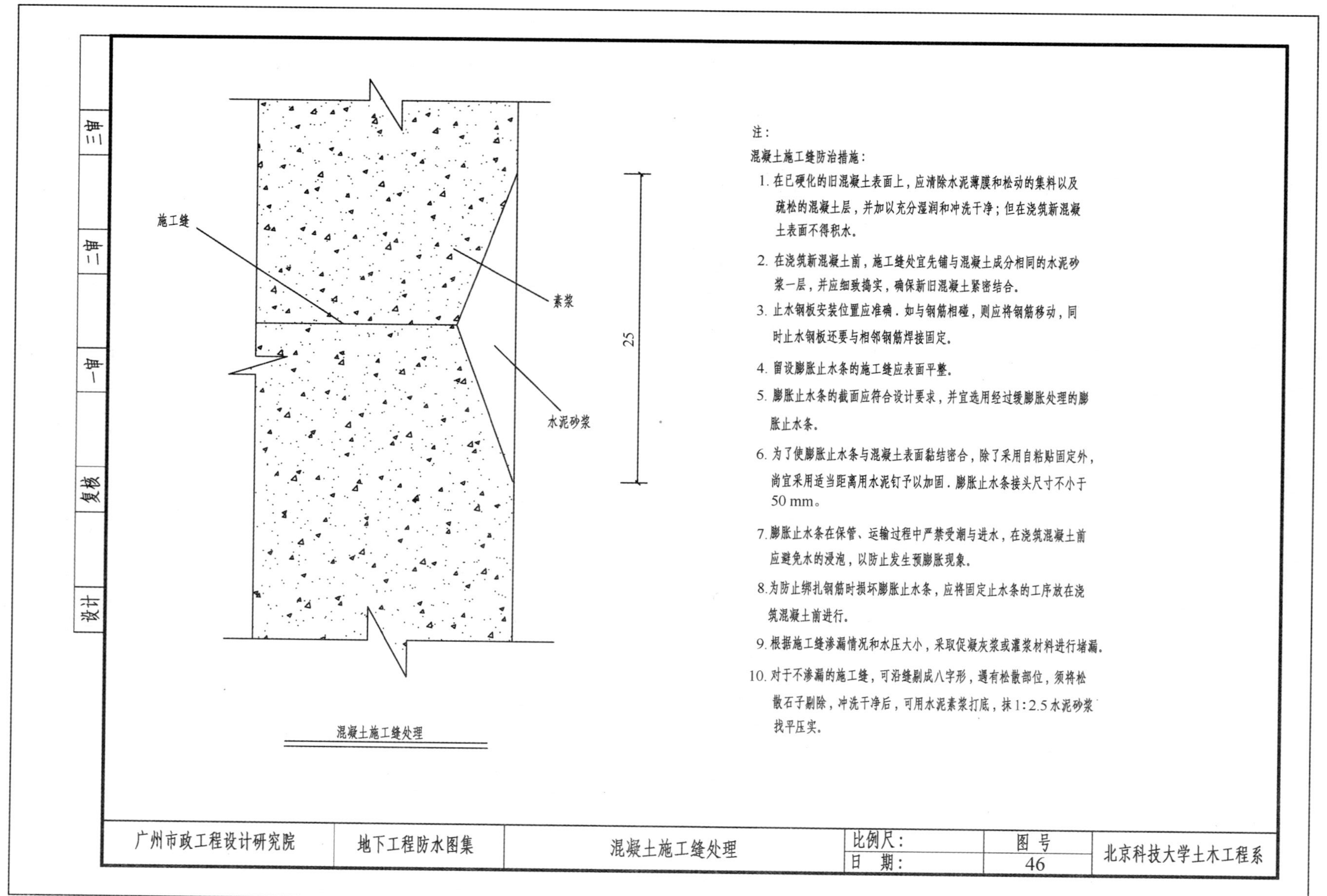

注：

混凝土施工缝防治措施：

1. 在已硬化的旧混凝土表面上，应清除水泥薄膜和松动的集料以及疏松的混凝土层，并加以充分湿润和冲洗干净；但在浇筑新混凝土表面不得积水。

2. 在浇筑新混凝土前，施工缝处宜先铺与混凝土成分相同的水泥砂浆一层，并应细致捣实，确保新旧混凝土紧密结合。

3. 止水钢板安装位置应准确．如与钢筋相碰，则应将钢筋移动，同时止水钢板还要与相邻钢筋焊接固定。

4. 留设膨胀止水条的施工缝应表面平整。

5. 膨胀止水条的截面应符合设计要求，并宜选用经过缓膨胀处理的膨胀止水条。

6. 为了使膨胀止水条与混凝土表面黏结密合，除了采用自粘贴固定外，尚宜采用适当距离用水泥钉予以加固．膨胀止水条接头尺寸不小于50 mm。

7. 膨胀止水条在保管、运输过程中严禁受潮与进水，在浇筑混凝土前应避免水的浸泡，以防止发生预膨胀现象。

8. 为防止绑扎钢筋时损坏膨胀止水条，应将固定止水条的工序放在浇筑混凝土前进行。

9. 根据施工缝渗漏情况和水压大小，采取促凝灰浆或灌浆材料进行堵漏。

10. 对于不渗漏的施工缝，可沿缝剔成八字形，遇有松散部位，须将松散石子剔除，冲洗干净后，可用水泥素浆打底，抹1:2.5水泥砂浆找平压实。

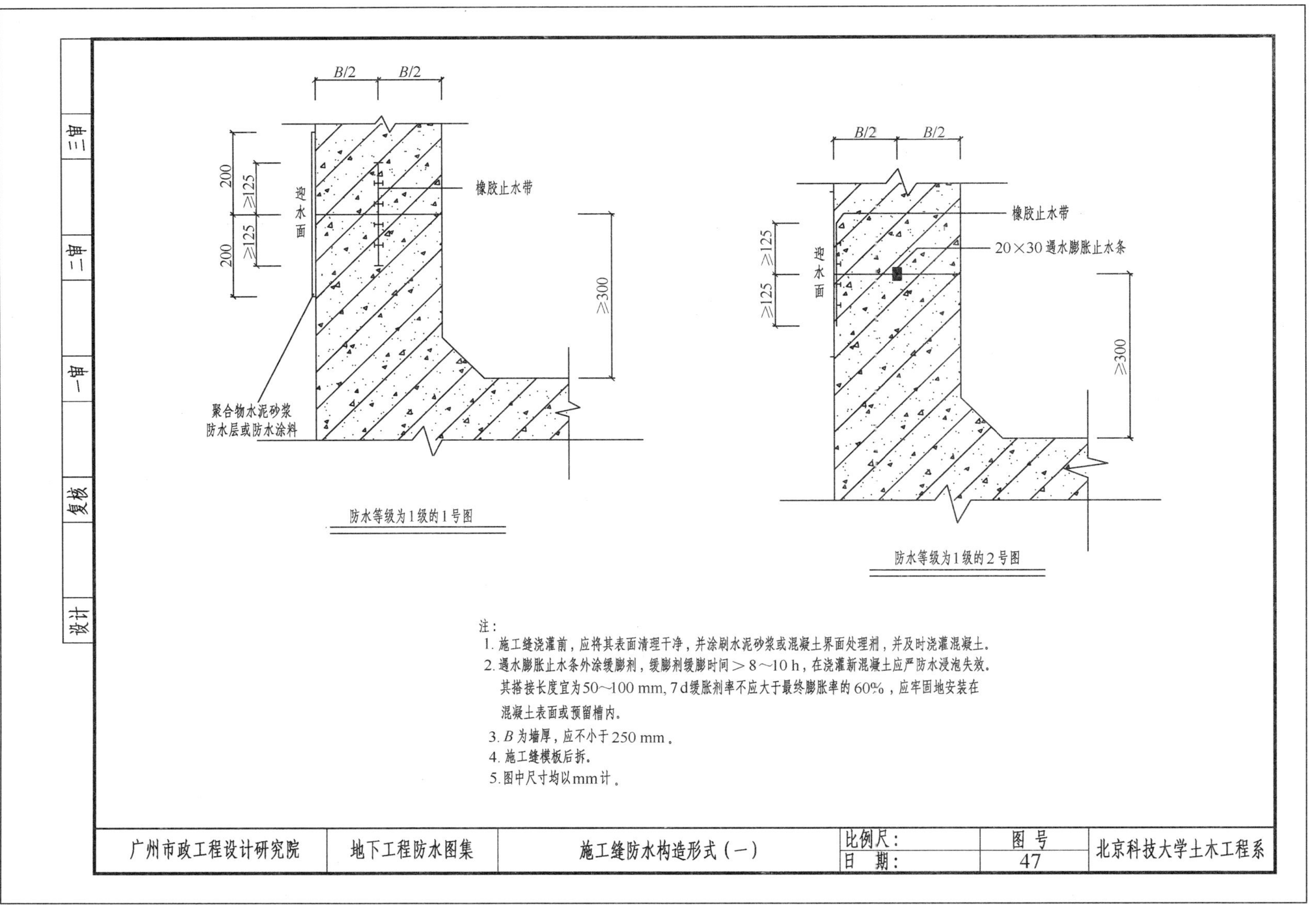

B/2
B/2
200
200
≥125
≥125
迎水面
橡胶止水带
≥300
聚合物水泥砂浆
防水层或防水涂料
防水等级为1级的1号图
B/2
B/2
橡胶止水带
20×30遇水膨胀止水条
≥125
≥125
迎水面
≥300
防水等级为1级的2号图
注：
1. 施工缝浇灌前，应将其表面清理干净，并涂刷水泥砂浆或混凝土界面处理剂，并及时浇灌混凝土。
2. 遇水膨胀止水条外涂缓膨剂，缓膨剂缓膨时间＞8～10 h，在浇灌新混凝土应严防水浸泡失效。
其搭接长度宜为50～100 mm，7 d缓胀剂率不应大于最终膨胀率的60%，应牢固地安装在
混凝土表面或预留槽内。
3. B为墙厚，应不小于250 mm。
4. 施工缝模板后拆。
5. 图中尺寸均以mm计。
广州市政工程设计研究院
地下工程防水图集
施工缝防水构造形式（一）
比例尺：
日 期：
图号
47
北京科技大学土木工程系
设计
复核
审一
审二
审三

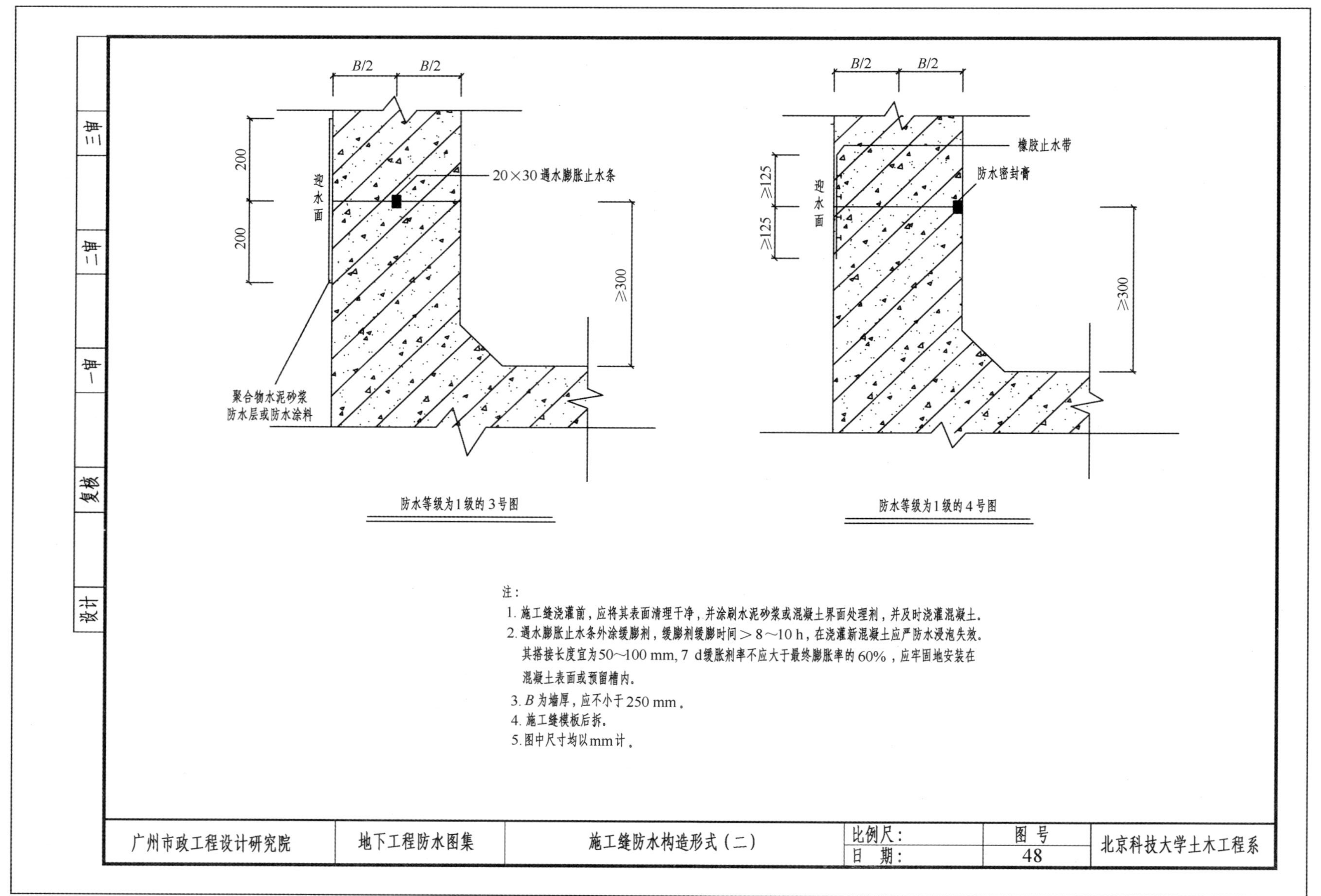

B/2
B/2
200
200
迎水面
20×30遇水膨胀止水条
≥300
聚合物水泥砂浆
防水层或防水涂料
防水等级为1级的3号图
B/2
B/2
橡胶止水带
防水密封膏
≥125
≥125
迎水面
≥300
防水等级为1级的4号图
注：
1. 施工缝浇灌前，应将其表面清理干净，并涂刷水泥砂浆或混凝土界面处理剂，并及时浇灌混凝土。
2. 遇水膨胀止水条外涂缓膨剂，缓膨剂缓膨时间＞8～10 h，在浇灌新混凝土应严防水浸泡失效。其搭接长度宜为50～100 mm，7 d缓胀剂率不应大于最终膨胀率的60%，应牢固地安装在混凝土表面或预留槽内。
3. B为墙厚，应不小于250 mm。
4. 施工缝模板后拆。
5. 图中尺寸均以mm计。
广州市政工程设计研究院
地下工程防水图集
施工缝防水构造形式（二）
比例尺：
日　期：
图号
48
北京科技大学土木工程系
审三
审二
审一
复核
设计

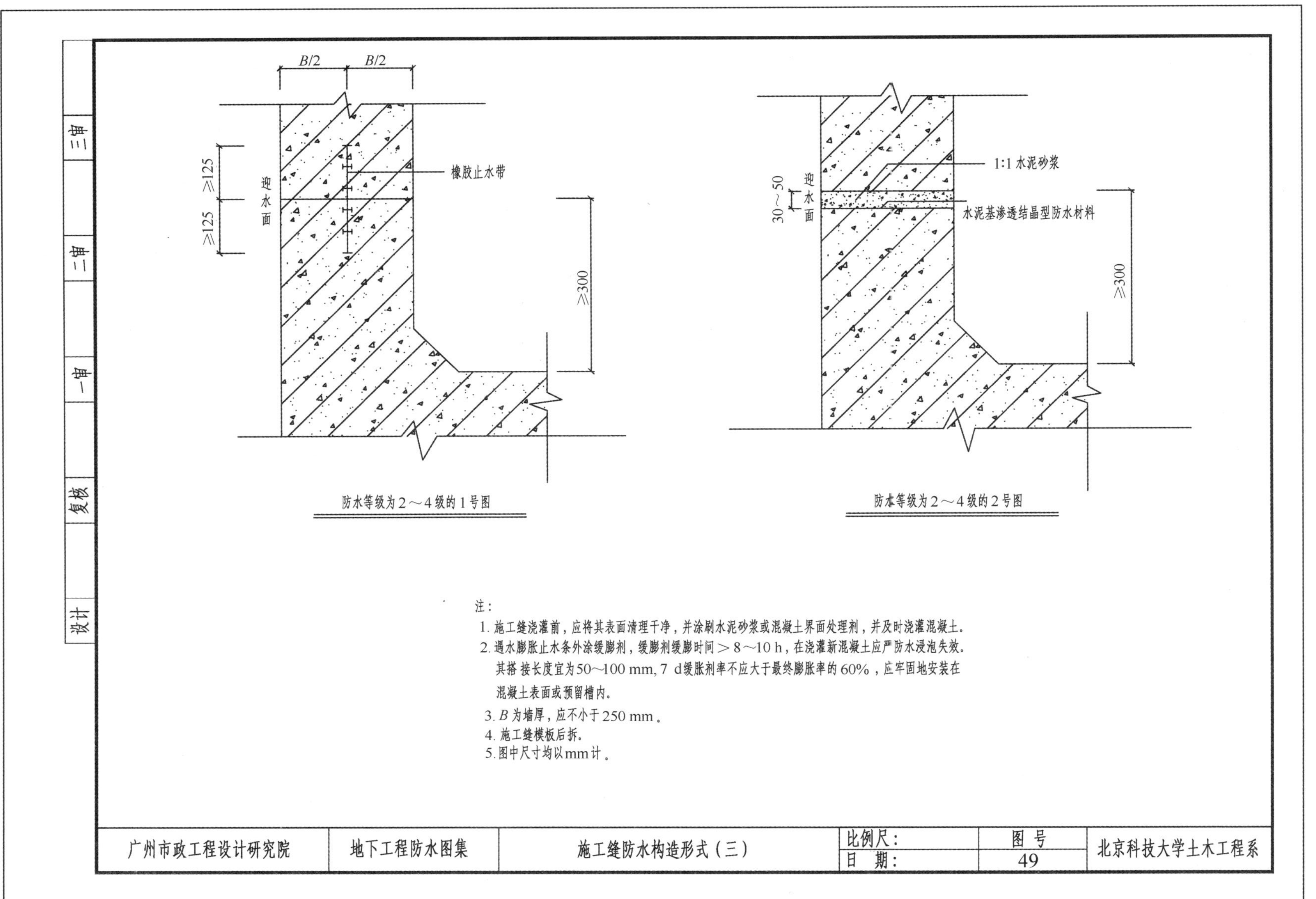
B/2
B/2
≥125
≥125
迎水面
橡胶止水带
≥300
防水等级为2～4级的1号图
30～50
迎水面
1:1 水泥砂浆
水泥基渗透结晶型防水材料
≥300
防水等级为2～4级的2号图
注：
1. 施工缝浇灌前，应将其表面清理干净，并涂刷水泥砂浆或混凝土界面处理剂，并及时浇灌混凝土。
2. 遇水膨胀止水条外涂缓膨剂，缓膨剂缓膨时间＞8～10 h，在浇灌新混凝土应严防水浸泡失效。其搭接长度宜为50～100 mm，7 d缓胀剂率不应大于最终膨胀率的60%，应牢固地安装在混凝土表面或预留槽内。
3. B为墙厚，应不小于250 mm。
4. 施工缝模板后拆。
5. 图中尺寸均以mm计。
广州市政工程设计研究院
地下工程防水图集
施工缝防水构造形式（三）
比例尺：
日 期：
图 号
49
北京科技大学土木工程系
三审
二审
一审
复核
设计

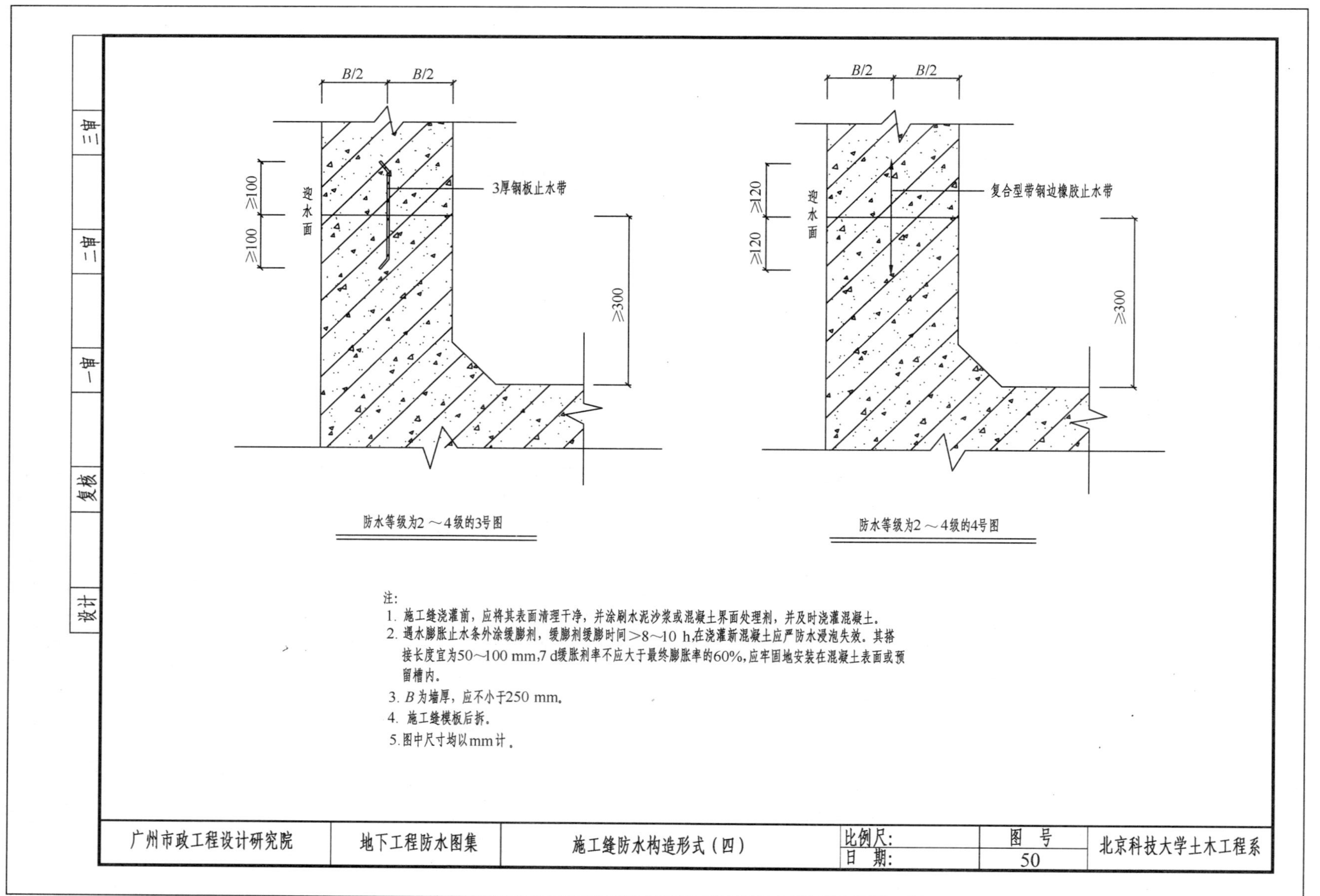
B/2
B/2
迎水面
≥100
≥100
3厚钢板止水带
≥300
防水等级为2～4级的3号图
B/2
B/2
迎水面
≥120
≥120
复合型带钢边橡胶止水带
≥300
防水等级为2～4级的4号图
注：
1. 施工缝浇灌前，应将其表面清理干净，并涂刷水泥沙浆或混凝土界面处理剂，并及时浇灌混凝土。
2. 遇水膨胀止水条外涂缓膨剂，缓膨剂缓膨时间>8～10 h,在浇灌新混凝土应严防水浸泡失效。其搭接长度宜为50～100 mm,7 d缓胀剂率不应大于最终膨胀率的60%,应牢固地安装在混凝土表面或预留槽内。
3. B为墙厚，应不小于250 mm。
4. 施工缝模板后拆。
5. 图中尺寸均以mm计。
广州市政工程设计研究院
地下工程防水图集
施工缝防水构造形式（四）
比例尺:
日　期:
图　号
50
北京科技大学土木工程系
审三
审二
审一
复核
设计

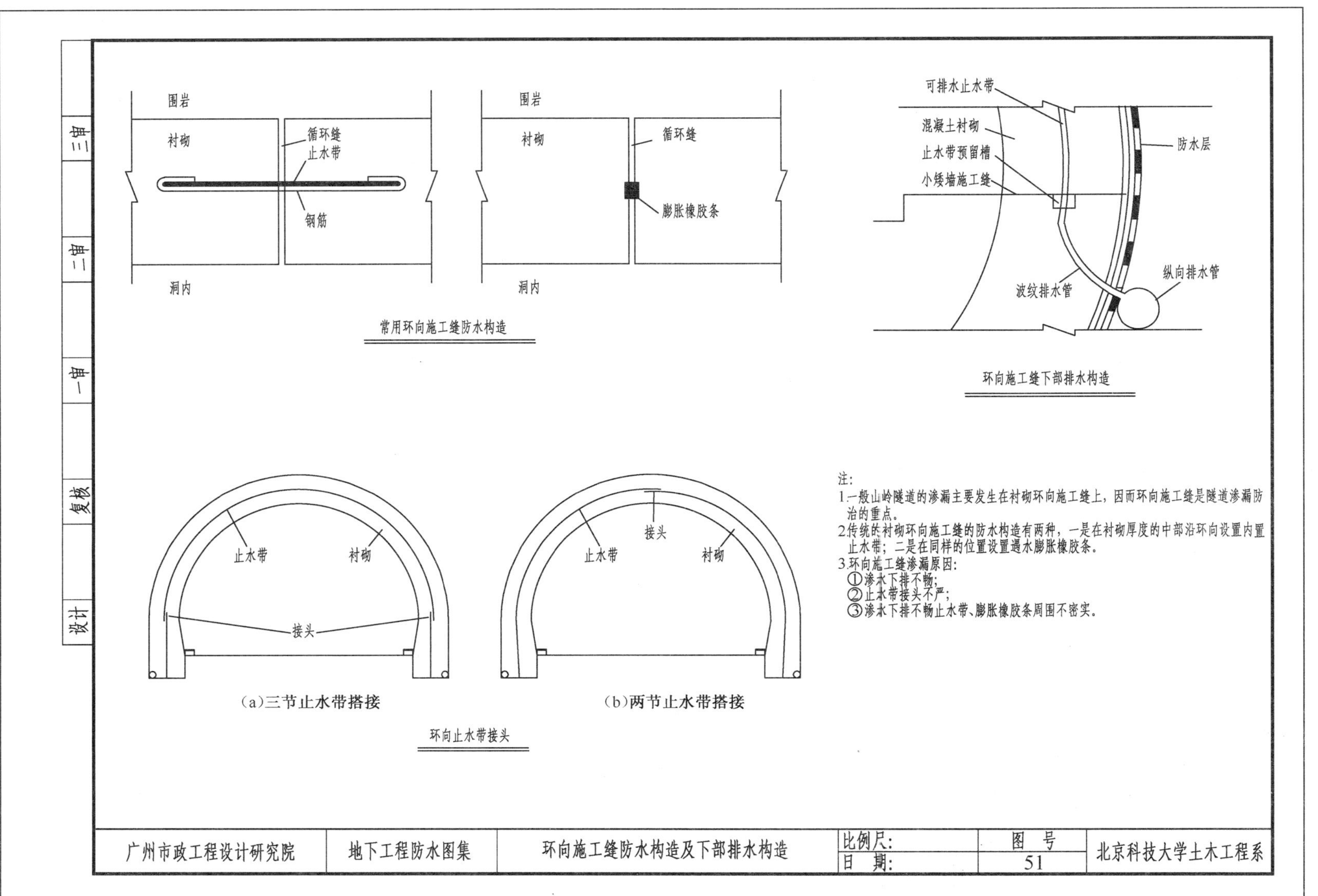
围岩
衬砌
循环缝
止水带
钢筋
洞内
围岩
衬砌
循环缝
膨胀橡胶条
洞内
常用环向施工缝防水构造
可排水止水带
混凝土衬砌
止水带预留槽
小矮墙施工缝
防水层
波纹排水管
纵向排水管
环向施工缝下部排水构造
止水带
衬砌
接头
(a)三节止水带搭接
止水带
接头
衬砌
(b)两节止水带搭接
环向止水带接头
注:
1.一般山岭隧道的渗漏主要发生在衬砌环向施工缝上，因而环向施工缝是隧道渗漏防治的重点。
2.传统的衬砌环向施工缝的防水构造有两种，一是在衬砌厚度的中部沿环向设置内置止水带；二是在同样的位置设置遇水膨胀橡胶条。
3.环向施工缝渗漏原因:
①渗水下排不畅;
②止水带接头不严;
③渗水下排不畅止水带、膨胀橡胶条周围不密实。
广州市政工程设计研究院
地下工程防水图集
环向施工缝防水构造及下部排水构造
比例尺:
日　期:
图　号
51
北京科技大学土木工程系
设计
复核
一审
二审
三审

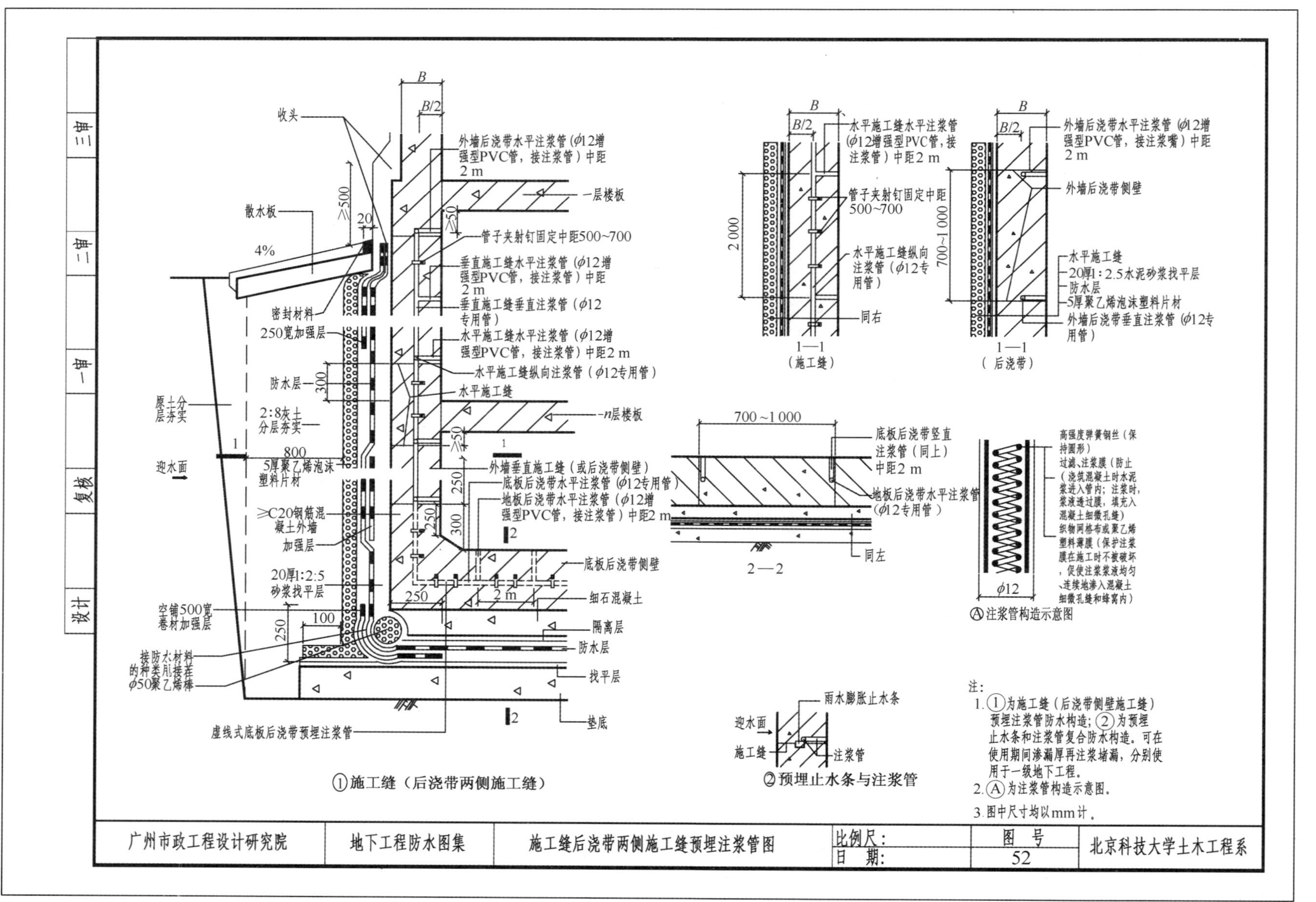

收头
散水板
4%
≥500
20
密封材料
250宽加强层
防水层
300
2:8灰土分层夯实
原土分层夯实
800
5厚聚乙烯泡沫塑料片材
迎水面
≥C20钢筋混凝土外墙
加强层
20厚1:2.5砂浆找平层
空铺500宽卷材加强层
接防水材料的种类几接茬
ϕ50聚乙烯棒
虚线式底板后浇带预埋注浆管
外墙后浇带水平注浆管（ϕ12增强型PVC管，接注浆管）中距2 m
一层楼板
管子夹射钉固定中距500~700
垂直施工缝水平注浆管（ϕ12增强型PVC管，接注浆管）中距2 m
垂直施工缝垂直注浆管（ϕ12专用管）
水平施工缝水平注浆管（ϕ12增强型PVC管，接注浆管）中距2 m
水平施工缝纵向注浆管（ϕ12专用管）
水平施工缝
n层楼板
外墙垂直施工缝（或后浇带侧壁）
底板后浇带水平注浆管（ϕ12专用管）
地板后浇带水平注浆管（ϕ12增强型PVC管，接注浆管）中距2 m
底板后浇带侧壁
细石混凝土
隔离层
防水层
找平层
垫底
①施工缝（后浇带两侧施工缝）
水平施工缝水平注浆管（ϕ12增强型PVC管，接注浆管）中距2 m
管子夹射钉固定中距500~700
水平施工缝纵向注浆管（ϕ12专用管）
同右
1—1（施工缝）
外墙后浇带水平注浆管（ϕ12增强型PVC管，接注浆嘴）中距2 m
外墙后浇带侧壁
水平施工缝
20厚1:2.5水泥砂浆找平层
防水层
5厚聚乙烯泡沫塑料片材
外墙后浇带垂直注浆管（ϕ12专用管）
1—1（后浇带）
700~1 000
底板后浇带竖直注浆管（同上）中距2 m
地板后浇带水平注浆管（ϕ12专用管）
同左
2—2
高强度弹簧钢丝（保持圆形）
过滤、注浆膜（防止浇筑混凝土时水泥浆进入管内；注浆时，浆液透过膜，填充入混凝土细微孔缝）
织物网格布或聚乙烯塑料薄膜（保护注浆膜在施工时不被破坏，促使注浆浆液均匀、连续地渗入混凝土细微孔缝和蜂窝内）
ϕ12
Ⓐ注浆管构造示意图
雨水膨胀止水条
迎水面
施工缝
注浆管
②预埋止水条与注浆管
注：
1.①为施工缝（后浇带侧壁施工缝）预埋注浆管防水构造；②为预埋止水条和注浆管复合防水构造。可在使用期间渗漏厚再注浆堵漏，分别使用于一级地下工程。
2.Ⓐ为注浆管构造示意图。
3.图中尺寸均以mm计。
广州市政工程设计研究院
地下工程防水图集
施工缝后浇带两侧施工缝预埋注浆管图
比例尺：
日　期：
图　号
52
北京科技大学土木工程系
审三
审二
审一
复核
设计

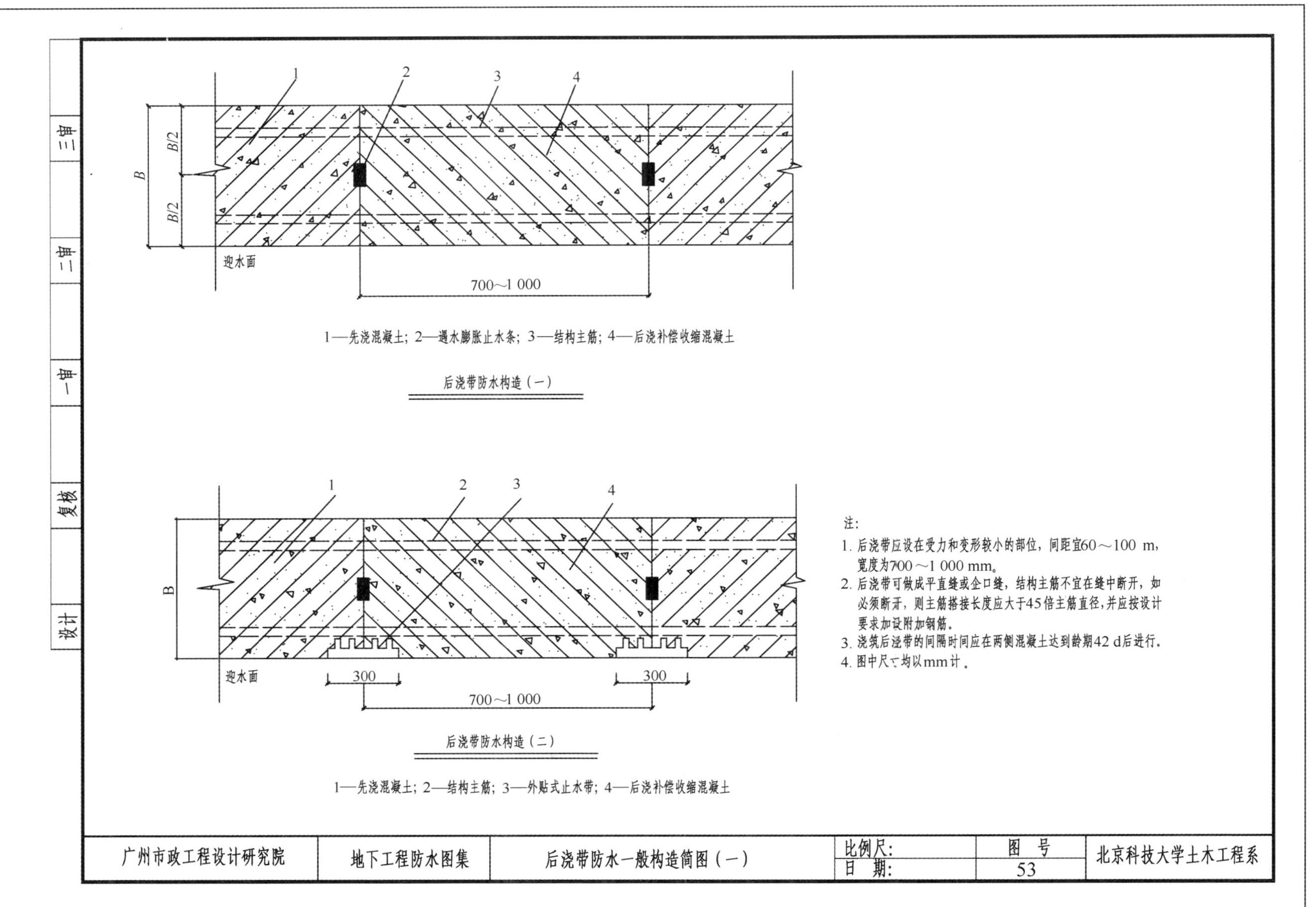
1
2
3
4
B
B/2
B/2
迎水面
700~1 000
1—先浇混凝土；2—遇水膨胀止水条；3—结构主筋；4—后浇补偿收缩混凝土
后浇带防水构造（一）
1
2
3
4
B
迎水面
300
300
700~1 000
后浇带防水构造（二）
1—先浇混凝土；2—结构主筋；3—外贴式止水带；4—后浇补偿收缩混凝土
注：
1. 后浇带应设在受力和变形较小的部位，间距宜60～100 m，宽度为700～1 000 mm。
2. 后浇带可做成平直缝或企口缝，结构主筋不宜在缝中断开，如必须断开，则主筋搭接长度应大于45倍主筋直径，并应按设计要求加设附加钢筋。
3. 浇筑后浇带的间隔时间应在两侧混凝土达到龄期42 d后进行。
4. 图中尺寸均以mm计。
审三
审二
审一
复核
设计
广州市政工程设计研究院
地下工程防水图集
后浇带防水一般构造简图（一）
比例尺：
日期：
图号
53
北京科技大学土木工程系

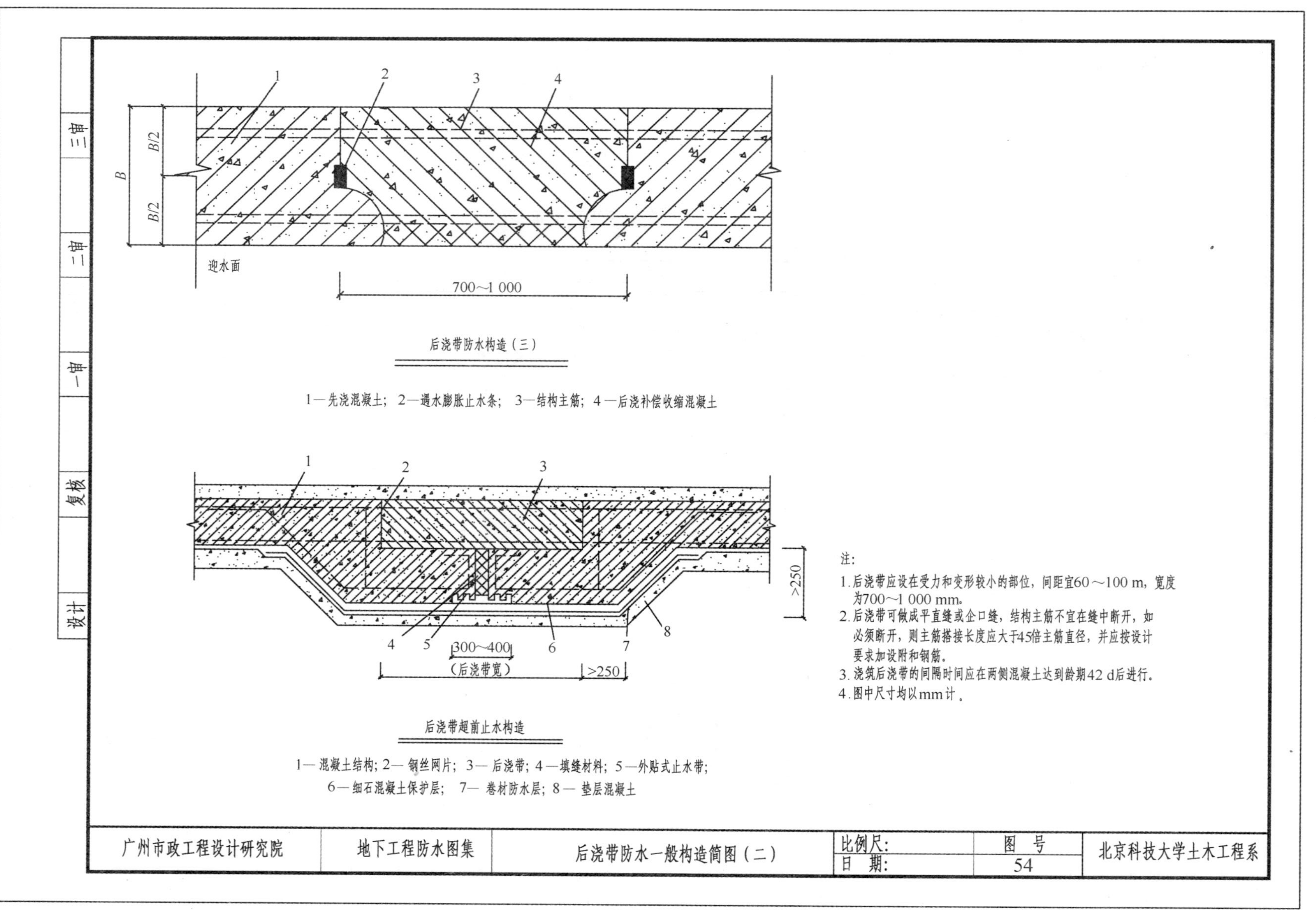
1
2
3
4
B
B/2
B/2
迎水面
700~1 000
后浇带防水构造（三）
1—先浇混凝土；2—遇水膨胀止水条；3—结构主筋；4—后浇补偿收缩混凝土
1
2
3
≥250
4
5
300~400
（后浇带宽）
6
7
8
≥250
后浇带超前止水构造
1—混凝土结构；2—钢丝网片；3—后浇带；4—填缝材料；5—外贴式止水带；
6—细石混凝土保护层；7—卷材防水层；8—垫层混凝土
注：
1.后浇带应设在受力和变形较小的部位，间距宜60～100 m，宽度为700～1 000 mm。
2.后浇带可做成平直缝或企口缝，结构主筋不宜在缝中断开，如必须断开，则主筋搭接长度应大于45倍主筋直径，并应按设计要求加设附加钢筋。
3.浇筑后浇带的间隔时间应在两侧混凝土达到龄期42 d后进行。
4.图中尺寸均以mm计。
广州市政工程设计研究院
地下工程防水图集
后浇带防水一般构造简图（二）
比例尺：
日 期：
图 号
54
北京科技大学土木工程系
设计
复核
审一
审二
审三

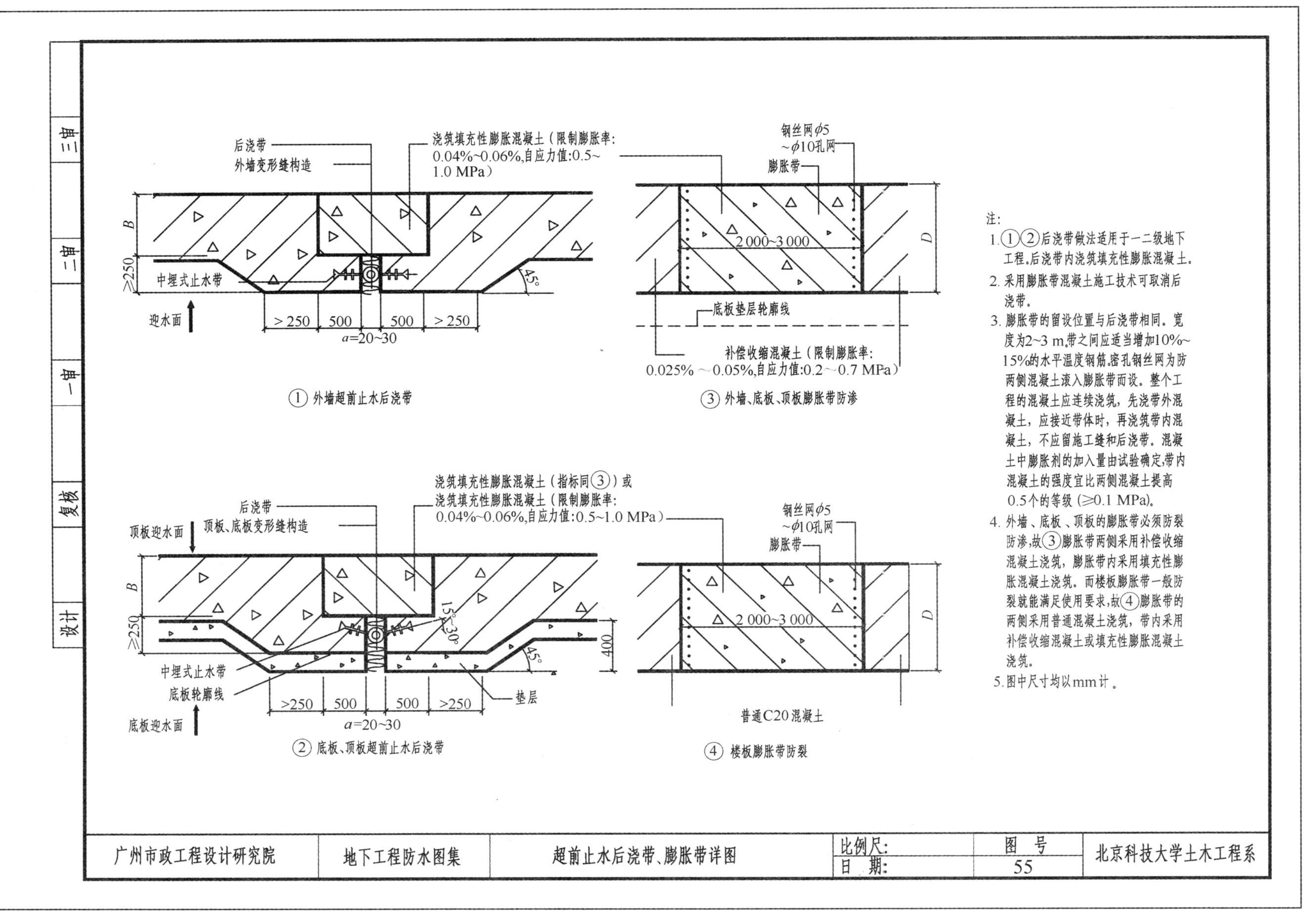
后浇带
外墙变形缝构造
浇筑填充性膨胀混凝土（限制膨胀率:
0.04%~0.06%,自应力值:0.5~
1.0 MPa）
B
≥250
中埋式止水带
迎水面
45°
> 250
500
500
> 250
a=20~30
① 外墙超前止水后浇带
钢丝网φ5
~φ10孔网
膨胀带
2 000~3 000
D
底板垫层轮廓线
补偿收缩混凝土（限制膨胀率:
0.025% ~ 0.05%,自应力值:0.2 ~ 0.7 MPa）
③ 外墙、底板、顶板膨胀带防渗
浇筑填充性膨胀混凝土（指标同③）或
浇筑填充性膨胀混凝土（限制膨胀率:
0.04%~0.06%,自应力值:0.5~1.0 MPa）
后浇带
顶板迎水面
顶板、底板变形缝构造
B
≥250
15°~30°
400
45°
中埋式止水带
底板轮廓线
垫层
>250
500
500
>250
a=20~30
底板迎水面
② 底板、顶板超前止水后浇带
钢丝网φ5
~φ10孔网
膨胀带
2 000~3 000
D
普通C20混凝土
④ 楼板膨胀带防裂
注:
1. ①②后浇带做法适用于一二级地下工程,后浇带内浇筑填充性膨胀混凝土。
2. 采用膨胀带混凝土施工技术可取消后浇带。
3. 膨胀带的留设位置与后浇带相同。宽度为2~3 m,带之间应适当增加10%~15%的水平温度钢筋,密孔钢丝网为防两侧混凝土流入膨胀带而设。整个工程的混凝土应连续浇筑，先浇带外混凝土，应接近带体时，再浇筑带内混凝土，不应留施工缝和后浇带。混凝土中膨胀剂的加入量由试验确定,带内混凝土的强度宜比两侧混凝土提高0.5个的等级（≥0.1 MPa)。
4. 外墙、底板、顶板的膨胀带必须防裂防渗,故③膨胀带两侧采用补偿收缩混凝土浇筑，膨胀带内采用填充性膨胀混凝土浇筑。而楼板膨胀带一般防裂就能满足使用要求,故④膨胀带的两侧采用普通混凝土浇筑，带内采用补偿收缩混凝土或填充性膨胀混凝土浇筑。
5. 图中尺寸均以mm计。
设计
复核
审一
审二
审三
广州市政工程设计研究院
地下工程防水图集
超前止水后浇带、膨胀带详图
比例尺:
日 期:
图 号
55
北京科技大学土木工程系

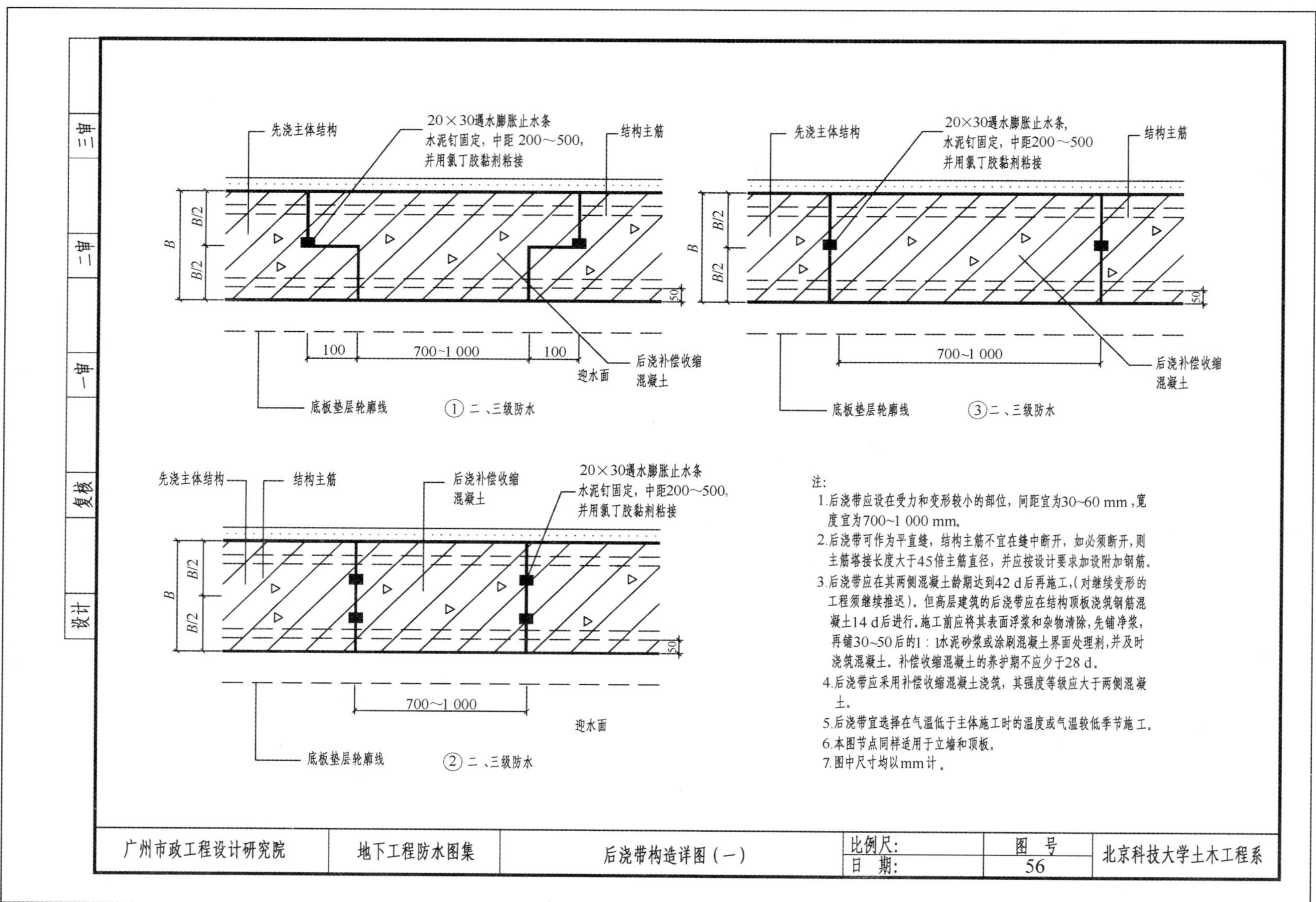
先浇主体结构
20×30遇水膨胀止水条
水泥钉固定，中距 200～500，
并用氯丁胶黏剂粘接
结构主筋
B
B/2
B/2
50
100
700~1 000
100
迎水面
后浇补偿收缩
混凝土
底板垫层轮廓线
① 二、三级防水
先浇主体结构
20×30遇水膨胀止水条，
水泥钉固定，中距200～500
并用氯丁胶黏剂粘接
结构主筋
B
B/2
B/2
50
700~1 000
后浇补偿收缩
混凝土
底板垫层轮廓线
③ 二、三级防水
先浇主体结构
结构主筋
后浇补偿收缩
混凝土
20×30遇水膨胀止水条
水泥钉固定，中距200～500，
并用氯丁胶黏剂粘接
B
B/2
B/2
50
700～1 000
迎水面
底板垫层轮廓线
② 二、三级防水
注：
1.后浇带应设在受力和变形较小的部位，间距宜为30~60 mm，宽度宜为700~1 000 mm。
2.后浇带可作为平直缝，结构主筋不宜在缝中断开，如必须断开，则主筋搭接长度大于45倍主筋直径，并应按设计要求加设附加钢筋。
3.后浇带应在其两侧混凝土龄期达到42 d后再施工，(对继续变形的工程须继续推迟)。但高层建筑的后浇带应在结构顶板浇筑钢筋混凝土14 d后进行。施工前应将其表面浮浆和杂物清除，先铺净浆，再铺30~50后的1∶1水泥砂浆或涂刷混凝土界面处理剂，并及时浇筑混凝土。补偿收缩混凝土的养护期不应少于28 d。
4.后浇带应采用补偿收缩混凝土浇筑，其强度等级应大于两侧混凝土。
5.后浇带宜选择在气温低于主体施工时的温度或气温较低季节施工。
6.本图节点同样适用于立墙和顶板。
7.图中尺寸均以mm计。
广州市政工程设计研究院
地下工程防水图集
后浇带构造详图（一）
比例尺：
日　期：
图　号
56
北京科技大学土木工程系
设计
复核
一审
二审
三审

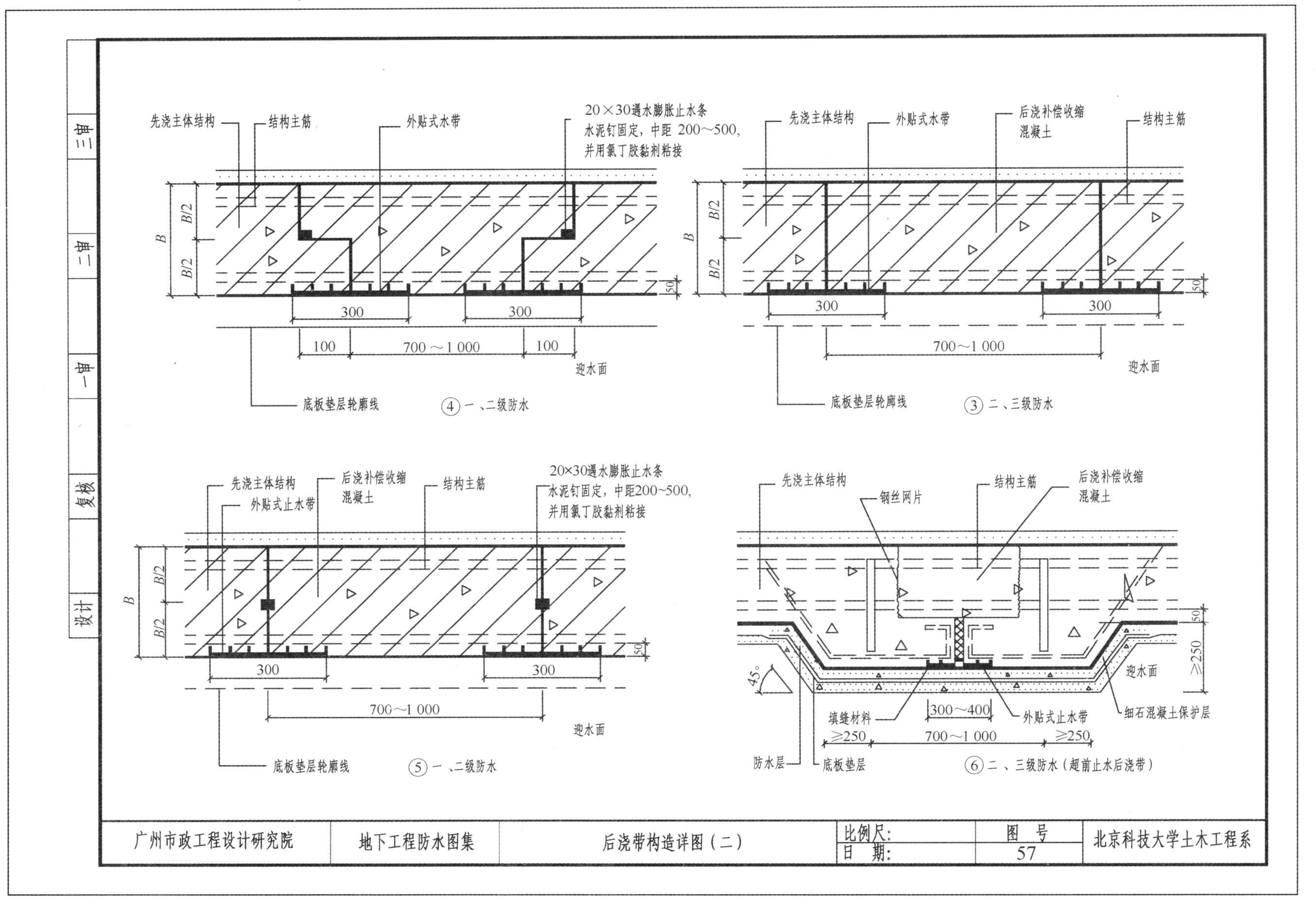

先浇主体结构
结构主筋
外贴式水带
20×30遇水膨胀止水条
水泥钉固定，中距 200~500，
并用氯丁胶黏剂粘接
B
B/2
300
100
700～1 000
50
迎水面
底板垫层轮廓线
④ 一、二级防水
先浇主体结构
外贴式水带
后浇补偿收缩
混凝土
结构主筋
300
700～1 000
迎水面
底板垫层轮廓线
③ 二、三级防水
先浇主体结构
外贴式止水带
后浇补偿收缩
混凝土
结构主筋
20×30遇水膨胀止水条
水泥钉固定，中距200~500，
并用氯丁胶黏剂粘接
300
700～1 000
迎水面
底板垫层轮廓线
⑤ 一、二级防水
先浇主体结构
钢丝网片
结构主筋
后浇补偿收缩
混凝土
45°
≥250
300～400
700～1 000
填缝材料
外贴式止水带
迎水面
细石混凝土保护层
防水层
底板垫层
⑥ 二、三级防水（超前止水后浇带）
广州市政工程设计研究院
地下工程防水图集
后浇带构造详图（二）
比例尺:
日 期:
图 号
57
北京科技大学土木工程系
三审
二审
一审
复核
设计

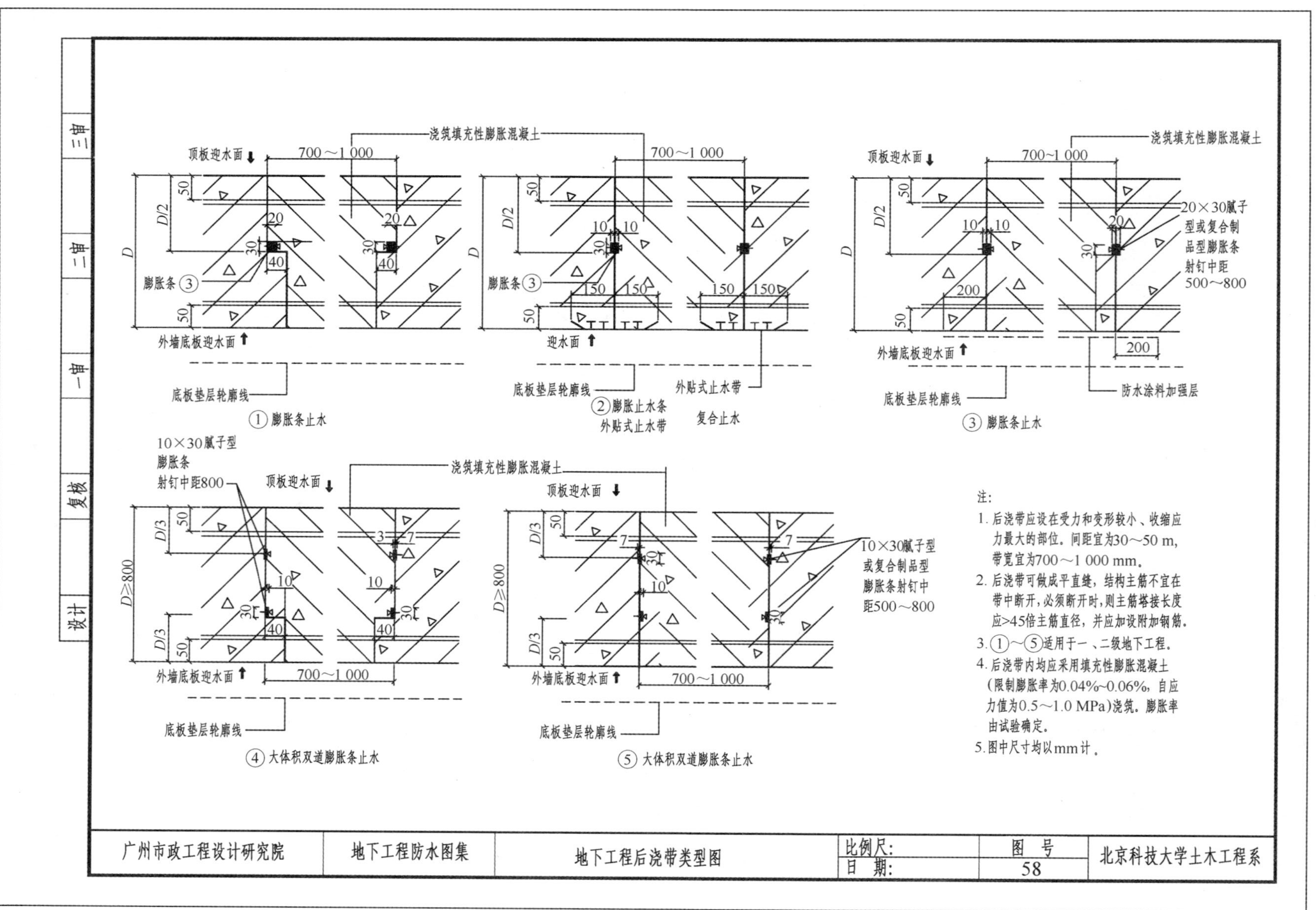

浇筑填充性膨胀混凝土
顶板迎水面
700～1 000
D
D/2
50
20
30
40
膨胀条③
外墙底板迎水面
底板垫层轮廓线
① 膨胀条止水
10
150
迎水面
外贴式止水带
② 膨胀止水条
外贴式止水带
复合止水
200
20×30腻子
型或复合制
品型膨胀条
射钉中距
500～800
防水涂料加强层
③ 膨胀条止水
10×30腻子型
膨胀条
射钉中距800
D≥800
D/3
3
7
④ 大体积双道膨胀条止水
10×30腻子型
或复合制品型
膨胀条射钉中
距500～800
⑤ 大体积双道膨胀条止水
注：
1. 后浇带应设在受力和变形较小、收缩应力最大的部位。间距宜为30～50 m，带宽宜为700～1 000 mm。
2. 后浇带可做成平直缝，结构主筋不宜在带中断开，必须断开时，则主筋搭接长度应>45倍主筋直径，并应加设附加钢筋。
3. ①～⑤适用于一、二级地下工程。
4. 后浇带内均应采用填充性膨胀混凝土（限制膨胀率为0.04%~0.06%，自应力值为0.5～1.0 MPa）浇筑。膨胀率由试验确定。
5. 图中尺寸均以mm计。
广州市政工程设计研究院
地下工程防水图集
地下工程后浇带类型图
比例尺:
日　期:
图　号
58
北京科技大学土木工程系
设计
复核
审一
审二
审三

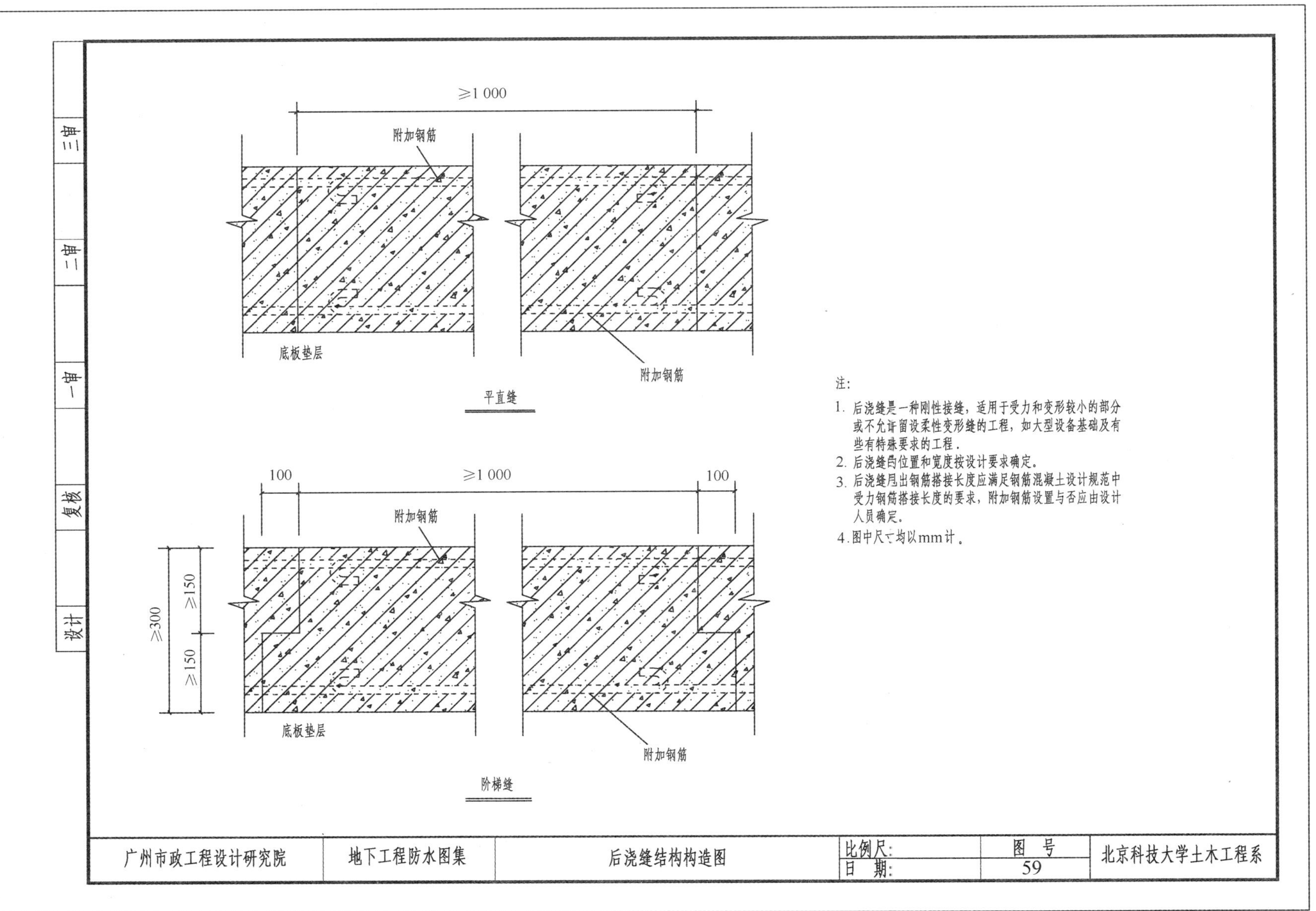
≥1 000
附加钢筋
底板垫层
附加钢筋
平直缝
100
≥1 000
100
附加钢筋
≥300
≥150
≥150
底板垫层
附加钢筋
阶梯缝
注：
1. 后浇缝是一种刚性接缝，适用于受力和变形较小的部分或不允许留设柔性变形缝的工程，如大型设备基础及有些有特殊要求的工程。
2. 后浇缝的位置和宽度按设计要求确定。
3. 后浇缝甩出钢筋搭接长度应满足钢筋混凝土设计规范中受力钢筋搭接长度的要求，附加钢筋设置与否应由设计人员确定。
4. 图中尺寸均以mm计。
广州市政工程设计研究院
地下工程防水图集
后浇缝结构构造图
比例尺：
日　期：
图　号
59
北京科技大学土木工程系
设计
复核
审一
审二
审三

注:

1. 图中标注1为主钢筋、2为附加钢筋、3为先浇混凝土、4为后浇混凝土。
2. 后浇缝适用于不允许留设柔性变形缝的部位，应在其两侧先浇混凝土龄期达到6周以上，待混凝土收缩变形完成后，再浇筑施工。
3. 为保证先后浇筑的混凝土互相黏结牢固，不出现裂缝，在后浇缝浇筑前，应将先浇混凝土两侧的表面凿毛，去掉浮灰及松动的石子，将缝内杂物清洗干净，并保持湿润。
4. 后浇缝应采用补偿收缩混凝土，以避免或减少后浇混凝土开裂。
5. 为减少后浇混凝土的冷缩变形，避免或减少混凝土的开裂，浇筑后浇混凝土的施工温度应控制在5 ℃~30 ℃。

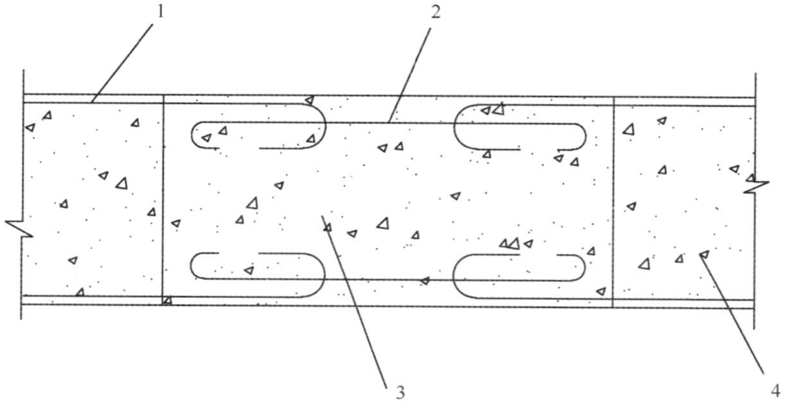

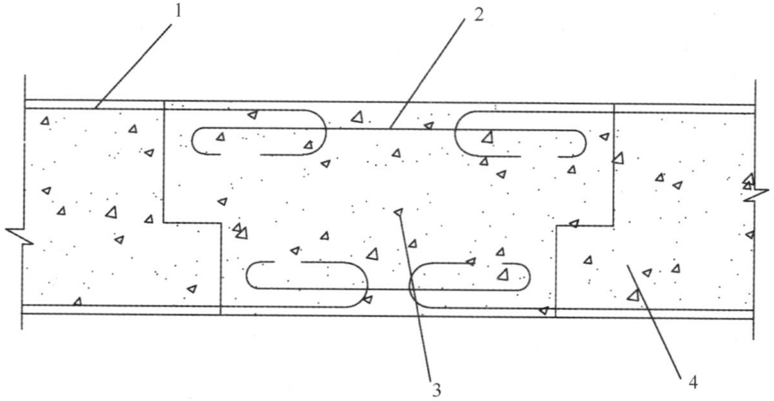

广州市政工程设计研究院	地下工程防水图集	后浇缝防水处理	比例尺:	图　号	北京科技大学土木工程系
			日　期:	60	

设计 | 复核 | 审一 | 审二 | 审三